Karl Leopold von Lichtenfels

LEXIKON DES ÜBERLEBENS

Karl Leopold von Lichtenfels

LEXIKON DES ÜBERLEBENS

Handbuch für Krisenzeiten

Mit 148 Abbildungen

ANACONDA

Lizenzausgabe mit freundlicher Genehmigung
© 2000 by F. A. Herbig Verlagsbuchhandlung GmbH, München

Alle in diesem Buch gemachten Angaben sind nach bestem Wissen zusammengestellt worden, für ihre Richtigkeit kann jedoch keine Garantie übernommen werden. Die Verantwortung für den sachgemäßen Umgang mit vorliegenden Anleitungen liegt beim Anwender; dieser muß prüfen, ob die Angaben nicht durch neuere Erkenntnisse überholt sind. Autor und Verlag können für Schäden, die aus der Anwendung der in diesem Buch gegebenen Handlungsanweisungen und Methoden entstehen, weder eine juristische Verantwortung noch irgendeine Haftung übernehmen.

Einige der hier direkt oder indirekt empfohlenen Methoden (z. B. Jagen und Angeln ohne entsprechende Berechtigung, medizinische Hilfe durch Laien) sind unter gewöhnlichen Umständen nicht erlaubt, gefährlich oder nicht ratsam und dürfen nur im Notfall angewandt werden.

Die Wiedergabe von Gebrauchsnamen, Handelsnamen, Warenbezeichnungen usw. in diesem Buch berechtigt auch ohne besondere Kennzeichnung nicht zu der Annahme, daß diese Namen im Sinne der Warenzeichen- und Markenschutz-Gesetzgebung als frei zu betrachten wären und daher von jedermann benutzt werden dürften.

Wesentliche Teile des *Lexikonteils* sind folgendem Buch entnommen: Gerhard Bönicke, *Tornister-Lexikon für den Frontsoldaten*. Stuttgart: Franck'sche Verlagshandlung 1943.

Das Buchsymbol ⌂ kennzeichnet empfehlenswerte Bücher,
der Bücherstapel ❦ Informationen, die auf Prophezeiungen Bezug nehmen;
Verweise ➤ beziehen sich, sofern nicht anders angegeben,
auf Stichworte des Lexikonteils.

Die Deutsche Bibliothek verzeichnet diese Publikation in der Deutschen Nationalbibliographie; detaillierte bibliographische Daten sind im Internet unter http://dnb.ddb.de abrufbar.

© 2005 Anaconda Verlag GmbH, Köln
Alle Rechte vorbehalten.
Umschlaggestaltung: Dagmar Herrmann, Köln
Printed in Germany 2007
ISBN 978-3-938484-26-5
info@anaconda-verlag.de

Inhalt

Vorwort des Autors 13
Über die seltsame Entstehungsgeschichte dieses Buches,
seinen Verfasser und seine Adressaten 13
Zum Gebrauch des Buches 15
Eine Bitte an den Leser 15

I   Einleitung 17
Zukunftsängste 19
Katastrophenszenarien 20
Ein Worst-case-Szenario 🕮 26

II Vorbereitungsmaßnahmen 29

1   Vorsorgen – materiell und/oder spirituell? 31

2   Katastrophenschutz für Anfänger –
    ein 6-Tage-Programm 33

3   Langfristige Vorsorgemaßnahmen 38

III Verhaltensmaßnahmen bei akuter Gefahr 41
Übersicht 43

1   Abspringen von Gebäuden oder aus Fahrzeugen 44
Abspringen von Gebäuden 44
Abspringen von Fahrzeugen 44

2   Brände 45
Allgemeine Regeln zur Brandbekämpfung 45
Brand in einem Gebäude 46
Waldbrand bzw. Buschfeuer 47

3 Erdbeben 48

Vor dem Beben 48
Während des Bebens 48
Nach dem Beben 49

4 Flutkatastrophen 50

Auf freiem Feld 50
Mit dem Auto überflutete Stellen queren 50
Im Haus 51
Im Wasser 51
Nach der Flut 52

5 Stürme 53

Bei Sturmwarnung 53
Während des Sturms 54
Nach dem Sturm 54

6 Vulkanausbrüche 55

Vorzeichen eines Ausbruchs 55
Flucht bei Vulkanausbruch 56

7 Chemieunfall oder C-Waffen-Einsatz 57

Anzeichen für das Vorhandensein von Industriegiften
oder für den Einsatz chemischer Kampfstoffe 57
Behelfsmäßiger Schutz im Notfall 57
Gegenmaßnahmen und Dekontamination 59

8 Seuchenwarnung oder B-Waffen-Einsatz 60

Anzeichen für den Einsatz von B-Waffen 60
Allgemeine Schutzmaßnahmen 61

9 Atomunfälle 63

10 Politische Spannungszeiten 65

Allgemeine Empfehlungen 65
Verhalten bei Massenpanik 65

11 Krieg 67

Verhalten bei Kriegsausbruch 67
Verhalten im Krieg, bei Durchzug fremder
Truppen oder bei Besatzung 67

12	Luftalarm und Bombenangriffe	70

    Vor und während des Angriffs 70
    Nach dem Angriff 70

13	Kernwaffeneinsatz	71

    Anzeichen für Kernwaffeneinsatz 71
    Im Freien 71
    Im Haus bzw. Schutzraum 72

14	Verschüttung	74

    Verschüttet von einer Lawine 74
    Verschüttet in einem Gebäude (oder im Fels) 74
    Bergeregeln 75

15	Die »dreitägige Finsternis« 📖	76

    Vorzeichen 77
    Spezielle Anforderungen an den Schutzraum 77
    Verhaltensregeln unmittelbar vor und während der Finsternis 78
    Verhalten nach der dreitägigen Finsternis 80

IV	Lexikonteil	83

    Wichtige Anmerkungen zum Gebrauch des Lexikons 85

V	Checklisten	401
1	Anmerkungen	403
2	Die Checklisten	404

    Lebensmittelvorrat 404
    Wasservorrat 407
    Fluchtgepäck 408
    Ausrüstung für den Bau eines Erdbunkers 411
    Ausrüstung für den Schutzraum 411
    Werkzeug, Roh- und Baustoffe 413
    Hausrat 418
    Kleidung und Schuhe 419
    Gartenbau und Forstwirtschaft 419

Medizin und Körperpflege 422
Fortbewegung 424
Sonstiges 425
Güter zum Tauschen 426
Eigene Notizen 427

VI Karten und Ortsangaben ... 429

1 Wahl eines Ortes zum Überleben ... 431

Kriterien für die Ortswahl 431
Gefahr durch Kernkraftwerke ☙ 431
Bekannte Erdbebengebiete (und Nähe von Vulkanen) 432
Durch Überschwemmungen gefährdete Gebiete Europas ☙ 435
Kriegsexponierte Lagen ☙ 436
Zur Frage des Auswanderns ☙ 436

2 In Endzeitprophezeiungen erwähnte Orte und Regionen ☙ ... 437

Die besonders gefährdeten Gebiete der Erde 437
Deutschland 438
Österreich 441
Schweiz 442
Ungarn 443
Italien 443
Tschechische Republik und Slowakische Republik 444
Dänemark, Niederlande, Belgien und Island 444
Schweden 444
Norwegen 445
Frankreich 445
Spanien 446
Großbritannien 446
Naher Osten 447
Südafrika 447
Nordamerika und die Karibik 447
Südamerika 448
Japan 449
Australien und Neuseeland 449

Anhang 451

Weiterführende Literatur 453
    Human- und Veterinärmedizin, Erste Hilfe, Phytotherapie 453
    Überleben von Katastrophen, Schutzraumbau 456
    Überleben in der Wildnis, Improvisation 458
    Landwirtschaft, Nahrung herstellen und konservieren 460
    Handwerkstechniken, Reparaturen, Rohstofftechnik, Infrastruktur 462
    Energietechnik 467
    Psychische und spirituelle Vorbereitung 468
    Sonstige Bücher 468

Wichtige Adressen 470
    Bücher und Zeitschriften 470
    Camping-, Jagd-, Berg- und Survival-Ausrüstung 472
    Zivilschutz, Erste Hilfe 474
    Schutzraumbau und -technik, Bevorratung 476
    Saatgut 477
    Elektrik und Elektronik 478
    Diverse Kurse 479
    Sonstige Adressen 480

Internet-Adressen 481
    Sicherheitspolitik und Kriegsgefahr 481
    Naturkatastrophen 482
    Praktische Vorbereitung 483
    Prophezeiungen 486

Danksagung 487

Bildnachweis 488

Abkürzungsverzeichnis 489

Stichwörterverzeichnis des Lexikonteils 490

Aufbau einer Selbsthilfe-Datenbank 495

Ein Tornado im Mittelwesten der USA hat eine Spur der Verwüstung hinterlassen und eine Langspielplatte in einen Telefonmast geschleudert. Auch an der Schwelle zum 21. Jahrhundert erinnern die Naturgewalten den Menschen daran, daß nicht alles »machbar« ist. Im Gegenteil: Wie die großen Versicherungsgesellschaften bestätigen, nehmen durch die rapide ansteigenden Siedlungsdichten und das sich verändernde Weltklima Häufigkeit und Opfer der Katastrophen ständig zu. Die größten Gefahren jedoch gehen von uns selbst aus.

Vorwort des Autors

Über die seltsame Entstehungsgeschichte dieses Buches, seinen Verfasser und seine Adressaten

Von *Prophezeiungen* hielt ich bis vor einigen Jahren nicht viel. Zwar hatte ich als Knabe in den Nostradamus-Büchern meines Vaters begeistert die Zukunft zu ergründen versucht, meine spätere naturwissenschaftliche Ausbildung aber ließ mein Interesse an dem Gegenstand im Lauf der Jahre schwinden.

Dann jedoch stieß ich in einem Buch auf die sogenannten »Feldpostbriefe«, die ein bayerischer Soldat namens Andreas Rill zu Beginn des Ersten Weltkrieges an seine Familie geschickt hatte. Sie enthalten Prophezeiungen über die Zukunft Deutschlands, die Rill von einem Kriegsgefangenen gehört haben will. Die beiden Briefe liegen heute noch im Original vor und schildern in verblüffenden Details die deutsche Geschichte vom Jahr 1914 bis heute und darüber hinaus. Angeregt von diesen völlig unzweideutig formulierten Prophezeiungen und ähnlich konkreten wie denen des »Mühlhiasls« oder Alois Irlmaiers, begann ich mich näher mit der Thematik zu beschäftigen und entdeckte, daß es inmitten von sehr viel Unsinn, Zufall, Scharlatanerie und Fälschung durchaus noch weitere Fälle gibt, bei denen das heute noch unerklärliche, aber sehr wohl nachweisbare parapsychologische Phänomen der Präkognition[1] festgestellt werden kann. Später durfte ich selbst eine Person kennenlernen, die zweifellos über diese Fähigkeit verfügt (ohne daraus finanziellen Nutzen zu ziehen). Ihre Aussagen über die Zukunft fügen sich – leider – in das Bild, das die Summe der Seher liefert.

Aus meiner Sammlung von 350 prophetischen Quellen, die ich kritisch verglich, um daraus eine »Geschichte der Zukunft« zu gewinnen, entstand das bei Herbig erschienene *Lexikon der Prophezeiungen*. Die Hauptaussage der aus ganz verschiedenen Kulturkreisen

---

[1] das Vorauswissen zukünftiger Dinge

und Zeiten stammenden Seher für *unsere* Zukunft ist: *Ungefähr (!) um die Jahrtausendwende wird es in Mitteleuropa einen kurzen, aber schrecklichen Krieg geben und auf der ganzen Welt ein Naturereignis, in dessen Verlauf Millionen Menschen sterben. Dadurch wird die Menschheit technologisch weit zurückgeworfen.* (Mehr darüber in Kapitel I!)

Angenommen, die Voraussagen träfen ein: Was sollen wir tun? Wie können wir uns vorbereiten auf eine Nachkriegszeit, wie sie etwa in den Filmen *The Day After* (USA, 1983), *Mad Max 3* (Australien, 1985), *Postman* (USA, 1997) oder in Büchern wie Walter M. Millers *A Canticle for Leibowitz* oder Carl Amerys *Der Untergang der Stadt Passau* beschrieben ist?

Von dieser Fragestellung ausgehend, begann ich unter Mithilfe von Freunden Lösungen zu erarbeiten, Vorbereitungsmaßnahmen zu überlegen, Überlebenstips aufzuschreiben, Checklisten zusammenzustellen und nützliche Literatur zu sichten.

Aus diesem Projekt, das sich über mehr als vier Jahre erstreckte, ist nun das *Lexikon des Überlebens*, eine Art »Bauanleitung für die private Arche Noah«, geworden.

Das Grundproblem, von dem dieses Buch ausgeht, ist nicht das *individuelle* Überleben eines einzelnen oder einer Gruppe von Menschen in der Wildnis, sondern das *kollektive* Überleben einer Bevölkerung, die sich mit einer Katastrophe von globalen Dimensionen konfrontiert sieht. Es geht darum, wie man sich auf Krisenzeiten vorbereiten und diese überleben kann, um danach am Wiederaufbau mitzuwirken, selbst wenn die gesamte Infrastruktur zerstört, kein Treibstoff, kein Strom und keine Primärindustrie vorhanden und auch keine Hilfe von »außen« (wie etwa in Deutschland nach dem Zweiten Weltkrieg) zu erwarten ist.

Das *Lexikon des Überlebens* wendet sich daher
- einerseits an alle, die sich mit Endzeit- und Katastrophen-Prophezeiungen beschäftigen, das Vorhergesagte für unter Umständen möglich halten und längst nach einer Anleitung für die Vorsorge gesucht haben,
- andererseits aber auch an all jene, die Prophezeiungen gleichgültig oder skeptisch gegenüberstehen; denn unbeschadet des dem Buch zugrunde liegenden, auf den Prophezeiungen basierenden

Beispielsszenarios[2] ist das hier präsentierte Wissen für alle nur möglichen Katastrophenfälle gültig.
Darüber hinaus wird man bei der Lektüre eine Vielzahl von Tips entdecken, die auch in Friedenszeiten nützlich sein können.

Zum Gebrauch des Buches

Das *Lexikon des Überlebens* gliedert sich in folgende Abschnitte:
Kapitel I, die *Einleitung*, listet u. a. mögliche *Gefahren* auf, die unserer Zivilisation drohen, und stellt das *Worst-case-Szenario* vor, das den Ausgangspunkt meiner Arbeit bildet.
Anschließend findet sich in Kapitel II eine grobe Übersicht über Maßnahmen zur *materiellen und spirituellen Vorsorge*.
Kapitel III *Maßnahmen bei akuter Gefahr* spricht Empfehlungen für das Verhalten in bestimmten Krisensituationen aus.
Der *Lexikonteil* (Kapitel IV) stellt ein Sammelsurium verschiedenster Informationen dar: Vorbereitungsmaßnahmen, Arbeitsanweisungen, Reparaturanleitungen, Improvisationstips, Rezepte, Maßnahmen zur Ersten Hilfe usw.
Im Anschluß daran stehen in Kapitel V detaillierte *Checklisten* für die Bevorratung.
Kapitel VI *Karten und Ortsangaben* diskutiert allgemein Kriterien für die Wahl eines Ortes zum Überleben und listet – für Prophezeiungsinteressierte – die in den Visionen erwähnten Orte und Regionen auf.
Der *Anhang* enthält u.a. ein *Verzeichnis weiterführender Literatur*, ein *Adressenverzeichnis*, eine Aufstellung interessanter *Internet-Adressen* sowie eine *Liste der im Lexikonteil behandelten Stichwörter*.

Eine Bitte an den Leser

Bei der Zusammenstellung der Information für dieses Buch ließ ich größte Sorgfalt walten, auch wurde das Manuskript von verschie-

---

[2] Informationen, die einen Bezug zu den Prophezeiungen herstellen, sind mit einem kleinen Bücherstapel 📚 gekennzeichnet.

denen Fachleuten gelesen; ich bitte jedoch um Verständnis dafür, daß ich nicht alle angegebenen Anleitungen und Verfahren selbst ausprobieren konnte (z. B. Kannibalismus). Der Leser ist eingeladen, sich mit allfälligen Korrekturen, Ratschlägen, Rezepten, Literatur- und Bezugsquellenangaben, die auch für andere von Nutzen sein könnten, an den Verlag zu wenden oder diese Ergänzungen an folgende E-Mail-Adresse zu senden: *karl.leopold@usa.net.*

Karl Leopold von Lichtenfels
Wien, im Juni 2000

I

Einleitung

Zukunftsängste

Seit einiger Zeit begegnen mir des öfteren Mitmenschen, die in der Meinung leben, »daß etwas passieren wird« – wobei sie dieses »etwas« nicht genauer definieren können. Einer aktuellen Umfrage des Instituts DemoSCOPE zufolge glauben 42% der Schweizer, daß der Menschheit im 21. Jahrhundert eine große Katastrophe droht. So pessimistisch kennen wir die Eidgenossen sonst gar nicht. Sind solche Zukunftsängste legitim in der schönen, neuen Welt des dritten Jahrtausends? Ist Pessimismus angesichts der Triumphe der Technik (z. B. Genforschung) und Politik (Ende des Kalten Krieges) nicht fehl am Platz?

Vielen dämmert bereits, daß dem nicht so ist. *Zukunftsfalle – Zukunftschance* lautet der Titel eines kürzlich erschienenen Buches von Viktor Farkas, dessen Bestandsaufnahme unserer Zeit zu düsteren Ahnungen Grund gibt:

- Durch die stetig wachsende Weltbevölkerung und die kommende Industrialisierung der sogenannten Dritten Welt werden Verschmutzung und Zerstörung der Ökosysteme nämlich gewaltig zunehmen. Die damit einhergehende Veränderung des globalen Klimas mit ihren katastrophalen Folgen (Verknappung der Nahrung, des Wassers, Desertifikation, Wirbelstürme, Fluten, kein Schnee mehr in den Skigebieten usw.) wird uns mittlerweile schon bewußt.
- Daß ein Wirtschaftssystem, das auf stetigem Wachstum aufbaut, auf einem begrenzten Raum früher oder später kollabieren muß, ist klar. An den internationalen Börsen sind gewaltige Spekulationsblasen entstanden. Der Zusammenbruch ist vorprogrammiert.
- Auch auf medizinischem Gebiet gibt es eine neue Bedrohung: Immer mehr Krankheitserreger werden gegen unsere wichtigste Waffe, Antibiotika, immun; längst besiegt geglaubte Krankheiten könnten bald neue Seuchen auslösen, gegen die wir hilflos wären.
- Die Gentechnik wird nicht zu Unrecht von vielen als ein Damoklesschwert betrachtet. Von jeglicher Ethik entkoppelt, stellt sie eine Zeitbombe für Natur und Gesellschaft dar.
- Aber auch für soziale Spannungen ist gesorgt. In Deutschland beispielsweise wird durch die sinkenden Geburtenziffern (derzeit durchschnittlich nur 1,25 Kinder pro Frau statt der nötigen 2,1)

nach Meinung der UNO eine Zuwanderung von 500 000 Menschen jährlich nötig sein, um die Bevölkerung stabil zu halten und die Renten zu sichern. In den Kindergärten und Schulen der Großstädte werden Kinder ausländischer Abstammung schon in wenigen Jahren die Mehrheit stellen. Im Jahre 2015 wird der Ausländeranteil der unter 20jährigen in Berlin (West) bereits 52 % betragen. Ob da allerorts die Integration so gut gelingt, wie es die Politiker planen? In einer Studie des Bielefelder Soziologen Wilhelm Heitmeyer aus dem Jahre 1997 meinte rund ein Drittel der 1200 befragten jungen Moslems aus Deutschland, den Islam in Deutschland verbreiten zu wollen, 36 % waren bereit, sich auch mit körperlicher Gewalt gegen »Ungläubige« durchzusetzen. Bereit zur Gewalt sind auch rechtsextremen Gruppierungen, die sich regen Zustroms erfreuen. So wurden allein im Jahr 1999 140 neue rechtsextremistische Websites gegründet.

• Zu glauben, daß wir in einer »Friedenszeit« leben, ist eine Illusion, die einem die Medien bald nehmen. Rund um den Globus ist eine Vielzahl von Konflikten und Kriegen im Gange. Der Zerfall Jugoslawiens mit seinen Folgen bewies, daß auch unser Kontinent nicht vor Krieg gefeit ist. Mehr darüber im folgenden Kapitel.

Zweifellos gehen wir also – auch hier in Mitteleuropa – unsicheren Zeiten entgegen.

Katastrophenszenarien

Nach Aussage der Versicherungsgesellschaften leben wir in einer Zeit der Katastrophen[3]. So haben die Schäden durch große Naturkatastrophen seit 1960 (inflationsbereinigt) um das Achtfache zugenommen. Das liegt aber nicht nur daran, daß immer mehr Menschen in gefährdeten Gebieten leben, sondern die Häufigkeit und die Schwere extremer Naturereignisse selbst sind in den letzten Jah-

---

[3] Das Wort »Katastrophe« stammt aus dem Griechischen, von κατά (gänzlich, völlig; hinunter) und στρέφειν (drehen, wenden, umstürzen). Im antiken Drama bezeichnete es die entscheidende Wendung, die zur Lösung des Konflikts und zum Tod des Helden führt. Im heutigen Sprachgebrauch dominieren aber die negativen Bedeutungen »Vernichtung«, »Zerstörung«.

ren stark angestiegen. Wir können unterscheiden zwischen Katastrophen, die nur eine kleine Region betreffen, Großkatastrophen, bei denen Hilfe von Nachbarstaaten oder sogar internationale Hilfe nötig ist, und globalen Katastrophen, welche mehr oder weniger den gesamten Planeten betreffen. Welche Gefahren sind dies konkret?

Lokale Katastrophen:
- *Lawinen- und Murenabgänge*
- *kleinere Erdbeben*
- *Verkehrsunfälle mit Austritt gefährlicher Substanzen*
- *Waldbrände*

Großkatastrophen:
- *Große Erdbeben,* wie zuletzt in Los Angeles 1994, Kobe 1995, Mittelitalien 1997 und in der Türkei 1999, können uns direkt oder indirekt treffen. Ein Beben wie das von 1923, das damals mit der Stärke 8,3 auf der Richter-Skala die Kanto-Ebene auf der japani-

Abb. 1: Schutt in den Straßen von San Francisco nach dem großen Beben von 1906, bei dem 225 000 Menschen obdachlos wurden. Die Wissenschaftler sind überzeugt, daß in Kalifornien heute wieder ein großes Beben bevorsteht.

Abb. 2: U-Boot der Typhoon-Klasse in der Zapadnaya Litsa-Bucht.
Diese 175 Meter langen Boote besitzen je zwei Druckwasserreaktoren vom Typ OK-650. Insgesamt befinden sich auf den in der Kola-Region stationierten Schiffen und U-Booten 18 % aller Kernreaktoren der Welt!

schen Hauptinsel Honshu erschütterte, würde dort heute einen Schaden von etwa drei Billionen Dollar verursachen. Auch ein längst überfälliges großes Beben in Kalifornien oder besonders verheerende Hurrikane an der Ostküste der USA könnten Folgen für das weltweite Finanzsystem haben.
- *Flutkatastrophen* wie in Deutschland, Österreich, Tschechien und Polen 1997, China 1998 oder Mosambik 2000 können binnen kurzer Zeit Tausende bis Millionen obdachlos machen und das staatliche Krisenmanagement damit völlig überfordern.
- *Stürme:* Seit Jahren beobachten wir im Fernsehen, wie Orkane insbesondere in der Karibik und in den USA immer mehr Schaden anrichten. Mittlerweile kommt es auch in Mitteleuropa zu Stürmen mit einer bisher nicht gekannten Heftigkeit (z.B. Orkan in Frankreich 1999).
- *Vulkanausbrüche* stellen in Mitteleuropa derzeit keine Gefahr dar, wohl aber in Südeuropa (Italien) und auf Island. Doch auch

erloschene Vulkane könnten in Zeiten stark erhöhter tektonischer Aktivität wieder ausbrechen.
• *Chemieunfälle:* Unfälle, bei denen es zum Austritt giftiger oder ätzender Stoffe kommt, können innerhalb kurzer Zeit viele Opfer fordern. Beispiele dafür waren Seveso 1976, Bhopal 1984, oder Ufa 1989.
• *AKW-Unfälle:* Der Reaktorunfall in Tschernobyl 1986 hat gezeigt, daß Kernkraft »todsicher« ist, wenn auch nicht im Sinne ihrer Befürworter. Österreichs einziges AKW ging nach Protesten der Bevölkerung nie in Betrieb, in Deutschland findet im Moment ein Umdenken statt. Andernorts aber werden Kernkraftwerke weiterhin ein Risiko darstellen, speziell in den Ländern des Ostens, wo deutlich niedrigere Sicherheitsstandards herrschen. Ein nicht zu unterschätzendes Gefahrenpotential stellen auch die atomgetriebenen U-Boote und Schiffe der russischen Nordflotte dar, die in Murmansk und anderen Häfen der Halbinsel Kola stationiert sind.
• *Versorgungskrisen:* Wirtschaftliche Schwierigkeiten, Naturkatastrophen, Unruhen oder Kriege in den Lieferländern könnten zu Versorgungskrisen im Inland führen. Dies gilt in Mitteleuropa besonders für den Energiebereich (Erdöl und Erdgas).
• *Lokale (Bürger-)Kriege:* Wir hören und lesen davon täglich in den Nachrichten. Bei einigen Konflikten (z.B. Indien-Pakistan) ist auch mit dem Einsatz von Kernwaffen zu rechnen.
• *Terrorangriffe:* Die Giftgasanschläge der japanischen Aum-Sekte von 1995 könnten verblassen gegen die zukünftige Verwendung nuklearer oder biologischer Waffen durch terroristische Gruppierungen.

Globale Katastrophen:
• *Weltwirtschaftskrise:* Eine weltweite Rezession ist nach Ansicht von Experten nur eine Frage der Zeit. Die fetten Jahre sind vorbei. Eines der Hauptprobleme ist, daß unsere Grundbedürfnisse heute durch die modernen Fertigungsmethoden mit sehr wenig Arbeitsaufwand gedeckt werden können. Zum Erhalt von Arbeitsplätzen müssen daher Bedürfnisse für Güter geschaffen werden, die wir eigentlich nicht brauchen – und uns in Zukunft wohl auch nicht mehr leisten können. Auf der anderen Seite sind, wie bereits erwähnt, viele Wertpapiere massiv überbewertet und werden früher

oder später einbrechen. Für die Mitglieder der Euro-Zone bedeutet darüber hinaus die Schwäche des Euro gegenüber Dollar und Yen ein weiteres Problem.
• *Weltkrieg (konventionell oder atomar):* Nach dem Zusammenbruch der Sowjetunion und dem Ende des Kalten Krieges wollen heute viele nicht mehr an die Gefahr eines Weltkriegs glauben. Tatsächlich aber birgt nicht nur die schwer einzuschätzende künftige Rolle der Supermacht China Stoff für Konflikte, auch die restaurative Politik des ehemaligen KGB-Agenten Wladimir Putin in Rußland gibt Anlaß zur Sorge. Querdenker wie der US-Analytiker Jeff R. Nyquist werden nicht müde darauf hinzuweisen, daß hochrangige Überläufer wie General Jan Sejna und Major Anatoliy Golitsyn schon Anfang der 80er Jahre behaupteten, die UdSSR plane einen kontrollierten Kollaps des Warschauer Pakts, um die NATO zu einer für sie unvorteilhaften Abrüstung zu bewegen und schließlich den Kontinent militärisch zu dominieren. Golitsyns »Voraussagen« in seinem 1984 erschienenen Buch *New lies for old* sind bisher bis hin zum Fall der Berliner Mauer mit bestechender Präzision eingetroffen.

Abb. 3: SS-23 Rakete (Spider) auf 4achsiger mobiler Abschußeinheit

Alles nur haltlose Verschwörungstheorien? Tatsache ist, daß die neuentwickelte und 1999 in Serie gegangene russische Interkontinentalrakete vom Typ SS-27 (Topol-M) mit einer Reichweite von 10 500 Kilometern wohl nicht zum Einsatz in Tschetschenien gedacht ist. Oder wußten Sie, daß bis heute u. a. im slowakischen Martin sowjetische SS-23 Kurzstreckenraketen (ausgelegt für einen 100-kt-Nuklearsprengkopf, das entspricht sechs Hiroshima-Bomben) lagern, die von den Russen dort »vergessen« worden sind? Nach dem von Reagan und Gorbatschow unterzeichneten INF-Abkommen von 1987 dürften diese Waffen längst nicht mehr existieren. Mehr über diesen Problemkreis in meinem *Lexikon der Prophezeiungen* sowie auf den im Anhang empfohlenen Internetseiten.

• *Pandemien (weltweite Epidemien)* können sich in kurzer Zeit über die ganze Erde ausbreiten, wenn ihre Erreger durch Tröpfcheninfektion verbreitet werden. Die »Spanische Grippe« von 1918 forderte binnen weniger Monate weltweit 27 Millionen Opfer, weit mehr also als der gesamte Erste Weltkrieg! Wie in dem amerikanischen Science-fiction-Film *Twelve Monkeys* (USA, 1995) könnte eine solche Pandemie ganze Kontinente lahmlegen; durch den Flugverkehr überschreiten Krankheitserreger heute rasch auch alle natürlichen Barrieren wie etwa die Meere.

• *Impakt eines Himmelskörpers:* Der Einschlag eines Asteroiden oder Kometen auf der Erde, wie er in Filmen[4] wie *Deep Impact* oder *Armageddon* (beide: USA, 1998) dargestellt wird, hätte verheerende Folgen für die gesamte Biosphäre. Wir kennen heute 547 Objekte, die uns während der nächsten drei Jahrzehnte gefährlich

---

[4] Die Tatsache, daß man zu praktisch allen Katastrophen hier ein oder mehrere moderne Spielfilme nennen könnte [ich denke z. B. auch an den Wirbelsturmfilm *Twister* (USA, 1996) oder den Film *Dante's Peak* (USA, 1997) über einen Vulkanausbruch in bewohntem Gebiet], zeigt das ambivalente Verhalten des Menschen in bezug auf solche Ereignisse: Insbesondere mit den modernen Special-Effects läßt es sich schön gruseln; wenn man das Kino aber wieder verläßt, lacht man und denkt nicht daran, sich auf solche Krisen in irgendeiner Weise vorzubereiten. Besonders kraß scheint mir die sorglose Einstellung der Bewohner von Kalifornien, die genau wissen, daß es früher oder später zu einem gewaltigen Beben an der San-Andreas-Störung kommen wird.

*Abb. 4: Impakt eines großen Asteroiden auf der Erde
(Künstlerimpression von Don Davies, NASA)*

werden könnten, dies sind jedoch nur geschätzte 7% der tatsächlich vorhandenen gefährlichen Objekte. Die Entdeckung gelingt oft erst sehr spät, Gegenmaßnahmen, wie in den erwähnten Filmen gezeigt, könnten wir beim derzeitigen Stand der Technik ohnehin nicht treffen. Einschläge vom Kaliber des »Dinosaurier-Killers« vor 65 Millionen Jahren (Objektdurchmesser 10–15 Kilometer) sollen alle 50 Millionen Jahre stattfinden. Rein statistisch gesehen, ist ein solcher Treffer daher schon überfällig.

Ein Worst-case-Szenario

Wie im Vorwort bereits erwähnt, war meine persönliche Motivation für die Beschäftigung mit Überlebensstrategien das Ergebnis meiner umfangreichen Analyse von 350 Prophezeiungen. Dabei zeigte sich, daß diese Vorhersagen ein erstaunlich kohärentes Bild unserer Zukunft liefern. Es ergibt sich ein Szenario, das im *Lexikon der Prophezeiungen* detailliert beschrieben ist und hier nur in Stichworten wiederholt werden soll:

In der nahen Zukunft kommt es u. a. durch Wirtschaftskrisen zu zunehmenden Unruhen und bürgerkriegsähnlichen Zuständen unter der Bevölkerung Europas. In Frankreich und Italien brechen Revolutionen aus, in deren Verlauf sogar der Papst aus Rom vertrieben wird.[5]
Dann fällt im Sommer völlig überraschend eine russische Streitmacht in Mitteleuropa ein und versucht in drei Angriffskeilen, von Deutschland bis zum Atlantik vorzudringen. Die NATO ist nicht in der Lage, so kurzfristig eine Verteidigung aufzubauen. Allerdings gelingt es durch eine spezielle Waffe (»gelber Strich« von Prag bis zur Ostsee), diese relativ schwache erste strategische Staffel der Russen vom Nachschub abzutrennen, wodurch sie (rund drei Monate nach Kriegsbeginn) allmählich aufgerieben wird.
Außerdem brechen die Chinesen ein Abkommen mit den Russen und fallen ihnen in Sibirien in die Flanke. In dieser Situation beginnen die Russen mit gezielten Nuklearschlägen auf Städte in Europa und Amerika. Aber – als wäre er durch die Hand Gottes gelenkt, wie viele Seher meinen – gerade zu diesem Zeitpunkt trifft ein gewaltiger Himmelskörper (ein Komet oder Asteroid) die Erde. Durch diesen Impakt kommt es weltweit zu gewaltigen Erdbeben und überaus heftiger vulkanischer Aktivität. Giftige Gas- und Staubwolken raffen über Nacht Millionen von Menschen dahin. (Dutzende Seher, die nichts voneinander wußten, sprechen von einer regelrechten Finsternis mit einer Dauer von drei Tagen, während derer die meisten Menschen umkommen.)
Danach (es gibt keine großflächige Verstrahlung und keinen nuklearen Winter) kommt eine glückliche Friedenszeit, in der die

---

[5] Vor kurzem wurde im Vatikan das unverständlich lange gehütete »dritte Geheimnis« von Fatima veröffentlicht. Der angeblich von Maria im Jahre 1917 den drei Seherkindern geoffenbarte Text enthält die Beschreibung einer Christenverfolgung, in deren Zuge sogar der Papst von Soldaten erschossen wird. Handelt es sich bei dem Text nur um eine Metapher für den Kampf der Kirche mit den bösen Mächten, oder gibt er einen Hinweis auf zukünftige Ereignisse – in Übereinstimmung mit vielen anderen Visionen?

Menschen von lokalen »Machthabern« regiert werden. Der technologische Stand entspricht allerdings dem des Spätmittelalters, weil die Primärindustrie (Rohstoffgewinnung und -verarbeitung) weltweit ebenso völlig zerstört ist wie die Kommunikations- und Verkehrsnetze. Es gibt keinen Treibstoff, keinen Strom, keine Züge, keine Autos, kein Telefon, keine Supermärkte, keine Wasserleitung, keine Baumaterialien usw. Die Städte sind nur noch Ruinen. Auf dem Land aber entsteht eine neue, bäuerliche Kultur.

Diese Schilderung muß für einen Leser, der sich mit der Materie noch nicht beschäftigt hat, phantastisch und unglaubwürdig klingen, entspricht aber dem Befund der Seherberichte. Im *Lexikon der Prophezeiungen* habe ich versucht nachzuweisen, daß dieses Szenario (auch was den russischen Angriff auf Westeuropa angeht) keineswegs so absurd ist, wie es auf den ersten Blick erscheinen mag. Auf alle Fälle aber liefert diese Geschichte ein *Worst-case-Szenario*, also einen schlimmst-anzunehmenden Fall. Wer sich auf dieses Geschehen vorbereitet, ist auf alles vorbereitet, was überhaupt passieren kann: Währungskollaps, Unruhen, Krieg mit konventionellen sowie ABC-Waffen, kurzfristige Besatzung, Impakt, vulkanische Emissionen, Wassermangel, Hungersnot und eine völlig zerstörte Infrastruktur.

II

Vorbereitungsmaßnahmen

Wichtige Vorbemerkungen

Dieses Buch versucht, Strategien zur Bewältigung *aller* prinzipiell denkbaren Gefahren im Verlauf einer globalen Krisenzeit zu geben. Die Anweisungen beziehen sich daher, wie im vorigen Kapitel erwähnt, auf ein Worst-case-Szenario. Der Leser sei sich aber bewußt, daß es kaum einen Ort geben wird, an dem *alle* diese Katastrophen eintreten werden!

Im Zusammenhang mit Vorbereitungsmaßnahmen für einen Atomkrieg wird oft das Schlagwort *Die Lebenden werden die Toten beneiden* gebracht. Es sei sinnlos, sich für eine solche Katastrophe vorzubereiten, weil danach ohnehin alles zerstört und verstrahlt sei. Wenn Sie bisher auch dieser Meinung waren, lesen Sie bitte vorab das Stichwort ➤ Atomkriegmythen im Lexikonteil.

Eine Anmerkung für Prophezeiungsgläubige:
Die Seher stimmen darin überein, *daß viele Orte und ganze Regionen* von dem relativ kurzen Kriegsgeschehen *überhaupt nicht betroffen werden*. In zahlreichen Botschaften bei Erscheinungen wird betont, daß viele Menschen auf wunderbare Weise beschützt werden. Die Menschen werden zu *Mut, Hoffnung und Zuversicht* aufgerufen.
Lassen Sie sich also nicht zu panikartigen Reaktionen hinreißen, sondern denken Sie bei all Ihren Vorbereitungen daran, daß ein Teil davon (hoffentlich!) gar nicht nötig sein wird!

1 Vorsorgen – materiell und/oder spirituell?

Von gläubiger Seite hört man bisweilen, eine materielle Vorbereitung auf kommende Katastrophen sei egoistisch und auch überflüssig, denn Gott würde schon retten, wen er retten wolle. Mir scheint diese Meinung auf einer verkürzten Sicht der Dinge zu beruhen. Man gleicht mit ihr einem Passagier, der beim Sprung vom sinkenden Schiff den Rettungsring zurückläßt, weil er sich lieber einzig und allein auf die Kraft des Gebetes verläßt. Mitten im Ozean, so meint er, wäre ein Rettungsring ja ohnehin nutzlos, er würde das Ertrinken doch höchstens ein paar Stunden aufschieben. Wenn nach einer Stunde dann das rettende Schiff eintrifft, ist er bereits untergegangen...
Es wäre daher ganz verfehlt, die Hände in den Schoß zu legen. Man kann ja auch so argumentieren: Gott läßt uns die Warnungen durch die Vielzahl der Prophezeiungen und Erscheinungen gerade deswegen zukommen, damit sich die hellhörigen Menschen eine »Arche« bauen können! Wieviel Zeit und Geld man in Vorbereitungsmaßnahmen für das Überleben der kommenden Ereignisse investieren will, muß jeder für sich selbst entscheiden. Es ist aber sicher unangemessen, auf der Stelle den Beruf aufzugeben, alles zu veräußern und in einer Almhütte in den Bergen auf den Krieg zu warten. Für Menschen, die auf dem Land leben, ist der Einsatz relativ gering: Sie brauchen nicht mehr viel Zeit mit der Planung der Vorsorge zu verbringen, da dieses Buch (und weitere in ihm angeführte) bereits die Information enthalten, *was* zu tun ist. Der finanzielle Aufwand für die wichtigsten Maßnahmen hält sich ebenfalls in Grenzen; sie kosten nicht mehr, als man vielleicht für Unterhaltungselektronik, Schmuck oder Fernreisen ausgibt. Schwieriger gestaltet sich die Situation, wenn Sie in der Großstadt wohnen. Dort ist im Krisenfall die durchgehende Versorgung mit Wasser, Nahrung und Brennstoff nicht gewährleistet. Diejenigen, denen es möglich ist, werden daher versuchen, sich ein Refugium auf dem Land zu suchen, bzw. ganz dorthin zu ziehen (eventuell zusammen mit Gleichgesinnten). Zugegeben, dies ist eine schwierige Entscheidung, die Sie erst treffen sollten, wenn bzw. falls die Zeichen der Zeit wirklich auf Sturm

stehen. Prinzipiell ist das Überleben aber auch in der Stadt möglich!
Ohne die materiellen Grundvoraussetzungen wird das Überleben also schwierig. Wie aber sieht es mit der *spirituellen*, also der *geistigen* Vorbereitung aus?
Ein Materialist mag dabei vielleicht an *psychologische* Vorbereitung denken (positive Grundeinstellung, Wille zum Überleben usw.). Das ist aber nicht damit gemeint. Vielmehr möchte ich auf den Gedanken hinweisen, daß man durch materielle Vorbereitungen, seien sie auch noch so aufwendig, keine »Überlebensversicherung« abschließt. Das Überleben ist, wie das körperlich und geistig gesunde Leben in friedlichen Zeiten natürlich auch, etwas, was nicht in der absoluten Verfügungsgewalt des Menschen steht, eine *Gnade*, wie der Gläubige sagt. Dieser erinnert sich vielleicht auch an die Worte Jesu: *Denn wer sein Leben retten will, wird es verlieren; wer aber sein Leben um meinetwillen und um des Evangeliums willen verliert, wird es retten.* (Mk 8,35)
Ein in den meisten Religionen praktiziertes Mittel der spirituellen Vorbereitung ist das *Gebet*, das stets ein »Reden mit Gott« (samt Hinhören!) sein soll, keinesfalls aber eine magische Beschwörungsformel.
Auch das *Rosenkranzgebet*, das bei vielen Marienerscheinungen immer wieder als *die* Waffe gegen das Böse empfohlen wurde, ist daher nur dann sinnvoll, wenn es nicht heruntergeleiert wird, sondern wenn man beim Beten durch den beruhigend-meditativen Charakter in einen Zustand verstärkter Gottesnähe sinkt, aus dem man sehr viel Kraft schöpfen kann. Sei es durch Gebet, durch den Empfang der Sakramente, durch Unterstützung hilfsbedürftiger Menschen oder zumindest durch die konsequente Anwendung der goldenen Regel *Was du nicht willst, das man dir tu, das füg auch keinem anderen zu!* – jeder kann sich in seinem Rahmen auch spirituell auf eine kommende Krisenzeit vorbereiten.[6]

---

[6] All das ist jedoch nur sinnvoll, wenn es ohne den egoistischen Hintergedanken geschieht, »gute Werke« zu sammeln. Gott will, daß wir das Gute aus Liebe zu ihm und unseren Mitmenschen tun und nicht um des Lohnes willen! Der Himmel läßt sich nicht erkaufen!

2 Katastrophenschutz für Anfänger – ein 6-Tage-Programm

Was um alles in der Welt soll das?! Sie reiben sich die Augen. Spürten Sie nicht eben eine Erschütterung? Der Wecker zeigt 4 Uhr 12. Woher kommt der Lärm? Am Sonntagmorgen! Sie öffnen das Fenster. Es regnet. Auf der Straße laufen einzelne Menschen. Einige packen hektisch Gepäck und Kinder ins Auto. In der Ferne heult eine Sirene. Ihr Nachbar taucht am Fenster auf. »Was ist los?« – »Keine Ahnung, habt ihr auch kein Fernsehen?« Sie betätigen den Lichtschalter; es bleibt dunkel – kein Strom im Haus. Irgendwo muß doch noch eine Taschenlampe sein. Auch das Telefon ist tot. Was ist nur geschehen? – Was ist zu tun? ...

Wir müssen uns bewußt sein, daß Katastrophen sich nicht immer voranmelden. Sie können uns zu jeder Tages- und Nachtzeit überraschen. Es gilt daher – wie bei den Pfadfindern –, *allzeit bereit* zu sein. Die Lektüre oder der Besitz dieses Buches allein erhöht ihre Überlebenschancen nur unwesentlich; Sie müssen natürlich auch entsprechende Vorbereitungsmaßnahmen treffen. Dabei könnte es aber sein, daß Sie von der Fülle der hier gebotenen Anregungen erst einmal überfordert sind und sich fragen, wie Sie die Sache anpacken sollen. Für diesen Fall möchte ich Ihnen ein 6-Tage-Programm vorstellen, dessen Maßnahmen schnell und preiswert durchzuführen sind, nach dessen Abschluß aber Sie Ihre Sicherheit entscheidend erhöht haben werden.

Ich gehe dabei vom schwierigsten Fall aus: Sie wohnen in einer Stadtwohnung, haben keine besondere (Wander-)Ausrüstung und wenig Zeit und Geld – jedoch den Willen, für ein Mindestmaß an Katastrophenschutz zu sorgen. Also – es geht los!

1. Tag:
Nehmen wir an, es ist Samstag, so daß wir uns an den ersten beiden Tagen unserer »Vorbereitungswoche« ganz auf die »Theorie« konzentrieren können.

Schmökern Sie zuerst einmal die *Verhaltensmaßnahmen bei akuter Gefahr* in Kapitel III durch und prägen Sie sich diese ein, damit Sie im Ernstfall nicht mehr nachschlagen müssen. Diese

Maßnahmen sind freilich allgemeiner Natur. Es ist daher nötig, daß Sie spezielle, auf Ihre Situation zugeschnittene private Katastrophenpläne für die verschiedenen Krisenfälle erstellen. Nehmen Sie dazu Papier und Schreibzeug zur Hand und lesen Sie im Lexikonteil unter dem Stichwort ➤ Katastrophenplan, was ein solcher enthalten muß.

Dann suchen Sie alle Dokumente zusammen, die nicht verlorengehen dürfen. Von diesen werden Sie bei nächster Gelegenheit Kopien anfertigen, wie auch von den Katastrophenplänen.

Zum Abschluß sollten Sie noch die ➤ Sirenensignale lernen, um sie im Notfall auseinanderhalten zu können. Für den ersten Tag soll uns das genügen.

2. *Tag:*
Heute soll eine Einkaufsliste für Montag erstellt werden: Werfen Sie einen Blick auf die unter den *Checklisten* angeführten Bemerkungen zum Lebensmittelvorrat. Fürs erste reicht es, wenn wir ein preisgünstiges *dynamisches Lager* für 14 Tage einrichten. Halten Sie Papier, Schreibzeug und eventuell einen Taschenrechner bereit. Multiplizieren Sie die unter der Lebensmittel-»Luxuslösung« angegebenen Mengen mit der Anzahl der Personen, für die Sie vorsorgen wollen. Dann dividieren Sie die berechneten Mengen (die ja für ein Jahr gelten) durch 25, um auf die Mengen für einen 2-Wochen-Vorrat zu kommen. Ein Beispiel: Der Jahresbedarf eines Erwachsenen an Mehl ist mit 24 kg angegeben. Ihre Familie besteht aus 2 Erwachsenen und 2 Kindern, die der Einfachheit halber auch voll zählen – ein kleiner Spielraum zur Sicherheit kann ja nicht schaden. Also rechnen Sie 24 kg × 4 (Personen) = 96 kg (pro Jahr). Weiter dann: 96 kg : 25 = 3,84 kg. Sie müssen also 4 kg Mehl kaufen.

Wenn Sie die Lebensmittel-Einkaufsliste fertiggestellt (und nach persönlichem Bedarf) ergänzt haben, prüfen Sie, ob genügend Hygieneartikel für 2 Wochen im Haus sind. Verwenden Sie dazu die entsprechende Aufstellung unter den Checklisten. Notieren Sie das Fehlende. Für den Fall, daß das WC mangels Wasser ausfällt, sorgen Sie mit einem verschließbaren Kübel, Camping-WC-Mittel und Müllsäcken vor.

Schließlich sollten Sie noch die Hausapotheke und das Verbandskästchen durchgehen und einen Einkaufszettel für die Apotheke schreiben.

3. Tag:
Heute ist Einkaufstag. Besorgen Sie die gestern notierten Dinge, machen Sie die erforderlichen Kopien von Dokumenten und Katastrophenplänen und nehmen Sie im Supermarkt auch gleich einen wasserfesten Plakatstift mit, mit dem Sie später zuhause die Lebensmittelpakete und -dosen sowie die Arzneimittel beschriften: Ringeln Sie das Verfallsdatum ein und notieren Sie daneben das Kaufdatum. Lagern Sie alles kühl, trocken, lichtgeschützt und kontrollieren Sie es regelmäßig auf Schädlinge. Da es sich um ein dynamisches Lager handelt, nehmen Sie im Alltag bei Bedarf jeweils die älteste Packung aus dem Lager und ersetzen Sie (zuverlässig!) mit einer frischen, die ganz hinten eingereiht wird. Damit haben Sie, was Lebensmittel, Hygieneartikel sowie Medizin und Verbandsmaterial betrifft, für 2 Wochen vorgesorgt.

4. Tag:
Wichtiger noch als die Nahrung ist das Trinkwasser. Rechnet man ein wenig Wasser zum Kochen und für Hygiene hinzu, benötigt eine Person für 2 Wochen etwa 50 Liter. Mit einer rechtzeitig gefüllten Badewanne kommt eine Familie also einige Zeit aus. Besser wäre es allerdings, ständig einen Vorrat in (Falt-)Kanistern oder Wassersäcken bereitzustellen. Diese Behältnisse bekommt man im Trekking-, Camping- oder Yachthandel.[6a] Dort gibt es auch Wasserentkeimungsmittel, die man dem Wasser beifügt, um den Vorrat zu konservieren. Wenn Sie in einer Stadtwohnung nur wenig Platz haben, können Sie auf das absolute Minimum an Wasser hinuntergehen, das wären dann etwa 10 Liter pro Person (für 2 Wochen, in gemäßigten Zonen, bei vollkommener Ruhe).
– Sind Ihre Behälter (mit entkeimtem Wasser) gefüllt? Ja? Und Sie

---

[6a] Falls Sie ein solches Geschäft besuchen, lesen Sie auch die Informationen zu den folgenden Tagen, denn wir werden noch ein paar Dinge vom Ausrüster benötigen. Gibt es in Ihrer Nähe kein derartiges Geschäft, konsultieren Sie das Adressenverzeichnis im Anhang, um einen Versand zu finden!

haben sogar noch einige Pakete Fruchtsäfte eingelagert? Sehr gut, damit ist die Wasserversorgung für die erste Zeit gesichert.

5. Tag:
Als nächstes müssen wir an die Möglichkeit denken, daß Strom und Heizung ausfallen könnten. Legen Sie eine Taschenlampe mit frischen Batterien, einige Kerzen und ein Feuerzeug bereit. Dieses Set sollte wirklich nur im Notfall verwendet werden. Um die Nachrichten hören zu können, benötigen Sie ein batteriebetriebenes Radiogerät[6b], und um ohne Gas und Strom kochen zu können, einen Campingkocher samt Brennstoff. (Am unkompliziertesten sind Gasbrenner.) Die fehlende Heizung ist in unseren Breiten nur im Winter ein Problem. Die einfachste Lösung stellt ein hinreichend wärmender Schlafsack dar, den Sie für das Fluchtgepäck (was das ist, wird unten erklärt) ohnehin anschaffen sollten. Ersatzweise können Sie Decken verwenden. Bei großer Kälte tragen Sie mehrere Schichten Kleidung, stopfen Zeitungspapier dazwischen und wickeln sich zusätzlich in eine Alu-Isolierdecke (aus der Apotheke oder dem Trekking-Geschäft). So gerüstet, sitzen Sie auch bei Energieausfall nicht im Finstern, können die Nachrichten verfolgen, kochen und schlafen, ohne zu frieren.

6. Tag:
Jetzt ist es Zeit, an das Fluchtgepäck zu denken. Wenn Sie – etwa bei einem Erdbeben – gezwungen sind, das Haus binnen weniger Minuten zu evakuieren, sollten alle wichtigen Dinge zusammen mit guten (Wander-)Schuhen und strapazierfähiger Kleidung bereitstehen. Nehmen Sie einen großen Rucksack (notfalls eine Reisetasche oder einen Koffer) und füllen Sie ihn mit der Dokumentenmappe, einer Unterlagematte, einem Schlafsack (oder einer Decke), etwas Bargeld, einer Wasserflasche mit desinfiziertem Wasser und etwas Notproviant (z.B. Müsliriegel). Damit können Sie zumindest die erste Nacht im Freien überleben, wenn Sie im

---

[6b] Es gibt sogar spezielle Geräte im Elektronikhandel, etwa von der Größe einer Videocassette, die man entweder mit Batterien oder mit Strom aus den eingebauten Solarzellen betreiben kann. Gibt es nicht genug Licht, läßt sich das Radio sogar mittels einer kleinen Kurbel aufladen!

Winter evakuieren müssen. Eine Aufstellung für ein weitaus umfangreicheres Fluchtgepäck, mit dem man längere Zeit in der Wildnis überleben kann, finden Sie im entsprechenden Unterkapitel der *Checklisten*.

Unser 6-Tage-Programm ist somit abgeschlossen. Vorausgesetzt, Sie haben mitgemacht und nicht nur mitgelesen, darf ich Ihnen gratulieren: Sie wissen nun, wie Sie sich in den verschiedenen Krisenfällen zu verhalten haben. Sie haben genügend Vorräte eingelagert, um bei Versorgungskrisen zwei Wochen durchzuhalten, und Sie können, wenn eine Evakuierung nötig ist, auf Ihr Fluchtgepäck zurückgreifen. Damit sind Sie für kleine und mittlere Katastrophen gewappnet; der erste Schritt für eine umfassende Krisenvorsorge ist gemacht. Weitere Schritte finden Sie in Form einer Liste von Tips im folgenden Kapitel.

3 Langfristige Vorsorgemaßnahmen

Die folgenden Vorsorgemaßnahmen erfordern schon etwas mehr Zeit, Geld, Mühe – und auch Entschiedenheit:
- Betreiben Sie eine aktive Gesundheitsvorsorge. Nach einer globalen Katastrophe wird es in der ersten Zeit praktisch keine medizinische Versorgung geben. Lassen Sie anstehende medizinische Eingriffe, Zahnsanierungen, Lasik-Augenkorrektur usw. sofort durchführen. Lassen Sie alle möglichen Schutzimpfungen (Tetanus, Poliomyelitis, Hepatitis, Typhus, FSME, BCG usw.) durchführen (Seuchengefahr nach den Katastrophen). Achten Sie auf gesunde Lebensführung und stärken Sie damit Ihr Immunsystem. Härten Sie sich ab durch Schlafen bei offenem Fenster und kaltes Duschen. Entschlacken Sie Ihren Körper durch Kräutertee- und Badekuren.
- Legen Sie sich die in den Checklisten angeführten und auf Ihre Bedürfnisse abgestimmten Ausrüstungsgegenstände und Vorräte zu, und vergraben bzw. verstecken Sie diese.
- Setzen Sie Luxusgüter (Schmuck, Eigentumswohnung in der Stadt usw.) in Geld um. Lösen Sie Sparverträge, Lebensversicherungen u.ä. auf. Verkaufen Sie alle Wertpapiere. Verwandeln Sie allmählich Ihr gesamtes Geld in Sachwerte, solange es noch etwas wert ist. Gold, Diamanten und erst recht Antiquitäten oder Kunstwerke sind keine Absicherung, da man nach einer Großkatastrophe vielleicht jahrelang ausschließlich Naturalien tauschen wird, die wirklich benötigt werden.
- Falls Sie in der Stadt wohnen: Prüfen Sie, ob ein Umzug aufs Land möglich ist! Entweder Sie kaufen oder pachten einen alten Hof, eine Almhütte oder ein Häuschen mit Garten, oder Sie finden eine Gruppe oder Familie, die bereits auf dem Land lebt und Ihnen Zuflucht bietet (siehe ➤ Überlebenssiedlungen). Grundsätzlich ist ein Anwesen leichter zu bewirtschaften und zu verteidigen, wenn es mehr Menschen beherbergt. Wenn Sie als alter, alleinstehender und mittelloser Mensch wenig beitragen können, vertrauen Sie darauf, daß es Menschen gibt, die Ihnen um Gottes Lohn helfen werden. Wichtig ist aber, daß Sie rechtzeitig Kontakte knüpfen, etwa

während eines Urlaubs (Ferien am Bauernhof). Sollten Sie erst im Verlauf einer Großkatastrophe aufs Land fahren, werden Sie wahrscheinlich für einen der zahlreichen Plünderer gehalten und bestenfalls vertrieben. Bei der Auswahl des Standorts sollten Sie die im Kapitel VI angeführten Angaben beherzigen. Bevorzugen Sie im Hinblick auf die Erdbeben kleinere, stabile, eingeschossige Gebäude. Von den Voraussetzungen her ist das Optimum für eine Zuflucht eine Berg- oder Almhütte in einer wasserreichen, abgelegenen Gegend, die nicht zu den in diesem Buch genannten gefährdeten Gebieten gehört.

Ein ➤ *Überleben in der Stadt* ist, wie schon gesagt, schwierig, aber nicht unmöglich.

- Treffen Sie die erforderlichen Brandschutzmaßnahmen (➤ Brandschutz).
- Pflanzen Sie Obstbäume und -sträucher in Ihrem Garten sowie Küchen- und Heilkräuter (notfalls auf dem Balkon).
- Fällen Sie Bäume, die bei einem Sturm oder Beben auf Ihre Gebäude stürzen könnten.
- Tun Sie sich vorsichtig mit Gleichgesinnten zusammen, seien Sie aber auf der Hut vor Fanatikern und sektiererischen Gruppen! Im Anhang finden Sie ein Datenblatt zur Kontaktaufnahme (siehe *Aufbau einer Selbsthilfe-Datenbank*).

✎Wenn sich die von den Sehern erwähnten Vorzeichen soweit erfüllt haben, daß man Ihnen Glauben schenken wird, können Sie auch Ihre unmittelbare Umgebung durch Vorträge aufklären. Bereiten sich Ihre Nachbarn ebenfalls vor, kann das auch für Sie von Nutzen sein. Verkünden Sie aber nicht überall, wie gut Sie vorgesorgt haben, sonst sind Sie später der erste, der ausgeplündert wird!

- Treffen Sie Vorkehrungen gegen Eindringlinge: siehe ➤ Eindringlinge, Vorkehrungen gegen.
- Bauen Sie einen Schutzraum, oder adaptieren Sie einen bestehenden Raum dafür.
- Halten Sie für den Fall einer verordneten Verdunkelung und zum ABC-Schutz feste, weiß gestrichene Fensterabdeckungen bereit.
- Falls Sie Waffen besitzen, suchen Sie dafür ein schwer zu entdeckendes, aber leicht zugängliches Versteck.
- Trainieren Sie den Ernstfall (Feuer, Erdbeben, Aufsuchen von

Verstecken, Flucht, Tragen von Schutzanzügen und Gasmasken) mit Ihrer Familie.
• Erlernen und üben Sie Techniken, die Ihnen das Überleben erleichtern können (Survival-Training, Erste Hilfe, Selbstverteidigung, Zivilschutz, Wandern, Jagdprüfung, Angelschein, Fortbewegung im Dunkeln, Morsen, autogenes Training, Naturmedizin, Radiästhesie, Umgang mit Waffen usw.).
• Bereiten Sie Ihre Kinder auf das Leben in der Natur vor. (Pfadfinder, Wandertouren, Literatur wie *Robinson Crusoe* oder *Die Höhlenkinder* usw.)
• Erwerben Sie Fähigkeiten, die Ihnen einen Beruf im »Jahr 1« ermöglichen. (Gärtnern, Viehzucht, alte Handwerke usw.)
• Denken Sie über etwaige Fluchtrouten (vorzugsweise unbefahrbare Wege, markierte Wanderwege usw.) nach und halten Sie von Anfang an Ihr Fluchtgepäck (siehe Kapitel V *Checklisten*) bereit.
• Suchen Sie sich einen versteckten Platz in der näheren Umgebung, den Sie aufsuchen können, wenn Sie gezwungen sind, das Haus zu verlassen. Geeignet sind Höhlen, Erdbunker im Wald, Laubhütten, unauffällige Zeltplätze. Verstecken Sie auch dort Ausrüstung und Proviant für einige Tage.

III

Verhaltensmaßnahmen
bei akuter Gefahr

Übersicht

Im folgenden wird eine Reihe von Verhaltensregeln für den akuten Gefahrenfall gegeben. Ein Überlebens-*Lexikon* muß dem Umstand Rechnung tragen, daß man mit den Problemen, die es ansprechen soll, sicher nicht in alphabetischer Reihenfolge konfrontiert wird. Da man bei akuter Gefahr kaum die Zeit finden wird, unter den Stichwörtern des Lexikons nach Lösungen zu suchen, werden die Verhaltensmaßnahmen für Krisen, in denen rasches Handeln nötig ist, hier in Form eines gesonderten Kapitels behandelt und mit einem besonderen Aufzählungszeichen (➲) hervorgehoben.
Dennoch sollte man sich diese Maßnahmen besser schon jetzt einprägen, um im Krisenfall richtig zu reagieren.
Folgende Situationen werden behandelt:

1   Abspringen von Gebäuden 44
2   Brände 45
3   Erdbeben 48
4   Flutkatastrophen 50
5   Stürme 53
6   Vulkanausbrüche 55
7   Chemieunfall oder C-Waffen-Einsatz 57
8   Seuchenwarnung oder B-Waffen-Einsatz 60
9   Atomunfälle 63
10 Politische Spannungszeiten 65
11 Krieg 67
12 Luftalarm und Bombenangriffe 70
13 Kernwaffeneinsatz 71
14 Verschüttung 74
15 Die »dreitägige Finsternis« 🕮 76

Weitere Notsituationen im Lexikonteil:
Medizinischer Notfall: siehe ➤ Erste Hilfe
➤ Aufzug, gefangen im
➤ Einbrechen in Eis, Maßnahmen beim
➤ Gasleck, Verhalten bei
➤ Stromunfall, Verhalten bei

1 Abspringen von Gebäuden oder aus Fahrzeugen

Da es im Verlauf der verschiedensten Katastrophensituationen leicht dazu kommen kann, daß man gezwungen ist, von einem Gebäude (seltener: von einem fahrenden Fahrzeug) abzuspringen, seien hier einige Regeln für diesen Fall genannt:

Abspringen von Gebäuden

- Wenn möglich, zuerst weiche Gegenstände vorauswerfen (Matratze, Teppich usw. – Vorsicht auf Passanten!), die den Aufprall dämpfen.
- Eventuell Decke hinunterwerfen, die mehrere Helfer als Sprungtuch aufspannen können.
- Kopf mit einem Handtuch-Turban schützen.
- Eventuell an Leintüchern oder Vorhängen ein Stück abseilen, um die Sprunghöhe zu verringern. Jedenfalls zuerst mit beiden Händen sich festhalten und im Moment des Absprunges mit einer Hand sich von der Wand wegdrücken.
- Man zieht Bäume, Autodächer oder Schwimmbecken einer Betonfläche vor.
- Während des Fallens Füße und Knie geschlossen halten, Beine leicht gebeugt, die Arme schützen den an die Brust gedrückten Kopf. Nicht verkrampfen, sondern möglichst locker bleiben.
- Beim Aufprall versuchen, Knie ganz zu beugen und über den Rücken abzurollen.

Abspringen von Fahrzeugen

- Gepäck nach hinten (gegen Fahrtrichtung) abwerfen.
- Selbst in Fahrtrichtung abspringen. In der Luft einige Schritte laufen.
- Beim Fallen Beine, Kopf und Arme anziehen und ausrollen.

2 Brände

Feuer ist ein Oxidationsvorgang, für den drei Komponenten vorhanden sein müssen: Brennstoff, Hitze und Sauerstoff. Beim Löschen kommt es darauf an, dem Feuer mindestens eine dieser Komponenten zu entziehen.
Die nicht zu unterschätzende Hauptgefahr ist meist nicht die des unmittelbaren Verbrennens, sondern die des Erstickens oder der Vergiftung durch die Rauchgase! (➤ Kohlenmonoxidvergiftung)

Allgemeine Regeln zur Brandbekämpfung

- Feuer stets von unten nach oben und von innen nach außen löschen. (Ausnahme: Tropf- und Fließbrände werden von oben nach unten gelöscht.)
- Feuer mit Wasser, Sand, Decken, Kleidungsstücken oder Tüchern ersticken oder mit grünen, frischen Zweigen oder Decken ausschlagen.
- Vor der Feuerbekämpfung den eigenen Körper befeuchten.
- Brennende Flüssigkeiten (Öl und Benzin) keinesfalls mit Wasser zu löschen versuchen, sondern ersticken!
- Glutnester nach Brandende ausreichend lange beaufsichtigen.
- *Brennende Menschen:* Menschen, die Feuer gefangen haben, zu Boden werfen, damit sie nicht herumlaufen, denn dadurch wird der Brand angefacht. Brennt man selbst, Arme kreuzen, Hände auf die Schultern legen, um das Gesicht zu schützen, und sich am Boden wälzen. Mit Wasser löschen, oder das Feuer mit (feuchten) Wolldecken (keine Kunstfaser!) ersticken.
- *Brennende Fahrzeuge:* Zündung abschalten, Wagen verlassen und sich entfernen, weil es durch die Brandgase der verwendeten Kunststoffe zu einer spontanen Durchzündung im Fahrgastinnenraum oder zur Explosion des Tanks kommen kann. Kommt das Feuer nur aus der Motorhaube (meist brennt der Vergaser), muß man schnell sein, da die üblichen

1- oder 2-kg-PKW-Pulverlöscher nur für Entstehungsbrände geeignet sind.
- *Brennender Schornstein:* Brennbares Material rund um den Ofen entfernen, Fenster und Türen schließen, Ofen eventuell mit Löschsand oder Erde füllen.

Brand in einem Gebäude

- Feueralarm auslösen.
- Feuerwehr über Notruf alarmieren: Wo? Was und wie? Welches Ausmaß? Sind Menschen gefährdet?
- Eventuell Feuerlöscher, Feuerdecken benutzen.
- Brand elektrischer Anlagen mit CO_2-Feuerlöscher oder notfalls mit Wasser bekämpfen. Möglichst großen Sicherheitsabstand einhalten.[7]
- Nicht vor brennenden Fernsehern oder Bildschirmen stehen, diese können explodieren.
- Türen und Fenster schließen, um dem Brand nicht zusätzlichen Sauerstoff zu verschaffen.
- Verrauchte Räume aufgeben – Vergiftungs- und Erstickungsgefahr! Opfer bergen! Gegebenenfalls Fluchtgepäck (siehe Kapitel V *Checklisten*) und Schlüsselbund nicht vergessen!
- Auf dem Boden kriechend fortbewegen, mit einem feuchten Tuch vor dem Mund.
- Eigene Kleidung befeuchten.
- Keine Aufzüge benutzen!
- Vor dem Öffnen von Türen mit dem Handrücken Tür und Türknopf oder -klinke befühlen. Sind diese heiß, den Raum nicht mehr betreten. Muß man trotzdem in den Raum, die Tür vorsichtig, hinter ihr kniend, möglichst wenig öffnen und dann gleich wieder schließen.

---

[7] Für ein genormtes C-Rohr gelten bei Niederspannung (bis 1000 V) und Sprühstrahl 1 m Abstand, bei Hochspannung (ab 1000 V) 5 m. Bei Vollstrahl und Niederspannung 5 m und bei Hochspannung 10 m. Mit CO_2-Löschern bei Niederspannung 1 m Abstand halten, bei Hochspannung 5 m.

- Wenn möglich, Stromhauptschalter ausschalten und Gasleitung absperren.
- Wenn man festsitzt: Tür verrammeln, Ritzen abdichten. Fenster öffnen oder mit einem Möbelstück einschlagen. Nach Rettern Ausschau halten.
- Wenn keine Hilfe kommt, an Vorhängen, Bettzeug usw. abseilen (fest an Möbeln verankern).
- Ist man gezwungen zu springen: siehe Kapitel II.1

Waldbrand bzw. Buschfeuer

- Buschfeuer können sich schneller ausbreiten, als ein Mensch laufen kann. Daher nicht in Windrichtung davonlaufen, sondern nach Feuerbarrieren (Flüsse, Straßen usw.) Ausschau halten.
- Ist der Feuergürtel schmal, kann man versuchen, *durch* das Feuer zu entkommen. Kleidung eng um den Körper wickeln und eventuell befeuchten. Kopf mit Kapuze, Mütze, Tuch schützen, ein feuchtes Tuch vor Mund und Nase halten, tief Luft holen, Atem anhalten und laufen.
- Wer mittendrin ist, wirft sich auf unbewachsenen Boden und bedeckt sich mit möglichst viel (feuchtem) Material. Wenn möglich, richtig in die Erde eingraben. Hände oder feuchtes Tuch vor den Mund halten.
- Gegenmaßnahme: Eventuell kontrolliertes Gegenfeuer entzünden, also einen mehrere Meter breiten Streifen abbrennen. Das Gegenfeuer läuft aufgrund der Thermik meist dem Hauptfeuer entgegen, ansonsten löschen und hinter der abgebrannten Zone ausharren.

Der beste Feuerschutz jedoch ist Vorsorge (→ Brandschutz).

3 Erdbeben

Obwohl sehr schwere Erdbeben im allgemeinen nur in den bekannten Erdbebengebieten (Japan, Kalifornien usw.) auftreten, kommt es auch in relativ sicheren Gebieten wie Mitteleuropa immer wieder zu Beben mit Tausenden Opfern (z. B. Kärnten, 1690). Erdbeben können auch durch Kernwaffeneinsatz induziert werden.

Vor dem Beben

➲ Auf Tiere achten! Sie können Beben im voraus spüren und verhalten sich unruhig.
➲ Wird man rechtzeitig durch die Medien gewarnt, schwere Gegenstände von Möbeln und hängende Gegenstände (Blumenampel, Kronleuchter) entfernen und auf dem Boden deponieren.
➲ Geschirr und Gläser nicht stapeln.
➲ Türen von Kästchen durch Klebestreifen sichern.

Während des Bebens

➲ Wenn es möglich ist, das Gebäude rasch zu verlassen, sich auf einen freien Platz (fernab von Strommästen, Bäumen usw.) flüchten. Beim Verlassen auf herabstürzende Trümmer achten! Sich jedoch nicht in Straßenzügen zwischen Hochhäusern aufhalten, in diesem Fall besser im Haus bleiben.
➲ Unverstärkte Keller, Tiefgaragen, U-Bahn-Schächte sind bei starken Beben einsturzgefährdet.
➲ Im Freien flach auf den Boden legen.
➲ Tritt das Beben während einer Autofahrt auf, bleibt man im Auto und macht sich möglichst klein.
➲ In Gebäuden Schutzraum aufsuchen, sich unter Türdurchbrüche in Mittelmauern, Betonwänden und tragenden Wänden stellen oder eventuell unter stabilem Tisch Zuflucht suchen.

- Keine Aufzüge benutzen.
- Sich nicht neben Fenstern, Glasscheiben, Spiegeln aufhalten.
- Kopf zwischen die Knie stecken und Hals mit Armen schützen. Im Schutzraum am besten flach auf den gut gepolsterten Boden legen.

Nach dem Beben

- Schäden feststellen. Auch den Schornstein inspizieren.
- Auf Gasgeruch achten. Bei zerstörten Gasleitungen besteht akute Explosionsgefahr! (→ Gasleck, Verhalten bei)
- Nicht in den Ruinen hausen (Einsturzgefahr!), sondern Notunterkunft bauen.
- Mit Nachbeben (meistens innerhalb von 48 Stunden) rechnen.
- Kästen vorsichtig öffnen, der Inhalt kann einem entgegenstürzen.
- Vorsicht im Umgang mit Haustieren, die von Erdbeben bisweilen verstört sind und ungewohnt aggressiv werden können.
- Auf Hygiene achten, Wasser generell abkochen.
- Ist bei einer Großkatastrophe keine staatliche Hilfe zu erwarten, muß man selbst das Begraben der Leichen übernehmen, um der Ausbreitung von Seuchen vorzubeugen.

4 Flutkatastrophen

Überflutungen können durch anhaltende, schwere Regenfälle, Seebeben, Orkane, Deichbrüche oder einen Kernwaffeneinsatz im Meer entstehen. Wer an der Küste, an einem großen Fluß oder hinter Deichen lebt, sollte sich dieser Gefahr bewußt sein und sich darauf einstellen. Die folgenden Maßnahmen beziehen sich auf kontinuierlich ansteigendes Wasser. Bei haushohen Flutwellen kann man nur rechtzeitig evakuieren.

Auf freiem Feld

- Höhere Lagen aufsuchen.
- Nicht versuchen, zu schwimmen, da die Strömung meist zu stark ist.
- Vorsicht vor in Panik flüchtenden Tieren.
- Trinkwasser unbedingt filtern oder abkochen.

Mit dem Auto überflutete Stellen queren

- Anhand von anderen Autos, von Häusern oder Hinweisschildern die Tiefe an der überfluteten Stelle abschätzen, bevor man hindurchfährt. Knietiefes Wasser kann bereits undurchquerbar sein (abhängig vom Wagentyp).
- Langsam im ersten oder zweiten Gang fahren, um Motor und Sicht nicht zu gefährden.
- Im Wasser nicht anhalten und nicht schalten, der Motor könnte Schaden nehmen.
- Nach der Überquerung die Bremsen testen. Falls sie nicht funktionieren, langsam fahren und dabei leichten Druck auf sie ausüben, bis sie wieder ansprechen.

Im Haus

- ⊃ Gartenmöbel usw. ins Haus bringen, um Wegtreiben zu verhindern.
- ⊃ Trinkwasser in verschlossenen Gefäßen sammeln.
- ⊃ Gas und Strom abdrehen.
- ⊃ Türritzen mit Sandsäcken (notfalls Plastiktaschen oder Bettwäsche mit Erde füllen) abdichten.
- ⊃ Notbeleuchtung, Signalmaterial (Trillerpfeife, Spiegel, Signalraketen, Tücher), Rettungsleine, Campingkocher und Proviant bereithalten.
- ⊃ Radionachrichten verfolgen.
- ⊃ Steigt das Wasser sehr hoch, besteht die Gefahr, daß der Wasserdruck die Wände nach innen drückt und so das Haus zum Einsturz bringt. Dann besser den Keller und die unteren Stockwerke fluten, damit ein Gegendruck entsteht.
- ⊃ Wenn Evakuierung angeordnet wird (und noch möglich ist), mit dem Fluchtgepäck (siehe Kapitel Kapitel V *Checklisten*) und der genannten Ausrüstung in höhere Lagen oder weg von der Bedrohung flüchten. Haustüre versperren.
- ⊃ Andernfalls höhere Stockwerke oder das Dach aufsuchen.
- ⊃ Wenn auch das Dach überflutet wird, Floß oder Schwimmhilfe (leere Wasserkanister, luftgefüllter Plastikbeutel usw.) improvisieren. Falls vorhanden, Tauch- oder Surfanzug als Kälteschutz, Schwimmweste und Schwimmhilfen für Kinder anlegen.

Im Wasser

- ⊃ Sich an einer Schwimmhilfe festklammern.
- ⊃ Kleidung nicht auszuziehen, eventuell auch Mütze aufsetzen.
- ⊃ Unnötiges Schwimmen unbedingt vermeiden, weil dadurch sehr viel Wärme verlorengeht.
- ⊃ Ist man allein, kauert man sich zusammen, um den Wärmeverlust zu verringern. Sind mehrere Personen im Wasser, schließt man sich zu Gruppen zusammen, indem man sich um die Schultern faßt.
- ⊃ Wenn möglich, etwas essen, um den Blutzuckerspiegel hochzuhalten.

- Erreicht man Land, sofort Kleider wechseln, Feuer machen und sich wärmen.

Nach der Flut

- Stromhauptschalter und Gashaupthahn erst wieder betätigen, wenn die Sicherheit außer Zweifel steht.
- Weder Flut- noch Brunnenwasser trinken (notfalls siehe ➤ Wasser reinigen und haltbar machen) – Seuchengefahr!
- Zum Waten im Wasser nur festes Schuhwerk verwenden, da man auf spitze Gegenstände treten könnte.

5 Stürme

Da über die Bezeichnung von Stürmen oft Unklarheit herrscht, sei zur Begriffsklärung vorab angemerkt: Als *Orkane* bezeichnet man allgemein Stürme mit einer Windgeschwindigkeit von Beaufort 12, d.h. über 117 km/h. *Hurrikane* dagegen sind Wirbelstürme mit einem Durchmesser von einigen 100 km.[8] *Tornados*, Wirbelstürme deren Kernzone nur 25 bis 50 Meter breit ist, treten vor allem im amerikanischen Mittelwesten auf und ziehen durch extreme Windgeschwindigkeiten (über 500 km/h) schwerste Verwüstungen nach sich. Kleinere Tornados entstehen immer wieder auch in Mitteleuropa. Als *Wirbelstürme im engeren Sinn* werden in der Meteorologie die *Staub-* und *Wasserhosen* bezeichnet.
In den Vereinigten Staaten und in der Karibik gehört die Bedrohung durch orkanartige Stürme und richtige Orkane zum Alltag. Hurrikane, die in den USA mehr Schaden angerichtet haben als jede andere Art von Naturkatastrophen, können zwar nur über warmen, tropischen Meeren entstehen, doch auch in Mitteleuropa traten in letzter Zeit bemerkenswert starke Stürme auf. Die Hauptgefahr während eines Sturmes stellen die herumwirbelnden Trümmer dar.

Bei Sturmwarnung

➲ Das Haus sichern: Fenster und Türen schließen, eventuell mit Brettern vernageln.
➲ Herumliegende Gegenstände (Gartenmöbel usw.) wegräumen.
➲ Haustiere einschließen.

---

[8] Im westlichen Pazifik werden sie als *Taifune* bezeichnet, andere Namen sind *Baguio* (Philippinen), *Zyklon* (Golf von Bengalen), *Mauritiusorkan* (im südlichen Indischen Ozean) oder *Willy-Willy* (Australien). Hurrikane erhielten früher – angeblich wegen ihres unvorhersagbaren Verhaltens – ausschließlich Frauennamen. Heute werden sie abwechselnd weiblich und männlich benannt, wobei der Anfangsbuchstabe im Alphabet immer um eins vorrückt.

Während des Sturms

- Während des Sturms in möglichst stabilen Räumen (Schutzraum, Keller) aufhalten. Autos, Wohnwägen usw. können von einem Orkan weggefegt werden.
- Den Unterschlupf nicht verlassen.
- Geht die Gefahr von einem Tornado aus, läßt man die Türen und Fenster an der dem Tornado abgewandten Seite offen, um einen Druckausgleich zu ermöglichen.
- Bei einem Hurrikan darf man sich nicht durch plötzliche Ruhe täuschen lassen, die eintritt, falls das Auge des Sturms (die zentrale Zone) sich über einen hinwegbewegt; danach nämlich beginnt der Sturm aus der anderen Richtung wieder ebenso heftig zu blasen wie zuvor.

Nach dem Sturm

- Verletzten Erste Hilfe leisten.
- Rundfunkmeldungen beachten.
- Schäden am Haus feststellen. Auch den Schornstein untersuchen.
- Bei zerstörten Gasleitungen besteht akute Explosionsgefahr! (→ Gasleck, Verhalten bei)
- Auch Leitungswasser generell abkochen.

6 Vulkanausbrüche

Bei Vulkanausbrüchen wird punktuell sehr viel Energie freigesetzt. Die Energie beim Ausbruch des Krakatau 1883 etwa entsprach der von 5000 Hiroshima-Bomben. In Mitteleuropa ist Vulkanismus derzeit kein Thema. (☙ Ein deutscher Seher sah jedoch im Anschluß an den Impakt und das nachfolgende Beben vulkanische Aktivität für die Eifel voraus.) Auch der Pinatubo nördlich von Manila galt als erloschen, bis er 1991 nach einer Ruhephase von 600 Jahren wieder ausbrach.[9] 550 Menschen kamen dabei ums Leben, 650000 verloren ihre Existenzgrundlage. (Daß der Vesuv bei Neapel eines Tages wieder ausbrechen wird, gilt als sicher. Die letzte größere Eruption war 1906, derzeit scheint sich die Aktivität zu steigern.)
Die Lava stellt bei Vulkanausbrüchen die geringste Gefahr dar, da man vor ihr meist rechtzeitig flüchten kann. Gefährlicher sind die dabei freigesetzten Gase (1986 starben in Kamerun 1700 Menschen an solchen vulkanischen Emissionen.) sowie der heiße Asche- und Steinregen. Glutlawinen (Nuées Ardantes) bestehen aus einem Gemisch von heißen Gasen, Asche und Magma; sie können mit einer Geschwindigkeit bis zu 160 km/h die Bergflanke hinunterrasen und mehrere Kilometer zurücklegen.

Vorzeichen eines Ausbruchs

- Dampf-, Gas- oder Aschewolken über dem Krater oder den Schloten
- schwache Erdbeben
- ein dumpfes Grollen von der Richtung des Vulkans oder aus dem Boden
- saurer Regen

---

[9] Die Philippinen sind allerdings ein geologisch wesentlich aktiveres Gebiet als Deutschland.

- besonders starker Schwefelgeruch von Quellen in der Umgebung des Vulkans

Flucht bei Vulkanausbruch

- Nachrichten verfolgen und Fluchtgepäck (siehe Kapitel V *Checklisten*) bereithalten.
- Häuser bieten keinen Schutz vor den Folgen eines nahen Vulkanausbruchs: Wände werden von Felsen oder Lava eingedrückt, das Dach kann unter dem Gewicht der Asche zusammenbrechen. Daher auf Anordnung unbedingt evakuieren.
- Auf der Flucht Lavaströme umgehen.
- Schutz- oder Sturzhelme bieten ein wenig Schutz vor den herausgeschleuderten Schlacken.
- Vorsicht bei Regen! Die vulkanischen Gase werden vom Regen ausgewaschen, der dadurch extrem ätzend werden kann. Regenkleidung anlegen, Hut oder Kappe tragen.
- Augen durch Ski-, Motorrad- oder Taucherbrille schützen.
- Staubmaske oder feuchtes Tuch vor Mund und Nase halten.
- Eine Nuée Ardante kann man nur in unterirdischen Schutzräumen überleben oder wenn man unter Wasser taucht, bis sie über einen hinweggerollt ist.
- Wenn der Vulkan mit Eis und Schnee bedeckt ist, können Schlammlawinen (Lahars) noch lange nach der Haupteruption auftreten. In diesem Fall das Gebiet sofort nach der Eruption verlassen.

7 Chemieunfall oder C-Waffen-Einsatz

Ein Industrieunfall mit nachfolgender Emission giftiger Stoffe oder ein Verkehrsunfall in der Nachbarschaft, bei dem Gifte frei werden, könnte jeden Tag passieren. Die Schutzmaßnahmen dafür entsprechen denjenigen beim Einsatz → Chemischer Waffen. Ausreichender Schutz vor diesen Stoffen ist nur in gasdichten Räumen oder durch Schutzmasken und dichte Schutzanzüge gegeben.

Anzeichen für das Vorhandensein von Industriegiften oder für den Einsatz chemischer Kampfstoffe

- ungewöhnliche, eventuell farbige Rauch- oder Nebelwolken
- ortsfremder, auffälliger Geruch nach Senf, Bittermandeln, Geranien, Knoblauch, Fisch, Moder usw.
- tief und langsam fliegende Flugzeuge
- Nebel aus am Fallschirm niedergehenden Behältern oder Bomben, die mit wenig Sprengwirkung detoniert sind
- ölige Tröpfchen oder seltsame Beläge auf Gegenständen im Freien
- Verfärbung von Pflanzenteilen
- unerklärliches Massensterben bei Nutz- und Wildtieren (insbesondere bei Vögeln)
- trockene, rote Haut, Seh- und Bewußtseinsstörungen, Atemnot, Schwindelgefühle, Veränderung der Herzfrequenz
- eine militärische Markierfolie mit dem roten Aufdruck »GAS« (Rückseite: Datum und Kennziffer: G oder V = Nervenkampfstoff, H = Hautkampfstoff, XX = unbekannt)

Behelfsmäßiger Schutz im Notfall

⊃ Ist man Zeuge des Abwerfens von Bomblets oder des Absprühens von Substanzen, Atem anhalten, Augen schließen und

- ⇀ ABC-Schutzmaske aufsetzen oder Behelfsschutz (feuchtes Tuch vor Mund und Nase) anlegen sowie (improvisierte)
- ⇀ Schutzkleidung anziehen.
- ⮕ Gebiet rasch quer zur Windrichtung verlassen.
- ⮕ In Fahrzeugen Fenster schließen und Lüftung abstellen, langsam fahren, um keine Giftstoffe aufzuwirbeln. Am Zielort Fahrzeug vorsichtig verlassen (nirgends anstreifen).
- ⮕ Vorsicht: Kampfstoffwolken können sich an windgeschützten Orten stunden- bis tagelang halten.
- ⮕ Geschlossene Räume aufsuchen.
- ⮕ Steht kein Schutzraum zur Verfügung, sucht man die *oberen* Stockwerke des Gebäudes auf.
- ⮕ Fenster und Türen abdichten. Ventilatoren oder Klimaanlage abstellen.
- ⮕ Vorräte und Wasser bereitstellen.
- ⮕ Radio (netzstromunabhängig) in Betrieb nehmen und Nachrichten hören. Den amtlichen Aufforderungen Folge leisten.
- ⮕ Keine kontaminierten Gegenstände ins Haus bringen.
- ⮕ Haustiere nicht ins Freie lassen.
- ⮕ Verlassen des Schutzraumes im Notfall nur mit Schutzmaske und Schutzkleidung.
- ⮕ Kein Genuß von Wasser und Lebensmitteln bei Verdacht auf Kampfstoffe bzw. Gifte.
- ⮕ Ist keine Schutzmaske vorhanden, bei Kontakt mit giftigen oder ätzenden Gasen Anstrengungen vermeiden und flach atmen durch ein feuchtes, vor Mund und Nase gedrücktes Tuch.
- ⮕ Kampfstoffspritzer auf der Haut sofort mit saugfähigem Material aufsaugen (nicht wischen!) oder mit Entgiftungspuder bestreuen (eine Minute einwirken lassen, abschütteln und erneut einpudern). Anschließend die *ganze* unbedeckte Haut, auch scheinbar nicht betroffene Stellen, mit einer Dekontaminationslösung waschen (siehe ⮕ Dekontamination verstrahlter Personen und Gegenstände – das dort Gesagte gilt auch für B- und C-Waffen).
- ⮕ Sind Kampfstoffe (oder Entgiftungspuder) in die Augen gelangt, diese sofort mit klarem Wasser oder besser 5%iger Natriumbicarbonatlösung von innen nach außen ausspülen.
- ⮕ Kampfstoffverseuchte Kleidung und Schuhe abwischen (Papier,

Blätter o.ä.), mit Entgiftungspulver bestreuen und möglichst rasch vorsichtig ausziehen.

Gegenmaßnahmen und Dekontamination

Gegenmaßnahmen bei Vergiftung durch Kampfstoffe sind schwierig, wenn man sich über das Gift nicht im klaren ist:
- Bei Einwirkung von Nervengiften hat sich eine sofortige Atropininjektion (mittels Autoinjektor) in den Oberschenkel bewährt.
- Die Behandlung von Verätzungen mit Natriumhydrogensulfat oder Calciumhypochlorid ist ebenso wie die Entgiftung mit speziellen Substanzen (Methanol, Monochloramin, Dichlorethan) für den Laien nicht ratsam.
- Bei lungenschädigenden Kampfstoffen Patienten vorsichtig umziehen, völlig ruhig lagern, nicht sprechen lassen, vor dem Einatmen kalter Luft schützen, ein wenig warme Milch oder Tee verabreichen.
- Bei blutschädigenden Kampfstoffen werden Nitrite verabreicht oder Substanzen, die Blausäure unschädlich machen.
- Opfer von Psychokampfstoffen beaufsichtigen, um Panik und Selbstverletzung zu verhindern.

Alternative Maßnahmen zur Entgiftung verseuchter Gegenstände (mit Schutzmaske und Gummihandschuhen arbeiten!):
- Verbrennen oder mit Gasbrenner abflammen.
- Abwischen mit Papier, Lumpen, Stroh, die danach in Plastik verpackt und vergraben werden.
- Abwaschen bzw. Abspritzen mit 10%iger Natron- bzw. Kalilauge (Vorsicht, ätzend!), Kalk- oder Ammoniakwässern, mit Sodalösungen, Seifenlaugen oder Waschmitteln.
- Abspülen mit Ethanol (Weingeist; Vorsicht, entzündliche Dämpfe!).

8 Seuchenwarnung oder B-Waffen-Einsatz

Unter dem Stichwort → Biologische Waffen wird ein kurzer Überblick über gefährliche biologische Substanzen gegeben, die bei einem B-Waffen-Einsatz oder durch einen Unfall freigesetzt werden können.

Anzeichen für den Einsatz von B-Waffen

- ungewöhnliche, rauchartige, geruchlose Nebel ohne unmittelbar reizende Wirkung
- tief und langsam fliegende Flugzeuge, vor allem nachts
- an Fallschirmen niedergehende Behälter, die sich bereits vor dem Aufprall zerlegen, eventuell verbunden mit dem Ausstoß einer kleinen Wolke
- Spuren von abgeworfenen Behältern oder Bomblets aus Metall, Kunststoff oder Glas sowie auffällig herumliegende Vogelfedern (Diese können aus sogenannten *Federbomben* stammen und mit pathogenen Keimen bestäubt sein.)
- Spuren ungewöhnlicher, möglicherweise auch farbiger Substanzen von gelartiger Konsistenz im Freien
- kranke oder absterbende Vegetation, insbesondere Nutzpflanzen. In diesem Fall handelt es sich um eine erntevernichtende Biowaffe, die für den Menschen keine Gesundheitsbedrohung darstellt.
- Massensterben von Wildtieren ohne ersichtliche Ursache
- Viele Menschen zeigen die gleichen Symptome einer plötzlich aufgetretenen Krankheit.
- geschmacklich veränderte Lebensmittel
- vom Militär angebrachte blaue Markierfolien mit dem roten Aufdruck »BIO« (Datum auf der Rückseite)

Allgemeine Schutzmaßnahmen

Der Schutz vor Bakterien, Viren und Pilzen gestaltet sich schwierig, weil sich diese Krankheitserreger vermehren und verbreiten, ohne daß wir sie mit den Sinnen wahrnehmen können. Als Prophylaxe könnte eine BCG-Schutzimpfung von Vorteil sein, da diese nicht nur gegen Tuberkulose, sondern teilweise auch gegen Lepra, Amöbenruhr, Malaria und andere Krankheiten wirksam ist. Bei einem B-Waffeneinsatz wird eine gezielte Bekämpfung der Erreger für die Privatperson wohl unmöglich sein, da die Diagnose sehr schwierig ist; eventuell werden genetisch modifizierte Erreger verwendet, und wahrscheinlich handelt es sich auch nicht um einen bestimmten Erreger, sondern um ein Erregergemisch.

Allgemeine Maßnahmen bei einer vermuteten oder durch die Medien bekanntgegebenen Bedrohung sind:

- Ist man beim Abwerfen oder Absprühen von Substanzen in der Nähe, Atem anhalten, Augen schließen und ABC-Schutzmaske oder Behelfsschutz aufsetzen.
- Geschlossene Räume (vorzugsweise Schutzraum) aufsuchen.
- Nur luftdicht verwahrte Vorräte und ebensolches Wasser verwenden; zusätzlich vor dem Genuß nach Möglichkeit braten bzw. kochen.
- Fenster und Türen abdichten. Ventilatoren oder Klimaanlage abstellen.
- Radio in Betrieb nehmen und Nachrichten hören.
- Keine kontaminierten Gegenstände ins Haus bringen.
- Haustiere nicht ins Freie lassen.
- Töten und Beseitigen kranker Tiere.
- Besonders sorgfältige Körperpflege betreiben.
- Auch kleine Verletzungen sorgfältig verbinden.
- Toiletten sauberhalten und täglich desinfizieren.
- Krankheitsanzeichen sofort melden.
- Kranke Personen isolieren, bei deren Pflege Atemschutz verwenden.
- Personen, die aus dem Freien kommen, lassen die Oberbekleidung und die Schuhe draußen und werden mit handelsüblichen Desinfektionsmitteln besprüht oder gewaschen. (siehe auch das Stichwort → Dekontamination)

- Stehen solche nicht zur Verfügung, können auch Alkohol, Alkaliseife, Chlorkalk, Spiritus oder Kaliumpermanganat keimtötend wirken. Wenn die Erreger schon inkorporiert wurden, nützt dies freilich nichts.
- Bei Verdacht auf Inkorporation eventuell hochprozentigen Alkohol trinken.
- Manche Erreger werden durch Sonnen- bzw. UV-Licht zerstört, andere werden durch den Sandfilter des Schutzraumlüfters zurückgehalten. Besonders die Umgebung der Frischluftzufuhr im Schutzraum sollte daher desinfiziert werden.
- Bei Seuchengefahr Kontakt mit anderen Menschen vermeiden und Ortswechsel vermeiden, um die Ausbreitung der Erreger zu verlangsamen.
- Wohnbereich (Möbel, Fußböden) laufend desinfizieren, Kleidung möglichst heiß waschen.
- Ist das Verbleiben im Schutzraum unmöglich, zumindest improvisierte ➛ ABC-Schutzmaske und ➛ Schutzkleidung tragen.
- Abfälle mit Chlorkalk, Kalkmilch oder Asche bestreuen oder übergießen und vergraben.

9 Atomunfälle

Da es in erster Linie darauf ankommt, nicht mit dem strahlenden Material (Nebel, Staub, Regen, Erde; siehe dazu ➤ Strahlung, Grundlagen der ionisierenden und ➤ Strahlung, Schutz vor sowie die weiterführenden Stichwörter) in Berührung zu kommen, gelten hier die bereits bei den B- und C-Katastrophen empfohlenen Verhaltensregeln.

- Schutzraum (Behelfsschutzraum) aufsuchen.
- Vorräte und Wasser bereitstellen.
- Fenster und Türen abdichten. Ventilatoren oder Klimaanlage abstellen.
- Nachrichten verfolgen.
- Vitamin C und E und nach Anleitung der Behörden Kaliumjodidtabletten einnehmen, um die Auswirkungen der Strahlung zu verringern.
- Keine verstrahlten Gegenstände ins Haus bringen.
- Haustiere nicht ins Freie lassen.
- Verstrahlte Personen dekontaminieren. (siehe ➤ Dekontamination)
- Wenn man unbedingt nach draußen muß, ➤ Schutzkleidung und ➤ ABC-Schutzmaske tragen.
- In den folgenden Wochen kein Oberflächenwasser (aus Bächen, Flüssen, Teichen und Seen) trinken. Steht nichts anderes zur Verfügung, muß dieses gefiltert werden. (siehe ➤ Wasser reinigen und haltbar machen)
- Nahrungsmittel, die der Strahlung ausgesetzt waren, nicht verwenden. Insbesondere Blattgemüse, Milch, Wild und Pilze meiden. Getreide aus Silos war vor dem ➤ Fallout geschützt und kann gegessen werden. Gibt es keine Alternative zu verstrahlten Tieren, Knochen, Fleisch rund um die Knochen sowie Innereien nicht verwerten. Vögel sind besonders belastet, Eier sind dagegen verwendbar.
- Bei Verdacht auf Inkorporation siehe die Maßnahmen unter ➤ Erste Hilfe/8 Strahlenschäden!

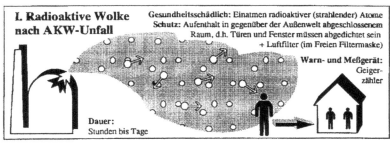
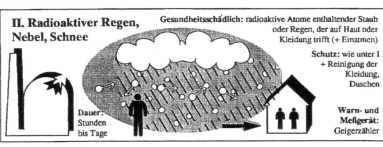

Abb. 5–8: Verhalten bei Atomunfall (Grafiken mit freundlicher Genehmigung des Autors entnommen aus: Das »kleine Handbuch«. Wie schütze ich mich vor radioaktiver Strahlung? [Wien: ARGE Besser Leben] 24 S.)

10 Politische Spannungszeiten

Wenn es im Inland zu größeren Demonstrationen, Streiks, Unruhen, Straßenkämpfen oder Plünderungen kommt, oder wenn Medienberichte Hinweise auf Kriegsgefahr geben, sind folgende allgemeinen Punkte zu beachten:

Allgemeine Empfehlungen

- Notproviant und Wasservorrat bereitstellen.
- Ständige Erreichbarkeit (Anrufbeantworter, Handy, Pager, Internet) sicherstellen.
- Ganztägig die Medien verfolgen.
- Wohnung oder Haus absichern; siehe ➤ Eindringlinge, Maßnahmen gegen
- Nachts zu Hause bleiben. (Möglicherweise wird ohnehin eine Ausgangssperre verhängt.)
- Kein Familienmitglied sollte mehr längere Zeit außer Haus sein; Urlaubsreisen verschieben.
- Fluchtgepäck (siehe Kapitel V *Checklisten*) und Evakuierungspläne bereithalten.
- Staus, Versammlungen und größere Menschenmengen meiden.

Verhalten bei Massenpanik

- Befindet man sich mit dem Auto in einer aufgebrachten Menge, verläßt man dieses besser.
- Stets Ausschau nach dem nächsten Fluchtweg halten.
- Kinder hoch nehmen und tragen.
- Schlüssel, Papiere nicht in der Tasche, sondern in den Innentaschen der Kleidung am Körper tragen.
- Hindernisse und Engstellen, bei denen man zertrampelt werden könnte, vermeiden.

- Existiert kein Ausgang, in einer Ecke, unter einer Treppe o. ä. Zuflucht suchen.
- Stets versuchen, den Rand der Gruppe zu erreichen, dabei Hände vor dem Körper falten.
- Um jeden Preis auf den Füßen bleiben.
- Fällt man doch, sofort zu einer Kugel einrollen, Kopf schützen. Wenn möglich, hinter ein Hindernis kriechen, an dem sich die Menge teilen muß.

11 Krieg

Die folgenden Regeln für die Zivilbevölkerung beziehen sich auf die Situation beim Ausbruch eines (Bürger-)Krieges im eigenen Land, bei Plünderungen oder während einer kurzzeitigen Besatzung durch die feindlichen Truppen.

Verhalten bei Kriegsausbruch

- Sehr rasch wird es zu Hamsterkäufen und Plünderungen in den Supermärkten kommen. Wer nicht längst einen Lebensmittelvorrat angelegt hat, steht nun schlecht da.
- Spätestens jetzt sollten auch die Wasservorräte ergänzt werden: Füllen von Kanistern, Eimern, der Badewanne, eines aufblasbaren Kinderplanschbeckens usw.
- Sollte die Wasserzufuhr ausfallen, befinden sich innerhalb des Leitungssystems eines Hauses noch etliche Liter nutzbaren Trinkwassers: drehen Sie einen Wasserhahn in der obersten Etage auf, so können Sie in den darunter gelegenen Ebenen noch Trinkwasser einem anderen Wasserhahn entnehmen.
- Alle Akkus und Akkugeräte aufladen, solange es noch Strom gibt.

Verhalten im Krieg, bei Durchzug fremder Truppen oder bei Besatzung

- Solange wie möglich die Medien verfolgen, insbesondere das (batteriebetriebene) Radio, um die Gefährdung des Gebietes abschätzen zu können.
- Bei Alarm und Kämpfen in der unmittelbaren Umgebung Hauptwasserhahn und Gashahn schließen (restliches Gas in der Leitung durch Verbrennen verbrauchen) und trümmersicheren Raum aufsuchen.

- Abends alle Fenster mit Alufolie oder Papier verdunkeln und kein Licht im Freien machen, um keine Fremden anzulocken. (Dies gilt auch für die Zeit nach dem Krieg, solange die Gefahr von Plünderungen besteht.)
- Alle Gegenstände, welche die Besatzer provozieren oder zu Greueltaten verleiten könnten (Waffen, Werkzeuge), und alle transportablen Güter von (ideellem) Wert verstecken. Größere Vorräte alkoholischer Getränke gut verstecken oder vernichten, bevor die Soldaten sich damit betrinken können und dadurch noch unberechenbarer werden. (Eine Flasche Schnaps sowie ein paar Päckchen Zigaretten zum Anbieten können jedoch nicht schaden.)
- Den Abtransport bestimmter Güter auf nicht provokante Weise sabotieren, z.B. Treibstoff aus dem Tank von Fahrzeugen saugen. (In einem guten Versteck in der Nähe lagern, damit der Tank, wenn nötig, rasch wieder befüllt werden kann.)
- Beim Anrücken fremder Truppen können sich Mädchen und Frauen mit dem Fluchtgepäck (siehe Kapitel V *Checklisten*) in die Berge oder in nahe Wälder absetzen, um Vergewaltigungen zu entgehen (siehe ➤ Vergewaltigung).
- Wenn Soldaten im Haus Quartier beziehen, sollte man sich möglichst kooperativ geben. Ein paar Brocken ihrer Sprache sprechen (➤ Fremdsprachen). Versuchen, eine »Beziehung« aufzubauen, dadurch zwingt man den Gegner, einen als Menschen wahrzunehmen, wodurch die Hemmschwelle für Mißhandlungen steigt. (Dies gilt nicht, wenn man mit einer Gruppe von Menschen gefangengehalten wird. In diesem Fall ist es ratsam, Blickkontakt zu vermeiden und möglichst wenig aufzufallen, um nicht als Opfer ausgewählt zu werden.) Man versucht, die Gütigeren zu erkennen, darf sich aber immer nur an Einzelpersonen heranmachen; vor Kameraden dürfen sie sich keine Schwäche erlauben.
- Falls Sie sich zur ➤ Flucht entschließen, »verwüsten« Sie vorher Ihre Wohnräume, indem Sie Mobiliar umstoßen, Schubladen mit weniger brauchbaren Dingen entleeren und wichtige Sachen unter dem vermeintlichen Müllberg verbergen: So erwecken Sie möglicherweise bei Plünderern den Eindruck, es sei ihnen bereits jemand zuvorgekommen. Je gründlicher Sie Ihre Wohnung

in Unordnung bringen, desto größer ist die Chance, daß Sie nach Ihrer Rückkehr noch Brauchbares vorfinden.
- ❦ Kirchliche Einrichtungen und Klöster (vor allem im romanischen Raum) meiden. Nach mehreren Visionen werden Klöster, Kirchen und Menschen, die dort Schutz suchen, noch in der Vorkriegszeit bevorzugtes Angriffsziel des revolutionären Terrors sein.

12 Luftalarm und Bombenangriffe

Bei Bedrohung aus der Luft gelten folgende Regeln:

Vor und während des Angriffs

- Erwartet man Luftangriffe, sind die Fensterläden oder Rolläden zu schließen. Fenster mit einer transparenten Klebefolie zukleben, Vorhänge zuziehen.
- Bei Luftalarm (→ Sirenensignale und Durchsagen) sofort die nächste Deckung aufsuchen.
- In Gebäuden mit dem → Fluchtgepäck in Schutzraum gehen.
- Steht kein richtiger Schutzraum und auch kein Keller zur Verfügung, in Hausecken oder unter Türdurchbrüchen Schutz suchen.
- Nähe von Fensteröffnungen vermeiden. (Splittergefahr!)
- Unter Türdurchbrüche in Mittelmauern, Betonwänden und tragenden Wänden stellen, oder eventuell unter stabilem Tisch Zuflucht suchen.
- Kopf zwischen die Knie stecken und Hals mit Armen schützen.

Nach dem Angriff

- Bei Entwarnung noch eine Zeitlang in Deckung bleiben.
- Auf Gasgeruch achten. Zerstörte Gasleitungen können explodieren!
- Nicht in den Ruinen hausen (Einsturzgefahr!), sondern Notunterkunft bauen.
- Kästen vorsichtig öffnen, der Inhalt kann einem entgegenstürzen.

13 Kernwaffeneinsatz

Die charakteristischen Eigenschaften von ➤ Kernwaffen sind im Lexikonteil beschrieben. Von Interesse sind dort auch alle Stichworte, die mit ➤ Strahlung und ➤ Dekontamination beginnen, sowie die ➤ Atomkriegmythen.

Anzeichen für Kernwaffeneinsatz

- sehr helle, plötzliche Lichter
- donnerartiges Grollen von Explosionen
- Ausfall der Stromversorgung oder mehrerer Fernseh- und Radiosender gleichzeitig

Im Freien

- Bei taktischem Atomwaffeneinsatz nicht in Richtung des Gefechtsfeldes schauen, damit man nicht zufällig in einen Lichtblitz blickt. (Gefahr des Erblindens)
- Beim Lichtblitz (mehrfache Helligkeit der Sonne) nicht davonlaufen, sondern sofort Deckung nehmen (Gebäude, Grube, Hohlweg, Bäume usw.). Notfalls flach auf den Boden werfen, Hände unter dem Körper verbergen, Gesicht an den Boden drücken, Kopf einziehen, Augen fest schließen, aber Mund offenhalten (Druckausgleich zum Schutz der Trommelfelle).
- Falls man sich in einem Fahrzeug befindet, sofort anhalten, sich möglichst tief ducken und Kopf mit Jacke, Fußmatte o.ä. bedecken.
- Ungefähr zwei Minuten in dieser Stellung verharren, um Hitzestrahlung, Druck- und Sogwelle und die Anfangsstrahlung zu vermeiden.
- Danach Schutzraum (Unterschlupf) aufsuchen, um der Reststrahlung und dem Fallout zu entgehen.

- Dabei ➤ ABC-Schutzmaske tragen oder zumindest durch ein feuchtes Tuch einatmen. Regenzeug, Rettungsdecke, Zeltplane o. ä. umhängen oder improvisierte ➤ Schutzkleidung tragen.
- Ruhig bleiben und flach atmen.
- Vor dem Schutzraum dekontaminieren, Oberbekleidung und Schuhe ablegen.
- Eine weiße Markierfolie des Militärs mit dem schwarzen Aufdruck »ATOM« weist auf die Verstrahlung eines Geländes hin. (Datum und Dosisleistung auf der Rückseite der Folie)

Im Haus bzw. Schutzraum

- Falls Fenster vorhanden sind, diese zeitgerecht innen mit durchsichtiger Selbstklebefolie versehen, um Glassplitter abzufangen. Die Vorhänge zuziehen.
- Wird man in Wohnräumen vom Lichtblitz überrascht, sofort an der der Explosion zugewandten Wand in Deckung gehen. Nähe von Fenstern meiden.
- Sekunden zwischen dem Lichtblitz und dem Detonationsknall zählen. Hört man nach 2 Minuten noch keinen Knall, ist der Nullpunkt über 60 km entfernt.[10]
- Fenster und Türen abdichten. Ventilatoren oder Klimaanlage abstellen.
- Keine verstrahlten Gegenstände ins Haus bringen.
- Haustiere nicht ins Freie lassen.
- Hinzukommende Personen legen Kleidung und Schuhe vor dem Schutzraum ab.
- Vitamin C und E und nach Anleitung der Behörden Kaliumjodidtabletten einnehmen, um die Auswirkungen der Strahlung zu verringern.
- Verstrahlte Personen dekontaminieren. (siehe ➤ Dekontamination)

---

[10] Die »Blitz-Donner-Methode« (durch drei dividieren, ergibt den Abstand des Gewitters in Kilometern) funktioniert nicht, weil sich die Druckwelle anfänglich mit Überschall ausbreitet.

- ➲ Nachrichten verfolgen.
- ➲ Wenn man unbedingt nach draußen muß, ➤ Schutzkleidung und ➤ ABC-Schutzmaske tragen.
- ➲ In den darauffolgenden Wochen kein Oberflächenwasser (aus Bächen, Flüssen, Teichen und Seen) trinken. Steht nichts anderes zur Verfügung, muß dieses gefiltert werden. (siehe ➤ Wasser reinigen und haltbar machen)
  Nahrungsmittel, die der Strahlung ausgesetzt waren, meiden, insbesondere Blattgemüse, Milch, Wild und Pilze. Getreide aus Silos war vor dem ➤ Fallout geschützt und kann gegessen werden. Gibt es keine Alternative zu verstrahlten Tieren, dann zumindest die Knochen und das Fleisch rund um die Knochen sowie Innereien nicht verwerten. Vögel sind besonders belastet, Eier sind dagegen verwendbar.
- ➲ Bei Verdacht auf Inkorporation siehe die Maßnahmen unter ➤ Erste Hilfe/8 Strahlenschäden!

14 Verschüttung

Ist man verschüttet, ist die größte Gefahr die des Erstickens infolge Sauerstoffmangels. Daher:

- Ruhe bewahren, langsam oder flach atmen.
- Kein Feuer entzünden.
- Nicht unnötig sprechen oder sich bewegen.

Zusätzlich gelten die folgenden speziellen Maßnahmen:

Verschüttet von einer Lawine

- Sich von Skiern und Gepäck trennen und Schwimmbewegungen ausführen.
- Ist das nicht mehr möglich, tief einatmen und Arme vors Gesicht halten (schafft Luftraum).
- Im Schnee Richtung nach oben feststellen: Speichel aus dem Mund laufen lassen; er zeigt die Richtung nach unten an.
- Auf Retter horchen. Hört man etwas, schreien, urinieren (für Suchhunde), Augen mit Händen vor Sondenstichen schützen.

Verschüttet in einem Gebäude (oder im Fels)

- Solange es Erschütterungen (Erdbeben, Bombentreffer) gibt, zusammengekauert an Wänden oder in Winkeln sitzen, eventuell unter Tisch o. ä.
- Dann Lage sondieren. Zum Schutz vor Staub durch Stoff einatmen.
- Horchen und in regelmäßigen Intervallen Klopfzeichen geben. (siehe auch ➤ Sauerstoffversorgung in geschlossenen Räumen)
- Besteht keine Aussicht auf Rettung von außen, mit Feuerzeug nach Luftzug suchen oder nach Geräuschen lauschen und in dieser Richtung zu graben beginnen.

Bergeregeln

- ⊃ Überlegen: Wo befinden sich die Verschütteten? Welche (akuten) Gefahren bestehen? Wen rettet man zuerst? Welchen Rettungsweg geht man?
- ⊃ Trümmer wegschaffen oder heben und abspreizen. Dabei sperrige Trümmer umgehen.
- ⊃ Elektrizitäts-, Gas- und Wasserleitungen meiden.
- ⊃ Regelmäßig Arbeit unterbrechen, um nach Klopfsignalen zu lauschen.
- ⊃ Bei Verschütteten zuerst Kopf und Brust freilegen und Erste Hilfe leisten.
- ⊃ Vor Abtransport des Verletzten klären, ob nicht eine Wirbelsäulenverletzung vorliegt. (siehe ➤ Erste Hilfe)

15 Die »dreitägige Finsternis«

Das Phänomen einer dreitägigen Finsternis, das mit dem Auftreten gewaltiger Erdbeben und der Entwicklung giftiger Gase verbunden ist, spielt in vielen der 350 von mir untersuchten Prophezeiungen über das »Dritte Weltgeschehen« eine zentrale Rolle. Dutzende Seher haben diese Finsternis vorausgesehen. Will man sie wissenschaftlich erklären, ist die wahrscheinlichste Ursache die Abschattung des Sonnenlichtes durch Staubteilchen und Gase in der Atmosphäre im Anschluß an vulkanische Aktivität oder den Impakt eines großen Himmelskörpers. Nach dem Ausbruch der indonesischen Vulkaninsel Krakatau im Jahre 1883, bei dem 36 000 Menschen an den Küsten der umliegenden Inseln durch 35 Meter hohe Flutwellen umkamen, war es in der Sundastraße zwischen Java und Sumatra tagelang stockdunkel. Noch nach drei Jahren konnte man rund um die Welt Reste dieser Emissionen an den von ihnen hervorgerufenen Dämmererscheinungen wahrnehmen.

Mit vulkanischen Emissionen läßt sich allerdings nicht begründen, warum die Finsternis an vielen Orten exakt drei Tage dauern soll, wie es über zwanzig (teilweise sehr zuverlässige) Visionäre voraussehen: Die Verteilung der Staubteilchen in der Atmosphäre dauert etliche Tage. Selbst wenn man deshalb eine Reihe von Einschlägen rund um die Erde annimmt, ist das rasche Abklingen der Verdunkelung nicht auf diese Weise zu erklären, es sei denn durch intensive Regenfälle, welche die Schwebeteilchen auswaschen. Oder ist die Zeitdauer von exakt drei Tagen vielleicht nur dadurch bedingt, daß die Seher sich von biblischen Motiven wie dem der »ägyptischen Finsternis« (Ex 10,21 f.) beeinflussen ließen?

Offen bleibt an dieser Stelle auch, ob die Gefahren »lediglich« physikalisch-chemischer Natur sind (Sauerstoffmangel, giftige Gase, Säureregen), oder ob die Visionen von »Dämonen«, die während dieser Zeit umhergehen und Menschen »holen« sollen, einen wahren Kern haben, sei es in Form einer Gefährdung durch biologische oder chemische Waffen (mehr darüber im lexikalischen Teil), sei es durch vorbeiziehende Soldaten bzw. Marodeure in ABC-Schutzanzügen. Etliche Seher berichten nämlich von Stimmen, die während der Finsternis vor den Häusern zu hören seien, obwohl die Giftwolken draußen für jeden Menschen den sofortigen Tod bedeuten sollen. Diesen Stimmen solle man auf keinen Fall Folge leisten.[11] Der von vielen Visionären erwähnte Umstand, daß nur geweihte (gesegnete) Kerzen brennen und Licht geben werden, könnte dadurch erklärt werden, daß einerseits die Stromversorgung zusammengebrochen ist und andererseits aufgrund von Sauerstoffmangel kein größeres Feuer brennen kann, sondern nur Kerzen, die früher oft geweiht waren.

Vor einem gläubigen Hintergrund könnte das Ereignis freilich auch ganz anders gedeutet werden. Näheres dazu im *Lexikon der Prophezeiungen*.

Vorzeichen

Als unmittelbare Vorzeichen sollen Hagel, Donnergrollen, Blitzschlag, Erdbeben und vielleicht auch ein heißer Wind dem Geschehen vorausgehen. Achten Sie auf das Verhalten von Vögeln, Wildtieren und Haustieren, die Erdbeben vorausfühlen können. Nach Pater Pio beginnt die Finsternis *in einer sehr kalten, stürmischen Nacht* (in Italien), nach Marie-Julie Jahenny *in einer klaren Winternacht* (in Frankreich). Sie sollten im Kriegsjahr ab Oktober auf dieses Ereignis vorbereitet sein. Der wahrscheinlichste Monat ist der November.

Spezielle Anforderungen an den Schutzraum

siehe auch ➤ Schutzraum, ➤ Sauerstoffversorgung in geschlossenen Räumen (Schutzraum) sowie die in den Checklisten vorgeschlagene Ausrüstung

Der von Ihnen aufgesuchte Unterstand muß einerseits möglichst gasdicht, andererseits so erdbebensicher wie möglich sein. Mehrstöckige Gebäude, Höhlen, Bergwerke usw. kommen daher nicht in Betracht. Am besten wäre ein echter Grundschutzraum oder ein

---

[11] Auf naturwissenschaftlicher Ebene ließen sich die Stimmen vielleicht einfach als Halluzinationen infolge von Sauerstoffmangel erklären.

adaptierter Kellerraum (mit Notausstieg!). Ein Raum unter der Erde ist deshalb zu empfehlen, weil bei Rissen in der Wand kein Gas eintreten kann. Notfalls können Sie einen kleinen, holzverstärkten Erdbunker errichten. Besser wäre ein gebrauchter Fracht-Container, der vergraben wird. Einige Seher aus Mittel- und Südeuropa berichten allerdings, daß es (zumindest mancherorts) auch möglich ist, in Häusern (mit gut verschlossenen Fenstern) zu überleben.

Das hier Gesagte gilt im wesentlichen auch für die Benutzung des Schutzraumes während eines Nuklearwaffeneinsatzes.

Verhaltensregeln unmittelbar vor und während der Finsternis

➲ Kontrollieren Sie, ob der Schutzraum dicht ist und ob alle erforderlichen Vorräte (inkl. warme Kleidung) und Geräte eingelagert sind.
➲ Lüften Sie den Schutzraum noch einmal ausgiebig.
➲ Bringen Sie restliches Mobiliar, Hausrat usw. aus dem einsturzgefährdeten Haus ins Freie, um ihre Zerstörung durch Verschüttung während der bevorstehenden Erdbeben zu vermeiden. Schnüren Sie nach Möglichkeit alles in Plastikfolien ein.
➲ Füllen Sie im Haus alle vorhandenen Wasserkanister, aber auch aufblasbare Kinderplanschbecken usw. mit Wasser.
➲ Danach Wasserleitung, Gasleitung (restliches Gas aus der Leitung entweichen lassen) und etwaige andere Leitungen absperren.
➲ Verschließen Sie alle Öffnungen. (Dunstabzug, Ventilationsöffnungen in Bad, WC usw. nicht vergessen!) Nageln Sie Fenster von außen mit Brettern zu, und füllen Sie Erde usw. ein. Dämmen Sie Kellerfenster außen mit Sandsäcken, Erde usw. Dichten Sie Ritzen mit Klebeband, nassen Tüchern, Schaumstoff, Dämmschaum aus der Spraydose (Unbedingt Gebrauchsanleitung beachten, da sonst Gefahr der Luftverpestung!). Ziehen Sie die Vorhänge zu, um etwaige Glassplitter abzufangen. (Besser: Fensterscheiben mit selbstklebender Folie bekleben.)
➲ Decken Sie Brunnen mit Plastikfolie und Brettern ab.

- Bringen Sie die Tiere in geschlossene Räume, und sichern Sie Ställe und Lagerräume. Zu Veronika Lueken sagte Maria in Bayside: *Versucht nicht, eure Tiere in eure Häuser zu nehmen, denn die Tiere jener, die guten Geistes sind, werden behütet werden.* Dies scheint jedoch nur für Vieh in geschlossenen Räumen zu gelten, denn Irlmaier beschreibt, wie das Vieh im Freien umfällt.
- Verdunkeln Sie alle Fenster mit Alufolie oder schwarzem Papier und Klebeband.
- Bleiben Sie ab Beginn der Finsternis unbedingt für die Dauer von mindestens 72 Stunden, nach Möglichkeit länger, in geschlossenen Räumen. (Vor allem in Gebieten nahe Böhmen, insbesondere im Raum nördlich der Donau, sollten Sie unbedingt eine Woche lang den Schutzraum nicht verlassen, andernfalls könnten Sie bleibende Schäden davontragen. In England dauert die Finsternis nach Jahenny sieben Tage.)
- Befolgen Sie die unter ➔ Sauerstoffversorgung in geschlossenen Räumen (Schutzraum) gegebenen Richtlinien bezüglich Luftverbrauch und Frischluftzufuhr.
- Suchen Sie bei Erdstößen möglichst einsturzsichere Plätze auf (unter Türrahmen, Tischen).
- Versuchen Sie auf keinen Fall, aus Neugierde aus dem Fenster zu spähen oder bei der Tür hinauszuschauen. Davor wird ausdrücklich gewarnt! Pater Pio am 2. Juli 1950: *Schaut während des Erdbebens nicht (herum), denn Gottes Zorn ist heilig! Wer diesen Rat mißachtet, wird augenblicklich getötet.*
- Berühren Sie keine metallischen oder geerdeten Gegenstände, und tragen Sie Schuhe mit isolierender Sohle, denn nach dem Seher Kugelbeer dringen *Blitze* auch in die Häuser ein.
- Reden Sie mit niemandem vor der Tür!
- Vermeiden Sie unnötige Bewegungen, und zünden Sie höchstens eine geweihte Kerze an, um Sauerstoff zu sparen. Besser sind Leuchtstäbe (»Knicklichter«), die ihr Licht aus der chemischen Reaktion zweier Flüssigkeiten beziehen und dabei keinen Luftsauerstoff verbrauchen. Betreiben Sie keine Kocher (Gefahr einer ➔ Kohlenmonoxidvergiftung).
- Essen Sie während und nach der Katastrophe keine Speisen aus offenen Gefäßen oder aus anderen Gefäßen als *verlöteten*

Blechdosen (dichte Metalldosen). Der Verzehr der *Kronwittbirl* (Früchte der Schlehe) wird von Sepp Wudy empfohlen.[12] Brot, Mehl und alle feuchten Nahrungsmittel verderben. Nehmen Sie keine Milch oder Milchprodukte zu sich.

➲ Wenn Sie gläubig sind: Beten Sie!
➲ Seien Sie zuversichtlich. Marie-Julie Jahenny empfing folgende Botschaft: *Laßt in euch keinen Zweifel aufkommen über euer Heil. Je größer das Vertrauen ist, um so unangreifbarer ist der Wall, mit dem ich euch umgeben will. Zündet gesegnete Kerzen an, betet den Rosenkranz!*
➲ Frühestens nach 72 Stunden, wenn draußen alles ruhig ist, können Sie versuchen, durch eine Sichtblende nach draußen zu schauen. Harren Sie aus, bis es hell ist und die Luft draußen klar scheint. Erst dann lassen Sie ganz wenig Frischluft ein, überprüfen ihren Geruch, ob sie Atemwege, Schleimhäute oder Augen reizt, prüfen gegebenenfalls mit einem Strahlenmeßgerät. Wenn die Luft atembar ist, können Sie den Schutzraum verlassen.

Verhalten nach der dreitägigen Finsternis

➲ Strahlenmessungen durchführen. Falls eine erhöhte Dosis gemessen wird (was nach den Aussagen der Seher nur selten der Fall sein dürfte), noch einige Zeit im Schutzraum bleiben bzw. bei Strahlern mit sehr langen Halbwertszeiten (durch zerstörte Kernkraftwerke) Evakuierung des Gebietes in Betracht ziehen.
➲ Direkten Kontakt mit verdächtigen (gelben) Stäuben vermeiden; (improvisierte) ➤ Schutzkleidung tragen.
➲ Vorsicht beim Betreten scheinbar intakter Gebäude, die Bausubstanz könnte bei den Beben gelitten haben! Bringen Sie einsturzgefährdete Gebäude zum Einsturz, bevor sich jemand in den Ruinen verletzt.
➲ Verbrennen Sie Leichen und Tierkadaver in Holzfeuern, um die Seuchengefahr zu minimieren. Vermeiden Sie jedoch unbedingt

---

[12] Es ist unklar, ob es Schäden der giftigen Gase mildert oder die Rezeption radioaktiver durch die Nahrung aufgenommener Stoffe im Körper erschwert.

den Hautkontakt mit den (schwarzverfärbten) Leichen, der nach Veronika Lueken (Bayside) tödlich ist.
- ➲ Organisieren Sie sich mit den Nachbarn und teilen Sie Wachen ein. Es könnte vereinzelt noch zu Plünderungen kommen.
- ➲ Verwenden Sie kein Oberflächenwasser. Dieses könnte durch vulkanische Emissionen vergiftet (Blei, Fluor, Arsen) oder auch verstrahlt sein. Grundwasser (je tiefer desto besser) kann zumindest kurzfristig getrunken werden.
- ➲ Prüfen Sie Werkzeuge und Kleidung auf Verseuchung und führen Sie, falls nötig, eine ➞ Dekontamination durch.
- ➲ Verfüttern Sie nach Möglichkeit kein frisches Heu oder ungeschützt gelagertes Futter, und nehmen Sie selbst keine Milchprodukte zu sich. (Es sei denn, Sie haben die Möglichkeit festzustellen, daß keine Strahlung vorhanden ist.)
- ➲ Versuchen Sie, sich Nahrung zu beschaffen, und gehen Sie sparsam mit den Vorräten um, denn es folgt ein Hungerwinter.
- ➲ Reparieren und sichern Sie Ihre Gebäude.
- ➲ Achten Sie bei Wintereinbruch auf Frostgefahr bei wasserführenden Systemen (Zisterne, Wasserleitung, Zentralheizung usw.).
- ➲ Vermeiden Sie den Besuch von Städten und größeren Ansiedlungen (akute Seuchengefahr!).
- ➲ Rechnen Sie in den folgenden Monaten mit leichteren Nachbeben.

IV

Lexikonteil

Wichtige Anmerkungen
zum Gebrauch des Lexikons

Der folgende Teil des Buches enthält in alphabetischer Ordnung eine Sammlung von Vorbereitungsmaßnahmen, Arbeitsanweisungen, Reparaturanleitungen, Improvisationstips, Rezepten, Erste-Hilfe-Maßnahmen usw.
Auf praktische Fragen wie z.B....
- Wie baue ich Kartoffeln an?
- Wodurch kann ich Hefe ersetzen?
- Wie finde ich Wasser, und wie baue ich Brunnen?
- Wie konserviere ich Nahrungsmittel ohne Kühlschrank?
- Wie repariere ich meine Taschenlampe, wenn sämtliche Glühlämpchen kaputt sind?
- Wie kann ich bei Verlust meiner Brille kurzfristig meine Sehschwäche korrigieren?
...werden hier Antworten gegeben.
Um ein rasches Nachschlagen zu ermöglichen, wurde die *alphabetische Ordnung* strikt eingehalten, wodurch die einzelnen Themen allerdings ein wenig wie »Kraut und Rüben« nebeneinander stehen. Einige Punkte (Erste Hilfe, Gemüseanbau, Kernwaffen) wurden aus Gründen der Übersichtlichkeit zwar ebenfalls in Stichwörter untergliedert, jedoch in eigenen Kleinkapiteln belassen. Einen raschen Überblick gibt das Stichwörterverzeichnis auf Seite 490!
Wo der Umfang die ausführliche Darstellung einer Lösung nicht erlaubte (z.B. Permakultur), ist stets weiterführende Literatur angegeben, in der man eingehende Information zum jeweiligen Thema finden kann. (Beachten Sie auch die Literaturhinweise im Anhang dieses Buches!)
Besonderer Wert wurde auf *nachhaltige Lösungen* gelegt. Ein Beispiel: Beim Problem der Beleuchtung wird nicht einfach empfohlen, viele Glühbirnen zu kaufen bzw. Paraffin und Stearin für die Kerzenherstellung einzulagern, weil all dies ohne Fernhandel und Primärindustrie eines Tages zur Neige gehen und nicht mehr zur Verfügung stehen wird. Statt dessen werden u.a. Binsen- und Talglichter sowie Öllampen als erneuerbare Lichtquellen beschrieben.
Aus diesem Grund enthält das Lexikon auch vieles, was auf den er-

sten Blick umständlich und überflüssig erscheinen mag. Man wird sich beispielsweise fragen, warum das Feuermachen mittels eines so umständlichen Gerätes wie des »pneumatischen Feuerzeuges« beschrieben wird, wo man im Notfall doch sicher mit einem Feuerzeug oder wasserfesten Zündhölzern schneller ist. Was aber macht man, wenn in der Zeit nach der Katastrophe, in der es womöglich weder Butangas oder Benzin für Feuerzeuge noch Phosphor für Zündhölzer geben wird, alle Vorräte zur Neige gegangen sind? Dann wird man vielleicht doch auf diese umständlichen und primitiven Alternativen zurückkommen.

Da es die Zielsetzung dieses Lexikons ist, möglichst viel relevante Information für die Bewältigung globaler Krisen und das Überleben danach anzugeben, können – wie bei jedem Nachschlagewerk – nicht sämtliche Informationen für jeden Leser relevant sein. Wichtiges wird neben (scheinbar) Unwichtigem stehen. Einige Informationen sind sogar speziell für Fachleute gedacht. Das soll nicht weiter stören; früher oder später wird man unter den Überlebenden jemanden finden, der damit etwas anfangen kann.

Nochmals sei hier betont, daß sich dieses Buch nicht als Anleitung für das klassische *Survival in der Wildnis* versteht – dazu gibt es bereits viele, zum Teil hervorragende Bücher, auf die im Literaturverzeichnis hingewiesen wird. Einige typische Survival-Techniken, wie beispielsweise die Orientierung im Gelände oder Jagd und Fallenstellen, bleiben hier daher weitgehend ausgespart.

Weiter ist wichtig, sich klarzumachen, daß viele der hier vorgestellten oder empfohlenen Methoden ohne Üben kaum erfolgreich angewandt werden können. Die Lektüre dieses Buches kann keinesfalls die praktische Erfahrung, etwa einen Erste-Hilfe-Kurs oder ein Survival-Training, ersetzen. Man sollte bei Interesse daher unbedingt an entsprechenden Kursen und Ausbildungen teilnehmen.

Die Zuordnung einzelner Informationen zu den Stichworten war bisweilen schwierig, denn vieles hätte an mehreren Stellen des Buches erwähnt werden müssen. Darauf wurde aus Gründen des Umfangs verzichtet. Der Leser achte daher auf die Verweise!

Daß es von Vorteil sein könnte, das Lexikon schon jetzt durchzulesen oder zu überfliegen, und nicht erst dann, wenn sich die Fernsehnachrichten überschlagen, versteht sich wohl von selbst, zumal es auch für Vorbereitungsmaßnahmen relevante Informationen enthält.

ABC-Schutzmaske

Die ABC-Schutzmaske (z.B. Schutzmaske M 65 Z der deutschen Bundeswehr) soll das Eindringen chemischer und biologischer Kampfstoffe sowie strahlender Teilchen in Mund, Atemwege und Augen verhindern. Sie schützt nicht gegen Kohlenmonoxid und zu geringem Sauerstoffgehalt in der Luft. Die Funktion der Schutzmaske ist nur bei richtigem Sitz gewährleistet. Beim Filtereinsatz unterscheidet man Partikel-, Gas- und Kombinationsfilter. Je nach Außenverschmutzung, Luftfeuchtigkeit, Atemfrequenz des Trägers und anderen Kriterien hält ein Filter bis zu zwei Stunden. Spätestens wenn der Filtereinsatz rasselt oder das Einatmen behindert, muß er gewechselt werden. Dann Augen schließen, tief einatmen, Luft anhalten, alten Einsatz gegen neuen tauschen, tief ausatmen und neuen Einsatz fixieren. Das alte Filter aus dem Aufenthaltsbereich entfernen.

Für Säuglinge und Kleinkinder, die natürlich keine Schutzmasken für Erwachsene tragen können, gibt es spezielle Anfertigungen im Handel, die sich eventuell auch für kleine Haustiere eignen.

ABC-Schutzmaske, Ersatz für

Ist keine ABC-Schutzmaske vorhanden, kann man eine Staubschutzmaske aus dem Baumarkt, Mullbinden oder einfach ein Stück Stoff mit einer Flüssigkeit tränken (mit hochprozentigem Alkohol, Speiseessig, einer Lösung von Natriumcarbonat oder notfalls mit Urin). Damit ist ein gewisser Schutz gegen strahlende Teilchen, B-Waffen und einige C-Waffen (Ausnahme: chemische Kampfstoffe in flüchtiger Form) gegeben.

Sind Schutzmaskenfilter, aber keine oder zuwenig Masken vorhanden, hält man die Nase zu, nimmt den Filtergewindeanschluß in den Mund und atmet so durch den Filter.

ABC-Waffen

siehe auch ➤ Nuklearwaffen, ➤ Biologische Waffen, ➤ Chemische Waffen bzw. Kapitel III

»ABC-Waffen« ist die gängige Abkürzung für atomare, biologische und chemische Waffen.

Abspringen von Gebäuden oder Fahrzeugen

siehe Kapitel III.1

Akkus

Akkus
siehe auch ➛ Strom, elektrischer

Da es nach einer globalen Katastrophe längere Zeit keinen Netzstrom und keine neuen Batterien geben wird, empfiehlt sich die Anschaffung von Akkumulatoren (Akkus), die mit einer Ladevorrichtung durch Strom von einem Generator oder von Solarzellen bis zu tausendmal geladen werden können, sowie von Geräten, die mit solchen wiederaufladbaren Batterien funktionieren. Mittlerweile gibt es auch Ladegeräte (Saitek Eco Charger), mit denen auch herkömmliche Alkaline-Batterien bis zu zehnmal aufgeladen werden können. Mit handlichen Solarladegeräten kann man Akkus auch direkt durch Sonnenlicht aufladen.

Als Zwischenspeicher für mit Generatoren erzeugten Strom werden Blei-Säure-Batterien unerläßlich sein. Man unterscheidet dabei Trocken- (Gel-) und Naßbatterien. Letztere sind mit einer schwachen Schwefelsäurelösung gefüllt. Man kann sie mit etwas Glück aus einem Autowrack ausbauen. Zur Aufbewahrung werden sie mit destilliertem Wasser gefüllt, während man die Batteriesäure (20–32%ige Schwefelsäure) gesondert lagert. Autobatterien im Gegensatz zu NiCd- und NiMH-Akkus nie ganz entladen! Eine günstigere Leistungskurve weisen Marine-, Stapler- oder Golfwagenbatterien auf (z.B. Trojan L-16 mit 350 Ah bei 6 V). Akkus sollten nicht wärmer als bei 25 °C gelagert werden.

Alkoholherstellung
siehe auch ➛ Birkenwein

Hochprozentiges Ethanol (der »Alkohol des Alltags«) kann nicht nur für Genußmittel wie Bier, Wein und Schnaps verwendet werden, sondern auch als Treibstoff, als Anästhetikum, für die Flüssigkeitssäulen in Thermometern oder zum Ansetzen von Kräuterweinen. Die Herstellung von Alkohol ist selbst Gefangenen unter primitivsten Umständen gelungen, ist also nicht schwierig:

Ethanol wird bei der alkoholischen Gärung durch bestimmte in der Hefe enthaltene Enzyme aus Zucker gewonnen. Als Nebenprodukt entsteht Kohlendioxid. Man setzt in einem verschlossenen Gefäß eine Maische aus zucker- oder stärkehaltigen Früchten oder Getreide an, indem man warmes Wasser und Hefe dazugibt. Das entstehende Kohlendioxid kann über ein wassergefülltes U-Rohr entweichen. Wenn dort keine Bläschen mehr zu beobachten sind, ist die Gärung beendet. Der Alkoholgehalt im Gefäß liegt dann bei 7–12 %, der Rest ist zum größten Teil Wasser. Mehr läßt sich durch Gärung nicht erreichen, weil die Hefepilze durch den Alkohol absterben. Um höherprozentigen Alkohol zu bekommen, muß die Flüssigkeit filtriert und gebrannt (destilliert) werden. Ethanol verdampft früher als Wasser. Nicht zu lange destillieren, weil sonst das Wasser nachkommt. Wenn man das Destillat noch einmal brennt, erhält man noch höherprozentigen Alkohol. Das Prinzip des Destillierens ist unter ➛ Wasser reinigen und haltbar machen beschrieben.

Pischl, Josef, *Schnapsbrennen* (Graz: Leopold Stocker, [7]1997) 168 S.

http://hbd.org/brewery/cm3/recs/00contents.html
Rezepte fürs Bierbrauen

Anästhetika, Ersatz für

Steht für einen medizinischen Eingriff kein Anästhetikum zur Verfügung, flößt man dem Patienten Alkohol ein, bis sein Schmerzempfinden stark herabgesetzt ist.

Eine Alternative für die örtliche Betäubung ist die »Vereisung« mit Eis oder Eiswasser: Die Stelle wird damit gekühlt, bis sie gefühllos ist.

Angeln

siehe ➛ Fischfang

Anstriche gegen Fäulnis, Wasser, Feuer

➛ siehe auch Holzfällen, richtiger Zeitpunkt zum

Holzteile werden durch Carbolineum- oder Teeranstriche wirksam vor Fäulnis und Wasser geschützt. Die Zugabe von scharfem Pfeffer zu Farben und Lacken hält Schädlinge ab. Holzpfähle kann man auch durch leichtes Ankohlen vor Fäulnis sichern. Wasserglasüberzüge (➛ Wasserglas) schützen nicht vor Feuchtigkeit, wohl aber vor Feuer (Entflammung), ebenso bietet ein Kalkmilchanstrich (➛ Kalkanstriche) einen Schutz gegen Entflammung.

Textilien werden feuerfest, wenn man sie in einer Lösung aus Alaun tränkt und flachliegend trocknen läßt. Besser ist folgende Lösung: 1 kg Alaun, 1 kg Ammoniumsulfat, 500 g Borax auf 20 l Wasser.

Atomkriegmythen

siehe unbedingt auch → Kernwaffen, → Strahlung, Eigenschaften der ionisierenden, → Strahlung, Schutz vor

Über die Auswirkungen von Kernwaffen und die Folgen eines Atomkriegs gibt es viele Meinungen, die auf Filmen oder Büchern beruhen, aber nicht viel mit der Wirklichkeit zu tun haben. Verschiedene Meinungsbildner versuchten in der Vergangenheit, einen Atomkrieg möglichst drastisch als den Untergang der Menschheit, wenn nicht gar der ganzen Erde darzustellen, um die Menschen von der Notwendigkeit der Abrüstung zu überzeugen. *Die Lebenden werden die Toten beneiden,* wurde verkündet, woraufhin viele meinten: *Wenn es zu einem Atomkrieg kommt, können wir ohnehin nichts tun, dann ist es besser, gleich zu sterben.*

Ich halte diese Einstellung für gefährlich, denn es ist bei entsprechender Vorsorge sehr wohl möglich, einen Atomkrieg zu überleben und auch danach dem Leben noch einen Wert zu geben. Durch derartige Aussagen aber werden viele Menschen von dem Gedanken an Vorsorge abgebracht.

Einige Vorurteile – und wie sich die Sache wirklich verhält:

- *Der Fallout würde die Luft vergiften und damit jeden töten.* – Nein, das ist nicht der Fall, denn der → Fallout besteht aus kleinen strahlenden Partikeln, die mittels eines Filters (Sandfilter oder → ABC-Schutzmaske) herausgefiltert werden können.
- *Die Erde wäre durch den Fallout für Jahrzehnte oder Jahrhunderte verseucht, und man könnte den Schutzraum nicht mehr verlassen.* – Nein, die beim Kernwaffeneinsatz entstehenden strahlenden Teilchen zerfallen recht schnell: Bereits 7 Stunden nach der Explosion ist nur mehr $1/10$ der anfänglichen Strahlung vorhanden, nach 7×7 Stunden nur mehr $1/100$ und nach $7 \times 7 \times 7$ Stunden (rund 2 Wochen) nur mehr $1/1000$ (siehe die »7er-Regel«, S. 254). Nach dieser Zeit kann man den Schutzraum schon wieder für mehrere Stunden verlassen.
- *Die radioaktive Strahlung durchdringt alle Materialien, man kann sich vor ihr nicht schützen.* – Das ist so nicht richtig. Die Strahlung des Fallouts wird bereits durch eine dünne Wand abgeschirmt. Gamma-Strahlen und Neutronen, die unmittelbar bei der Explosion frei werden, durchdringen tatsächlich jedes Material, werden dabei aber schnell abgeschwächt. Etwa 10 cm Beton oder

Atomkriegmythen

15 cm Erdreich verringern die Strahlung bereits um 50%. Es ist daher leicht, sich bis auf ein unschädliches Maß gegen die Strahlung abzuschirmen.
- *Man würde nach einem Atomkrieg verhungern, weil man aufgrund der Verstrahlung keine Nahrung und kein Wasser aus dem Freien verwenden kann.* – Falsch, denn hat man vorgesorgt, ist man für die ersten Wochen gerüstet. Sobald die Strahlung des Fallouts aber zurückgegangen ist, kann man (unter Rücksichtnahme auf bestimmte Ausnahmen) wieder Nahrung aus der freien Natur verwenden. Auch verstrahltes Wasser läßt sich auf einfache Weise reinigen (➤ Wasser reinigen und haltbar machen).
- *Megatonnen-Bomben sind tausendmal zerstörerischer als die Hiroshima-Bombe.* – Das stimmt, allerdings ist man von den Mt-Bomben längst abgekommen. Die Mehrheit der heutigen Kernwaffen liegt in einem Bereich von 100 bis 550 kt, weil diese Waffen ein besseres Verhältnis von Gewicht zu Zerstörungskraft aufweisen.
- *Zumindest innerhalb einiger Kilometer Abstand von der Explosion ist das Überleben völlig ausgeschlossen.* – Falsch, in Hiroshima und Nagasaki überlebten mehrere Menschen, die in einfachen Luftschutztunneln unter der Erde Zuflucht gesucht hatten, unverletzt in einigen hundert Metern Abstand vom Nullpunkt.
- *Neutronenwaffen sind besonders gefährlich; sie töten nur Lebewesen, lassen aber die Gebäude stehen.* – In der Tat ist bei Neutronenwaffen der Energieanteil von Druckwelle und Hitzestrahlung nur 50%, während Fissionswaffen etwa 85% ihrer Energie in Druck und Hitze umwandeln. Dadurch eignet sich die Neutronenwaffe bei hoher Detonation gut zur Erzeugung sehr hoher Strahlendosen, die Menschen auch durch die Wände eines Panzers hindurch töten können, ohne gleichzeitig Druck- und Hitzeschäden zu verursachen. Bereits wenige Stunden nach dem Einsatz können die eigenen Truppen durch das Gebiet marschieren und die unversehrt gebliebene Infrastruktur übernehmen. Im Fall einer Invasion ist daher vor allem der Einsatz von taktischen (Neutronen-)Waffen zu erwarten. Eine langfristige Verstrahlung der betroffenen Gefechtsfelder ist dann *nicht* zu befürchten! Die US-Streitkräfte wollen übrigens Anfang der 90er Jahre sämtliche Neutronenwaffen demontiert haben.
- *»Feuerstürme« nach einem Atomangriff würden alles verbren-

nen und selbst Schutzrauminsassen durch die enorme Hitze töten. – Unwahrscheinlich. Bei den Feuerstürmen des Zweiten Weltkriegs (Hamburg, Dresden, Tokio u.a.) lag der Anteil an Brandbomben teilweise bei 60% der Bombenlast. Diese Brandbomben (in erster Linie Napalm) verursachten unlöschbare Brände und erhitzten die Luft auf 1000 °C, so daß Menschen im heißen Asphalt einsanken. Die nur kurz und lokal sehr begrenzt wirkende Hitzestrahlung moderner Kernwaffen ist damit nicht zu vergleichen. Außerdem war damals mehr brennbares Material verbaut als heute. Zweifellos würde die Hitzestrahlung einzelne Brände entfachen, die Gefahr von Feuerstürmen ist in unseren »Betonwüsten« dagegen gering.

• *Kinder und Kindeskinder der Überlebenden kämen mißgebildet auf die Welt, weil das Erbgut der Eltern geschädigt wurde.* – Tatsache ist, daß bereits 30 Jahre nach den Atombombenabwürfen auf Hiroshima und Nagasaki aufgezeigt wurde, daß die Anzahl der mißgebildeten Kinder von Eltern, die den Explosionen ausgesetzt gewesen waren, nicht höher war als beim japanischen Durchschnitt.

• *Mit den heute vorhandenen Waffen ist immer noch der »Overkill« möglich, man könnte jeden Menschen also mehrfach töten, die Menschheit komplett ausrotten.* – Nur mathematisch, zwar ließen sich mit den vorhandenen Waffen alle Ballungsräume vernichten, viele Gebiete der Erde würden aber keine direkten Auswirkungen der Explosionen verspüren. Das Auslöschen der Menschheit ist undenkbar.

• *Da die Explosionen sehr große Mengen von Material hochschleudern würden, käme es zu einer Verdunkelung der Atmosphäre, einem Temperatursturz, dem Absterben der Pflanzen und zu großen Hungersnöten.* – Unwahrscheinlich. Diese Theorie vom »nuklearen Winter« (Crutzen und Birgs 1982 und später Turco, Toon, Ackerman, Pollack und Sagan, genannt »TTAPS«) ist mittlerweile überholt. Auswirkungen auf das Klima sind zwar zu erwarten, aber bei weitem nicht so dramatisch, wie es zuweilen dargestellt wurde.

Audioinformation speichern

Verzichten Sie auf magnetische Speichermedien (Kassetten und Minidisks), die gegenüber Temperatur, Strahlung und Magnetfeldern sehr empfindlich sind. Herkömmliche Schallplatten sind haltbarer und können auch ohne Strom mit einem Schallplattenspieler abgespielt werden. (Zur Verstärkung kann man am Tonabnehmer einen Trichter aus Papier befestigen.) Wenn Sie Musik oder persönliche Tondokumente über die Ereignisse hinweg retten wollen, sind Sie mit Compact Discs (CDs) am besten beraten. Siehe ➤ CDs brennen. Denken Sie in diesem Fall an einen tragbaren CD-Player, der mit Akkus arbeitet.

Aufzug, gefangen im
Sitzt man in einer Aufzugskabine fest, gelten folgende Regeln:
- Ruhe bewahren und andere Insassen beruhigen; die Wahrscheinlichkeit, daß der Lift abstürzt, ist sehr gering.
- Türknopf drücken, möglicherweise hat der Aufzug im richtigen Stockwerk gehalten, aber die Türöffnung hat versagt.
- Nicht wild auf die Knöpfe drücken. Zuerst unterstes, dann oberstes Stockwerk versuchen.
- Wenn auch das noch keine Reaktion ergibt, den Alarmknopf drücken und auf Antwort warten. Falls vorhanden, Telefon benutzen.
- Wenn darauf keine Antwort erfolgt, wiederholt und laut gegen die Wände klopfen. Dazwischen immer wieder horchen.
- Luftschlitze nicht blockieren.
- Nach einigen Stunden, wenn offensichtlich keine Hilfe von außen zu erwarten ist (und so auch nicht die Gefahr besteht, daß der Lift plötzlich wieder anfährt), kann man versuchen, die Tür mit den Händen zu öffnen. Vielleicht hat man Glück und erreicht einen Ausgang. Hat man Pech, steht die Kabine genau zwischen zwei Stockwerken.
- Schlimmstenfalls muß man über Nacht oder über das Wochenende im Lift ausharren, bis man bemerkt wird. Das Aussteigen und Herumklettern im Aufzugschacht ist nicht zu empfehlen!

Ausschwefeln von Räumen und Gefäßen
Die beim Ausschwefeln entstehende Schwefeldioxid-Vergasung ist eine der wirksamsten Entkeimungsmethoden (tötet auch Insekten). Raum und Fenster abdichten, Metallteile aus dem Raum entfernen oder einfetten. Auf den Fußboden ein Stück Blech mit fingerhoher Sandschicht stellen, auf dem Sand Schwefelstücke anzünden (16 g

je m³ Raum). Tür schließen und abdichten. Vergasung 12 Stunden wirken lassen. Raum öffnen und stark lüften.
Gefäße aus Glas und nicht hitzebeständigem Material am Boden fingerhoch mit Wasser oder Sand bedecken. Schwefelfaden anzünden und einhängen, oder Schwefelstücke auf Sandschicht entzünden. Verschluß dichtmachen. Schwefelgas 6 Stunden einwirken lassen. Gefäß mehrmals gründlich mit sauberem, kaltem Wasser reinigen. Reste geschmolzenen Schwefels entfernen.
Achtung! Schwefeldioxid ist toxisch und kann bei Mischung mit Luft Vergiftungserscheinungen (Hornhauttrübung, Atemnot, Entzündungen der Atmungsorgane) hervorrufen, die zum Tod führen können. Dämpfe nicht einatmen!

Babynahrung in Krisenzeiten
siehe auch ➤ Getreideverwertung in Krisenzeiten

Wenn Babys nicht gestillt werden, ist an die besonderen Erfordernisse für ihre Nahrung zu denken (➤ Kapitel V *Checklisten*). Wenn zuwenig oder keine (Trocken-)Milch vorhanden ist, muß feste Nahrung aufbereitet werden: 3 Teile Getreide und 1 Teil Bohnen weichkochen. Die Zerkleinerung erfolgt durch Pürieren (durch die »Flotte Lotte«, ein Sieb oder ein Stofftuch) oder Zerquetschen. Reis oder Mais ist bei Babys unter sieben Monaten zu bevorzugen, weil Weizen Allergien auslösen kann. Auch Honig soll im ersten Lebensjahr nicht gegeben werden.
Es ist besonders wichtig, auf Hygiene zu achten; Baby-Utensilien sorgfältig desinfizieren.

Backen
siehe auch ➤ Backpulver und Hefe, ➤ Sauerteig bereiten, ➤ Getreideverwertung in Krisenzeiten

Allgemeine Tips
Frische Hefe steigt in heißem Wasser auf.
Trockenhefe ist noch gut, wenn sie ca. 5 Minuten nachdem sie in Zuckerwasser von etwa 45°C gegeben wurde, eine Reaktion zeigt.
Wenn man das Backpulver mit einem Rest von Mehl erst dann zum Teig gibt, wenn er nicht mehr flüssig ist, erhält das die Triebkraft.
Statt einem Nudelholz kann auch eine Flasche verwendet werden.
Aus hart gewordenem Brot Brösel machen, indem man es reibt

oder in ein Tuch wickelt und mit einem harten Gegenstand zerkleinert.
Beim Backen ist tüchtiges Durchkneten oder Durchrühren des Teigs und gutes Aufgehenlassen bei der Anwendung von Hefe oder Sauerteig (→ Sauerteig bereiten) erforderlich. Man prüft, ob Kuchen oder Gebäck gar (d. h. durchgebacken) ist, indem man ein dünnes Hölzchen in den Teig sticht. Bleibt kein Teig am Hölzchen haften, ist das Gebäck gar. Bei Verwendung von Hefe und Sauerteig müssen alle Zutaten leicht erwärmt werden, und die Teigbereitung muß im stubenwarmen Raum erfolgen.
- *Bannock* (2 B. Mehl, am besten Vollkornmehl, 2 Tl. Backpulver, $^1/_2$ Tl. Salz, etwas Wasser): Dieses seit Jahrhunderten bewährte Brot der Trapper und Fallensteller ist sehr einfach herzustellen: Das Mehl wird mit Backpulver, Salz und etwas Wasser zu einem festen Teig verarbeitet, den man zu fingerdicken Fladen formt und beidseitig in einer leicht gefetteten Pfanne (oder auf einem heißen Stein am offenen Feuer) bäckt (etwa 5–10 Minuten pro Seite). Der Bannock kann auch zusätzlich mit Haferflocken, Milch- oder Eipulver, Nüssen, Beeren, Pilzen, Speck usw. angerührt werden.
- *Roggenbrot* (2,5 kg Roggenmehl = etwa 17 B., 1 l Wasser = 4 B., etwas Salz, ein apfelgroßes Stück Sauerteig): Abends das schwach erwärmte Wasser mit der Hälfte des Mehls und dem Sauerteig vermengen und an mäßig warmem Ort gehen lassen. Morgens Mehlrest und Salz dazu kneten, nochmals kurz aufgehen lassen, zwei Stunden in heißem Ofen backen. Erst in abgekühltem Zustand verspeisen.
- *Weizenbrötchen, Semmeln* (2 kg Weizenmehl = etwa 14 B., 1 l frische Voll- oder Magermilch oder Wasser = 4 B., 50 g Hefe = 2 El., etwas Salz): Erwärmte Milch mit der Hälfte des angewärmten Mehls und der zerkrümelten Hefe vermengen, mit Mehl überpudern und mäßig warm stellen, gut gehen lassen, bis sich reichlich Risse an der Oberfläche zeigen. Mäßig erwärmten Mehlrest und Salz dazugeben, gut durcharbeiten, nochmals kurz gehen lassen, Brötchen (Semmeln) beliebiger Form formen und in gut heißem Ofen backen.
- *Hard Tacks* (2 B. Mehl, 2 El. Schweineschmalz oder ein anderes Fett, etwas Salz, ganz wenig Wasser): Sehr lange haltbares amerikanisches Gebäck, das vor dem Verzehr in Wasser oder Milch einge-

weicht wird. Möglichst dicken Teig anrühren, 1 cm stark ausrollen, in 10×10 cm große Quadrate schneiden, in deren Mitte ein Loch eingestochen wird. Im Backrohr backen, luftig aufbewahren.
- *Essener Brot* (2 B. Korn, am besten Roter Winterweizen oder Roggen, Wasser): Das Korn 1 bis 2 Tage in Wasser einweichen, wieder herausnehmen und weitere 1 bis 1½ Tage keimen lassen. Dann pürieren, eventuell mit zerhacktem Knoblauch und Zwiebelstückchen oder mit Rosinen, Apfelspalten oder Zimt vermischen, Brötchen formen, die im Ofen oder an der Sonne getrocknet werden.
- *Napfkuchen, Gugelhupf* (500 g Weizenmehl = 3 reichliche B., 80–100 g Butter, Margarine oder Öl = 4–5 reichliche El., 100 g Zucker = 5–6 El., 2 Eier, wenn vorhanden Mandel- und Zitronenessenz, 1 Backpulver [→ Backpulver und Hefe]): Zucker, Eier und Fett gut verrühren, Mehl mit Backpulver vermischt nach und nach dazugeben und so viel Vollmilch, Magermilch oder Wasser zufügen, daß ein gerade noch rührbarer Teig entsteht. Gründlich durchrühren, Gewürze dazugeben, nochmals gut durchrühren. Kuchenform oder beliebige andere sich oben erweiternde Form einfetten, Teig einfüllen und bei Mittelhitze etwa 45 Minuten backen.
- *Kartoffelkuchen* (200 g Kartoffelbrei oder Kartoffelpüree = 1 B., 200 g Grieß = 1 B., 200 g Zucker = 10–12 El., Backpulver, Kuchengewürz nach Wahl): Kartoffeln mit Zucker und ein wenig Wasser oder Milch verrühren. Grieß, Backpulver und Gewürze hinzufügen und so viel Milch oder Wasser dazugeben, daß ein gut rührbarer Teig entsteht. Backen wie beim Napfkuchen.
- *Obstkuchen* (300 bis 450 g Weizenmehl = 2–3 B., 50–100 g Zucker = 3–6 El., etwas Wasser, Voll-, Mager- oder Sauermilch, 1 Backpulver und 500 bis 750 g = 2–3 B. Apfelscheiben, halbierte und entsteinte Pflaumen, entsteinte Kirschen, Blau- oder Heidelbeeren oder dergleichen): Mehl, Zucker, Backpulver, Wasser oder Milch und Gewürze zu einem zähen Teig verarbeiten und fingerdick auf gefettetes Blech streichen. Rohes Obst auflegen und überzuckern. Bei mäßiger Hitze etwa 30 Minuten backen.
- *Haferflockenplätzchen* (250 g Haferflocken = 1–2 B., 150 g Weizenmehl = 1 B., 150 g Zucker = 7–8 El., 1 Backpulver, Backgewürze, ein wenig Wasser oder Milch): Haferflocken mit oder ohne Zugabe von 1 bis 2 ganzen Eiern mit Zucker, Mehl und Backpulver

gut vermengen. Backgewürze zugeben und in kleinen Häufchen auf gut gefettetes Blech setzen. Bei milder Hitze goldgelb backen.

Einige Tips zum Kuchenbacken

Griffiges Mehl wird für flaumige Kuchen (Mürbteig, Biskuitteig, Tortenmassen), gemischtes Mehl für Hefe- und Brandteig und glattes Mehl für Strudelteig verwendet.

Kuchenteig soll immer nur in einer Richtung gerührt werden.

Mit Eiklar läßt sich Teig kleben (Tortenböden usw.).

Fettige Tortenformen lassen den Teig beim Aufgehen von der Form abrutschen, und die Torte bekommt einen Gupf. An trockenen, mehlbestreuten Formen kann er hochsteigen.

Backpapier auf dem Kuchen verhindert das Anbrennen.

Teig geht gleichmäßig auf, wenn in den ersten 10 Backminuten der Backofen einen Spalt weit geöffnet ist.

Abkühlen des Tortenbodens mit feuchtem Tuch macht das Ablösen leichter.

Bei trockenem Kuchen Oberfläche mit Milch bepinseln und kurz aufbacken.

Backofen bauen

siehe auch ➤ Kochherd bauen

An steiler Böschung oder nach Ausheben einer Grube (siehe Abbildung 9) Feuerloch anlegen. Heizgase um eine aus Ziegeln, Feldsteinen oder Beton- oder Blechtafeln gefertigte Backröhre leiten (Fugen zwischen Platten oder Tafeln mit Lehmbrei verstreichen). Zum Schließen der Feuer- und Backröhrenöffnung flachen Stein, Blech oder dergleichen benutzen. Backröhrenöffnung liegt seitlich vom Feuerloch. Rauchabzugsrohr aus aneinandergesetzten Konservendosen ohne Böden oder aus Blechrohr anfertigen. Backbleche oder -roste in der Backröhre auf untergelegten Steinen oder dergleichen hohl aufstellen. Zur Erzielung gleichmäßiger Wärme Feuer regelmäßig mit gleichem Brennstoff unterhalten.

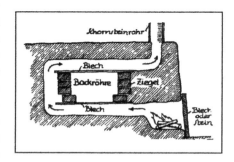

Abb. 9: Backofen

Backpulver und Hefe

Pro 1 kg Mehl (7 B.), 20 g pulverisierte Weinstein- oder Zitronensäure (1 El.), zum Teig hinzufügen und verrühren und nach einiger Zeit 8 g (2 Prisen) in etwas Milch gelösten Natrons (Natriumhydrogencarbonat, Speisesoda) dazumischen. Vermengung des Backpulvers mit dem Teig muß sehr sorgfältig vorgenommen werden.

Als Backpulverersatz können 3 bis 4 El. Rum oder Kognak, als Ersatz für Trockenhefe selbsthergestellte Fermente dienen:

- *Flüssighefe aus Kartoffeln* (1 Kartoffel, 1 El. Hopfen, 1 El. Zucker, 1 El. Mehl, 2 Rosinen). Eine mittelgroße Kartoffel waschen und – ohne sie zu schälen – vierteln. In einem kleinen Topf mit dem Hopfen kochen, den Absud aufheben. Kartoffelstücke und Hopfen mit Zucker und Mehl pürieren, Rosinen beigeben, mit dem Absud übergießen und in einer verschlossenen Flasche an einen warmen Platz stellen. Flüssigkeit nie ganz aufbrauchen, sondern Rest für die Kultivierung neuer Hefe verwenden.
- *Mehl-Zucker-Fermentierung* ($1/2$ kg Mehl, 125 g brauner Zucker, Salz). Mehl, Zucker und ein wenig Salz eine Stunde lang mit 5 l Wasser kochen lassen. Solange das Gemisch noch lauwarm ist, in Flaschen füllen. $1/4$ l reicht für etwa 3 kg Brot. Haltbarkeit: 24 Stunden.
- *Fermentierung von Erbsen* (1 B. Erbsen). Erbsen zerquetschen, kochen und für 24 Stunden neben den Ofen stellen. Auf dem Gefäß bildet sich eine Schaumhaube als Zeichen für die Fermentierung.

Batterien

siehe auch → Akkus

Schwache Batterien erholen sich kurzfristig, wenn man sie einige Minuten auf einen warmen Heizkörper (jedoch nicht ins Feuer – Explosionsgefahr!) oder in die Sonne legt.

Ein einfaches galvanisches Element stellt man her, indem man zwei unterschiedliche Metalle (z.B. Kupferdraht und Alufolie) in eine leitende Flüssigkeit (Zitronensaft, Essig, Urin usw.) gibt. Zwischen den beiden Elektroden entsteht dadurch ein schwacher Strom. Die gewünschte Spannung erhält man, indem man mehrere Zellen in Serie (immer Plus- mit Minuspol verbinden) anordnet.

Bäume erklettern

Zum Ernten von Früchten und zum Verstecken kann es wichtig sein, einen Baum zu erklettern. Bei einem glatten, astlosen Stamm ist dies nicht einfach; hier kann man sich mit einer *Kletterschlaufe* behelfen. Es handelt sich dabei um ein Stück Draht von mindestens 2–3 mm Stärke (oder ein Seil). Der Draht wird ringförmig um den Stamm gelegt, um die Länge zu bestimmen. Zusätzlich werden zwei Unterarmlängen gemessen, dann kneift man den Draht ab. An den Enden werden die Unterarmlängen abgebogen; daraus stellt man nun zwei Schlaufen für die Füße her, in die man so hineinsteigt, daß sie zwischen Fußballen und Ferse festsitzen (siehe Abbildung 10 und 11). Dann beginnt man den Baum zu erklettern, indem man sich mit den Händen hochzieht, während man die Beine anhockt und möglichst weit um den Stamm legt (siehe Abbildung 12). Fußspitzen nach außen drehen. So gesichert, kann man immer wieder aufs neue die Beine ausstrecken und den Oberkörper hochdrücken.

Benzinkanister reinigen

Aus gebranntem Kalk (Branntkalk, Ätzkalk) und Wasser (→ Kalkanstriche) Kalkmilch bereiten, in den Behälter füllen und mehrere

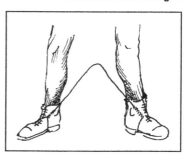

Abb. 10: Befestigung des Drahtes

Abb. 11: Detail der Drahtschlinge

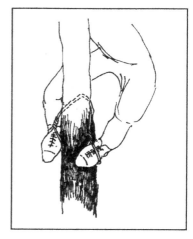

Abb. 12: So wird der Baum erklettert

Stunden wirken lassen. Statt Ätzkalk kann man auch Asche vom Holzkohlenfeuer verwenden. Hinterher erst mit Sägespänen, dann zweimal mit Sodawasser, schließlich drei- bis viermal mit klarem Wasser auswaschen.

Berufe nach dem Zusammenbruch

Das »Jahr 1« nach einer Großkatastrophe wird möglicherweise von letzten kleineren Gefechten, Hunger, Wassermangel und den Mühen des Wiederaufbaus geprägt sein.
Da heute ein Großteil der Berufe im sekundären oder tertiären Sektor (Handel und Gewerbe, Dienstleistungen) angesiedelt ist, nach der Wende aber der primäre Sektor (Landwirtschaft) dominieren wird, können die meisten Überlebenden dann ihren jetzigen Beruf nicht mehr ausüben. Es gilt daher, sich jetzt schon auf eine Tätigkeit vorzubereiten, die man in der Zeit danach ausüben kann. Die folgende Liste nennt, ohne Anspruch auf Vollständigkeit erheben zu wollen, einige aussichtsreiche Berufsfelder. Viele dieser Fertigkeiten kann man heute in Hobbykursen erlernen. Denken Sie daran, das erforderliche Werkzeug und einen Vorrat an schwer beschaffbaren, nötigen Grundstoffen schon jetzt zu besorgen.
Aussichtsreiche Berufsfelder:
- alle Arten von Reparatur- und Wartungsarbeiten im Bereich Mechanik, Installationen, einfache Elektrik
- Arzt/Arzthelfer (v.a. Naturmedizin)
- Brunnensuche und Brunnenbau
- Fischerei und Fischzucht
- Gerberei und Lederverarbeitung
- Herstellung und Verarbeitung von Textilien aus Hanf, Flachs, Schafwolle
- Jagd und Fallenstellerei
- Kalkbrenner
- Köhler
- Landwirtschaft und Viehzucht: Gemüse, Obst, Getreide, Kartoffeln, Pferde, Rinder, Schweine, Ziegen, Schafe, Hanf, Ölpflanzen
- Lehrer
- Maschinenbau
- Papiermacher
- Pferdefuhrwerker

- Sägewerksbetreiber
- Salinenbetreiber (am Meer), Salzimporteur
- Schmied
- Schuhmacher
- Tierarzt
- Tischler
- Wagner
- Zementbrenner

Nützliche Bücher über alte Handwerkstechniken finden Sie im Literaturverzeichnis!

Beschlagen von Brillengläsern verhüten
Man verreibt etwas Rasierseife, Glycerin, Kartoffelsaft oder Spucke auf den Gläsern und spült diese dann kurz ab.

Besen anfertigen
Als Tischbesen oder Handfeger Gänseflügel benutzen. Stuben- und Hofbesen fertigt man aus Birkenreisig, das man um einen Stecken legt, und worum man Draht oder Bindfaden in mehreren Lagen windet. Auch Schilf und manche harten Gräser sind zur Besenfertigung geeignet.

Betonbereitung
siehe auch → Zementherstellung

Beton wird aus Zement, Kies oder scharfem Sand, Zuschlägen und Wasser bereitet. Kies oder Sand müssen rein und humusfrei (lehmfrei), das Wasser säurefrei sein. Zuschläge können aus grobem Kies, walnuß- bis faustgroßen Natursteinen, Ziegel- oder Betonbrocken bestehen. Ein Betongemisch 1:3 bedeutet 1 Teil (Schaufel, Eimer, Karre) Zement und 3 Teile grober Sand oder feiner Kies, ein Betongemisch 1:2:3 bedeutet 1 Teil Zement, 2 Teile Sand oder Kies und 3 Teile Zuschläge.

Zementpulver stets trocken mit Kies und Zuschlägen gründlich mischen, dann allmählich (am besten mit einer Gießkanne mit Brause) unter ständigem Durcharbeiten Wasser zusetzen, bis die Mischung Erdfeuchtigkeit aufweist. Betongemisch schnell verarbeiten (höchstens Tagesbedarf auf einmal bereiten), lagenweise (etwa 20 cm) einschütten, einstampfen, bis sich Feuchtigkeit auf der Oberfläche zeigt. Frost- und sonnengeschützt abbinden lassen. Bei starker Hitze und trockener Luft Betonoberfläche 2 bis 3 Tage feucht halten, indem man sie mit der Gießkanne besprengt.

http://www.beton-lexikon.de/
http://www.bdzement.de/index2.html

Biologische Waffen

Zu den sogenannten »B-Waffen« zählen Bakterien (Milzbrand, Tuberkulose, Pest, Tetanus, Diphtherie, Cholera usw.), Viren (Hirnhautentzündung, Gelbsucht, Dengue-Fieber, Pocken, Grippe, Kinderlähmung usw.) und Pilze (z.B. die weizenvernichtende Tilletia-Gattung). Ihr Einsatz für militärische Zwecke ist keine Erfindung unserer Zeit; so ist bekannt, daß früher Pestleichen in belagerte Städte katapultiert wurden. Obwohl seit 1972 141 Staaten das Bio-Waffen-Übereinkommen BWC unterzeichnet haben, das sich gegen die Verwendung dieser Erreger zu Zwecken der Kriegführung ausspricht, ließen sich viele Länder nicht davon abhalten, mit großem Aufwand weiterzuforschen. So experimentierte der Iran an Pilzen der Tilletia-Gattung, die durch »Steinbrand« nicht nur die gesamte Weizenernte des Iraks vernichten sollten, sondern gleich auch die Erntemaschinen, die beim Einsammeln des Getreides explodieren, weil sich im Steinbrand leicht entzündliches Trimethylamin-Gas bildet. Die USA besaßen 1969 30000 Kilogramm Pilzsporen, die ausgereicht hätten, um alle Weizenfelder der Erde zu infizieren. Ken Alibek (Kanatjan Alibekow) war 1992 aus Russland geflohen, wo er 4 Jahre lang eine Institution mit 32000 Mitarbeiter geleitet hatte, die Hunderte Tonnen von Anthrax- und Dutzende Tonnen von Pest- und Pockenerregern hergestellt hatte.

Da Herstellung und Lagerung von B-Waffen vergleichsweise einfach und billig sind, werden diese auch als die »Atombombe des kleinen Mannes« bezeichnet und als für Terroraktionen besonders geeignet angesehen. Der Einsatz im Krieg könnte sich vor allem auf erntevernichtende Waffen konzentrieren, die verheerende Hungersnöte zur Folge haben könnten. Die Verwendung von Erregern, die den Menschen zum Ziel haben, werden sich die Militärs gut überlegen, da davon möglicherweise auch die eigenen Soldaten betroffen wären. Allerdings macht die Forschung auf dem Gebiet der Designer-B-Waffen (diese richten sich gegen eine bestimmte, genetisch definierte Bevölkerungsgruppe) derzeit große Fortschritte.

Birkenwein
siehe auch ➤ Alkoholherstellung

Ein Bekannter aus der Schweiz schilderte mir die Methode seines Großvaters, aus Birkensaft ein alkoholisches Getränk zu erzeugen: Birkenwein kann im Frühjahr aus dem zuckerhaltigen Saft eines älteren Birkenbaumes gewonnen werden. Im unteren Stammdrittel wird ein 2 bis 5 cm tiefes Loch durch die Rinde gebohrt, unter dem ein Gefäß angebracht wird. Aus 5 Bäumen können innerhalb von 4 Tagen etwa 35 l Birkensaft geerntet werden, der durch die einige Tage währende Gärung zu Birkenwein wird.

Biwak, Wahl eines Platzes für ein
siehe auch ➤ Hütten, ➤ Schneegruben bauen, ➤ Zelte

Ist man gezwungen, eine Notunterkunft im Freien zu beziehen, sind einige Punkte für die Platzauswahl zu beachten:
Das Biwak muß im Windschatten liegen. Der Platz sollte bei jeder Witterung möglichst trocken bleiben oder zumindest rasch trocknen. Wiesen, Lehmböden, bemooster Waldboden oder dichtes Unterholz sind daher ungünstig. Ideal ist Sandboden mit geringem Bewuchs. Mulden sind zu vermeiden, ein leichtes Gefälle ist dagegen günstig. Meist ist es besser, wenn der Platz sichtgeschützt (eventuell auch gegen Flieger) ist. Im Sommer ist auf Schatten zu achten.

Blasen an den Füßen
Fußblasen entstehen in feuchten, engen Schuhen bei ungewöhnlicher Belastung.
Gegenmaßnahmen: Neue Schuhe zuerst eingehen. Schuhe ein bis zwei Schuhnummern größer wählen und dicke Socken tragen. Füße vor dem Marsch mit Hirschtalg oder Fettcreme einreiben. Feuchte Socken wechseln. Beim ersten Auftreten von Druckstellen diese gleich mit Pflaster überkleben. Entstandene Blasen aufstechen und mit Pflaster schützen. Füße mit desinfizierenden Lösungen behandeln (Kaliumpermanganat, Salzwasser, Eigenurin usw.) und immer wieder der Luft aussetzen.

Bleche falzen

Bleche zur Dacheindeckung oder Wandbekleidung werden am besten durch Falze verbunden. Blechränder nach Abbildung 13 rechtwinkelig umbiegen. Übereinandergreifend zusammenlegen und mit leichten Hammerschlägen Ränder nach einer Seite umlegen. Im Gegensatz zu Lötverbindungen sind Falzverbindungen gegen Temperatureinflüsse unempfindlich.

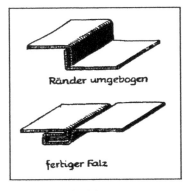

Abb. 13: Bleche falzen

Blechgeschirr löten

Verbindungsstellen gut reinigen, mit Feile oder Messer ankratzen. Verbindungsstellen passend zusammenbiegen und durch Zwinge, Bindfaden, Draht oder durch Beschweren zusammenpressen. Bei Gegenständen aus Zinkblech oder verzinktem Blech verdünnte Salzsäure (Vorsicht!) aufpinseln, sonst Lötwasser, das man bereitet, indem man Salzsäure über Zinkabfälle gießt, bis kein Aufschäumen mehr stattfindet. Lötkolben oder geeignetes Kupferstück reinigen und erwärmen, bis beim Reiben des erwärmten Kupferstücks an einem Stück Salmiak (Ammoniumchlorid) Dämpfe entstehen. Lötzinn am Kupferstück schmelzen und auf Verbindungsstelle zerfließen lassen. Lötstelle zum Schluß gut abspülen und notfalls mit alter Feile abputzen.
Diese Anleitung gilt nicht für Aluminiumgefäße!

Bleistiftherstellung

Bleistiftminen werden aus Graphit und eisenoxidfreiem, geschlemmtem, fettem Ton hergestellt. Diese Grundstoffe werden getrennt zerkleinert und unter Wasserzusatz feinst gemahlen. Eventuell können 1–2 % Ruß zugesetzt werden. Das Gemisch (2 Teile Graphit, 1 Teil Ton) wird durch eine Düse gepreßt, so daß 2–3 mm dicke Fäden entstehen, die an der Luft getrocknet und dann in verschlossenen Tonkrügen gebrannt werden. Der Anteil des Tons und die Brenndauer bestimmen die Härte. Die gebrannten Fäden werden mit Öl, Fett oder Wachs getränkt und in einen Holzgriffel gesteckt oder geleimt.

Brandschutz

siehe auch Kapitel III.2, ➤ Anstriche gegen Fäulnis, Wasser, Feuer

Vorsicht im Umgang mit Feuer ist das sicherste Feuerverhütungsmittel!
Maßnahmen, welche die Entstehung von Bränden verhindern, erschweren oder die Löscharbeiten erleichtern, sind:
- Notieren Sie beim Telefon die entsprechenden Notrufnummern.
- Entrümpeln oder verlagern Sie brennbares Material aus Dachboden, Keller, Treppenhaus usw.
- Feuergefährliche Stoffe (Öl, Benzin, Gas, Klebstoffe, Lacke, Spraydosen) möglichst an einer sicheren Stelle konzentriert lagern.
- Schirmen Sie brennbare Gegenstände durch schwer oder nicht brennbare ab, damit ein Feuer weniger leicht übergreifen kann.
- Verteilen Sie Feuerlöscher, Feuerpatschen (Besen mit nassem Lappen), Einreißhaken (Kaminhaken, Gartenkralle an einem Stiel o.ä.) und Löschdecken im Haus, besorgen Sie sich eine Spritze für Handbetrieb.
- Installieren Sie (batteriebetriebene) Rauchmelder.
- Machen Sie sich mit der Funktionsweise der vorhandenen Feuerlöscher vertraut.
- Legen Sie einen Löschwasserteich oder ein Regenwasser-Reservoir an, das möglichst über dem Niveau ihres Hauses liegt. Sie können dann mit einem Gartenschlauch und dem Gefälle arbeiten. Andernfalls überlegen Sie sich, wie Sie eine Eimerkette zur nächsten Wasserstelle aufstellen müßten, und bereiten Sie ausreichend viele Plastikeimer vor.
- Üben Sie den ➤ Katastrophenplan für den Brandfall mit der Familie.
- Wenn es keinen elektrischen Strom mehr gibt, stellen unbeaufsichtigte Kerzen und Lampen (Rundgang durchs Haus vor dem Zubettgehen!), zündelnde Kinder sowie nicht gefegte Schornsteine die größten Risikofaktoren dar.

Brillenersatz

Die Herstellung von Sehbehelfen wird in der Zeit nach einer Großkatastrophe schwierig werden. Ersatzbrillen sind dringend anzuraten, ebenso eine Auswahl billiger Lesebrillen verschiedener Stärke zum Ausgleich von Alterweitsichtigkeit.

Kontaktlinsen wird es dann wahrscheinlich gar nicht mehr geben. Wer noch welche hat, kann sie statt mit speziellen Reinigungsmitteln mit einem batteriebetriebenen Ultraschallreiniger für Kontaktlinsen reinigen. Die dazu erforderliche Salzlösung kann man selbst herstellen.

Geht die Brille im Chaos zu Bruch oder verloren, kann man sich auf folgende Weise behelfen:

- *»Fingerbrille« für Notfälle.* Diesen Trick kann man anwenden, wenn man die Brille verloren und keinerlei Hilfsmittel zur Verfügung hat: Daumen und Zeigefinger beider Hände werden zusammengepreßt, als würde man ein Haar halten. Dann berühren alle vier Finger einander so an den Spitzen, daß nur ein winziges Loch übrigbleibt. Späht man durch dieses durch, ist die Sicht klar.
- *Kartonbrille.* Aus Karton wird eine Brille ausgeschnitten (mit breiten Bügeln; wo sonst die Gläser sind, bleibt der undurchsichtige Karton). Mit einer Nadel bohrt man ein kleines Loch in die Mitte jedes »Glases«.

Brotröstzange aus Draht

Den 1 m langen Draht wie in Abbildung 14 gezeigt biegen. Drähte vierfach zu einem Stiel zusammendrehen und beide Drahtenden rechtwinklig zur entstandenen Drahtschlaufe (vgl. Abbildung 14 unten) umbiegen. Brotscheibe zwischen Drahtschlaufe und hakenförmige Drahtenden klemmen und rösten.

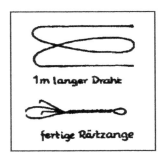

Abb. 14: Brotröstzange

Brunnenbau

Zur Feststellung lohnender Plätze zum Brunnenbau dienen die Beobachtung der Vegetation (feuchtigkeitsliebende Pflanzen) sowie die unter ⇢ Radiästhesie angeführten Methoden. Einen Brunnen am besten in einem recht trockenen Herbst anlegen, um sicher zu sein, daß er auch in der trockenen Jahreszeit noch Wasser hat. Bei allen Brunnen ausreichenden Abstand (mind. 15–30 m) von benachbarten Düngerstätten und Latrinen einhalten. Am Hang Brun-

nen stets bergwärts von Misthaufen, Latrinen usw. anlegen, damit nicht Sickerwasser das Brunnenwasser verunreinigt.
- *Felsbrunnen:* Während in lockerem Boden einfach gegraben wird, stellt Gestein ein Problem dar. Eine Alternative zu Sprengstoffen ist das »Feuersetzen«: Auf dem Stein ein Feuer entfachen, brennen lassen und mit kaltem Wasser löschen. Durch den plötzlichen Temperaturunterschied entstehen Risse im Gestein, das sich so leichter entfernen läßt. Der Vorteil solcher Brunnen ist, daß ihre Wände nicht abgestützt werden müssen.
- *Schachtbrunnen:* Zum Brunnengraben in Erdreich oder Sand bieten sich zwei Methoden an. Entweder Betonring von etwa 80–100 cm Durchmesser auf Erde legen, Erdreich innerhalb und unterhalb des Rings ausschachten, bis Ring nachsackt und bündig mit Erdoberfläche liegt, zweiten Ring aufsetzen, wieder ausschachten, bis beide Ringe nachsacken und so fort, bis 1–1,5 m Grundwasserstand im Schacht erreicht ist. Oder Schacht graben und Seitenwände mit Brettern, Bohlen und Balken absteifen. Grund mit sauberem Kies oder Sand bedecken.
- *Abessinierbrunnen, Schlagbrunnen:* Loch bis Grundwasserspiegel graben. Rammfilter (mit Messing- oder Kupfertresse bezogenes, gelochtes Rohrstück, das unten mit einer Spitze versehen ist) an $1^{1}/_{2}$zölligem, möglichst verzinktem Rohr befestigen. Rohr durch Axt-, Beil- oder Hammerschläge unter häufigem Drehen eintreiben. Beim Schlagen Rohrgewinde durch Muffe, Kappe oder aufgelegtes Brettstück schützen! Schlagen fortsetzen, bis Filteroberkante mindestens 2 m unter Grundwasserspiegel sitzt. Ist notwendige Tiefe erreicht, sofort Handpumpe aufsetzen und abpumpen, bis Wasser klar abläuft. Dringt der Rammfilter beim Schlagen nicht tiefer ein, und gibt es einen hellen, metallischen Klang, so sitzt die Filterspitze auf Stein auf. Dann Rohr mit Hebebaum herausziehen und Schlagen an anderer Stelle versuchen. Abgelaufene Brunnen mit klarem Wasser angießen.

Bei tiefen Brunnen kann die Winde statt mit einer Kurbel mit einem großen Tretrad angetrieben werden. Optimal wäre allerdings eine Pumpe in Form eines gußeisernen Brunnenkopfs mit Getriebe. Bei ausreichender Fließgeschwindigkeit (Gefälle ab 0,8 m) kann die Kraft des Wassers durch die geniale Konstruktion des *hydraulischen Widders* zum Pumpen genützt werden.

Bügeln

Nachlassende Pumpen mit neuen Fußventilen (aus Leder oder Gummi, nach dem Muster des alten zuschneiden) oder mit Ledermanschetten versehen. Bei einfachen Pumpen darf der senkrechte Abstand (waagrechter Abstand ist belanglos, sofern Gefälle vorhanden ist) zwischen Grundwasserspiegel und Pumpenventil höchstens 7–8 m betragen, sonst sind Tiefbrunnenpumpen oder ein Aufstellen der Handpumpe in einem entsprechend tiefen Schacht notwendig.

📖 *Village Technology Handbook* (Arlington: Vita Publications, ³1988) 430 S. Enthält umfangreiche Informationen über Brunnenbau, Pump- und Wasserleitungssysteme.
Tholen, Michael, *Arbeitshilfen für den Brunnenbauer. Brunnenausbautechniken und Brunnensanierung* (Köln: Rudolf Müller, 1997) 212 S.
Burns, Max, *Cottage Water Systems. An Out-Of-The-City Guide to Pumps, Plumbing, Water Purification, and Privies* (Toronto: Cottage Live, 1999) 150 S.

Bügeln
siehe ➤ Kleiderpflege

Butterbereitung
siehe auch ➤ Vorratsschutz (Haltbarmachen und Lagerung)

Vollmilch entweder mit Zentrifuge (Separator, Milchschleuder) entrahmen oder in flachen Gefäßen aufstellen und nach 18 bis 24 Stunden den Rahm mit Löffel abschöpfen. Gewonnenen Rahm in Butterfaß oder geeignetes Gefäß füllen und durch Stampfen, Schlagen, Quirlen (bei verschlossener Flasche durch Schütteln) verbuttern. Abbildung 15 zeigt eine Vorrichtung zum Butterschlagen, die aus einer mobilen Schüssel und einem an einem Stuhl befestigten, in alle Richtungen beweglichen Winkel besteht. Aus 2 l Rahm kann man etwa ³/₄ kg Butter gewinnen. Beim Verbuttern obenauf schwimmende Butterstückchen (erbsen- bis haselnußgroße Kügelchen) zusammenschlagen und tüchtig mit klarem Wasser durchkneten, Salz

Abb. 15: Vorrichtung zum Butterschlagen

nach Geschmack zusetzen. Flüssigkeitsrest im Buttergefäß ist Buttermilch – erfrischend, gesund und nahrhaft! Butter kühl aufbewahren.

CD-Player
siehe auch ➤ *Musik*

Wird zum Abspielen von Audio CDs benötigt; am besten ein tragbares Gerät mit Anti-Schockfunktion, Kopfhörern (und eventuell Miniboxen), das aufgrund seiner geringen Leistungsaufnahme mit aufladbaren ➤ Akkus läuft.

CDs brennen
Bilder, Dokumente und kurze Videofilme, die Sie mit Scanner oder Videokarte in den Computer eingelesen haben, und Tondokumente, die Sie über Mikrofon und Sound-Karte digitalisiert haben, können Sie mit einem CD-Brenner auf eine beschreibbare CD speichern. Auf einer Scheibe haben Hunderte Bilder, mehrere Stunden Ton oder der Text Hunderter Bücher Platz. Die CD ist durch Bruch oder Zerkratzen zerstörbar, jedoch wesentlich unempfindlicher gegen elektrische Felder, Magnetfelder, Strahlung und Temperatur als magnetische Speichermedien (Disketten, Magnetbänder, Kassetten, Mini-Disks). Allerdings brauchen Sie zum Lesen später einen Computer mit CD-Laufwerk bzw. einen ➤ CD-Player zum Abspielen von Sprache und Musik. Achtung: Billige CD-Rohlinge haben eine begrenzte Lebensdauer, es gibt jedoch auch Longlife-Produkte, die gegen Kratzer und UV-Licht besser geschützt sind. (z.B. Verbatim DataLifePlus) Das Nachfolgemedium der CD ist die DVD, die noch wesentlich mehr Daten speichern kann.

Chemikalien, wichtige
Eine Auswahl grundlegender Chemikalien, die für manche der in diesem Buch vorgestellten Rezepte nötig sind, ist unter den *Checklisten* (Kapitel V) angeführt, zusammen mit einigen knappen Hinweisen auf natürliche Vorkommen oder Herstellungsverfahren, für den Fall, daß man sie in der Zeit nach einer globalen Katastrophe selbst herstellen muß.

Chemische Waffen
siehe auch Kapitel III.7

Chemische Kampfstoffe (»C-Waffen«) wurden im großen Maßstab erstmals während des Ersten Weltkriegs eingesetzt. Die verheerende Wirkung des Giftgases führte zur internationalen Ächtung dieser Kampfstoffe (Genf 1925), an die sich während des Zweiten Weltkriegs auch fast alle Parteien hielten. Chemische Kampfstoffe sollen den Gegner entweder töten oder »lediglich« für eine gewisse Zeit oder permanent kampfunfähig machen. Zu den chemischen Waffen zählen:

- *Blutkampfstoffe* (Blausäure, Chlorcyan, Arsenwasserstoff) behindern nach der Aufnahme die Sauerstoffaufnahme im Blut und führen in wenigen Minuten zum Erstickungstod. Symptome: spontanes Wärmegefühl, Hautrötung, Erschöpfung, Übelkeit und Erbrechen, Atemnot, Erstickungskrämpfe, Bewußtlosigkeit.
- *Hautschädigende Kampfstoffe* (Senfgas, Stickstofflost, Lewisit) dringen auch durch leichte Kleidung an die Haut, werden eingeatmet oder durch die Nahrung aufgenommen. Sie führen je nach Schwere nach ein bis zwölf Stunden zu Verätzung, Erblindung und Tod. Symptome: Geruch nach Fisch, Senf, Zwiebeln oder Knoblauch, Nasenbluten, Bindehautentzündung, Hautausschläge, Blasenbildung, Durchfall, hohes Fieber.
- *Lungenschädigende Kampfstoffe* (Chlorgas, Phosgen, Perstoff) führen zwei bis vier Stunden nach dem Einatmen zum Tod durch Lungenödem. Symptome: süßlich-modriger Geruch, Atemnot, Erstickungsgefühl, Schwäche, Durst, Erbrechen, Schaum vor dem Mund, Bewußtlosigkeit.
- *Nervenkampfstoffe* (VX, Tabun, Sarin) werden eingeatmet, durch die Nahrung aufgenommen oder über die Haut und die Bindehaut der Augen absorbiert. Kleine Tröpfchen durchdringen normale Kleidung. Sie beeinträchtigen schon nach Sekunden das Zentralnervensystem und führen dadurch innerhalb von Minuten oder wenigen Stunden zu einem äußerst qualvollen Tod. Symptome: Atemnot, Pupillenverengung, Sehschwäche, Husten, Erbrechen, Speichelfluß, Muskelzittern, Krämpfe, Entleerung von Blase und Darm, Speichelfluß, Sprachstörungen, Erinnerungsschwächen, Bewußtlosigkeit.
- *Psychokampfstoffe* (LSD = Kampfstoff BZ) gehören zu den

»humanen« Kampfstoffen, d.h. sie machen den Gegner nur eine gewisse Zeit kampfunfähig, ohne ihn zu töten. Sie werden über Nahrung und Trinkwasser, Atemluft oder die Haut aufgenommen. Symptome: starker Motivationsverlust, Angstzustände, Depressionen, Übelkeit, Rauschzustände und Trugwahrnehmungen.

- *Reizstoffe* (CN, CS, DM) führen ebenfalls »nur« zur starken Reizung von Augen, Nase und Rachen, durch die man völlig die Kontrolle verliert. Im Alltag werden diese Stoffe in Schreckschußwaffen und Abwehrsprays eingesetzt.
- *Kampfstoffgemische* enthalten verschiedene Kampfstoffe der obigen Gruppen gleichzeitig.
- *Brandwaffen* (Napalm, Thermit) sind chemische Verbindungen, die extrem heftig und praktisch unlöschbar verbrennen.
- *Pflanzenschädigende Kampfstoffe* wie das von den US-Truppen in Vietnam eingesetzte Entlaubungsmittel »Agent Orange« richten sich primär nicht gegen den Menschen, können aber karzinogene oder erbgutschädigende Nebenwirkungen haben.

Man unterscheidet die *seßhaften Kampfstoffe*, die tagelang eine Bedrohung darstellen, von den *flüchtigen*, die nur wenige Minuten wirksam sind.

Ein *binärer Kampfstoff* entwickelt seine Wirksamkeit erst während des Einsatzes, wenn sich zwei für sich genommen relativ ungefährliche Komponenten vermischen.

Der *Nachweis* im militärischen Bereich erfolgt für flüssige Kampfstoffe mit dem Kampfstoffnachweispapier (KNP; rot = Hautgifte, gelb oder blaugrün = Nervengifte), für gasförmige Kampfstoffe mit dem Kampfstoffnachweisgerät (KANAG), das anzeigt, wann man die Schutzmaske wieder abnehmen kann. Für den Zivilisten oder gewöhnlichen Soldaten wird es ohne diese Hilfsmittel im Ernstfall schwer zu entscheiden sein, welcher Kampfstoff vorliegt.

Ein wirksamer *Schutz* gegen all diese Kampfstoffe (Ausnahme: Brandwaffen) besteht im Tragen eines dichten Schutzanzuges und einer funktionierenden Schutzmaske.

Chemische Waffen, Maßnahmen gegen
siehe Kapitel III.7

Computer

Für Verwaltungsaufgaben, Berechnungen (z.B. Statik) und – in Verbindung mit einer digitalen Kamera – zur Fotografie (Filme und Entwicklungslabors gibt es dann nicht mehr) könnte ein Computer nützlich werden. Aus Energiegründen wird man nach Ausfall des öffentlichen Stromnetzes kaum etwas anderes als einen Laptop (und diesen wahrscheinlich immer nur kurzfristig) betreiben können. Zwar läßt sich das Netzgerät eines PCs unter Umständen umgehen, so daß man direkt niederspannigen Gleichstrom einspeist (PCs arbeiten intern mit Spannungen zwischen 5 und 12 V), der Bildschirm benötigt aber trotzdem 230 V Wechselstrom und relativ viel Leistung. Im Gegensatz zu Disketten und Magnetbändern sind CD-ROMs NEMP-sicher (siehe → CDs brennen).

Dächer behelfsmäßig eindecken

siehe auch → Hütten

- *Blätter- oder Grasdach:* Langfaseriges Deckmaterial wird gebündelt und, die höhere Schicht die tiefere überdeckend, an Deckstangen befestigt. Große Äste werden zu flächigen Tragwerken verflochten, die mit Blättern, Zweigen, Gras, Grassoden usw. eingedeckt werden können. Flächiges Deckmaterial wird zwischen zwei Haltestangen gebunden oder auf das Gerüst genagelt (Rinde, große Blätter, Grassoden). Matten lassen sich aus Schilf, langem Gras, Stroh usw. weben. Sie eignen sich auch als Schlafunterlage. Als Webschnüre lassen sich lange Lianen oder Ähnliches verwenden. Astartige Deckmaterialien können über die Deckstangen gesteckt werden. Immer unten beginnen und von unten nach oben arbeiten.

- *Bretter- und Dachpappendach:* Etwa 2–3 cm starke und 10–20 cm breite Bretter schindelartig, parallel zur Traufe (Dachrand), mit mindestens 3 cm Überdeckung auf die Sparren nageln und, wenn möglich, mit erwärmtem Teer oder Carbolineum bestreichen.

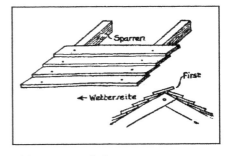

Abb. 16: Bretterdach

Dächer behelfsmäßig eindecken

Besser ist es, Dachpappe auf einer 2 cm starken Bretterschalung zu verlegen. Am einfachsten kann dies durch senkrecht zur Traufe verlaufende Pappbahnen (siehe Abbildung 17) erfolgen, die sich um mindestens 10 cm überdecken. Um Nägel zu sparen, 2 cm starke und 5–10 cm breite Bretter auf die

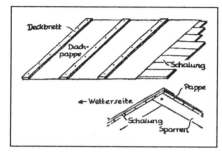

Abb. 17: Pappdach

Überdeckung nageln. Pappbahnen am First von der Wetterseite her 15 cm umlegen. Wenn möglich, Firstüberdeckung und Bahnenüberstände mit erwärmtem Steinkohlenteer verkleben.

- *Flachdach:* Waagrechte Dächer sind auch aus Rundstämmen nach Abbildung 18 herstellbar. Rundhölzer von 15–20 cm Durchmesser nebeneinanderlegen. An den Dachrändern senkrecht dazu ebenfalls Rundhölzer verlegen und aufnageln. Lehmschicht aufbringen und fest in Zwischenräume stopfen, glätten und Kiesschicht aufbringen, darauf Erdschicht oder Rasenplatten.
- *Blechdach:* Auch Blechtafeln beliebiger Größe können zum Dachdecken benutzt werden. Sparrenabstand etwa 40 cm. Blechtafeln nach Abbildung 19 mit wenigen Nägeln aufheften und im Abstand von 1 m Halbhölzer auflegen, die am Giebel aufgenagelt oder mit Draht oder Weidenruten angebunden werden. Nagelstellen müssen von der folgenden Blechtafel überdeckt werden.

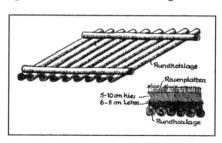

Abb. 18: Rundholz-Flachdach

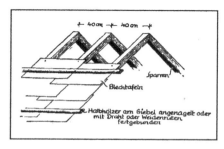

Abb. 19: Blechdach

Schmidt, Otto, *Die Eindeckung der Dächer* (Originalausgabe: 1885;

Hannover: Verlag Th. Schäfer) 124 S. Dachdeckungen mit Brettern, Schindeln, Stroh, Rohr, Ziegeln, Zementplatten, Schiefer, Pappen, Asphaltfilzen, Zinkblechen, Kupfer- und Bleiplatten werden beschrieben.

Dekontaminationslösungen, Herstellung von

siehe auch → Dekontamination verstrahlter Personen und Gegenstände

Dekontaminationslösungen können gekauft oder selbst hergestellt werden.

- *Kaliumpermanganatlösung:* 4%ige Kaliumpermanganatlösung in Wasser oder 65 g Kaliumpermanganat in 1 l 1%iger Schwefelsäure auflösen.
- *Natriumdisulfitlösung:* 18 g Natriumdisulfit in 400 ml Wasser lösen.
- *Komplexierlösung:* 5 g Titriplex III, 5 g Natriumlaurylsulfat, 5 g Stärke, 35 g Natriumcarbonat (wasserfrei) in 1 l Wasser lösen.
- *Natronbleichlauge:* Die im Handel erhältliche Lösung muß auf eine Konzentration von 5%igem Natriumhypochlorit verdünnt werden.
- *Zitronensäure:* Herstellung einer 3%igen wäßrigen Lösung.

Als im Haushalt leicht greifbare Alternativen wären außerdem zu nennen:

- zur Dekontamination von Personen: *Herkömmliche Geschirrspülmittel, Feinwaschmittel oder Vollwaschmittel.* Keine Seife verwenden, da sie mit verschiedenen Spaltprodukten wie z.B. Strontium-90 unlösliche schmierende Rückstände bildet!
- zur Dekontamination von Gegenständen auch: *Wasserenthärtungsmittel (Calgon), Alkohol, Benzin, Spiritus, Diesel.*
- Anmerkung: Zur *Dekontamination von chemischen Kampfstoffen*, die auf der Haut nicht verwischt werden dürfen, verwendet man *C8-Entgiftungspuder (Calciumchloridhypochlorit, Chlorkalk).*

Dekontamination verstrahlter Personen und Gegenstände

siehe auch → Dekontaminationslösungen, Herstellung von, → Strahlung, Grundbegriffe der ionisierenden, → Schutzraum, → Erste Hilfe/8 Strahlenschäden (Verhalten bei Inkorporation)

Besteht der Verdacht, daß eine externe Verstrahlung durch radioaktiven Staub, Regen oder ebensolches Gas passiert ist, müssen die strahlenden Materialien möglichst schnell von der Körperoberfläche entfernt werden. Dies ist in der Regel leicht durchführbar, da

die Kontamination auf einem dünnen Fettfilm auf der Haut haftet, der durch das Waschen abgetragen wird.
Grundsätze der Personendekontamination (gelten auch im Falle der Verseuchung oder Vergiftung durch B- und C-Waffen):
• Die Haut darf nicht geschädigt werden!
• Keine zusätzliche Inkorporation (Aufnahme der Stoffe in den Körper) hervorrufen. Atemschutz tragen.
• Kontaminierte Kleidungsstücke, Masken usw. mit dem Wind im Rücken ablegen, um neuerliche Kontamination zu vermeiden.
• Konsequent von oben nach unten dekontaminieren!
• Keine Umweltgefährdung hervorrufen: Das abrinnende Material sammeln und danach sofort entsorgen, um ein Verschleppen der strahlenden Substanzen zu verhindern.
Bei *Ganzkörperverstrahlung* zuerst die exponierten (nicht von Kleidung bedeckten) Stellen reinigen, d. h. Gesicht, Hände, Kopfhaare. Körperöffnungen, Haaransatz, Haut zwischen den Fingern und Schleimhäute besonders gründlich waschen. Danach die kontaminierte Kleidung schalenweise entfernen und eventuell duschen.
Hautpartien (nicht die Augen und Schleimhäute) mit herkömmlichem *Geschirrspülmittel* einschäumen, gut bürsten und mit reichlich lauwarmem Wasser abwaschen. Waschvorgang viermal wiederholen und mit Papierhandtüchern abtrocknen. Bei stärkerer Strahlung trägt man – so vorhanden – eine spezielle Dekontaminationspaste auf die Haut auf und verreibt diese mindestens zwei Minuten lang gründlich auf der Haut, um sie daraufhin mit einer weichen Bürste und Wasser wieder zu entfernen. Den zuvor beschriebenen Waschvorgang viermal wiederholen.
Ein weiteres Dekontaminationsmittel ist eine *Kaliumpermanganatlösung*: Auf die angefeuchtete Hautpartie gießen und mit einer weichen Bürste zwei Minuten lang bürsten, dann mit fließendem lauwarmem Wasser abspülen.
Bei brauner Hautverfärbung zuerst mit *Natriumdisulfitlösung*, danach mit Spülmittel und Wasser abwaschen. Auch Komplexierlösung, die zwei Minuten angewendet und danach gründlich abgewaschen wird (Vorgang dreimal wiederholen), eignet sich zur Dekontamination. Danach abtrocknen.
Bei intensiverer Strahlung *Natronbleichlaugenlösung* über die kontaminierte Hautstelle gießen, mit der Hand verreiben oder bürsten wie

115

oben beschrieben und danach gründlich mit lauwarmem Wasser abspülen und abtrocknen. Diesen Vorgang sollten Sie jedoch nur einmal durchführen. Sollte die Strahlenmessung keine Abnahme der Strahlung ergeben (nur bei sehr stark kontaminierter Haut), so können Sie nach frühestens 12, besser aber 24 Stunden nochmals mit Kaliumpermanganatlösung dekontaminieren, danach abspülen und trocknen, Natriumdisulfitlösung anwenden, abermals abspülen und trocknen, Komplexierlösung verwenden, abspülen und trocknen, Natronbleichlaugenlösung benutzen, ein letztes Mal abspülen und trocknen.
Schleimhäute, Rachen, Nase: Mit 3%iger Zitronensäure spülen, ausspucken bzw. gut ausschneuzen.
Kopfhaar, das der Strahlung ausgesetzt war, besonders gründlich waschen oder abschneiden.
Kontaminierte Wunden wie unverletzte Haut spülen (mit EDTA oder DTPA) oder bluten lassen, wenn möglich offenlassen. Nicht abtupfen oder schließen, da dies die Resorption erhöht.
Dekontaminieren von Gegenständen: Hier gelten dieselben Prinzipien wie bei der Personendekontamination. Gegenstände mit poröser oder saugender Oberfläche müssen allerdings trocken dekontaminiert, d.h. ausgeklopft, entstaubt oder abgebürstet werden.
Dekontamination bestimmter Lebensmittel: Vorratsbehälter, Konservendosen und Eier vor dem Öffnen gründlich abspülen. Dasselbe gilt für die Deckel von Schraubgläsern, bei denen Partikel bis in die erste Schraubwindung vordringen können. Dickschaliges Obst, Kartoffeln, Möhren usw. abspülen und dick schälen. Dünnschaliges Obst, Blattgemüse, Pilze aus dem Wald, Milch weidender Kühe nicht verwenden!

Devotionalien und Sakramentalien, empfohlene

siehe auch → Gebete

Christliche Schau- und Denkmünzen, die an bestimmte Wahrheiten, Geheimnisse, Ereignisse der Evangelien oder der Heiligenleben erinnern, waren, wie uns ikonographische Einzelheiten mancher Enkolpien[13] zeigen, schon in altchristlicher Zeit in Verwendung. Verbreitet traten sie ab dem 17. Jahrhundert auf.

---

[13] Enkolpion: ein an der Brust sichtbar oder unter dem Gewand getragener Gegenstand

Devotionalien und Sakramentalien, empfohlene

Der gläubige Christ wird sie niemals als Talisman, magisches Amulett oder Zauberutensil auffassen, sondern als materielles Zeichen der Nähe zu Gott, der Gottesmutter oder der Heiligen. Dennoch wirken Weihwasser, (gesegnete) Kreuze u. ä. über ihre bloße Zeichenhaftigkeit hinaus auf eine übernatürliche Weise. Dies zeigt sich vor allem bei Exorzismen[14], wenn der Besessene in Kontakt mit diesen Dingen kommt und sich wütend dagegen wehrt, aber auch in den Erfahrungswerten von Radiästheten und (»weißen« und »schwarzen«) Magiern. Folgenden sakralen Gegenständen wird für den Schutz in kommender Zeit eine besondere Bedeutung zugesprochen:

- *Weihwasser:* Geweihtes (oft mit Salz gemischtes) Wasser ist seit dem 3. Jahrhundert im Gebrauch der Kirche. Man verwendete es besonders als Hilfe für die Kranken und gegen Dämonen.
- *Gesegnete (»geweihte«) Kerzen:* Da solche Kerzen von vielen Sehern als die einzige Lichtquelle während der dreitägigen Finsternis genannt werden, sollten Sie einen Vorrat davon in Haus und Schutzraum haben. Die Segnung erfolgt entweder anläßlich Maria Lichtmeß (2. Februar) oder mittels der im *Benediktionale* wiedergegebenen Segnung, die im Notfall von jedem Getauften und Gefirmten gesprochen werden kann.
- *Der Rosenkranz:* Immer wieder empfahl Maria bei Erscheinungen das Rosenkranzgebet – um die Katastrophen abzukürzen und zu überstehen. Wie der Rosenkranz gebetet wird, kann unter dem Stichwort ➛ Gebete nachgelesen werden.

Abb. 20: Rosenkranz

- *Die »Wunderbare Medaille«:* Diese weitverbreitete Medaille wurde im Auftrag des Erzbischofs von Paris geprägt, nachdem die Muttergottes der Novizin Catherine Labouré gegenüber den Wunsch geäußert hatte, sie möge in Form einer Medaille ein Bild von ihr zusam-

---

[14] Das seltene Phänomen der echten Besessenheit unterscheidet sich durch eine Reihe von eindeutigen Kennzeichen (Verstehen und Sprechen fremder Sprachen, Wissen um verborgene und zukünftige Dinge, übermenschliche Kräfte, Abscheu vor gesegneten Gegenständen usw.) von Geisteskrankheiten.

Devotionalien und Sakramentalien, empfohlene

Abb. 21:
Wunderbare Medaille

Abb. 22:
Kreuz der Versöhnung

men mit der Ausrufung *O Maria, ohne Sünde empfangen, bitte für uns, da wir zu dir unsere Zuflucht nehmen!* tragen. Die Medaille soll wiederholt Bekehrungen und Krankenheilungen bewirkt haben.

Durrer, Werner (Hg.), *Siegeszug der Wunderbaren Medaille* (Jestetten: Miriam-Verlag, ⁷1991) 160 S.

- Das »*Kreuz der Versöhnung*«: Dieses Kreuz wurde Marie-Julie Jahenny als ein besonderer Schutz für die Zeit der kommenden Heimsuchungen von Christus geoffenbart: *Ich wünsche, daß meine Diener und Dienerinnen und selbst kleine Kinder ein Kreuz tragen. Dieses Kreuz soll klein sein und soll in der Mitte eine kleine weiße Flamme tragen. Es schützt und bewahrt vor Übel. Alle, die dieses Kreuz tragen, es küssen oder auch nur berühren, werden meine Vergebung erhalten.*

- *Das braune, karmelitische Skapulier:* Über das *Skapulier Unserer Lieben Frau vom Berg Karmel* (1251, Simon Stock) sagte der Seher Domanski: *Jene, welche das Skapulier tragen, werden gerettet.*

- *Das »Bild vom Barmherzigen Jesus«:* Dieses Bild wurde nach einer Vision der hl. Schwester Faustyna Kowalska († 1938) gemalt. Jesus versprach ihr: *Die Strahlen, die aus meinem Herzen hervorbrechen, sind Sinnbild meiner Barmherzigkeit und bedeuten das kostbare*

Abb. 23: Bild vom Barmherzigen Jesus

Blut und das Wasser, die am Tage meines Kreuzesopfers auf Kalvaria aus meinem Herzen flossen... Sie decken schützend die Seelen, die im Schatten dieser Strahlen leben; die Hand der göttlichen Gerechtigkeit wird sie verschonen. Die Häuser, ja sogar die Städte, wo dieses Bild verehrt wird, werde ich verschonen und beschützen.

Dichten von Holzgefäßen und Wannen
Mehrmals mit Wasser füllen, unter Wasser tauchen oder mit feuchtem Lehm füllen. Lockere Faßreifen bei umgestülptem Behälter ringsherum gleichmäßig mit stumpfem Stemmeisen (Meißel) und Hammer festtreiben.

Dokumente schützen
Von wichtigen Dokumenten fertigen Sie Fotokopien an, die getrennt von den Originalen versteckt werden. Drei Möglichkeiten, einzelne Blätter vor Feuchtigkeit zu schützen: Entweder Sie folieren (laminieren) die Dokumente mit einem eigens dafür erhältlichen Gerät (dies liefert das sicherste Ergebnis), oder Sie schweißen sie mit einem Vakuum-Gefrierbeutel-System in Plastikbeutel ein. Der Rand eines Bügeleisens tut es jedoch auch; man stellt das Gerät dazu auf Wolle bis Seide und legt zuvor ein Blatt Seidenpapier auf die Folie, um das Klebenbleiben zu verhindern. Oder Sie stecken die Papiere einfach in Klarsichtfolien aus dem Papiergeschäft, die sie oben mit Klebeband verschließen. Denken Sie an die Brandgefahr und vergraben Sie Ihre Dokumente am besten in einer mit Silikon abgedichteten Kassette.

Dübel eingipsen
Konisches, sich nach hinten erweiterndes Loch stemmen, passenden, ebenfalls sich nach hinten vergrößernden, nicht kreisrunden, sondern kantigen und in das Stemmloch passenden Dübel aus Holz schnitzen. Gipsbrei durch allmähliches Einschütten von Gips in Wasser (nicht umgekehrt!) bereiten, Stemmloch gut anfeuchten, Holzdübel in den Gipsbrei tauchen und in das mit Gipsbrei ausgestrichene Stemmloch pressen. Zwischenräume zwischen Stemmlochwandungen und Dübel mit Steinbröckchen verkeilen. Dübel erst nach 2–3 Stunden belasten; den Gips trocken aufbewahren. Mischgefäß und Werkzeuge sogleich nach Gebrauch reinigen. Bei

Beton- oder Zementplattenwänden nicht Gips, sondern Zement zur Dübelbefestigung benutzen.

Duschanlage bauen

An mindestens 250 cm hohem Baumast Gießkanne wie in Abbildung 24 gezeigt aufhängen. Betätigung erfolgt durch Ziehen an einer Schnur, die an der Tülle der Kanne befestigt ist.
Besser ist ein Faß auf erhöhter Plattform, Mauer, flachem Dach oder in geeigneter Astgabelung. Einhängen eines wassergefüllten, unten mit einer Brause versehenen Gummischlauches, der durch eine Schlauchklemme verschlossen werden kann. Betätigung der Dusche durch Lockern der Klemme, wodurch Wasser durch den als Heber wirkenden Gummischlauch abfließt. Unterhalb der Dusche Latten- oder Holzrost bauen, damit man nicht in einer Pfütze steht. Fehlt Brause für den Schlauch, dann leere Konservendose mit durchlöchertem Boden benutzen. Wenn man die Kanne schwarz anstreicht, erwärmt die Sonne das Wasser im Inneren (wie bei handelsüblichen Campingduschen).

Abb. 24:
Eine einfache Duschanlage

Einbrechen in Eis, Maßnahmen beim

siehe auch → Erste Hilfe/Erfrierung, Allgemeine Unterkühlung

- ○ Verhindern, daß der Eingebrochene unter die Eisdecke gerät! Der Retter muß durch untergelegte Bretter, Leitern, Stangen, Zweige, Äste, Skier dafür sorgen, daß er nicht selbst einbricht. Ist nichts dergleichen vorhanden, bewegt er sich mit gespreizten Beinen auf dem Bauch kriechend. Ist Annäherung unmöglich, vom Ufer aus Rinne zur Einbruchstelle schla-

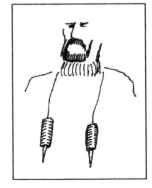

Abb. 25: Trageweise der Eispiken

gen, durch die der Eingebrochene ans Ufer oder aufs feste Eis gelangen kann.

⊃ Der Eingebrochene muß heftige Schwimmbewegungen machen, da bereits nach vier Minuten Erfrierungen auftreten.

Abb. 26: Eigenrettung mit Eispiken

⊃ Sowie an Land, wird er in Schnee gewälzt, um das Wasser aufzusaugen, und erhält so schnell wie möglich trockene Kleider.

Beim Überqueren von Eis sollte man stets ein Paar Eispiken mit sich führen (um den Hals gehängt, siehe Abbildung 25), das sind zwei mit Haltegriffen versehene und durch eine Schnur verbundene Metalldorne, mit denen man sich im Eis festkrallen kann, falls man einbricht (siehe Abbildung 26).

Eindringlinge, Vorkehrungen gegen

Als Vorsorge gegen Diebe und Plünderer empfehlen sich folgende Maßnahmen:

- Wertgegenstände sicher aufbewahren (siehe ➤ Verstecke, ➤ Vergraben wertvoller und wichtiger Güter).
- Alle Eingänge ins Haus sichern, auch breite Schornsteine, Dach- und Kellerfenster usw.
- Garagen und Scheunen verschließen und Leitern wegsperren.
- Mit einer speziellen Sicherheitsfarbe gestrichene Dachrinnen sind schwieriger zu erklettern.
- Fenster mit Schrauben sichern, mit Läden versehen oder vergittern. Es gibt auch spezielle Sicherheitsschlösser zum Nachrüsten.
- Massive Türen bevorzugen; mit Zusatzschloß und Kette sichern und Türspion anbringen.
- Schlüssel prinzipiell nicht beschriften und niemals beim Weggehen rund um das Haus verstecken.
- Außenbeleuchtung mit Infrarot-Sensor installieren.
- Alarmanlage installieren (improvisiert: Stolperdrähte mit Selbstschußanlagen oder scheppernden, leeren Konservendosen).
- In Mauerkronen Glasscherben einbetonieren.

- In besonders gefährlichen Zeiten Stacheldraht auslegen und kleine Ultraschall-Alarmanlagen (Batteriebetrieb) aufstellen.
- Überlegen, von welchen Punkten aus das Anwesen besonders günstig zu verteidigen ist. Rund um das Haus die Möglichkeiten der Deckung für einen Angreifer minimieren.
- Tür nicht für Fremde öffnen. Auch nicht auf Tricks hereinfallen (z. B. Kinder, die von den Erwachsenen vorgeschickt werden).
- Wenn man allein ist, verbirgt man das, indem man einem fiktiven Partner weiter hinten in der Wohnung etwas zuruft.
- Wachhund oder Gänse anschaffen.

Einmachen von Lebensmitteln
siehe → Vorratsschutz

Einmieten von Kartoffeln und Gemüse
siehe → Vorratsschutz

Eisdecken, Tragfähigkeit von
Es tragen Eisdecken von
- 4 cm Stärke Einzelpersonen bei 5 m Mindestabstand,
- 10 cm Stärke einzelne Pferde, Schlitten ohne Last bei 10 m Abstand,
- 15 cm Stärke einzelne Schlitten mit höchstens 2 t Last,
- 20 cm Stärke 2 t Lkw mit 2 t Gesamtlast bei 20 m Abstand,
- 25 cm Stärke 2 t Lkw mit 4 t Gesamtgewicht bei 25 m Abstand,
- 30 cm Stärke 3 t Lkw mit 6 t Gesamtlast bei 30 m Abstand,
- 35 cm Stärke 7 t Lkw mit 13 t Gesamtgewicht.

Risse im Eis, wenn sie quer zur Fahrtrichtung entstehen, vermindern die Tragfähigkeit wenig, Längsrisse zeigen hingegen starke Abnutzung des Eises und Verminderung der Tragfähigkeit an.

Emaillegeschirr reinigen
Töpfe oder Gefäße nach Gebrauch etwas abkühlen lassen und Wasser zum Erweichen einfüllen. Speisereste nicht antrocknen lassen. Zum Reinigen keine ätzenden oder kratzenden Putzmittel (Säuren, Laugen, Scheuersand, Glaspapier o. ä.) benutzen, da sonst Emailleschicht (Schmelz) zerstört wird. Benutzt werden dürfen milde Putzmittel (Moorschlamm, Gras, Heu). Durch Anbrennen entstan-

denen Bodensatz nicht mit Messer oder Löffel abkratzen, sondern Gefäße mit Wasser halbvoll füllen, etwas Salz, Soda, Waschpulver oder dergleichen hinzutun und zum Kochen bringen. Innen werden Töpfe wieder wie neu, wenn man Rhabarber darin kocht.

EMP, NEMP
siehe ➤ Kernwaffen

Energiegewinnung und -speicherung
siehe auch ➤ Akkus, ➤ Strom, elektrischer

Energie kann weder erzeugt noch vernichtet, sondern nur von einer Form in eine andere umgewandelt werden. Im technischen Alltag können theoretisch folgende Energieformen genutzt werden:
- *Chemische Energie:* In Stoffen, die bei ihrer Verbrennung Energie abgeben, ist chemische Energie enthalten. Die heute gebräuchlichsten Träger chemischer Energie für Verbrennungsmaschinen (Automotor, kalorisches Kraftwerk usw.) sind die Rohstoffe Erdöl, Erdgas und Steinkohle. Da ihre Förderung, Raffinierung und der Transport sehr aufwendig sind, fallen sie als Energieträger für die erste Zeit nach einer Großkatastrophe völlig aus. Zumindest Steinkohle wird man an einigen Orten nach ein paar Jahren wieder im Tagbau fördern können, um damit die ersten kalorischen Kraftwerke zur Stromerzeugung befeuern zu können.

Die Hauptrolle spielen werden aber nachwachsende Rohstoffe wie Holz (bzw. Holzkohle), Pflanzenöle, Methanol aus der Destillation von Biomasse, Methangas (Biogasanlage zur Verwertung von menschlichen und tierischen Fäkalien) usw.

Diese können zur Heizung einfach in Öfen verbrannt oder mittels Verbrennungsmotor, Dampfmaschine, Stirlingmotor (siehe unten) zur »Erzeugung« mechanischer Energie genutzt werden.

Schulz, Heinz, *Biogas-Praxis* (Staufen: Ökobuch Verlag) 187 S.

- *Sonnenenergie:* Direkt kann die Strahlungsenergie der Sonne mit einfachen Vorrichtungen wie einem Solarofen (parabolförmig angeordnete Spiegel konzentrieren das Sonnenlicht auf das Grillgut), einer Sonnendestille (siehe ➤ Wasser reinigen und haltbar machen) oder einer Trockenanlage verwendet werden. Auch die Erwärmung von Wasser in schwarzen Gefäßen oder Schläuchen (Sonnenkollek-

Energiegewinnung und -speicherung

toren) ist hier zu nennen. Dies funktioniert in unseren Breiten jedoch nur im Sommer gut.

Mit Solarzellen (photovoltaischen Elementen) läßt sich aus Licht Strom erzeugen, der direkt verbraucht oder in Akkus gespeichert werden kann. In Hinblick auf die bevorstehenden Katastrophen sind besonders die kürzlich entwickelten biegsamen und bruchsicheren Dünnschicht-Solarmodule zu empfehlen. Als Akkus kommen nur Blei-Säure-Batterien in Frage. Ausreichende Menge von Ersatzteilen für die Laderegler-Elektronik nicht vergessen!

Hanus, Bo, *Das große Anwenderbuch der Solartechnik* (Poing: Franzis' Verlag) 368 S.
Hanus, Bo, *Solaranlagen richtig planen, installieren und nutzen* (Poing: Franzis' Verlag) 298 S.
Hanus, Bo, *Wie nutze ich Solarenergie in Haus und Garten?* (Poing: Franzis' Verlag, ³1998) 96 S.
Köthe, H.-K., *Stromversorgung mit Solarzellen* (Poing: Franzis' Verlag, 5. Aufl.) 416 S.
Ladener, Heinz, *Solare Stromversorgung. Grundlagen, Planung, Anwendung* (Staufen: Ökobuch Verlag, ²1995) 285 S.
Muntwyler, Urs, *Praxis mit Solarzellen* (RPB Taschenbuch 204, Poing: Franzis' Verlag, 6. Aufl.) 144 S.
Steinhorst, Peter, *Heißes Wasser von der Sonne* (Staufen: Ökobuch Verlag) 180 S.

http://www.mrsolar.com/

- *Windenergie:* Mit der Kraft des Windes kann Wasser gepumpt oder Korn gemahlen werden. Zur Erzeugung von Strom eignen sich moderne Windgeneratoren, die bereits bei niedrigen Windgeschwindigkeiten arbeiten (sogenannte Langsamläufer).

Hallenga, Uwe, *Wind. Strom für Haus und Hof* (Freiburg: Ökobuch Verlag, 1990) 76 S.
Hanus, Bo, *Das große Anwenderbuch der Windgeneratortechnik* (Poing: Franzis' Verlag) 322 S.
Crome, Horst, *Windenergie-Praxis* (Staufen: Ökobuch Verlag, 1987, 1989) 152 S.

http://www.awea.org/
http://www.bergey.com/

- *Wasserkraft:* Auf traditionelle Weise kann Wasserkraft mit Wasserrädern (je nach Zustrom des Wassers auf das Rad als oberschlächtig, mittelschlächtig oder unterschlächtig bezeichnet, wovon das erstere die beste Lösung darstellt) in Hammer- und Sägewerken oder Mühlen (mit einem horizontalen im Bachbett liegenden Rad erspart man sich die Konstruktion eines Getriebes) genutzt werden.

Mit speziellen Generatoren kann man solche Holzwasserräder

auch zur Erzeugung von ein wenig Strom einsetzen. Für namhafte Leistungsbereiche sind allerdings Turbinen (Pelton-, Banki-, Propeller-Turbine usw.) nötig.
Am Berg kann man die potentielle Energie des Wassers auch für eine Art Lastenaufzug nutzen: Dabei sind in der einfachsten Variante zwei Wägen bzw. Schlitten über eine Rolle mit einem Seil verbunden. Oben am Berg wird das eine Fahrzeug mit leeren Fässern beladen, die dann über eine Leitung mit dem Wasser einer Quelle oder eines Baches gefüllt werden. Nach dem Lösen einer Bremse fährt der Wagen bergab und zieht auf diese Weise den anderen, der mit Fracht beladen ist, die etwas leichter als das Wasser ist, den Berg hinauf. Der obere Wagen wird entladen, beim unteren werden die Fässer geleert, dann kann das Spiel von neuem beginnen. Durch Rollen läßt sich der Weg des »Zugwagens« verkleinern.

- *Mechanische Energie aus Wärme:* Die direkte Umwandlung von Wärmeenergie in mechanische Energie erfolgt über Stirling-Maschinen. Einige Modelle arbeiten bereits mit geringen Temperaturdifferenzen. Auch die gebündelte Hitze eines Sonnenofens kann einen Stirlingmotor antreiben. Solche Maschinen sind allerdings feinmechanische Präzisionsarbeit.

Werdich, Martin, *Stirling-Maschinen. Grundlagen, Technik, Anwendung* (Staufen: Ökobuch Verlag, ³1994) 144 S.

- *Vakuumenergie (Nullpunktenergie):* Das Vakuum, so lehrt uns die Quantenmechanik, besitzt überall im Weltall eine extrem hohe Dichte an Energie (Nullpunktspektrum), die wir allerdings für gewöhnlich nicht bemerken oder nutzen können, weil ihre räumliche Verteilung homogen und isotrop ist. Diese Energie kann mit der potentiellen Energie verglichen werden, die überall im Inneren eines flüssigkeitsgefüllten Druckbehälters herrscht. Innerhalb des Gefäßes ist dieser Druck nicht zu nutzen, bohrt man den Behälter aber an, strömt die Flüssigkeit heraus, und die potentielle Druckenergie kann etwa mit Hilfe einer Turbine in Bewegungsenergie umgewandelt werden. Ebenso kann auch die Vakuumenergie durch eine Symmetriebrechung in elektrische oder kinetische Energie umgewandelt werden. Entsprechende Effekte wurden von der etablierten Physik beobachtet (Casimir-Effekt, kalte Fusion), in ihrer Tragweite aber nicht erkannt. Trotzdem gab es seit der Zeit des genialen Nikola Tesla immer wieder

Erfinder, denen die Konstruktion von Maschinen gelang, die diese Symmetriebrechung herbeiführen und damit kostenlos Energie scheinbar aus dem Nichts »erzeugen«. Diese Leute wurden teils von der traditionellen Physik einfach nicht ernstgenommen, teils auf die eine oder andere Art von großen Energiekonzernen (Ölindustrie) zum Schweigen gebracht, so daß es außerhalb der Labors der Militärs heute nur wenige Stellen gibt, die sich ernsthaft mit der Nutzbarmachung dieser unerschöpflichen, kostenlosen und umweltfreundlichen Energiequelle befassen. Einer der herausragenden Köpfe auf diesem Gebiet ist der ungarische Physiker Dr. György Egely. In Europa sind nach Aussage von Insidern heute bereits mehrere Maschinen mit einem Wirkungsgrad jenseits von 140 % im Testbetrieb.

Manning, Jeane, *Freie Energie. Die Revolution des 21. Jahrhunderts* (Düsseldorf: Omega-Verlag, 1997, ²1998) 313 S.

Erdbeben, Verhalten bei
siehe Kapitel III.3

Erste Hilfe
Ich gehe davon aus, daß es dem Leser dieses Buches in erster Linie darum geht, daß er und seine Angehörigen eine wie auch immer geartete Krisenzeit *überleben*. Besonders wichtig ist daher besonnenes und richtiges Verhalten bei medizinischen Notfällen, wenn kein Arzt in der Nähe ist. Daher sei in diesem Handbuch auch der Ersten Hilfe Raum gegeben, nachdrücklich aber auch noch einmal zum Besuch eines entsprechenden Kurses aufgerufen, der durch einen solchen Maßnahmenkatalog nicht ersetzt werden kann!
Bei einigen Problemen ist es geboten, den Kranken unverzüglich zu einem Arzt oder ins Krankenhaus zu bringen. Dies wird im Katastrophenfall nicht immer möglich sein. Für medizinische Hilfe in extremen Notfällen, die über die Erste Hilfe hinausgeht, sind im Literaturverzeichnis des Anhangs spezielle Bücher angegeben. Um rasches Nachschlagen zu ermöglichen, ist das Stichwort »Erste Hilfe« in folgende numerierte Unterkapitel unterteilt:

1 Lebensrettende Sofortmaßnahmen 127
2 Wunden 136
3 Stumpfe Verletzungen 150

4	Knochenbrüche	....	151
5	Innere Verletzungen	....	157
6	Plötzlich auftretende Erkrankungen	....	158
7	Vergiftung	....	161
8	Strahlenschäden	....	162
9	Injektions- und Infusionstechnik	....	165
10	Geburtshilfe	....	167

1 Lebensrettende Sofortmaßnahmen

Damit sind alle Hilfeleistungen gemeint, die bei Verletzungen oder akut lebensbedrohlichen Erkrankungen unmittelbar der Erhaltung des Lebens dienen.

Wichtig für den Ersthelfer:
- Ruhe bewahren, Zuversicht ausstrahlen.
- Lage erkunden.
- Überlegen, Dringlichkeit abschätzen.
- Handeln: ruhig, richtig, rasch.
- Umstehende Personen in die Hilfsaktionen mit einbeziehen, indem Aufgaben an diese verteilt werden.

1.0 Vorgangsweise bei Notfällen

Unter *Notfalldiagnose* versteht man die Überprüfung der Lebensfunktionen Bewußtsein, Atmung und Kreislauf.

Bewußtsein	ja	nein	nein	nein
Atmung	ja	ja	nein	nein
Kreislauf	ja	ja	ja	nein
	⏷	⏷	⏷	⏷
	alle Lebensfunktionen	Bewußtlosigkeit	Atemstillstand	Kreislaufstillstand
	Erste Hilfe	Erste Hilfe	Erste Hilfe	Erste Hilfe
	⏷	⏷	⏷	⏷
	evtl. Blutstillung, Schockbekämpfung und weitere Erste Hilfe	stabile Seitenlagerung	Beatmung	Beatmung und Herzmassage

Erste Hilfe

Erst wenn die lebensrettenden Sofortmaßnahmen durchgeführt sind, werden weitere Hilfeleistungen eingeleitet.

- Gefahrenzone: ⊃ Absicherung der Unfallstelle, Bergung
- Bewußtlosigkeit (drohender Verschluß der Atemwege) ⊃ Freimachen der Atemwege, Freihalten der Atemwege (stabile Seitenlagerung)
- Atemstillstand ⊃ Beatmung
- Kreislaufstillstand ⊃ Beatmung + Herzmassage
- Starke Blutung ⊃ Blutstillung
- Schock ⊃ Schockbekämpfung

1.1 Gefahrenzone: Absichern, Bergen

Den Verletzten aus der Gefahrenzone bringen, um weitere Schäden am Verletzten oder am Retter sowie Unfälle, die an diesem Ort passieren könnten – z.B. durch herankommende Fahrzeuge, Verschüttungen, Lawinen, Feuer, Gasexplosion, Elektrounfall (Stromnetz oder Stromleitung) oder durch das Einbrechen im Eis – zu verhindern. Zur größtmöglichen Schonung des Verletzten ist das Wegtragen bzw. Wegziehen durch mehrere Helfer mit Hilfe eines Tuches (Bergetuch, ➤ Schleife) zu empfehlen.

1.2 Bewußtlosigkeit

Kennzeichen: Keine Reaktion auf äußere Reize, Atmung und Kreislauf vorhanden.
Gefahren: Ersticken durch Erbrochenes, Zunge oder Fremdkörper.

Sofortmaßnahmen:
+ *Freimachen* der Atemwege
+ Atemkontrolle
+ *Freihalten* der Atemwege durch stabile Seitenlagerung
+ Zudecken
+ Ständige Beobachtung

Freimachen der Atemwege durch:
+ Inspizieren der Mundhöhle und Entfernen von Erbrochenem, Blut, Schleim, Zahnprothese bei seitwärts gedrehtem Kopf.
+ Öffnen beengender Kleidungsstücke.

Erste Hilfe

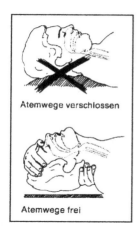

Abb. 27: Freimachen der Atemwege

✢ Überstrecken des Kopfes nackenwärts, um die eventuell zurückgesunkene Zunge hochzuheben und somit freie Atmung zu ermöglichen.

Atemkontrolle (nur bei exakt zurückgebeugtem Kopf durchführen!):
✢ Ein- und Ausatemgeräusche
✢ Brustkorbbewegungen: Durch Auflegen einer Hand auf den Brustkorb oder den Oberbauch sind Atembewegungen feststellbar.
✢ Ausatemluft: Helfer hält Wange und Ohr an den Mund des Verletzten, um dessen Ausatemluft fühlen oder hören zu können.

Freihalten der Atemwege durch *stabile Seitenlagerung:*
✢ Der Helfer legt den ihm näher liegenden Arm des Bewußtlosen seitlich.
✢ Dann erfaßt er den gegenüberliegenden Arm am Handgelenk und das gegenüberliegende Bein in der Kniekehle, winkelt das Bein ab, so daß Arm und Bein mit dem Körper ein stabiles Dreieck bilden.
✢ Nun wird der Bewußtlose vorsichtig in Seitenlage gedreht.
✢ Anschließend wird der Kopf des Bewußtlosen nackenwärts überstreckt und das Gesicht dem Boden zugewandt. Dadurch werden die Atemwege freigehalten; Blut, Schleim und Erbrochenes können nach außen abfließen.

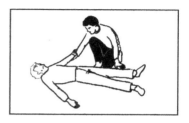

Abb. 28: Stabile Seitenlage, Schritt 1

Abb. 29: Stabile Seitenlage, Schritt 2

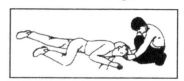

Abb. 30: Stabile Seitenlage, Schritt 3

Erste Hilfe

1.3 Atemstillstand

Atemstillstand liegt vor, wenn
- ein Mensch ohne Bewußtsein ist,
- er trotz Freimachen der Atemwege *keine* Atmung zeigt,
- aber ein intakter Kreislauf feststellbar ist.

Da das Gehirn ohne Sauerstoff nur kurze Zeit überleben kann, führt dieser Zustand schon nach wenigen Minuten zum Kreislaufstillstand, und wenn nicht sofort eine Sauerstoffzufuhr durch *Beatmung* erfolgt, wenig später zum Tod!

Kennzeichen: kein Bewußtsein, keine Atmung, Kreislauf erhalten
Gefahren: drohender Kreislaufstillstand (klinischer Tod) oder Hirntod (biologischer Tod)

Sofortmaßnahme:
✢ Nach Kontrolle der Lebensfunktionen und Feststellung des Atemstillstandes die fehlende Atmung ersetzen! *(Beatmung)*

Methode: Mund zu Nase oder Mund zu Mund
- Beachte: freie Atemwege, exakt zurückgebeugter Kopf
- Rhythmus: Eigenrhythmus des Helfers
- Dauer: bis die Eigenatmung des Verletzten eintritt

Gefahr: Bei Mund zu Mund Beatmung kann manchmal Luft in den Magen kommen, was einen Zwerchfellhochstand bewirken kann und dadurch die Beatmung behindert.

Mund-zu-Nase-Beatmung:
✢ Ein Stofftaschentuch wird über Mund und Nase gelegt.
✢ Der Kopf muß überstreckt sein, damit die Atemwege frei bleiben.
✢ Eine Hand fixiert den Kopf an der Stirnhaargrenze, die andere Hand drückt den Unterkiefer nach oben und verschließt damit gleichzeitig den Mund.
✢ Der Helfer atmet tief ein, umschließt mit seinem Mund fest die Nase des Verletzten und bläst seine

Abb. 31: Überstrecken des Kopfes

Ausatemluft kurz und kräftig ein. Dabei beobachtet er, ob sich der Brustkorb hebt (= Beatmung funktioniert).
✚ Dann wird der Mund abgehoben, damit die Luft wieder entweichen kann. Dabei beobachtet der Helfer, ob sich der Brustkorb wieder senkt, und horcht, ob das Entweichen der eingeblasenen Luft zu hören ist (wenn nicht, so ist die Luft wahrscheinlich teilweise in den Magen oder, durch Verletzungen der unteren Luftwege, in den Brustraum gelangt).
✚ Der Helfer setzt die Beatmung im Eigenrhythmus (bei Kindern etwas rascher) fort.

Mund-zu-Mund-Beatmung:
✚ Sie wird durchgeführt, wenn die Mund-zu-Nase-Beatmung nicht möglich ist (Verlegung), oder die Luft nur unter Anstrengung eingeblasen werden kann (Verletzung).
✚ Der Kopf muß überstreckt sein.
✚ Mit Daumen und Zeigefinger der an der Stirnhaargrenze befindlichen Hand wird die Nase verschlossen.

Abb. 32: Verschließen der Nase

✚ Mit der anderen Hand öffnet der Helfer den Mund des Verunglückten, legt darüber ein sauberes Stofftaschentuch, greift dann unter den Nacken und beatmet in der oben angeführten Weise.
✚ Der Vorgang wird bei Erwachsenen ca. 15mal in der Minute wiederholt. Dieser Rhythmus entspricht dem natürlichen Atemrhythmus des Helfers. Kreislaufkontrolle in kurzen Abständen durchführen.

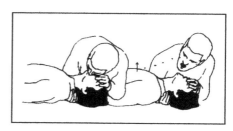

Abb. 33: Ständige Kontrolle der Nase

1.4 Kreislaufstillstand
Ein Kreislaufstillstand besteht, wenn der Mensch *ohne* Bewußtsein ist und *weder Atmung noch Kreislauf* feststellbar sind (siehe *1.0 Notfalldiagnose*).

Erste Hilfe

Wenn nicht innerhalb weniger Minuten eine Wiederbelebung (Beatmung und Herzmassage) einsetzt, führt dieser Zustand zum Tod.
Kennzeichen: kein Bewußtsein, keine Atmung, kein Kreislauf.
Gefahr: drohender Hirntod.

Sofortmaßnahmen:
✚ Nach Kontrolle der Lebensfunktionen und Feststellung des Kreislaufstillstandes die fehlende Atmung und den fehlenden Kreislauf ersetzen!

Durchführung:
✚ Der Notfallpatient wird auf eine harte, nicht federnde Unterlage gelegt.
✚ Der Helfer kniet seitlich vom Notfallpatienten und legt den Handballen einer Hand auf den Anfang der unteren Hälfte des Brustbeins (Druckpunkt) auf, ohne mit den Fingern den Brustkorb zu berühren.

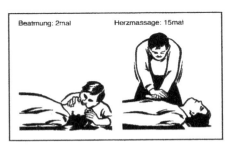
Abb. 34: Einhelfermethode

✚ Der Handballen der anderen Hand wird darübergelegt.
✚ Bei gestreckten Armen wird nun ein so starker Druck senkrecht auf das Brustbein ausgeübt, daß dieses 3 bis 4 cm niedergedrückt wird. Die Herzmassage sollte rhythmisch (gleichmäßige Be- und Entlastung des Brustkorbs) durchgeführt werden.

✚ Die Hände dürfen dabei nicht abgehoben werden.
✚ Frequenz: 80–100mal pro Minute
✚ Eine Kreislaufkontrolle sollte jeweils nach einer Minute erfolgen.
✚ Ist der Halsschlagaderpuls weiterhin nicht tastbar, müssen Beatmung und

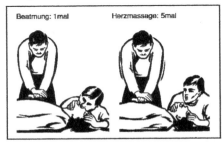
Abb. 35: Zweihelfermethode

Herzmassage bis zum Eintreffen eines professionellen Rettungsteams (Notarzt, Rettung) durchgeführt werden.
+ Ist der Halsschlagaderpuls tastbar, wird die Beatmung (ohne Herzmassage) unter regelmäßiger Kreislaufkontrolle fortgesetzt.

1.5 Starke Blutung

Unter Blutung versteht man das Austreten von Blut aus Blutgefäßen. Es gibt sichtbare *äußere Blutungen* (aus Wunden) – nur bei diesen Wunden ist eine Blutstillung möglich – und *innere Blutungen*, die nicht sichtbar sind.

Durch Blutverlust kann es zur Störung des Kreislaufes (Schock) kommen, so daß dieser nicht mehr in der Lage ist, seine Funktionen zu erfüllen.

Die Blutstillung ist eine wichtige lebensrettende Maßnahme. Alle anderen Hilfeleistungen sind sinnlos, wenn infolge mangelnder Blutstillung der Kreislauf versagt.

Für die *Blutstillung* ist nicht die Art der Blutung (arteriell oder venös), sondern die *Stärke* der Blutung und somit der *Blutverlust* entscheidend.

Bei der Hilfeleistung sollte jeder direkte Kontakt mit Blut vermieden werden (Einweghandschuhe verwenden!).

Bei schwacher Blutung:
+ Anlegen eines keimfreien Verbandes

Bei starker Blutung besteht oder entsteht innerhalb kurzer Zeit Lebensgefahr, so daß wirksame Blutstillungsmaßnahmen (lebensrettende Sofortmaßnahmen) durchgeführt werden müssen.

Blutstillung durch Fingerdruck:
+ Verletzten niedersetzen oder niederlegen.
+ Keimfreie Wundauflage auf die stark blutende Wunde pressen.
+ Fingerdruck bis zum Eintreffen eines professionellen Helfers beibehalten.

Blutstillung durch Druckverband:
+ Nur dort, wo die Körperform es zuläßt, nur wenn geeignetes Verbandmaterial zur Verfügung steht und der Ersthelfer das An-

legen eines Druckverbandes erlernt oder geübt hat, kann der Fingerdruck durch einen Druckverband ersetzt werden.
+ Hochhalten bzw. Hochlagern verstärkt die Wirkung des Druckverbandes.
+ Bei weiterer starker Blutung einen zweiten Druckverband darüber legen und/oder Fingerdruck ausüben.
+ Wirkung des Druckverbandes ständig kontrollieren.

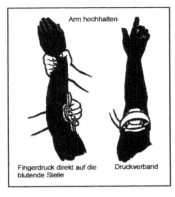

Abb. 36:
Fingerdruck und Druckverband

Blutstillung durch Abbinden:
+ Das Abbinden ist eine Maßnahme, die *nur dann* durchgeführt werden darf, wenn die Blutstillung durch andere Maßnahmen *nicht* möglich ist (ca. 5 % der Fälle). Eine Abbindung ist selbst bei richtiger Durchführung eine *gefährliche Maßnahme*, weil der abgebundene Körperteil nicht mehr durchblutet wird und der Stoffwechsel im blutleeren Körperteil entgleist; nach dem Lösen der Abbindung kann ein bedrohlicher Schockzustand entstehen und dadurch (und durch Druck) Nervengewebe geschädigt werden, so daß eine Lähmung möglich ist.

Notsituationen, in denen eine Abbindung erforderlich ist:

Wobei?	Wo?	Womit?	Wie lange?
Abtrennung von Gliedmaßen	knapp oberhalb der Abtrennung	breites, schonendes Material	nicht öffnen
Verletzung der Oberschenkelarterie	oberhalb der Verletzung	breites, schonendes Material	nicht öffnen
Einklemmung	am Oberarm bzw. Oberschenkel	breites, schonendes Material	max. $1/2$ Stunde
ausgedehnte, zerfetzte Wunden	am Oberarm bzw. Oberschenkel	breites, schonendes Material	$1/2$ Stunde
Massenunfall	am Oberarm bzw. Oberschenkel	breites, schonendes Material	höchstens $1/2$ Stunde

Erste Hilfe

Beispiele für das Abbinden:

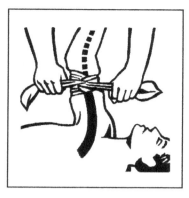

Abb. 37: Abbinden am Oberschenkel   *Abb. 38: Abbinden am Oberarm*

1.6 Schock

Der Schock ist eine schwere Kreislaufstörung, welche die lebenswichtige Versorgung der wichtigen Organe mit Blut und Sauerstoff behindert. Bei einer längeren derartigen Unterversorgung kann dies zum Tod führen.

Ein Schock kann hervorgerufen werden durch:
- Blutverlust
- Flüssigkeitsverlust (Verbrennung, Erbrechen, Durchfall)
- Schmerzen bei ausgedehnten Verletzungen, Knochenbrüchen, inneren Erkrankungen
- Bauch- und Brustkorbverletzungen
- Vergiftungen
- Herzrhythmusstörungen, Herzinfarkt
- schwere Allergien
- Bakteriengifte bei schweren Infektionen

Kennzeichen eines Schocks (treten nicht immer alle und nicht immer gleichzeitig auf, weil der Schock sich allmählich entwickelt):
- Der Schockierte ist teilnahmslos oder im Gegenteil auffällig unruhig, ängstlich, mitunter verwirrt (eingeengtes Bewußtsein).
- Der Puls ist beschleunigt, schlecht tastbar.
- Die Haut ist fahlgrau, blaß, kalt, mit kaltem, klebrigem Schweiß bedeckt.

- Muskelzittern.
- Wird der Schock lebensbedrohlich, bekommt der Schockierte ein verfallenes Aussehen, wird zunehmend teilnahmslos, sein Bewußtsein ist getrübt, der Puls am Handgelenk nicht mehr tastbar. Daraufhin können Bewußtlosigkeit, eine Störung der Atmung (Schnappatmung) und Tod durch Kreislaufversagen eintreten.

Schockbekämpfung:

✚ Ursache beseitigen, z.B. exakte Blutstillung bei starken Blutungen und ständige Kontrolle der Maßnahmen.

✚ Schocklagerung, d.h. flache Rückenlage mit mäßiger Hochlagerung der Beine, sofern dem nichts entgegensteht. Sie bewirkt einen verstärkten Blutrückstrom zum Herzen, dient der Ruhigstellung und damit der Schmerzlinderung.

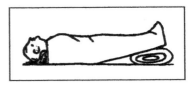

Abb. 39: Schocklagerung

Achtung: Diese Schocklagerung ist *nicht* durchzuführen bei Brustkorbverletzungen, Herzinfarkt, Atemnot, Schädel-Hirn-Verletzungen, Bewußtlosigkeit und Beinbrüchen!

✚ Freie Atmung ermöglichen durch Freimachen der Atemwege, Öffnen beengender Kleidungsstücke, Frischluftzufuhr und Anweisung an den Schockierten, langsam und tief zu atmen.

✚ Schutz vor Unterkühlung durch Zudecken auch vom Boden her. Wärmezufuhr (Wärmflasche) ist aber zu unterlassen, weil sich durch Gefäßerweiterung der Kreislauf verschlechtert.

✚ beruhigender Zuspruch

✚ Pulskontrolle

2 Wunden

2.1 Mechanische Wunden 137
2.2 Chemische Wunden 141
2.3 Thermische Wunden 142
2.4 Verbandslehre 146

Gefahren:

- *Schmerz*, entsteht durch die Schädigung von Nerven und wirkt sich nachteilig auf den Allgemeinzustand aus.

Erste Hilfe

- *Blutung*, entsteht durch die Verletzung von Blutgefäßen und kann lebensgefährlich werden.
- *Infektion*, entsteht durch den verletzenden Gegenstand, durch das Berühren der Wunde oder durch nachträgliche Verschmutzung: *Wundinfektion* durch Eitererreger; gefährlich wegen der Ausbreitung über die Lymphbahn und die Blutbahn (Blutvergiftung).

Infektion durch Tetanuserreger (Wundstarrkrampf); ist grundsätzlich bei jeder Verletzung möglich. Besondere Gefährdung besteht bei Verletzungen mit rostigen Nägeln, Holzspänen, Erde oder Schmutz. Aufgrund der fehlenden natürlichen Abwehr des Menschen gegenüber Wundstarrkrampferregern stirbt noch immer ein hoher Prozentsatz der Erkrankten.

Infektion durch Tollwuterreger; bei Bißverletzung durch erkrankte Tiere.

- *Schockgefahr*
- *Sekundärverletzungen:* Beim Entfernen von Fremdkörpern können sich in der Wunde zusätzliche Blutungen und Verletzungen bilden.

2.1 Mechanische Wunden

2.1.1 Behandlung mechanischer Wunden

Zu den mechanischen Wunden zählen Schnitt-, Riß-, Quetsch-, Platz-, Schürf-, Stich-, Biß- und Schußwunden.

Erste Hilfe bei mechanischen Wunden:
✚ Keimfreien Verband anlegen.

Für das Anlegen von Verbänden siehe das Unterkapitel ➜ *2.4. Verbandslehre.*

Steht kein Arzt zur Verfügung, müssen größere Wunden selbst vernäht werden. (➜ *2.1.4 Nähen von Wunden*)

Verboten:
- Berühren der Wunde
- Entfernen von Fremdkörpern aus der Wunde
- Auswaschen
- Aufbringung von Salben, Pudern usw.

Erste Hilfe

Folgende Wunden sollten, wenn möglich, von einem Arzt behandelt werden:
- jede Wunde, wenn der Verletzte nicht gegen Wundstarrkrampf (Tetanus) geimpft ist
- Wunden im Ausmaß von 2 bis 3 cm Länge und $^1/_2$ cm Tiefe sofort, auf jeden Fall aber innerhalb von 6 Stunden (Infektionsgefahr, Wundnaht)
- Wunden, in denen Fremdkörper stecken.
- Augenverletzungen
- Wunden in Gelenksnähe
- Stichwunden am Rumpf
- Wunden am Hand- oder Fußrücken (Sehnenverletzungen)
- Schußwunden
- Wunden im Genitalbereich – Infektionsgefahr

2.1.2 Von Tieren verursachte Wunden
Bißwunden
Verhalten bei Verdacht auf Tollwut (Tier zeigt artuntypisches, furchtloses oder aggressives Verhalten oder hat Schaum vor dem Maul.):
✚ Wunde mit heißem Seifenwasser auswaschen, da Tollwutviren seifen- und hitzeempfindlich sind. Tollwutimpfung nach Entscheidung des Arztes. Ist man auf sich allein gestellt, bei akutem Tollwutverdacht Wunde großflächig ausschneiden oder ausbrennen.

Schlangenbisse
Giftschlangenbisse erkennt man an zwei punktförmigen Fangmarken; es kommt rasch zur Schwellung, zu heftigen Schmerzen und zu blauroter Verfärbung im Bereich der Bißstelle. Beim Biß *heimischer* Giftschlangen (Kreuzotter, Sandotter) können diese Symptome zwar auftreten, sind aber im allgemeinen nicht lebensbedrohlich. Jedoch besteht Schockgefahr.
Maßnahmen:
✚ Ruhigstellen des verletzten Körperteils und kalte Umschläge auf die Bißstelle auflegen.
✚ Schockbekämpfung
Das Abbinden des Körperteils, das Aufschneiden und Aussaugen der Wunde (im Expeditionshandel erhältliches spezielles Extrak-

tionsset) bergen Gefahren und sollten daher, insbesondere bei Bissen der relativ ungefährlichen heimischen Giftschlangen, nicht angewandt werden.

Insektenstiche
Insektenstiche können bei vorhandener Allergie lebensgefährlich sein, vor allem aber bei Stichen in die oberen Atemwege.
+ Kalte Umschläge bzw. Eiswürfel lutschen lassen!
+ Zur Linderung von Schmerz und Juckreiz Lehm, Zwiebelsaft oder Essig auftragen. (siehe → Insektenstiche behandeln)

Zeckenbisse
Bei Zeckenbissen besteht in manchen Gebieten die Gefahr von Gehirnhautentzündung, da einige Tiere FSME-Erreger beherbergen. Da die Wirkung der Schutzimpfung nur wenige Jahre anhält, stellen Zecken in solchen Gebieten langfristig eine ernstzunehmende Bedrohung dar, wenn es keine Schutzimpfungen mehr gibt. Auch das Rückfallfieber (Borreliose) wird von Zecken übertragen. Die Tiere sollten daher sofort entfernt werden. Zusätzlich eventuell entweder nur mit kurzer (damit man die Tiere sofort sieht und entfernen kann) oder aber mit dichtschließender Bekleidung in den Wald gehen!
+ Zecken durch kreisende Bewegungen eines Fingers um die Bißstelle lockern und mit einer Pinzette entfernen.
+ Kein Öl oder dergleichen auftragen!

2.1.3 Schußverletzungen
Bei Schußverletzungen kann der Laie nur wenig helfen. Die Entfernung des Projektils geht weit über die Erste Hilfe hinaus. (Bücher über Kriegschirurgie im Anhang) Einige Punkte, auf die der Ersthelfer achten muß:

+ Patienten in stabile Seitenlage bringen, so daß das Blut abfließen kann.
+ Wunden mit Kompressen verbinden.
+ Schock bekämpfen.
+ Bei Schußverletzungen im Bauchbereich weder Nahrung noch Getränke reichen.

Erste Hilfe

✚ Bei Schußverletzungen des Brustkorbs Pneumothorax (unter 5.1 beschrieben) behandeln. Achtung: Bei einem Durchschuß gibt es zwei Öffnungen in den Brustkorb.

2.1.4 Nähen von Wunden

Nur für Notfälle in abgelegenen Gebieten, wo es keinen Arzt gibt! Es wird empfohlen, die Technik vorher auf Schaumstoff zu üben. Genäht werden Schnitt- und Fleischwunden, außer wenn sie mit Schlachtmessern oder dergleichen verursacht wurden, von Tierbissen stammen oder älter als 8 Stunden sind.

Nicht geeignet zum Nähen sind Schürf- oder Brandwunden und Wunden, die nicht glattrandig oder sehr sauber sind. Kleine Wunden auf denen keine besondere Spannung lastet, braucht man auch nicht zu nähen.

Steriles Minioperationsset (muß vorbereitet werden):
- Tupfer
- Nadelhalter (Zange)
- Nadel (gebogen) mit Garn
- chirurgische Pinzette
- Aderklemme
- Tuch mit Loch (wird genau über die Wunde gelegt)
- chirurgische Schere
- Skalpell
- Handschuhe
- Glasspatel

Selbst schützt man sich am besten mit einem Haar- und Mundschutz (der über Mund und Nase gezogen werden muß) und sterilen Handschuhen.

In extremen Notfällen, d.h. wenn kein steriles Minioperationsset zur Verfügung steht, näht man die Wunden mit einer sterilen Nadel, einem sterilen Faden (am besten Nylon) und sehr gründlich gereinigten Händen!

Methode: Wunde und Umgebung der Wunde mit Wasser auswaschen. Haare abrasieren. (Das ist deshalb wichtig, weil an den Haaren viele Bakterien sind!) Wunde mit Jodersatzlösung desinfizieren. Danach muß um die Wunde herum betäubt, d.h. ein Lokalanästhetikum gespritzt werden. Pro cm Wunde wird ca. 1 cm^3 des Lokalanästhetikums in der Spritze aufgezogen. Injektion – wie im Unter-

kapitel 9 *Injektionstechnik* beschrieben – vorbereiten. Je nach Tiefe der Wunde wird subkutan oder intramuskulär gespritzt.
Die Nadel an einem Wundrand einstechen und unter der Haut oder im Muskel entlang bis zum Wundende führen. Aspirieren und beim Zurückziehen der Injektion die angegebene Menge gleichmäßig einspritzen. Bevor die Nadel zum Vorschein kommt, den Kolben nicht mehr weiter in die Spritze drücken, Nadel rausziehen und auf der gegenüberliegenden Wundseite die gleiche Prozedur durchführen. Nach ca. 5 Minuten ist die Wunde betäubt.
Das »Lochtuch« wird so über die Wunde gelegt, daß die Wunde durch die Öffnung in ihrer Gänze sichtbar ist. Die benötigten Operationsgeräte werden bei wechselndem Gebrauch auf diesem Tuch abgelegt.
Bei rauhen Wundrändern schneidet man sie mit dem Skalpell glatt. Vorsicht bei Wunden am Kopf: Da die Haut dort knapp ist, darf man nicht zuviel wegschneiden!
Mit dem Glasspatel sucht man in der Wunde nach Resten von Glassplittern oder dergleichen und entfernt sie mit der Pinzette. Ein Glasspatel nimmt man deswegen, weil sich gläserne oder metallene Splitter in der Wunde daran stoßen und man dies hört.
Den ersten Stich setzt man in der Mitte der Wunde. Ca. 4 mm neben dem Wundrand die Nadel flach einstechen, diese so weiterführen, daß sie ca. 4 mm außerhalb des gegenüberliegenden Wundrandes wieder zum Vorschein kommt. Wunde zusammenziehen, Faden mehrfach verknoten (die Knoten müssen in der Mitte der Wundnaht positioniert werden) und abschneiden. Ober- und unterhalb dieser Naht werden in ca. 1 cm Abstand bis zum Wundrand in der gleichen Weise weitere Nähte gesetzt.
Etwa 6 bis 12 Tage später werden die Fäden gezogen: Mit der Pinzette wird der Knoten ganz vorsichtig ein wenig angehoben und mit einer Schere der Faden dicht am Knoten durchgeschnitten. Dann wird der Knoten mit der Pinzette erfaßt – gut festhalten – und ruckartig daran gezogen. So müßte der ganze Faden entfernt werden können.

2.2 *Chemische Wunden*
Chemische Wunden sind durch Säuren, Laugen oder andere Stoffe hervorgerufene Verätzungen.

Erste Hilfe

Es besteht die Gefahr der tiefgreifenden Gewebszerstörung, abhängig von der Dauer der Einwirkung sowie von der Art und der Konzentration der ätzenden Substanz.

Verätzung der Haut:
+ Sofort intensiv mit kaltem Wasser spülen.
+ Keimfreien Verband anlegen.
+ Wenn möglich, das ätzende Mittel aufbewahren und dem später behandelnden Arzt zeigen.

Verätzung des Auges:
+ Kopf auf die Seite des verätzten Auges drehen.
+ Augenlider mit Daumen und Zeigefinger spreizen.
+ Mindestens 10 Minuten mit reinem, kaltem Wasser von innen nach außen spülen.
+ Beide Augen verbinden.
+ Wenn möglich, die ätzende Substanz aufbewahren und dem später behandelnden Arzt zeigen.

Verätzung des Verdauungstraktes:
+ Sofort reines, kaltes Wasser ohne Zusätze schluckweise zu trinken geben.
+ Verletzten niemals zum Erbrechen reizen!
+ Ätzmittel aufbewahren, um es dem später behandelnden Art zu zeigen.

Achtung, Ausnahme:
+ Hat ein Säugling oder Kleinkind Waschpulver, Spülmittel oder dergleichen zu sich genommen, kann es nicht nur zur Verätzung, sondern auch zu massiver Schaumbildung kommen. Da die Gefahr einer Lungenschädigung und des Erstickens größer ist als die Verätzungsgefahr, darf in diesen Fällen niemals Wasser, Alkohol oder Rizinusöl verabreicht werden. Schaumbildung mit einigen Eßlöffeln Speiseöl dämpfen und (wenn möglich) sofort die Rettung alarmieren.

2.3 Thermische Wunden (Erfrierungen, Verbrennungen)
Darunter versteht man Beschädigungen der Haut durch Hitze- oder Kälteeinwirkung. Ihre Schwere hängt von der Ausdehnung

Erste Hilfe

(Anteil der Körperoberfläche), Dauer und Intensität der Einwirkung sowie vom Alter des Verletzten ab.

2.3.1 Verbrennung

Verbrennungen und Verbrühungen entstehen durch Berührung heißer Gegenstände, offenes Feuer, Hitzestrahlung, heiße Dämpfe und Flüssigkeiten sowie durch Kontakt mit elektrischem Strom. Es entstehen mitunter tiefgreifende Gewebeschäden. Gefährlich sind aber nicht nur diese Gewebeschädigungen, viel bedrohlicher sind die durch die Verbrennung entstandenen Allgemeinstörungen des gesamten Organismus. Diese werden als Verbrennungskrankheit bezeichnet. Dabei kommt es durch die bei der Verbrennung entstandenen Zerfallsprodukte zur Vergiftung und zum Nierenversagen. Dem Verletzten drohen drei Gefahren:
- Schock: Kreislaufversagen innerhalb weniger Stunden
- Verbrennungskrankheit: Vergiftung, Nierenversagen
- Infektion: allgemeine Wundinfektion und Wundstarrkrampf

Der Grad einer Verbrennung kann bei frischen Verletzungen nie eindeutig beurteilt werden, da sich die Kennzeichen erst langsam entwickeln.

Man unterscheidet vier Verbrennungsgrade:
1. Grad: Rötung, Schwellung, Schmerz
2. Grad: Blasenbildung und oberflächliche Zerstörung der Haut
3. Grad: Schorfbildung (Gewebezerstörung)
    oberflächlich: starke Schmerzen
    tiefreichend: geringe Schmerzen, nur Spannungsgefühl
4. Grad: Verkohlung (Sonderform des 3. Grades)

betroffene Körperoberfläche	Verbrennungen	Folgen
25–30 %	2. Grades	Überleben möglich
10 %	3. Grades	kann tödlich verlaufen
30 %	3. Grades	meist tödlich

Maßnahmen bei Verbrennungen:
✚ Haben Kleider Feuer gefangen, soll der Verletzte nicht mehr

Erste Hilfe

herumlaufen, sondern sich auf dem Boden wälzen. Die Flammen müssen durch Kleidungsstücke, Decken (Vorsicht bei Kunstfasern!) oder Wasser erstickt bzw. gelöscht werden. Glimmende Kleidung ist (ebenso wie nasse Kleidung bei Verbrühungen) rasch zu entfernen. Eingebrannte Kleiderreste dürfen nicht losgerissen werden.

✛ Anschließend muß der verbrannte Körperteil zur Schockbekämpfung, Dämpfung der Hitze und Schmerzlinderung unter reines fließendes Wasser gehalten oder in kaltes, sauberes Wasser getaucht oder mit kalten Kompressen bedeckt werden. Diese Kaltwasseranwendung soll bis zur Schmerzlinderung (10 bis 15 Minuten) durchgeführt werden.

✛ Danach mit keimfreiem Material (Brandtuch, metallisierte Kompresse o. ä.) locker bedecken. Leichte Verbrennungen kann man mit rohen Kartoffeln oder den Schalen von gekochten Kartoffeln bedecken. (siehe auch ➔ Heilsalben)

✛ Gesichts- und Augenverbrennungen läßt man wegen Narbenbildung unbedeckt.

✛ Bei ausgedehnten Verbrennungen kann dem Verletzten, sofern keine anderen Verletzungen vorliegen und er bei Bewußtsein ist, wegen des großen Flüssigkeits- und Kochsalzverlustes eine Rehydrationslösung (1 Tl. Kochsalz und 8 Tl. Zucker auf 1 l Wasser) verabreicht werden.

✛ Bei Verbrennungen 3. Grades und großflächigen 2. Grades besteht ohne ärztliche Hilfe nur eine geringe Überlebenschance.

2.3.2 Erfrierung

2.3.2.1 Örtliche Erfrierung

Darunter versteht man örtliche Haut- und Gewebeschäden infolge einer durch Kälte hervorgerufenen Durchblutungsstörung. Der betroffene Körperteil wird zuerst blaß und gefühllos, verfärbt sich dann blaurot und beginnt prickelnd zu schmerzen. Das ist ein Vorstadium der Erfrierung und führt noch nicht zu Gewebeschäden. Bei stärkerer oder länger andauernder Kälteeinwirkung kommt es zur Bildung von Blasen, die Haut wird weiß bis graublau marmoriert. Eingeschränkte Bewegungsfreiheit.

Die Beurteilung einer Erfrierung ist schwierig und oft erst nach

Tagen möglich, daher ist im Zweifelsfall immer eine Erfrierung anzunehmen:
+ Geschädigten Körperteil keimfrei verbinden.
+ Erwärmen ist nur in Form eines Wasserbades bei einer Temperatur von 38 °C bis 42 °C erlaubt. (Dauer: 20 bis 40 Minuten)
+ Heiße Getränke (jedoch kein Alkohol) verabreichen und den übrigen Körper aufwärmen.

2.3.2.2 Allgemeine Unterkühlung
Als Unterkühlung bezeichnet man das Absinken der Körpertemperatur unter den Normalwert. Sie kommt zustande, wenn Verletzte, Erschöpfte, Betrunkene oder mangelhaft Bekleidete Kälte, Nässe und Wind ausgesetzt sind.

Neben der allgemeinen Unterkühlung können auch örtliche Gewebeschäden auftreten. Der Unterkühlte empfindet anfangs heftige Schmerzen, wird dann zusehends teilnahmslos und müde, fühlt sich beschwerdefrei und beginnt einzuschlafen. Zunächst ist ein Aufwecken noch möglich, bald tritt Bewußtlosigkeit und schließlich der Tod durch Atem- und Kreislaufstillstand ein.

Beim Unterkühlten wird die Durchblutung der äußeren Körperschichten (Körperschale) infolge der Kälteeinwirkung immer geringer, und der Kreislauf wird nur noch im Körperinneren (Körperkern) aufrechterhalten.

Diesen Zustand nennt man *Zentralisation*. Es ist dies eine Schutzfunktion des Körpers, damit das Blut und mit ihm der Körperkern nicht zu rasch auskühlen.

Maßnahmen bei starker Unterkühlung:
+ Unterkühlten aufwecken und wachhalten.
+ Ist ein sofortiger Abtransport in die Wärme nicht möglich, Unterkühlten zumindest an geschützten, windstillen Ort bringen. Kalte, nasse Kleidung entfernen und durch trockene ersetzen, in warme Decken hüllen. Eventuell warme Umschläge auf Brust, Bauch und Nacken legen, Erfrierungen keimfrei verbinden, heiße Getränke verabreichen.
+ Bei starker Unterkühlung sollte eine *Hibler-Wärmepackung* angewendet werden. Dazu werden benötigt: ein Leinentuch etwa in Bettlakengröße (oder einige aufeinandergelegte Wäschestücke),

Erste Hilfe

Wolldecken (ersatzweise trockene Wollkleidung, andere Winterkleidung oder Schlafsack), Superisolationsdecken (ersatzweise Plastikplanen oder anderes wasserdichtes Material), heißes Wasser.
Die Packung wird wie folgt angelegt:
Wolldecken auf Unterlage so auslegen, daß sie dort, wo der Patient aufliegt, mehrfach geschichtet sind. Superisolationsdecke oder Ersatz über die Unterlage auslegen. Patienten so auf die Iso-Decke lagern, daß sein Rumpf später damit umwickelt werden kann. Leinentuch so zusammenlegen, daß damit Brust und Oberbauch bedeckt werden können. Bekleidung des Unterkühlten an Brust und Bauch öffnen. In die Falten des Leinentuches heißes Wasser gießen und das heiße Tuch über Unterwäsche, Bauch und Brust legen. Pullover und Anorak sofort darüber schließen, um die Wärme zu halten. Anschließend den Rumpf des Patienten in die Isolationsdecke wickeln und den ganzen Körper (einschließlich Arme und Beine) in die Wolldecken so einschlagen, daß diese am Hals dicht anliegen. Wärmesack oder Schlafsack schließen bzw. den Patienten in Zeltplane oder Isolationsdecke einwickeln. Die Packung muß alle 1–2 Stunden ersetzt werden.

✢ Abtransport veranlassen.
✢ Niemals Alkohol verabreichen.
✢ Bei starker Unterkühlung darf man dem Patienten keinerlei Bewegung gestatten. Dieses kann nicht nur zu weiterem Wärmeverlust, Muskelrissen und erhöhtem Sauerstoffverbrauch, sondern unter Umständen sogar zum Tod *(Bergungstod)* führen. Wenn nämlich die Hautdurchblutung vorzeitig in Gang kommt, wird kaltes Blut aus der Körperschale in den Körperkern verlagert und dieser abgekühlt, so daß oft schlagartig der Tod eintritt.

2.4 Verbandslehre

2.4.0 Wundverbände
Die Wundversorgung besteht aus 3 Schritten:
• keimfreie Wundauflage (Verbandmull, metallisierte Wundauflage, keimfreie Tücher, notfalls frisch gewaschenes, gebügeltes Taschentuch)
• Polsterschicht (zum Aufsaugen von Blut und Wundsekret; dicke Schichte saugfähigen Materials wie Zellstoff, Verbandmull oder notfalls Torfmull oder Moos)

Erste Hilfe

- Befestigung zur Fixierung der Wundauflage und Polsterung, nicht keimfrei (Heftpflaster, Mullbinden, Dreiecktücher, Schlauchverbände usw.)

Der keimfreie Verband dient:
- zum Schutz vor weiterer Verunreinigung
- zum Schutz vor dem Eindringen weiterer Krankheitserreger
- zur Blutstillung
- zur Ruhigstellung der Wunde
- zur Schmerzlinderung

2.4.1 Der Pflasterschnellverband
Verbandspflaster bestehen aus 3 Schichten und dienen zum Bedecken kleiner Wunden. Ist das Pflaster nicht einzeln verpackt, ist Keimfreiheit nicht gegeben. Das Mullkissen darf nicht mit den Fingern berührt werden, die Haut muß trocken sein, da sonst das Pflaster nicht hält.
Bei längeren Streifen soll das Pflaster seitlich eingeschnitten werden, um Faltenbildung zu vermeiden.

2.4.2 Das Verbandpäckchen (Schnellverband)
Es enthält ebenfalls 3 Schichten und besteht aus einer keimfreien Auflage und einer Polsterung, die an einer Mullbinde befestigt sind. Beim Öffnen des Verbandpäckchens darf man die Wundauflage nicht mit den Fingern berühren!

2.4.3 Pflasterverbände
Diese dienen der Befestigung von Wundauflagen, sie dürfen niemals direkt auf die Wunde geklebt werden.

2.4.4 Dreiecktuchverbände
Dreiecktücher sind bei der Erstversorgung von Verletzungen sehr zweckmäßig. Sie dienen dabei als Befestigungsmaterial für keimfreie Wundauflagen. Da Dreiecktücher nicht keimfrei sind, dürfen sie auch niemals direkt auf die Wunde gelegt werden. Empfohlene Seitenlängen für Dreiecktücher sind 90×90×127 cm.
Anwendungsmöglichkeiten für Dreiecktücher:
- Halteverband mit offenem Dreiecktuch

Erste Hilfe

- Krawattenverband mit gefaltetem Dreiecktuch
- Kombinationsverband mit offenem Dreiecktuch und Krawatte
- Ruhigstellung von Körperteilen, Befestigung von Schienen usw.

Herstellung einer Dreiecktuchkrawatte:
+ Das Dreiecktuch wird ausgebreitet.
+ Die Spitze wird umgeschlagen, so daß sie knapp vor der Mitte der Basis zu liegen kommt.
+ Die Basis wird über die Spitze umgeschlagen.
+ Dann wird das Dreiecktuch von der Schmalseite her zwei- bis viermal zur Basis hin gefaltet und zuletzt glattgestrichen.

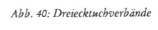

Abb. 40: Dreiecktuchverbände

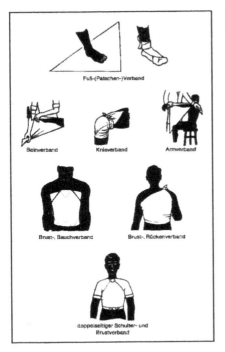

Abb. 41 und 42: Dreiecktuchverbände

Erste Hilfe

2.4.5 Bindenverbände

Bindenverbände sind meist mit Mullbinden durchgeführte Halteverbände. Elastische Binden soll man für Stützverbände, nicht aber für Halteverbände verwenden.

Die Binde wird grundsätzlich von links nach rechts gewickelt.

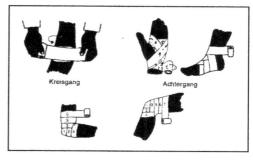

Abb. 43: Bindenverbände

Der Bindenkopf wird so gehalten, daß man die Binde abrollen kann. Die Binde muß faltenlos abgerollt werden, so daß die Bindengänge fest anliegen. Keinesfalls darf zu fest gezogen werden, damit keine Stauung entsteht.

Beim Bindenverband unterscheidet man verschiedene Grundgänge:

Kreisgang (Festhaltegang)

Jeder Bindenverband beginnt mit einem Kreis- bzw. Festhaltegang. Man nimmt den Bindenkopf in die rechte und den Bindenanfang in die linke Hand, nachdem die Wundauflage aufgelegt wurde. Der Bindenanfang wird etwas schräg gelegt, sodann wird mit dem Bindenkopf ein Kreisgang gewickelt. Anschließend wird der überstehende Kreisgang befestigt. Beim Kreisgang bedeckt jeder Bindengang den vorübergehenden zur Gänze.

Spiralgang

Soll der Verband eine größere Fläche bedecken, so werden vom Kreisgang weg Spiralgänge angelegt, wobei ein Spiralgang den vorhergehenden mindestens zur Hälfte bedecken soll.

Achtergang

Soll ein Gelenk verbunden werden, sollte man dieses niemals mit Spiralgängen, sondern immer mit Achtergängen umwickeln. Man beginnt mit einem Kreisgang in der Mitte des in Ruhigstellung (Mittelstellung) befindlichen Gelenks und macht dann eine Schleife oberhalb des Gelenks, führt die Binde über die Gelenksbeuge zurück und macht die Schleife unterhalb des Gelenks, so daß ein Bindengang

Erste Hilfe

ähnlich einer Acht entsteht. Jeder weitere Achtergang soll den vorhergehenden mindestens zur Hälfte, besser zu zwei Dritteln, bedecken. Jeder Verband schließt mit einem Kreisgang ab. Das Bindenende wird mit Heftpflaster, Verbandsklammern, durch Einschneiden und Verknoten oder durch Zurückschlagen und Verknoten befestigt.

3 Stumpfe Verletzungen

Stumpfe Verletzungen sind solche, bei denen durch Gewalteinwirkung Gewebe zwar verletzt wird, die darüberliegende Haut jedoch unverletzt bleibt.

3.1 Quetschung

Eine Quetschung ist eine Gewebeverletzung unter der Haut mit Schwellung, Bluterguß und Schmerzen.

+ Ruhig stellen.
+ Bei Bluterguß am 1. Tag kalte Umschläge, ab dem 2. Tag lauwarme Umschläge auflegen.
+ Bei Auftreten von Fieber ist ein Arzt aufzusuchen!

3.2 Verstauchung

Bei einer Verstauchung werden gelenksbildende Knochen durch Gewalteinwirkung gegeneinander verschoben, kehren jedoch wieder in ihre ursprüngliche Stellung zurück. Das Gelenk bleibt intakt. Es treten Schmerzen, Schwellung, oft Bluterguß auf.

+ Ruhigstellung des Gelenkes, kalte Umschläge; nicht belasten.
+ Kompressionsverband anlegen.
+ Wenn möglich, Arzt bzw. Krankenhaus aufsuchen.

3.3 Verrenkung

Die Verrenkung ist eine Verletzung, bei der die gelenksbildenden Knochen durch Gewalteinwirkung auseinandergerissen werden. Der Gelenkskopf springt aus der Gelenkspfanne, gleitet ins Gewebe ab und bleibt dort federnd fixiert. Starke Schmerzen, Bewegungsunfähigkeit und abnorme Stellung des Gelenkes sind die Folgen.
Hat man Zugang zu ärztlicher Hilfe, sind Einrenkungsversuche zu unterlassen, weil es dabei u.a. zu Nervenschädigungen kommen

Erste Hilfe

kann. Befindet man sich aber in einer Situation, in der es nicht möglich ist, zu einem Arzt zu kommen, und der Patient die Schmerzen nicht mehr länger aushält, kann man mit den im folgenden beschriebenen Techniken die verrenkten Körperteile wieder einrenken.

Einrenkung verrenkter Finger und Daumen:
+ Gleichmäßigen, starken Zug in einer Linie mit Finger oder Daumen ausführen.
+ Ruhigstellen durch Schienen.

Einrenken des Unterkiefers:
+ Daumen mit Gaze umwickeln, auf die Oberfläche der unteren Backenzähne des Patienten legen, die restlichen Finger halten den Kiefer von unten.
+ Gleichmäßig nach unten drücken, bis der Kiefer zurückspringt.
+ Verband (Kinnschleuder) anlegen.

Einrenkung des Schultergelenks:
+ Sich neben dem Patienten auf den Boden legen und einen Fuß unter die Achsel des Verletzten geben. Seinen Arm in einen Winkel von exakt 30° zu seiner Körperachse bringen. Den Arm langsam nach unten ziehen und bis zu 10 Minuten lang halten. Dann den Arm zum Körper hin schieben und dabei mit dem Fuß den Knochen ins Gelenk drücken. Rastet der Knochen im Gelenk ein, gibt das ein Knackgeräusch.
+ Verbinden und mindestens einen Monat lang nicht bewegen.

4 Knochenbrüche

Knochenbrüche erkennt man an Schmerzen, Schwellung, abnormer Beweglichkeit, Belastungsunfähigkeit, Achsenabweichung (Knickung, Verdrehung) und Stufenbildung im Verlauf des Knochens.

4.1 Geschlossene Knochenbrüche
Haut im Bereich der Bruchstelle unverletzt

4.2 Offene Knochenbrüche
Haut im Bereich der Bruchstelle verletzt; Infektionsgefahr

Erste Hilfe

4.3 Gefahren

Durch die Verletzung, aber auch durch unsachgemäße Erste-Hilfe-Leistung, kommt es zu
- Schock (Schmerzen, Blutverlust),
- Infektion,
- Fettembolie (Durch unsachgemäße Versorgung begünstigt, kann es zur Veränderung der Blutfette und zur Bildung von Fett-Tröpfchen im Blut kommen. Dies kann zu tödlichen Komplikationen führen.),
- offenem Knochenbruch,
- Verletzung von Nerven, Blutgefäßen und inneren Organen.

4.4 Grundsätzliches zur Versorgung eines Knochenbruches

✚ Kann sich ein Verletzter aus eigener Kraft nicht erheben, so läßt man ihn liegen und verständigt, wenn möglich, Arzt oder Rettung!

✚ Bei offenen Knochenbrüchen (zur Feststellung Kleider entfernen) sofort keimfreien Verband anlegen.

✚ Beengende Kleidungsstücke, Schuhriemen u. ä. über der Bruchstelle lockern, Schuhe nicht ausziehen, aber beengende Schmuckstücke (Ring, Uhr) entfernen.

✚ Schmerzlinderung durch unterstützende Lagerung, d. h. verletzten Körperteil so ruhig stellen, daß er weder verdreht noch gekippt werden kann. Verletzten zudecken.

✚ Bei Brüchen im Bereich der Schultern, Schlüsselbeine oder Arme Armtragetuch anlegen. Weitere Maßnahmen der Ruhigstellung, wie Schienung usw., sind zu unterlassen, wenn der Verletzte schmerzfrei gelagert werden und auf professionelle Rettung warten kann.

✚ Eine behelfsmäßige Ruhigstellung (Schienung) darf vom Laienhelfer nur dann vorgenommen werden, wenn der Verletzte aus unwegsamem, nicht befahrbarem Gelände abtransportiert werden muß. Eine provisorische Ruhigstellung und ein Nottransport bedeuten für den Verletzten zusätzliche Schmerzen und weitere Gefahren!

✚ Extrem verschobene bzw. verdrehte Gliedmaßen vorsichtig unter leichtem Zug und ohne Gewalt in die normale Lage bringen.

✚ Schock bekämpfen.

Erste Hilfe

4.5 Ruhigstellen mit Dreiecktuch

Dreiecktuch an der Spitze knoten.
Die Spitze des Dreiecktuchs befindet sich unter dem Ellenbogen des kranken Armes (evtl. Knoten, siehe Abbildung 44 a). Das untere Ende über die Schulter der kranken Seite legen und beide Enden seitlich in der Nackengegend verknoten (Abbildung 44 b). Eventuell kann das Armtragetuch mit einer Dreiecktuchkrawatte (oberhalb des Ellenbogengelenkes) am Körper befestigt werden (Abbildung 44 c).

Abb. 44: Ruhigstellen mit Dreiecktuch

4.6 Ruhigstellen durch unterstützende Lagerung

Der Ersthelfer hilft dem Verletzten, eine für ihn möglichst schmerzfreie Lage einzunehmen. Er unterstützt diese Lage z. B. durch seitlich an einem gebrochenen Bein angebrachte Decken oder Kleidungsstücke, so daß der verletzte Körperteil weder abrutschen noch kippen oder verdreht werden kann.

4.7 Ruhigstellen durch provisorische Schienung

ist *nur* für den Nottransport eines Verletzten aus unwegsamem Gelände anzuwenden.

✦ Die Schienung soll schmerzlindernd wirken, daher nur gut gepolstertes Schienenmaterial (Kleidungsstücke oder Decken) verwenden!

✦ Auch die der Verletzung benachbarten Gelenke müssen ruhiggestellt werden; die Schiene muß ausreichend lang sein.

✦ Die Befestigung provisorischer Schienen mit Binden oder Dreiecktuchkrawatten soll fest, aber nicht einengend wirken, um die Blutzirkulation nicht zu behindern; vor und hinter dem Bruch, aber nicht über der Bruchstelle befestigen.

✦ Provisorische Schienen sollen über der Kleidung angelegt werden und dürfen keinen Druck auf die Bruchstelle ausüben.

Erste Hilfe

✚ Die Schienung soll dem Körperteil genau angepaßt werden. Ist dies wegen abnormer Stellung nicht möglich, ist von einer Schienung Abstand zu nehmen und z.B. das gebrochene Bein vorsichtig am gesunden zu fixieren (Beine zusammenbinden). Das ist auch zu empfehlen, wenn behelfsmäßiges Schienenmaterial nicht zur Verfügung steht.

Abb. 45: Schienung eines Beins

4.8 Ruhigstellen durch Deckenrollen bei Unterschenkelbruch

Ruhigstellung durch eine U-förmig um das Bein gelegte, fest gerollte Decke. Eventuell verstärkendes Material mit einrollen. Befestigung durch Dreiecktuchkrawatten.

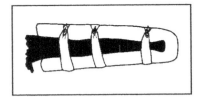

Abb. 46: Ruhigstellung mittels einer Deckenrolle

4.9 Spezielle Knochenbrüche

Bei einigen Brüchen kann der Laie nichts weiter machen, als den Patienten richtig zu lagern und möglichst rasch ärztliche Hilfe zu organisieren.

4.9.1 Schädeldachbruch

Einen Schädeldachbruch erkennt der Ersthelfer meist nur dann, wenn ein offener Bruch vorliegt.
Kennzeichen: Weichteilverletzung (Wunde) am Schädel, Knochensplitter eventuell sichtbar, eventuell Gehirnaustritt, eventuell Zeichen einer Hirnverletzung (Bewußtlosigkeit).

✚ keimfreie Wundauflage (kein fester Verband)
✚ bei Bewußtlosigkeit Seitenlagerung, aber keine Tieflagerung des Kopfes
✚ Bei Schädel-Hirn-Verletzungen Kopf niemals tief lagern!
✚ ständige Kontrolle von Atmung und Kreislauf

Erste Hilfe

4.9.2 Schädelbasisbruch
kommt häufiger vor als Schädeldachbruch.
Kennzeichen: Sicherstes Zeichen ist Blutaustritt aus dem Ohr, auch wenn es nur wenige Tropfen sind. Auch Blutaustritt aus Mund, Nase oder in die Augenhöhlen zeigt einen Schädelbasisbruch an. Oft mit Bewußtlosigkeit verbunden.

✚ bei Bewußtlosigkeit Seitenlagerung, aber keine Tieflagerung des Kopfes
✚ Kontrolle von Atmung und Kreislauf
✚ Bei Schädelverletzungen Kopf niemals tief lagern!

4.9.3 Brüche des Gesichtsschädels
Dazu zählen Nasenbein-, Ober- und Unterkieferbrüche.

✚ Freimachen und Freihalten der Atemwege
✚ Wenn möglich, den Verletzten in sitzende Stellung, Bewußtlose in Seitenlage bringen.
✚ Bei Blutung aus Mund oder Nase den Verletzten saugfähiges, keimfreies Material vorhalten lassen.
✚ Kinnschleuder nur dann anlegen, wenn keimfreies Material damit fixiert werden muß, nicht als ruhigstellenden Verband bei Unterkieferbruch verwenden.

4.9.4 Brüche der Wirbelsäule
Sie entstehen durch direkte oder indirekte Gewalteinwirkung (Stauchung) und sind nicht immer sofort zu erkennen. Schmerzen können erst nach Tagen auftreten. Daher sollte der Unfallhergang (Sturz, Fall) beachtet werden.
Kennzeichen: Gefühllosigkeit oder Lähmungserscheinungen in den Gliedmaßen. Verletzten fragen, ob er Arme und Beine bewegen kann, prüfen, ob diese auf Berührung normal reagieren. Schmerzen im Bereich der Bruchstelle.
Peitschenschlagsyndrom: Bei Auffahrunfällen kann durch das Zurückschleudern des Kopfes die Halswirbelsäule geprellt oder gebrochen werden. Der Verletzte ist, wenn möglich, unbedingt mit der Rettung ins Krankenhaus zu transportieren.
Wegen der schwerwiegenden Folgen (Querschnittslähmung) ist bei

Erste Hilfe

jeder Bergung an die Möglichkeit einer Wirbelsäulenverletzung zu denken! Dies gilt besonders bei bewußtlosen Verletzten.

✚ Verletzten in vorgefundener Lage belassen, Arzt bzw. Rettung verständigen.
✚ Muß der Verletzte aus dem Bereich akuter Gefahr (Feuer, Explosionsgefahr) gebracht werden, an den Beinen fassen und vorsichtig flach wegschleifen.
✚ Besteht keine akute Gefahr, aber auch keine Aussicht auf ärztliche Hilfe, Kopf (Immobilisierungskragen) und Körper (Beine und Arme zusammenbinden) immobilisieren, den Patienten mit Helfern vorsichtig auf eine flache, stabile Unterlage (Backboard) umlagern (dabei müssen Körper und Kopf völlig gerade bleiben) und flach wegziehen bzw. wegtragen.

4.9.5 Rippenbrüche
sind gekennzeichnet durch stechende Schmerzen beim Atmen, Reizhusten, eventuell Bluthusten bei Verletzung der Lunge.

✚ Verletzten mit erhöhtem Oberkörper lagern, damit er möglichst wenig Schmerzen hat.

4.9.6 Beckenbrüche
entstehen durch Sturz, Verschüttung, Einklemmung und ähnliche Unfälle.
Kennzeichen: Schmerzen im Bereich des Beckens und der Beine; Unfähigkeit, sich aufzusetzen

Erste Hilfe wie bei Wirbelbrüchen:
✚ Der Verunglückte darf wegen der Gefahr innerer Verletzungen nur vorsichtig und wenig bewegt werden; ihn mit angezogenen Beinen (Knierolle) lagern.
✚ Schock bekämpfen.

4.9.7 Schenkelhalsbrüche
Ein Schenkelhalsbruch wird besonders bei älteren Menschen häufig durch Sturz verursacht.
Kennzeichen: Betroffenes Bein ist verkürzt, nach auswärts gedreht;

Erste Hilfe

starke Schmerzen bei Bewegung des Beines, Verletzter kann sich meist nicht selbst aufsetzen.

✛ Verletzten liegenlassen, zudecken, nötigenfalls schmerzlindernd lagern.
✛ Schock bekämpfen.

5 Innere Verletzungen

Verletzungen des Brust- und Bauchraumes werden als innere Verletzungen bezeichnet. Sie können offen oder geschlossen (stumpf) sein.

5.1 Offene Brustkorbverletzung (Pneumothorax)

Bei Eröffnung des Brustkorbes kommt es zum Einströmen von Luft in den Brustraum. Dadurch geht der zwischen Brustwand und Lunge herrschende Unterdruck auf der verletzten Seite verloren, und die Lunge zieht sich aufgrund ihrer Elastizität zusammen und beteiligt sich nicht mehr an der Atmung. Wenn die Verletzung so weit offen ist, daß beim Atmen Luft ein- und ausströmen kann, so entstehen im Brustkorb durch ständige Bewegungen der Brustorgane instabile Verhältnisse (Mittelfellpendeln). Das kann rasch zum Tod führen. Daher muß jede offene Brustkorbverletzung *sofort luftdicht verschlossen* werden. Muß der Verletzte beatmet werden, ist der luftdichte Wundverschluß unbedingt zu entfernen.

Bei Eigenatmung des Notfallpatienten:
✛ Keimfreie Wundauflage, darüber ein feuchtes Tuch legen und gegen die Wunde drücken (nicht allseitig festkleben!), notfalls die Wunde mit bloßer Hand verschließen.
Bei Atemstillstand:
✛ Luftdichten Wundverschluß sofort entfernen und mit der Beatmung beginnen.
✛ Schock bekämpfen.
✛ Mit erhöhtem Oberkörper lagern; wenn möglich, auf der verletzten Seite lagern, weil der gesunde Lungenflügel wegen der Blutansammlung oben sein sollte.

5.2 Stumpfe Brustkorbverletzung

ist anzunehmen, wenn durch äußere Gewalteinwirkung auf den Brustkorb Rippenbrüche und Lungenverletzungen entstehen, aber keine äußere Wunde vorhanden ist.
Kennzeichen: Schmerzen, Atemnot, Bluthusten, Schock, eventuell Bewußtlosigkeit

+ Schockbekämpfung
+ Lagerung mit erhöhtem Oberkörper

5.3 Offene Bauchverletzung

Eine offene Bauchverletzung liegt vor, wenn die Bauchhöhle eröffnet ist und eventuell Darmschlingen ausgetreten sind. Schockgefahr!

+ Ausgetretene Darmschlingen in ihrer Lage belassen, mit lockerer, keimfreier Wundauflage bedecken.
+ Verletzten in Rückenlage bringen, Knierolle unterschieben.
+ Schock bekämpfen, keine Flüssigkeit einflößen.

5.4 Stumpfe Bauchverletzung

Eine stumpfe Bauchverletzung liegt vor, wenn innere Organe (Leber, Milz, Darm) durch äußere Gewalteinwirkungen verletzt worden sind, jedoch keine sichtbare Wunde vorhanden ist. Schockgefahr!

+ Rückenlagerung mit angezogenen Beinen (Knierolle)
+ Schockbekämpfung, keine Flüssigkeit einflößen.

6 Plötzlich auftretende Erkrankungen

6.1 Nasenbluten

Oberflächliche Blutgefäße platzen bei Gewalteinwirkung oder auch ohne erkennbare Ursache und führen zu Nasenbluten. Bei älteren Menschen kann auch ein hoher Blutdruck Nasenbluten auslösen, ebenfalls Blutgerinnungsstörungen und Blutkrankheiten, durch die selbst harmloses Nasenbluten bedrohliche Ausmaße annehmen kann.

+ Der Patient soll sitzen und den Kopf nach vorne beugen. Blu-

Erste Hilfe

tendes Nasenloch *oben* (nahe der Nasenwurzel) zudrücken, durch den Mund atmen. Kalte Umschläge auf den Nacken legen, beruhigend zusprechen. Oder: Patient liegt auf dem Rücken, Helfer führt einen kurzen Schlag gegen die Fersen des Patienten.
+ Kommt die Blutung trotzdem nicht zum Stillstand, ist ein Arzt oder Krankenhaus aufzusuchen.

6.2 Akuter Herzschmerz (Angina pectoris, Herzinfarkt)
Dabei handelt es sich um eine akute Durchblutungsstörung des Herzmuskels, verbunden mit starken Schmerzen, Todesangst und Atemnot. Schmerzen finden sich vor allem in der Herzgegend unter dem Brustbein, ausstrahlend in den linken Arm, aber auch in Rücken und Oberbauch. Obwohl derartige Symptome auch bei anderen Erkrankungen auftreten (Magengeschwür, Entzündung der Bauchspeicheldrüse), ist Herzinfarkt und damit unmittelbare Lebensgefahr anzunehmen.

+ absolutes Bewegungsverbot
+ Patienten beruhigen, um seinen Sauerstoffverbrauch zu senken.
+ Wenn möglich, ärztliche Hilfe anfordern.
+ Schockbekämpfung; Oberkörper erhöht lagern
+ Wiederbelebung bei Kreislaufstillstand

6.3 Akute Atemnot
Sie kann auftreten bei Herzmuskelschwäche (Herzasthma) oder bei Krampfzuständen der Bronchialmuskulatur (Bronchialasthma). Akute Atemnot kann aber auch bei anderen Erkrankungen auftreten.

+ absolutes Bewegungsverbot, Beruhigung
+ Lagerung mit erhöhtem Oberkörper

Atemnot durch steckengebliebene Teile in der Luftröhre
Wenn jemand zu ersticken droht, weil er sich verschluckt hat:
+ Einige kurze Schläge zwischen die Schulterblätter ausführen.
+ Kinder dabei eventuell kopfüber über das Knie legen.
Hilft das nicht, wird mittels des folgenden Griffs im Brustraum eine Druckwelle erzeugt, die den Gegenstand hinausschleudert:

»Heimlich-Handgriff«:
+ Der Patient streckt seine Arme in die Höhe oder legt sie auf den Kopf.
+ Man legt dem Patienten von hinten (unter den Armen) die Hände auf den Bauchnabel übereinander. Eine Hand umfaßt das Handgelenk der anderen.
+ Nun zieht der Helfer mit einem starken Ruck den Patienten zu sich, daß ein kurzer Druckstoß auf den Bauch des Patienten ausgeübt wird.
+ Sollte sich der Pfropfen nicht gleich lösen, muß die Prozedur wiederholt werden.

Nicht so gefährlich, aber sehr unangenehm sind *steckengebliebene Teile in der Speiseröhre.*

+ Man schluckt zur Entfernung ein Stück Brot. Handelt es sich bei dem Fremdkörper um eine Fischgräte, kann diese vorher durch Schlürfen eines Eßlöffels Essig biegsam gemacht werden.

6.4 Akuter Bauchschmerz
Dabei kommt es zu heftigen, oft kolikartigen Schmerzen, die ausstrahlen; Druckschmerz und oft gespannte, mitunter brettharte Bauchdecke; Übelkeit, Erbrechen, trockene Zunge, verfallenes Aussehen und Zeichen eines Schockzustandes. Die Ursachen müssen durch den Arzt geklärt werden.

+ Bettruhe bis zum Eintreffen des Arztes; nichts essen oder trinken, nicht rauchen, keine schmerzstillenden Medikamente einnehmen, keine Wärmflasche auflegen.
+ Die flache Rückenlage mit angezogenen Beinen (Deckenrolle) ist meist zu empfehlen, aber nicht aufzuzwingen.
+ Schock bekämpfen.

6.5 Hitzschlag
Kennzeichen sind rote, trockene, heiße Haut, stark erhöhte Temperatur, schneller Puls, Orientierungslosigkeit oder Bewußtlosigkeit. Es besteht Lebensgefahr!

Erste Hilfe

+ Mit erhöhtem Kopf im Schatten lagern.
+ Bekleidung entfernen.
+ Patienten mit kühlem Wasser oder zugefächerter Luft kühlen.
+ Bei Atemstillstand künstliche Beatmung einleiten.

7 *Vergiftung*

Unter Vergiftung versteht man das Auftreten schwerer, oft lebensbedrohlicher Krankheitserscheinungen nach Aufnahme eines Giftes. Gifte sind feste, flüssige oder gasförmige chemische Substanzen, die, bereits in geringer Menge aufgenommen, den Körper schwer schädigen. Die Aufnahme des Giftes kann über Lunge und Magen, eventuell sogar über die Haut erfolgen.

7.1 *Erkennen einer Vergiftung*

Plötzliche und schwere Krankheitserscheinungen wie Bewußtseinsstörungen, Erregungs- oder Rauschzustände, Bewußtlosigkeit, Übelkeit, Erbrechen, Durchfall, Hautveränderungen (Blässe, Rötung, Blauverfärbung), Pupillenveränderungen (starre Pupillen, die eng oder weit sein können), Atem- und Kreislaufstörungen u. a. m. Auch muß an eine Vergiftung gedacht werden, wenn mehrere Menschen gleichzeitig dieselben Krankheitssymptome aufweisen (Erbrechen, Durchfall), oder wenn die Umstände eines Unglücks dafür sprechen.

Vergifteter ohne Bewußtsein:
+ Bergen, falls notwendig (Gasvergiftung; siehe auch → Kohlenmonoxidvergiftung).
+ Notfalldiagnose und lebensrettende Sofortmaßnahmen

Vergifteter bei Bewußtsein:
+ bei Vergiftung durch C-Kampfstoffe siehe Kapitel III.7 und → Chemische Waffen.
+ Gift bekannt: In Friedenszeiten Vergiftungsinformationszentrale oder Notruf wählen. (Nummer steht vorne im Telefonbuch.)
+ Giftentfernung durch provoziertes Erbrechen (Ausnahmen unter 7.2 beachten): Ein unbekanntes Gift, das verschluckt wurde, auf folgende Weise entfernen:

Erste Hilfe

Man läßt den Vergifteten lauwarmes Salzwasser (1–2 El. Kochsalz auf ein Glas Wasser) rasch trinken. Dann soll der Vergiftete mit dem Finger oder einem Löffelstiel die Rachenhinterwand reizen, bis Erbrechen auftritt. Das Trinken von Wasser wird so lange wiederholt, bis klare Flüssigkeit erbrochen wird. (Kommt es bei dieser Methode nicht zum Erbrechen, muß der Patient sehr viel Wasser trinken, um die Kochsalzlösung im Magen zu verdünnen.)

✛ Bei Vergiftungen durch orale Aufnahme helfen auch Kohletabletten, die nach dem Erbrechen eingenommen werden. Die Kohle absorbiert und bindet noch vorhandene Giftrückstände.

✛ Kindern unter 12 Jahren gibt man statt Salzwasser lauwarmen Himbeersaft, stark gezuckerten Tee oder Zuckerwasser.

✛ Kleinkinder legt man danach in Bauchlage mit nach unten hängendem Kopf quer über ein Knie des Helfers und reizt die Rachenhinterwand.

7.2 Erbrechen darf nicht ausgelöst werden bei

- Bewußtlosen (Erstickungsgefahr),
- Säuglingen unter einem Jahr,
- Säure- oder Laugenvergiftung (Magendurchbruch),
- Vergiftung durch schaumbildende Wasch- und Reinigungsmittel (Erstickungsgefahr),
- Vergiftung durch organische Lösungsmittel und Mineralölprodukte wie Benzin usw. (Gefahr einer Lungenblutung),
- Vergiftungen, die länger als vier Stunden zurückliegen.

8 Strahlenschäden

siehe auch ➤ Strahlung, Grundbegriffe der ionisierenden, ➤ Kernwaffen, ➤ Fallout, ➤ Dekontamination

Die schädliche Wirkung ionisierender (»radioaktiver«) Strahlung beruht darauf, daß diese Zellen verändern oder zerstören kann. Sie ist abhängig von der Dosis.

Eine Schädigung ist auf folgenden Wegen möglich:
- durch direkte Bestrahlung von außen: z.B. Neutronen oder Gammastrahlung während einer Kernwaffendetonation,
- durch Kontamination mit radioaktiven Materialien: z.B. Fallout,

Erste Hilfe

- durch interne Strahlung durch inkorporierte Stoffe: sehr schwerwiegend!

Die Schädigung kann je nach Dosis in verschiedenen Zeiträumen auftreten:

- sofort oder nach wenigen Tagen: Tod, Strahlenbrand, Strahlenkrankheit,
- nach Jahren: Krebs,
- in den nachfolgenden Generationen: Kindstod oder Mißbildungen durch Schädigung der Keimzellen.

Die strahlenempfindlichsten Organe und Gewebe des Menschen sind das Knochenmark, die Lymphozyten und die Keimdrüsen. Embryos bis zum 42. Tag sind besonders gefährdet. Die Haarfollikel, die Haut und die Darmschleimhaut sind etwas weniger empfindlich.

Akute Strahlenschäden (Strahlenkrankheit)
Akute Strahlenschäden treten auf, wenn der Mensch innerhalb weniger Stunden eine Dosis von einigen Gray (Gy) aufnimmt. Sie treten sofort oder spätestens nach wenigen Wochen auf.

Zeitraum nach Bestrahlung	letale Dosis, 6 Gy	mittlere letale Dosis, 4,5 Gy	subletale Dosis, 1–3 Gy
1. Woche	Übelkeit und Erbrechen nach 1–2 h		keine Symptome
2. Woche	blutige Durchfälle, Fieber, Schwäche, Tod	Haarausfall, Appetitmangel, Mund- und Rachenentzündung, Durchfälle 50 % Tod	
3. Woche			Haarausfall, Schwäche, Durchfälle, Mattigkeit, Erholung möglich
4. Woche			

Langzeitfolgen
Diese treten erst Jahre oder Jahrzehnte nach der Bestrahlung auf. Eine geschädigte Körperzelle kann zur Krebszelle werden, und eine geschädigte Keimzelle kann zur Vererbung fehlerhafter Erbinformation führen, was schwere Schäden bei den Kindern des Strahlengeschädigten zur Folge hat. Die Schwere des Schadens hängt

Erste Hilfe

nicht von der Höhe der Dosis ab. Aber: Je höher die Dosis, desto größer das Risiko, an Krebs (oft Leukämie) zu erkranken. Bei einer Dosis von 1 Sv ergibt sich beispielsweise ein Risiko von 5%, in den folgenden Jahren an Krebs zu erkranken.
Vorige Angaben beziehen sich alle auf Erwachsene: Kinder und Embryos sind empfindlicher und bedürfen eines besonderen Schutzes.

Allgemeine Prophylaxe:
✚ Abschirmen und Aufenthaltsdauer im Bereich der Strahlen minimieren!
✚ Strahlung wirkt sich um so schädlicher aus, je mehr Sauerstoff den Zellen zur Verfügung steht.[15] Kurzfristig wäre dies theoretisch durch das Atmen sauerstoffarmer Luft (eventuell mehrmaliges Atmen aus einer Plastiktüte) auszunützen.
✚ Im Zweifelsfall nicht rauchen, nicht essen, nicht trinken, solange man sich in einer eventuell verseuchten Umwelt befindet, um Inkorporation zu vermeiden.
✚ Folgende Stoffe haben eine nachweisliche Schutzwirkung für die Dauer von wenigen Stunden: Vitamin C und E (unbedingt mit einem Fett einnehmen, damit es der Körper aufschließen kann), Cystein, Serotonin, Mercaptopropionylglycin und Thiophosphate.
✚ Als *Prophylaxe gegen die Einlagerung von Jod-131* in die Schilddrüse kann man Kaliumjodidtabletten einnehmen. Dies ist nur sinnvoll, wenn tatsächlich mit dem Auftreten dieses Isotopes zu rechnen ist. (Also bei Reaktorunfällen oder dem Einsatz von Fissionswaffen, nicht aber beim Einsatz von Neutronenwaffen.) Um das Risiko unerwünschter Nebenwirkungen zu minimieren, diese Tabletten jedoch nur nach Aufforderung durch das staatliche Krisenmanagement einnehmen! (Es sei denn, diese Aufforderung kann nicht mehr erfolgen.) Dosierung nach Packungsbeilage bzw. Anweisung im Rundfunk.

Bei Kontamination mit strahlendem Material:
✚ siehe ➙ Dekontamination

---

[15] Eine Verabreichung des Atemgiftes Natriumcyanid, das bei Mäusen und Ratten eine schützende Wirkung zeigte, ist beim Menschen jedoch nicht möglich.

Erste Hilfe

Bei Verdacht auf Inkorporation verstrahlter Stoffe:
+ Eine Dekorporation mit chemischen Mitteln (DPTA, Austauschharze usw.) erfordert die genaue Kenntnis der aufgenommenen Stoffe und ist daher im Notfall undurchführbar.
+ kräftiges Ausschneuzen und eventuell Mundspülungen
+ Wunden nicht schließen, sondern ausspülen (mit EDTA oder DTPA) oder bluten lassen.
+ Ein wenig Natriumsulfat (Glaubersalz) oder Magnesiumsulfat (Bittersalz) verabreichen.

9 Injektions- und Infusionstechnik

Für den Fall, daß man in einer Notsituation fern jeder ärztlichen Hilfe nicht umhin kommt, eine lebenswichtige Injektion selbst zu verabreichen, sei hier kurz die Methode beschrieben:

9.1 Varianten der Verabreichung

Auf den Beipackzetteln ist stets angegeben, wie die Injektion verabreicht wird. Drei Varianten der Verabreichung werden unterschieden:
- *subkutan*, s.c., unter die Haut; Wirkungseintritt verlangsamt, Wirkungsdauer sehr lange
- *intramuskulär*, i.m., in den Muskel; Wirkungseintritt wenig verlangsamt, Wirkungsdauer mittellang
- *intravenös*, i.v., in die Vene; Wirkungseintritt sofort, Wirkungsdauer kurz

Grundvoraussetzung ist steriles Arbeiten! Immer Einwegspritzen verwenden (prüfen, ob die Verpackung noch luftdicht ist, wenn nicht, wegwerfen); gibt es nur Mehrfachspritzen aus Metall, müssen sie ordentlich sterilisiert (15 Minuten abgekocht) werden.

9.2 Injektionen verabreichen

Verpackung der Spritze halb öffnen, so daß die Seite, auf der die Nadel aufgesetzt wird, herausragt (nicht mit der Hand berühren). Diese auf einen sauberen Untergrund legen, ohne daß die Spritze den Untergrund berührt.
Ampulle mit Injektionsflüssigkeit mit Daumen und Mittelfinger anfassen und mit Zeigefinger von hinten abstützen (man kann zwischen Ampulle und Zeigefinger einen Tupfer einklemmen).

Erste Hilfe

Mit der kleinen Säge, die mit den Ampullen immer mitgeliefert wird, den Kolben ansägen, bis das erste rauhe Sägegeräusch wahrnehmbar ist. Daraufhin wird der Kolben nach hinten weggebrochen. Jetzt den Kolben der Spritze fassen (Verpackungsmaterial entfernen), die Öffnung in die Ampulle stecken und langsam die Injektionsflüssigkeit aufsaugen.

Kolben und Nadel (die sich noch im Verpackungsmaterial befindet) anfassen und zusammenstecken; abermals auf sauberen Untergrund legen. Die Spritze nur am Kolben anfassen, niemals an der Nadel!

Mit einem Tupfer wird nun die Injektionsstelle am Patienten desinfiziert. (Alkohol, Desinfektionsmittel, Desinfektionstupfer)

Vor dem Einstechen muß man die Spritze senkrecht halten (Nadel nach oben) und den Kolben soweit hineindrücken, bis die ganze Luft aus der Spritze draußen ist (bis der erste Tropfen der Injektionsflüssigkeit bei der Nadel herauskommt).

- *Subkutane Injektion:* Luftfreies Injizieren absolute Notwendigkeit! In dem Moment, in dem die Nadel mit der Haut in Kontakt kommt, wird in spitzem Winkel gestochen. Mit Daumen und Zeigefinger der freien Hand die betreffende Hautstelle etwas zusammendrücken, um so mit der Nadel besser unter die Haut zu gelangen.

- *Intramuskuläre Injektion:* Wird ins Gesäß gegeben, da sich dort der fleischigste Muskel befindet. Achtung! Dort befindet sich auch der Ischiasnerv. Dies kann zu sehr großen Schmerzen und Komplikationen führen. Deshalb: Man stellt sich die Gesäßbacke durch ein imaginäres Kreuz (+) in vier Quadranten geteilt vor. Die Injektion darf nur im oberen, äußeren Viertel erfolgen! Die Spritze mit drei Fingern (wie einen Speer) am Kolben fassen und Daumen und Zeigefinger der anderen Hand im rechten Winkel an die Hautstelle zur zusätzlichen Orientierung anfassen. Entweder senkrecht oder Tendenz »Stechrichtung nach außen« zustechen. Schmerz wird nur empfunden, bis die Hautoberfläche durchdrungen ist. Nadel bis zur gewünschten Tiefe einführen (das Fettgewebe muß durchstoßen werden, da von dort aus das Serum nicht in die Blutbahn gelangt).

Jetzt muß man unbedingt *aspirieren*: Um zu kontrollieren, daß man kein Blutgefäß getroffen hat, zieht man den Kolben der Spritze noch etwas an. Dabei sieht man, ob Blut eingesaugt wird oder

nicht. Ist dies der Fall, kann man die Nadel nur halb herausziehen und daneben einstechen oder ganz herausziehen und mit neuer Nadel injizieren. Jetzt wird langsam und gleichmäßig injiziert. Danach die Nadel herausziehen, einen Tupfer auf die Einstichstelle drücken und ein Pflaster darübergeben.
- *Intravenöse Injektion:* Luftfreies Injizieren absolute Notwendigkeit! In dem Moment, in dem die Nadel mit der Haut in Kontakt kommt, wird in spitzem Winkel gestochen. Der Patient sollte sitzen oder liegen und den Arm irgendwo aufgelegt haben. Spritze wie oben beschrieben vorbereiten und in der Mitte des Oberarmes einen Stauschlauch anbringen (notfalls Krawatte, Damenstrumpf o. ä.). Soweit zuschnüren, daß das Blut in den Venen rückgestaut wird, dabei fließt das Blut in den darunterliegenden Arterien frei durch. Die Venen in der Ellenbogenbeuge schwellen an und werden gut sichtbar; sonst kann der Patient mit der Faust pumpen. Man kann den Bereich der Venen mit einem Finger beklatschen, so kommen sie auch zum Vorschein. Einstichstelle desinfizieren. Nadel in sehr spitzem Winkel aufsetzen (Schrägung nach oben) und etwas abstützen. Man erleichtert sich die Sache, wenn man die Nadel unter Wahrung der Sterilität etwas verbiegt, damit man einen günstigen Einstichwinkel bekommt. Luft aus der Spritze drücken. Nadel ansetzen und, sobald man Hautkontakt hat, zügig einstechen. Man muß beim Aspirieren unbedingt Blut sehen, um die Vene exakt getroffen zu haben. Nun wird der Stauschlauch geöffnet und injiziert. Mit Daumen und Zeigefinger der anderen Hand wird die Spitze des Kolbens während des Injizierens stabilisiert. Unter die Einstichstelle kann man einen Tupfer legen, weil meist ein Tropfen Blut austritt.

Infusionen werden auf dieselbe Weise verabreicht.

Bei der Entsorgung der Spritze und Ampulle darauf achten, daß sich niemand damit verletzen kann!

10 Geburtshilfe

Prinzipiell ist eine Frau in der Lage, ein Kind auf natürliche Weise allein auf die Welt zu bringen. So treten bei 98,8 % aller Geburten keinerlei Komplikationen auf. Bei den restlichen 1,2 % entsteht für Mutter und Kind jedoch ein Risiko, was in der heutigen Zeit aufgrund der hervorragenden medizinischen Versorgung oft vergessen

Erste Hilfe

wird. Ein Grundwissen um den Vorgang der Geburt ist daher unverzichtbar, um auch in diesen Fällen helfend eingreifen zu können, wenn für eine Geburt weder Arzt noch Hebamme geholt werden können.
An der Berührungsstelle zwischen Embryo und Gebärmutter liegt der Mutterkuchen (Plazenta).

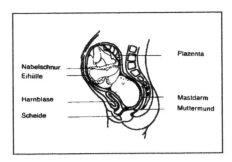

Abb. 47: Lage des Kindes vor der Geburt

Die Plazenta übernimmt den Stoffwechsel für das Kind. Die Nabelschnur ist die Verbindung zwischen Plazenta und Kind. Sie enthält Blutgefäße und ist bei der Geburt etwa 50 cm lang.
Die Organe und Gliedmaßen des Kindes sind in 100 Tagen entwickelt. Von da an nimmt es nur noch an Größe zu.
Die Zeitspanne vom Einsetzen der ersten Wehen bis zur Geburt des Kindes beträgt bei Erstgebärenden bis zu 24 Stunden, bei Mehrgebärenden bis zu 9 Stunden.

Frühzeitige Merkmale der Geburt sind:
- Der Gang der Mutter wird schwerfällig durch die Gewichtsverlagerung, wenn das Kind tiefer ins Becken sinkt.
- Der Druck auf Gewebe und Blase nimmt zu und damit der Scheidenausfluß und Harndrang.
- Der Druck auf das Zwerchfell läßt nach – die Atmung wird freier.
- Die Senkung des Kindes kann begleitet sein von Senk- oder Vorwehen.

Bei der Geburt werden das Fruchtwasser, das Kind, die Nabelschnur und die Plazenta mit den Eihäuten ausgetrieben.

Eröffnungsperiode
✚ Während dieser Zeit muß man Beginn, Häufigkeit, Dauer und Stärke der Wehen, Abgang von Fruchtwasser und schleimig-blutigen Abgängen beobachten.
✚ Im Laufe der Eröffnungsperiode, die 3 bis 8 Stunden dauert,

Erste Hilfe

erfolgen die Wehen unregelmäßig und in Abständen von 10 bis 30 Minuten.
✛ Die Gebärende sollte stetig Blase und Darm entleeren, um den Geburtskanal nicht unnötig zu verengen.
Normalerweise erfolgt in dieser Periode der Blasensprung und Fruchtwasser fließt ab. Nach einer kleinen Wehenpause beginnt die eigentliche Geburt.
✛ Wichtig: Nach erfolgtem Blasensprung darf die Gebärende nicht mehr gehen. Sie ist liegend zu tragen und zu transportieren (Gefahr eines Nabelschnurvorfalls).

Austreibungsperiode
Die Austreibungswehen verursachen die stärksten Schmerzen. Sie können in ihrem Rhythmus von der Mutter nicht beeinflußt werden. Sie treiben erst den Kopf des Kindes nach außen, dann folgen die Schultern und der übrige Körper des Kindes relativ mühelos nach. Während der Austreibungsperiode erfolgen die Wehen in Abständen von 3 bis 5 Minuten.
✛ Wichtig: Um einen »Dammriß« (mit fatalen Folgen) zu vermeiden, drückt man mit der flachen, gut gesäuberten Hand auf den Damm (Bereich zwischen Scheide und After), dabei sollen Daumen und Zeigefinger die Scheide umfassen.
✛ Es ist leichter für die Gebärende, wenn sie dabei nicht mehr nachpreßt, sondern die »Hechelatmung« (hecheln wie ein Hund) einsetzt.
Hat der Kopf des Kindes die Dammwölbung passiert, kommt er zum Vorschein.
✛ Sollten die Schultern des Babys sich spießen, darf man dessen Kopf behutsam mit beiden Händen an Stirn und Hinterkopf umfassen, behutsam heben und senken und völlig ohne Gewalt ziehen. Man darf dabei den Hals des Babys nicht berühren.

Nachgeburtsperiode
Bis zu etwa einer halben Stunde nach der Geburt des Kindes setzen die Nachgeburtswehen ein, sie stoßen (unter Blutverlust) Nabelschnur und Plazenta aus.

Erste Hilfe

10.1 Hilfeleistung für die Gebärende vor und während der Geburt

✙ Eine 8–10tägige Verabreichung von Frauenmantel-Tee *(Alchemilla vulgaris)*, in den Tagen vor und nach der Geburt soll günstig sein.
✙ Die Gebärende muß mit Seife gewaschen werden.
✙ Gummiunterlage (Plastiktuch) auf die Krankentrage breiten.
✙ 5 bis 10 frische, heiß gebügelte Handtücher (notfalls Zeitungen)
✙ Handdesinfektionsmittel, Seife und Fingernagelbürste
✙ Rasierklinge oder Schere (mindestens 15 Minuten kochen und im heißen Wasser belassen)
✙ Watte, Zellstoffmull, Verbandsmull
✙ warmes Wasser in mehreren Gefäßen
✙ Unterkörper und Beine frei machen, Büstenhalter öffnen.
✙ beruhigender Zuspruch
✙ Prüfen der Lage des ungeborenen Kindes (normale Lage oder Steißlage).
✙ Bauch der Schwangeren abhören, indem man mit einem Stethoskop die Herztöne des Ungeborenen abhört. (Notfalls selbstgebastelt: ca. 25 cm lange Röhre, Schlauch oder dergleichen an einem Ende in eine kleine sterilisierte Dose, z.B. Thunfischdose, in die man am Boden ein Loch macht, hineinstecken. Offenen Dosenbereich auf die abzuhörende Stelle legen, das offene Ende der Röhre, des Schlauches usw. ans Ohr halten.)
✙ Hört man die Herztöne unterhalb des Nabels der Mutter, handelt es sich um eine normale Lage, sind aber die Herztöne oberhalb des Nabels der Mutter, ist eine andere Lage (Steißlage) anzunehmen. In diesem Fall sollte dringend ein Arzt bei der Geburt zugegen sein.
✙ Abtasten der Lage des Ungeborenen: Schwangere in Rückenlage, ausatmen. Daumen und Zeigefinger bilden einen rechten Winkel. Zum Zeigefinger kommt der Mittelfinger dazu. So tastet man beidhändig den höchsten und tiefsten Liegepunkt des Ungeborenen ab (oberhalb des Schambeins und unterhalb des Brustkorbs). Die größere Rundung des Babys ist sein Po und die kleinere sein Kopf, der runder und härter ist.

10.2 Hilfestellungen für Gebärende und Geburtshelfer bei Steißlage

✢ Erscheint das Kind mit den Füßen zuerst, spricht man von einer Steißgeburt. Zur Erleichterung sollte die Mutter dann, indem sie sich auf Knie und Ellenbogen abstützt, eine Banklage einnehmen.

✢ Bei einer Steißgeburt können sich die Ellenbogen des Kindes verkeilen. Der Helfer tastet sich dann mit sterilisierten Händen am Körper des Kindes entlang, bis er dessen Achselhöhle erreicht. Er drückt dann die Schulter des Kindes vorsichtig in Richtung des Rückens.

✢ Falls diese Methode fehlschlägt, muß der sich sperrende Oberarm des Kindes vorsichtig auf dessen Längsachse gezogen werden, um den Geburtskanal passieren zu können.

✢ Bleibt dagegen bei Steißlage der Kopf des Kindes hängen, helfen am besten zwei Helfer in der folgenden Weise: Die Frau liegt auf dem Rücken. Der eine ertastet den Mund des Kindes und steckt den Finger hinein, um so den Kopf auf die Brust des Kindes legen zu können. Auch die zweite Hand, die den Kopf zwischen Zeige- und Mittelfinger im Nacken des Kindes gefaßt hat, drückt ihn in Richtung Kindsbrust. In dieser Kopf-an-der-Brust-Stellung wird das Kind herausgezogen, während der zweite Helfer vom Bauch der Mutter aus unterstützend den Kopf des Kindes drückt.

10.3 Hilfeleistung für das Neugeborene

Achtung! Das Neugeborene ist mit der »Fruchtschmiere«, einem gelblich-fettigen Belag bedeckt. Dadurch kann es schlecht gefaßt werden. Auch die Einweghandschuhe gleiten leicht. Daher: Vorsicht, daß das Kind nicht aus den Händen rutscht!

✢ Sollte das Baby die Nabelschnur um den Hals haben, versucht man sie vorsichtig zu lösen, sonst kann das Baby nicht weiter herauskommen. Sollte dies nicht möglich sein, muß man versuchen, die Schnur zweifach abzubinden und durchzuschneiden – siehe ➛ *10.5 Abnabeln.*

✢ Atemwege freimachen und freihalten.

✢ Kind keimfrei abnabeln.

✢ Kind lauwarm (37 °C, Ellenbogenprobe!) waschen.

Erste Hilfe

✚ Kind vor Wärmeverlust schützen. Dies zählt zu den wichtigsten Aufgaben des Geburtshelfers!
✚ Wichtig ist, dem Baby nach dem Waschen antibiotische Augentropfen einzuträufeln, da es sonst zum Augentripper (Variante des Genitaltrippers) kommen kann. Auch bei gesunden Gebärenden kann sich das Baby im Moment der Geburt anstecken, dies führt innerhalb weniger Stunden zur Erblindung!
✚ Die Nabelschnur fällt nach ca. 5 Tagen ab.

10.4 Hilfeleistung für die Mutter nach der Geburt
✚ Am mütterlichen Nabelschnurende nicht ziehen.
✚ Nachgeburt in einem wasserdichten Plastiksack aufbewahren und dem Arzt oder der Hebamme übergeben.
✚ Lagerung der Mutter: keimfreies Verbandsmaterial zwischen die Beine legen, die Beine überkreuzen und auf Nachblutungen achten.
✚ Die Mutter zudecken und ihr das Kind in den Arm, auf den Bauch oder auf die Brust legen.
✚ Der Mutter nichts zu essen oder zu trinken geben.

10.5 Das Neugeborene abnabeln
Das Kind wird gleich nachdem kontrolliert wurde, ob die Atemwege frei sind, abgenabelt.
✚ Mit keimfreien Handschuhen und keimfreien Instrumenten arbeiten.
✚ Eine keimfreie Nabelschnur-Klemme (oder Nabelschnurbändchen) zwei Handbreit von der Bauchwand des Kindes entfernt setzen, Nabelschnur in Richtung Mutter ausstreichen, die zweite Klemme im Abstand von einer Handbreit setzen.
✚ Mit der keimfreien Schere die Nabelschnur im abgeklemmten Bereich durchtrennen.
✚ Das Ende der Nabelschnur mit der Klemme in einen keimfreien Verband einwickeln.
✚ Kind einwickeln.
✚ Ständig beobachten, ob die Nabelschnur des Kindes nachblutet.

📖 Merry, Wayne, *Erste Hilfe Extrem. Helfen in freier Natur beim Trekking, Wandern, Biken, Klettern, Skifahren* (Originalausgabe: *The official wilderness first-aide guide;* Stuttgart: Pietsch-Verlag, 1996) 398 S. Ein hervorragendes Buch mit detaillierten Anweisungen für eine Vielzahl von medizinischen Notfällen.

📖 Nehberg, Rüdiger, *Medizin Survival – Überleben ohne Arzt* (Hamburg: Ernst Kabel Verlag, ⁶1996) 286 S. Nehbergs lockerer Schreibstil macht einem so richtig Lust auf die nächste Operation. Sehr kreativ, was das Improvisieren von medizinischen Geräten angeht.
Klein, Susan, *A Book for Midwives. A manual for traditional birth attendants and community midwives* (Berkeley: Hesperion Foundation, ²1998) 520 S.

Weitere medizinische Bücher sind im Literaturverzeichnis im Anhang angegeben!

Essigherstellung

Die im Essig enthaltene Essigsäure dient nicht nur zum Kochen, sondern auch zum Konservieren, Putzen, zur Entfernung von Kalk- und Rostflecken, zur Auffrischung der Farben von Textilien, als Deodorant (bekämpft Schweißgeruch) und zur medizinischen Anwendung. Das Grundrezept für die Herstellung von Obstessig ist einfach: Fallobst wird von fauligen und verschmutzten Stellen gereinigt, in einen Tontopf gegeben und mit warmem Wasser übergossen. Zwei Eßlöffel Zucker werden beigegeben. Der Topf darf nur mit einem Sieb (gegen Insekten) bedeckt werden und wird neben den Herd oder in die Sonne gestellt, bis sich der Inhalt in Essig verwandelt hat. Den fertigen Essig nicht in Metallgefäße füllen.

Fahrrad

Das Fahrrad wird neben dem Pferd(ewagen) nach Erschöpfung der letzten Treibstoffreserven und beim zu erwartenden schlechten Zustand der Straßen das Hauptverkehrsmittel zu Land darstellen. Optimal wäre daher ein einfaches »Waffenrad«, ein robustes Mountainbike oder ein Trekking-Rad mit Diamantrahmen, Hohlkammer- oder Konkav-Alufelgen, Nirosta Doppel-Dickend-Speichen, breiten Reifen und einem stabilen Rahmen mit einem großen Vorrat an Ersatzteilen. Statt herkömmlichen luftgefüllten Schläuchen empfehlen sich absolut pannensichere Schläuche aus Polymeren wie »No-Mor Flats« (Bezugsquellen im Anhang!). Vollgummireifen sind wesentlich schwerer.

Karsten, Martin/Micus, Frank/Remmel, Johannes, *Fahrrad-Reisen. Das unentbehrliche Handbuch für jede Radtour* (Frankfurt am Main: Peter Meyer Reiseführer, 1993) 400 S.

http://www.nomorflats.com/
Information über die Spezialreifen

Fallout
siehe auch ➤ Kernwaffen

Als Fallout bezeichnet man den auf ein Gebiet niedergehenden radioaktiven Staub und Regen (daher eigentlich: *rain-out* und *wash-out*) infolge des Einsatzes einer Kernwaffe oder eines Reaktorunfalls wie in Tschernobyl. Im Falle eines atomaren Waffeneinsatzes hängen Art, Gefährlichkeit und Dauer (in unseren Breiten 1 bis 2 Jahre möglich) des Fallouts stark von der Art und Detonationshöhe der Waffe ab. 8–25 % des radioaktiven Niederschlages bleiben an den Pflanzen haften; 90–95 % bleiben in den obersten Bodenschichten. Vorsicht daher bei Milchprodukten, Gemüse, Fleisch und Oberflächenwasser. Waldböden speichern strahlendes Material noch länger. Pilze und Flechten vermeiden! Durch die Auswaschung ist Quell- und Grundwasser nach einigen Wochen wieder zu verwenden, da die in Frage kommenden Stoffe im Boden gebunden werden bzw. die nichtgebundenen kurze Halbwertszeiten haben. Bei Zisternenwasser ist hingegen Vorsicht geboten, da hier keine Filterung durch den Boden erfolgt.

Für das Verhalten bei radioaktivem Fallout gilt das in Kapitel III über Maßnahmen bei Atomunfällen Gesagte.

Färben von Stoffen (Wolle, Leinen, Baumwolle)

Zuerst muß das Färbegut gebeizt werden. Man löst 120 g Alaun und 30 g Weinstein in etwas heißem Wasser und gießt 16 l fast kochendes, möglichst weiches Wasser dazu. Ein halbes Kilo des gewaschenen Färbegutes wird darin eine Stunde lang sanft gekocht. Fühlt es sich klebrig an, kann die Lösung mit Wasser verdünnt werden.

Ungefähr 1 kg der verwendeten Pflanze wird zerquetscht, gemahlen oder pulverisiert und über Nacht in kaltem Wasser eingeweicht, etwa eine Stunde lang gekocht und mit 16 l möglichst weichem Wasser in den Färbebottich geleert. Die Stoffe sollen bis zu einer Stunde darin sanft gekocht werden, bis die gewünschte Farbintensität erreicht ist. Pflanzliche Farbstoffe sind z. B.:

- magentarot: Löwenzahn
- gelb: Gelbwurzeln, Färberdistelblüten, Färberginster, Zwiebelschalen
- grün: Birke, Farnkraut

- dunkelgrün: Eschenblätter
- beige: Schwarztee
- dunkelbraun: Sauerampfer
- blau: Holunderfrüchte, Teufelskirsche (auch zum Färben von Leder und zur Herstellung von Tinten)
- goldbraun: Schlehe, Geißklee

Feilen
Holzfeilen nur für Holz, für Metalle Metallfeilen benutzen. Zum Feilen Gegenstand gut einspannen (Schraubstock, in Mauerfuge oder zwischen Balken verkeilen), Feile mit beiden Händen anfassen und nur in einer Richtung andrücken. Bei Metallen wird schliffartiges Feilen durch leichtes Darübergleiten der Feile erzielt. Feilen nicht ausglühen (werden stumpf und weich). Feilen mit Stahldrahtbürste reinigen. Weichmetalle wie Blei, Zinn und Zink verschmieren die Feilen. In diesem Falle wie folgt reinigen: Man nimmt einen Streifen Messingblech und streicht damit quer über die Feile; sobald das Blech mehrere Male benützt ist, sind Rillen daran entstanden. Nun kann man die Feilen gut von Bleirückständen mit dem Blechstück reinigen. Man benutze zum Bearbeiten von Weichmetallen möglichst nur alte Feilen.

Fenster, gefrorene, auftauen
Scheiben mit Mischung von 3 Händen Kochsalz in $^1/_2$ l = 2 B. Wasser abwaschen und mit zerknülltem Zeitungspapier nachreiben. Das Einfrieren wird verhindert, wenn man die Scheiben mit einer Mischung von 10 g = 1 El. Glycerin und $^1/_2$ l = 2 B. Brennspiritus auf der Innenseite abreibt.

Fensterfugen (Türfugen) dichten
Fugen bei Fenstern, die nicht geöffnet werden, kann man mit Lehmbrei, Ton, trockenem Moos, geschmolzenem Wachs, Paraffin (Kerzenreste) dichten oder mit Glaserkitt (→ Kitte) verstreichen. Sonst leimt man (nicht nageln!) Filz- oder Tuchstreifen in die Tür- und Fensterfalze. Zum Einleimen ist Tischlerleim geeignet, doch ist ein etwa vorhandener Ölfarben- oder Lackanstrich zuvor mit etwas Sandpapier oder Schmirgelleinen oder einer Glasscherbe aufzurauhen.

Fensterscheiben putzen

Zum Fensterreinigen etwas Essig oder Brennspiritus ins Putzwasser geben. Ein paar Tropfen Glycerin machen das Glas staub- und schmutzabweisend.

Blindgewordene Scheiben mit Öl (am besten Leinsamenöl) bestreichen und den Belag nach einer Stunde mit weichem Papier entfernen. Danach wie gewohnt putzen.

Festsitzende Holzschrauben lösen

Ein glühendes Eisenstück einige Augenblicke lang auf den Schraubenkopf drücken.

Feuchtigkeitsschutz für Holz, Pappe und Papier

Lackieren oder Bepinseln mit erwärmtem Wachs oder Paraffin (Kerzenreste) macht Holz, Pappe und Papier gegen Feuchtigkeit unempfindlich.

Feuerarten

Allgemeines: Wärm-Feuer müssen vor scharfem Wind geschützt sein und eine gute Luftzufuhr haben. Bei Übernachtung im Freien soll das Feuer so lange wie der Körper sein. Ein Reflektor (Felswand, Schirm aus Zweigen usw.) verbessert den Wärmeffekt erheblich. Keine nassen Steine rund ums oder ins Feuer legen, diese können explodieren!

Muß ein Feuer rasch gelöscht werden, damit man nicht entdeckt wird, statt Wasser (verräterische Dampfentwicklung) Erde oder Sand benutzen.

Folgende *Feuerarten* haben sich am besten bewährt:

- *Balkenfeuer:* Zwei Rundstämme von etwa 15–20 cm Durchmesser mit Längskerbe versehen. Aus schwachen (möglichst grünen) Rundhölzern oder Knüppeln Stütz- und Abstandshölzer herrichten und ersten Balken mit Kerbe nach oben zwischen Stützhölzer auf Unterlagshölzer legen. Kerbe mit leicht brennbarem Material füllen. Abstandshölzer und zwei Abstandssteine auflegen und zweiten Rundstamm mit Kerbe nach unten auflegen. Trockenes Anzündereisig zwischen beide Rundstämme legen und in Brand setzen. Feuer schwelt viele Stunden und gibt gleichmäßige Wärme.
- *Grubenfeuer:* Erdgrube ausheben und Rundholzknüppel an den

Wänden aufstellen. Am Boden Feuer entzünden.
- *Jägerfeuer:* Über zwei längere Rundstämme drei bis vier kürzere legen und diese entzünden. Abbrennende Hölzer nachschieben.
- *Sternfeuer:* Trockene, mittelstarke Knüppel sternförmig legen und im Mittelpunkt Feuer entzünden. Abbrennende Hölzer regelmäßig nachschieben.
- *Unsichtbares Feuer:* In einer Grube seitlich Feuer entzünden und aus Brettern, Zweigen, Stämmen oder Rindenstreifen winkelförmige Abdeckung herstellen.

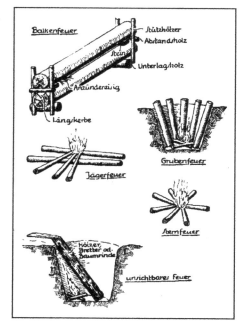

Abb. 48: Feuerarten

- *Rauchschwaches Feuer:* Holzkohlenfeuer (→ Holzkohlenerzeugung) und Feuer aus völlig trockenen Nadelhölzern verursachen wenig Rauch.
- *Signalfeuer* sollen tagsüber möglichst viel Rauch entwickeln. Hellen Rauch (Sommer) bekommt man mit belaubten Zweigen, Gras und Moos. Dunkler Rauch (Winter) entsteht mit Harz, Birkenrinde, Kunststoff, Gummi (z. B. Autoreifen) oder einem Gemisch aus Benzin, Petroleum und Sand. Nachts gibt weiches Holz helle Flammen.
- *Rauchfeuer gegen Mücken* macht man mit schwelendem Faul- oder Fallholz.
- *Heißwasser* wird nach Abbildung 49 in einem Kessel bereitet oder in einer Tonne, unter der ein

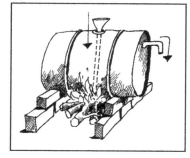

Abb. 49: Heißwasserbereitung

Feuer brennt. Oben füllt man Kaltwasser ein, das über eine Verlängerung des Trichters bis auf den Boden geführt wird. Am Schlauch (Hahn) im oberen Viertel kommt heißes Wasser heraus. Der Wasserstand muß immer oberhalb des Schlauches sein.

Feuer bewahren

Oft ist es einfacher, ein Feuer über Nacht zu bewahren, als es anderntags neu zu entfachen. Die unten beschriebenen, auf Reibung beruhenden Methoden zum Feuermachen erfordern Übung! Ideal wären fest in mehrere Lagen Zeitungspapier eingewickelte Briketts, um die Glut über Nacht zu halten. Auch ein gut getrockneter Zunderschwamm, der an Laubbäumen und Baumstümpfen wächst, glüht, je nach Größe, bis zu zwölf Stunden lang, wenn er an einer Ecke angezündet wird. Ansonsten kann man heiße Asche und Glut in eine Erdgrube von etwa 30×30×30 cm bringen, oben einige frische Hartholzstücke auflegen und das Ganze mit der Grassode, in die ein Luftloch gebohrt wird, dicht abdecken. Man wird dann am nächsten Morgen auch noch Glut finden. In Gluthügeln hält sich die Glut bis zu 15 Stunden lang: Auf eine gute Glut werden einige Faulholzstücke gelegt und mit Asche bedeckt. Man schüttet Erde darüber und bringt einige Luftlöcher an.

Bei Regen hält eine Unterlage aus einer Rindenschicht die Glut besser, auch eine Lage aus trockenen Steinen oder dicken Ästen eignet sich als Unterlage. Eventuell kann man ein Dach über der Feuerstelle errichten. Bei Schnee wird die Schneeschicht bis zum Grund abgetragen. Wenn das nicht möglich ist, genügt eine Unterlage aus zwei Lagen armdicker Äste.

Feuermachen

siehe auch → Brandschutz bzw. Kapitel III.2

Feuerzeug und Zündhölzer, heute billigste Massenware, werden nach einer globalen Katastrophe sehr kostbar sein und eines Tages zur Neige gehen. Dem Feuermachen mit bekannteren und weniger bekannten Methoden muß daher besondere Aufmerksamkeit geschenkt werden. Folgende Alternativen bieten sich an:

• *Zunder:* Entscheidend für den Erfolg beim Feuermachen ist die Qualität des Zunders. Als Zunder eignen sich vergilbtes, windge-

Feuermachen

trocknetes Moos, ausgedörrte Baumflechten, feine Grashalme, der Flaum von Weidenkätzchen, Pulver getrockneter Pilze, Flaum aus Nestern, staubtrockene Losung von Hasen, Vögeln und Fledermäusen, Holundermark, mehliges Holz oder Holzstaub, die dünne Unterrinde der Birke (auch bei Nässe), Lärche und Zeder, (leicht angekohlte) Fetzen von Baumwoll- oder Leinenstoff. Noch besser geht es mit Schießpulver, Benzin oder Spiritus. (Vorsicht: Bei letzteren nur geringste Mengen verwenden, Explosionsgefahr!) Der an Laubbäumen wachsende Zunderschwamm eignet sich ebenfalls hervorragend, besonders wenn er zusätzlich noch mit Kaliumpermanganat oder Salpeter (Mauersalpeter von den gekalkten Wänden von Viehställen) behandelt wurde. Der Zunder entzündet dann zum Beispiel trockene Zweige, Tannenzapfen, dürre Flechten oder auch mit brennbaren Flüssigkeiten getränkte Baumwolle, Papierknäuel usw.

- Wenn nichts anderes zur Verfügung steht, kann man sich mit einem *Feuerbohrer* behelfen. Das ist ein daumendickes, astfreies und möglichst achteckiges Hartholzstück, ohne Rinde und windgetrocknet. Das Feuerbrett besteht aus Weichholz (Pappel, Linde, Föhre, Lärche usw.) und weist am

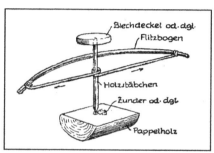

Abb. 50: Feuerbohrer mit Bogen

Rand eine Kerbe auf, in die der Bohrer gesetzt wird. Eventuell ein paar Sandkörner dazugeben. Der Stab wird zuerst langsam, dann immer schneller mit leichtem Druck zwischen den flachen Händen gedreht. Aus der Kerbe rinnt dann bald ein glühender Abrieb auf den Zunder. Vorsichtig blasen und Zunder nachlegen. Durch Drehen des Flitzebogens (aus starrem Holz) bohrt man ein rundes Loch. Man fixiert das obere Ende des Bohrers dann mit einem eingefetteten Druckstück, das eine kleine Vertiefung vom Durchmesser des Bohrers aufweist. Bogen in langen und regelmäßigen Zügen führen.

- Ein *Feuerschaber* besteht aus einem Weichholzbrett mit zwei Zentimeter tiefer Furche, in die der Hartholzstab genau hineinpaßt.

Feuermachen

Der Stab wird in dieser Furche unter Druck so rasch bewegt, bis glühender Holzstaub in den am Ende der Furche befindlichen Zunder fällt.

- *Feuerschnur:* Eine rauhe Schnur, die in einer Kerbe eines fest eingespannten Astes kräftig hin und her gezogen wird, wirkt auf die- selbe Weise wie ein Feuerschaber.

All diese Methoden sind jedoch sehr mühsam, insbesondere, wenn man sie vor dem Ernstfall nie geübt hat.

- Mit einer *Sammellinse* (Lupe, Kameraobjektiv, Brille eines Weitsichtigen, »Lesebrille« usw.) oder einem *Hohlspiegel* (Reflektor von Taschenlampe oder Autoscheinwerfer) läßt sich Feuer komfortabler entfachen – allerdings nur bei Sonnenschein.

- Mit *Feuersteinen* (echter Feuerstein, Quarz, Jaspis, Chalcedon) kann man auch Funken in den Zunder schlagen. Das funktioniert auch mit *sprödem Stahl* und einem harten Stein (Quarz, Kiesel). Rostfreier Stahl ist nicht geeignet. Das Eisen wird am besten zuvor zur Rotglut gebracht und dann in Wasser oder Speiseöl gehärtet. Anstelle von Eisen kann auch Pyrit (aufgrund seines Aussehens auch »Katzengold« genannt) verwendet werden. Ein leeres, altes Feuerzeug tut denselben Dienst.

- *Magnesium-Feuerstarter* werden in Expeditionsgeschäften angeboten. Von einem Block Magnesium werden einige Späne abgeschabt und mit einem Funken entzündet. Diese Feuerstarter stellen ein zuverlässiges, aber nicht ganz einfach zu bedienendes Zündmittel dar. Magnesium ist auch über Drogerien oder den Laborhandel zu beziehen.

- Eine weitere Möglichkeit ist das *Kurzschließen einer Batterie* mit einem dünnen Leiter (Alufolie, Stahlwolle).

- *Feuerzeug aus Elektronikschrott:* Mit einem Gleichstromgenerator (Lichtmaschine, Fahrraddynamo) läßt sich ein kleiner Kondensator aufladen. Wenn man diesen kurzschließt, kann man mit dem Funken den Zunder entzünden.

- Eine chemische Methode benutzt feines *Kaliumpermanganat* auf feuerfester Unterlage. Gibt man einige Tropfen wasserfreies Glycerin dicht daneben, so entzünden sich die Stoffe bei Berührung. Auch eine ganz trockene Mischung aus einem Teil Kaliumpermanganat und zwei Teilen Zucker ist durch einen Funken leicht entzündbar. Dieser entsteht schon durch Reibung der Mi-

schung mit einem Messer oder Löffel. Nur kleinste Mengen verwenden!
- *Feuermachen mit einer Schußwaffe:* Anzünder aus trockener Baumrinde, Papier usw. fertigen, von einer Patrone vorsichtig das Geschoß entfernen, wenig Pulver auf Anzünder streuen, Hülse laden und dicht über Anzünder hinwegschießen.
- Ein *pneumatisches Feuerzeug* nutzt das physikalische Prinzip, daß sich ein Gas bei Verdichtung erwärmt. Man benötigt dazu eine dünne, glattwandige Röhre, die auf beiden Seiten offen ist. Das untere Ende stülpt man über ein an einer Bodenplatte befestigtes kleines becherförmiges Metallstück, auf dem der Zunder liegt. Am Fuß des Metallstücks ist ein Dichtring befestigt, so daß die Röhre unten luftdicht schließt. In den oberen Teil der Röhre setzt man einen Kolben (ebenfalls mit Dichtring). Wenn man den Kolben rasch und kraftvoll nach unten drückt (unten nicht loslassen!) wird die Luft im Inneren so heiß, daß sich der Zunder entzündet. In diesem Moment sofort die Röhre von der Bodenplatte abziehen, weil das Glimmen sonst aus Sauerstoffmangel gleich wieder erlischt.
- *Piezokeramiken,* in denen unter Druck elektrische Spannungen entstehen, wären theoretisch eine weitere Möglichkeit, Funken zu erzeugen. Herkömmliche *Gasanzünder* sind für festen Zunder jedoch nicht geeignet.
- Ein *leeres Einwegfeuerzeug mit Zündstein* ist immer noch zum Feuermachen brauchbar: Der Kopf des Feuerzeugs wird nach unten gehalten, dann wird *vorsichtig* das Rädchen gedreht, so daß *kein* Funke entsteht. Vorgang wiederholen. Der dadurch anfallende Abrieb wird am besten auf einem hellen Blatt Papier oder ähnlichem gesammelt. Hat sich nach einiger Zeit ein kleines Abriebhäufchen ergeben, dieses in die Nähe von leicht brennbarem Material bringen und mit einem Funken des Feuerzeuges entzünden.

Feuer löschen
siehe Kapitel III.2, sowie → Brandschutz

Fett, ranziges, verwerten
Pro Liter oder Kilogramm 3 bis 5 El. getrocknete Erbsen beigeben. Das Fett langsam erhitzen. Wenn die Erbsen braun geworden sind, haben sie den ranzigen Geschmack aufgenommen, dann abseihen.

Fieber, Hausmittel bei

Allgemeines: Bei fieberhaften Patienten ist eine regelmäßige, tägliche Stuhlentleerung *sehr wichtig*, weil die durch das Fieber gebildeten Giftstoffe über den Darm ausgeschieden werden müssen. Bei Erwachsenen eignet sich am besten ein abends eingenommenes Abführmittel (Obst) oder ein abführend wirkender Tee (→ Krankheiten, Behandlung von). Bei Kindern ist ein Klistier (Einlauf), das morgens durchgeführt werden sollte, günstiger. Da bei Kindern der Darm derart austrocknen kann, daß sie heftige Bauchschmerzen bekommen, lindert ein Einlauf die Schmerzen sehr schnell und gut. (Achtung: Falls es zur Anwendung eines Antibiotikums kommt, darf wegen der oft auftretenden Durchfälle kein Einlauf gemacht werden.)

Zu den altbewährten Hausmitteln bei Fieber zählen:

- *Einreiben mit Essigwasser:* Most- oder Weinessig mit genügend warmem Wasser verdünnen, einen Waschlappen damit befeuchten, gut ausdrücken und den fieberhaften Körper damit mehrmals täglich abreiben. Dies senkt das Fieber und bringt zuverlässig Erleichterung. Bei Kleinkindern sollte anderen Hausmitteln (siehe folgende Wickel und »Schmieren«) der Vorrang gegeben werden.
- *Topfenwickel:* Auch für Kinder, Kleinkinder und Säuglinge gut geeignet. Wirkt schleimlösend, fiebersenkend und bewirkt eine intensive Ausscheidung der Giftstoffe über die Haut.

Ein trockenes, warmes Handtuch wird der Länge nach so breit zusammengelegt, daß es Brust und Bauch des Kranken bedeckt, wenn man es herumwickelt. Ein zweites Handtuch wird in heißes Essigwasser eingetaucht, gut ausgedrückt, etwas schmäler als das trockene Handtuch zusammengelegt und auf dieses gelegt. Auf das feuchte Tuch streicht man ungefähr messerdick den weichen, angewärmten Topfen (Quark) auf. Sollte man nur festen Topfen haben, kann man ihn mit warmem Essigwasser weich rühren. Auf der Schmalseite des Tuches wird der Topfen bis an den Rand gestrichen. Dann schlägt man dem Patienten das Hemd nach oben, legt ihn mit dem Rücken auf den vorbereiteten Wickel und schlägt das Tuch mit dem Topfen auf der Brust so zusammen, daß das mit Topfen bestrichene Ende am Körper aufliegt. Auf diese Weise ist der Leib des Kranken in Topfen eingeschlagen. Danach wird das trockene, warme Tuch ebenfalls zusammengeschlagen und mit einer Sicherheitsnadel zusammengehalten. Der Wickel soll gut warm, aber nicht heiß sein. Das Hemd wieder herunterschlagen und den Kranken im Bett so zudecken, daß auch die Hände bedeckt sind.

Einem Säugling soll man die in der natürlichen Schlafstellung nach oben gebeugten Hände nicht nach unten beugen. Man muß deshalb beim Zudecken die Decke und das Tuch seitlich etwas nach oben ziehen. Bei Kindern ist es ratsam, solange der Topfenwickel aufliegt, dabei zu bleiben und darauf zu achten, daß sie sich nicht zuviel bewegen. Der Topfenwickel bleibt mindestens eine Stunde, aber nicht länger als zwei bis drei Stunden am Körper.

- *Salzwasserwickel:* Wenn bei Masern oder Scharlach der Ausschlag nicht richtig herauskommt, kann man ihn mit einem Salzwasserwickel »herausholen«. Dieser wird wie ein Topfenwickel ausgeführt, nur wird das anzufeuchtende Tuch mit einer Salzlösung (1 gehäufter Tl. Salz auf ¼ l warmes Wasser) befeuchtet. Den Wickel nicht länger als eine Stunde aufliegenlassen.
- *Krenketterl:* Von einer Krenwurzel (Meerrettich) werden dünne Scheiben abgeschnitten, gelocht, aufgefädelt und locker um Hals, Hand- und Sprunggelenke gebunden. Das in die Haut eindringende Öl der Krenwurzel steigert die Abwehr.
- *Krenpflaster:* Sehr wertvoll bei fieberhafter Bronchitis und Lungenentzündung! Ungefähr gleich viel geriebener Kren (Meerrettich) und Mehl (wenn möglich dunkles Mehl) werden mit warmem Essig zu einem streichfähigen Brei angerührt und auf eine mit Essigwasser befeuchtete Windel gestrichen. Dem auf dem Bauch liegenden Kranken wird das Pflaster so aufgelegt, daß der Teig auf die Haut kommt. Je nachdem, wieviel Kren man nimmt, dauert es kürzer oder länger, bis dieser auf der Haut intensiv zu brennen beginnt. Das Pflaster wird abgenommen, wenn die Haut darunter rot geworden ist. Danach die Haut abwaschen und mit Zwiebelschmiere einreiben. Bei kleinen Kindern darf ein Krenpflaster nur wenige Minuten liegenbleiben!
- *Zwiebelschmiere:* Dünn geschnittene Zwiebeln werden in nicht zu heißem Schweinefett leicht angebräunt und dann abgeseiht. Das deutlich nach Zwiebel riechende Fett soll in einem geschlossenen Behälter kühl aufbewahrt werden. In ungefähr erbsengroßen Stücken wird die Zwiebelschmiere auf Brust und Rücken eingerieben.

Fischfang

Dieses Hausmittel ist von alters her für seine schnelle und intensive Wirksamkeit bekannt!

Fischfang

An Bächen lassen sich Fische leicht mit einem Kescher fangen, in den man sie mit einem Stock treibt. In breiteren Fließgewässern kann man Reusen nach dem Trichterprinzip anlegen.

Zum Angeln verwendet man eine elastische Rute, an der man eine dünne, aber haltbare Schnur befestigt. Die Schnur wird um einen Flaschenkorken als Schwimmer gewickelt und am unteren Ende mit einem Angelhaken (mit Widerhaken) versehen, oberhalb dessen ein kleines Gewicht angebracht wird. Angelhaken können aus Sicherheitsnadeln, Dornen, Knochen, Nägeln oder Hartholz hergestellt werden. Als Köder dienen Würmer, kleine Insekten, Käse, Federn, Metallstückchen usw.

Man bewegt sich am Ufer, ohne Erschütterungen zu verursachen oder einen Schatten aufs Wasser zu werfen.

Man kann auch mit Speeren, Pfeil und Bogen oder Gewehren fischen. Dabei muß man die Brechung des Wassers beachten: Der Fisch ist nicht genau dort, wo er zu sein scheint. Niemals jedoch den Lauf einer Schußwaffe ins Wasser halten – Explosionsgefahr!

Töten und Ausnehmen des Fisches: Fisch durch einen kräftigen Schlag auf den Kopf betäuben, Rückgrat hinter dem Kopf durchtrennen. Eventuell muß der Fisch mit dem Messer entschuppt werden. Kopf und Flossen abtrennen. Längs des Bauches aufschneiden, Eingeweide und Rückgrat entfernen.

Flaschenzug

Ein Flaschenzug ist eine einfache Maschine aus festen Rollen, losen Rollen und einem Seil, mit deren Hilfe man schwere Lasten heben kann. Je mehr Rollen der Flaschenzug aufweist, desto größer ist die Kraftersparnis. Bei zwei losen Rollen und vier Seilen, wie in Abbildung 51, beträgt die erforderliche Zugkraft am Seilende nur rund ein Viertel der Gewichtskraft der unten hängenden Last. Die ersparte Kraft wird allerdings durch einen längeren Weg erkauft, d.h.

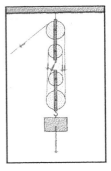

Abb. 51: Flaschenzug

man muß das Seil weiter ziehen, um die Last zu heben, als bei einer einfachen Umlenkrolle.

Fleckenentfernung
siehe auch → Leder, Reinigen von

Alle Flecken möglichst in frischem Zustand entfernen!
- *Blutflecken*, frische, aus Leinen, Baumwolle, Wolle, Tuch sofort mit kaltem Wasser entfernen. Ältere Blutflecken bei kochbaren Stoffen einweichen, mit Grobwaschpulverlösung auswaschen, bei Tuch und Wollstoffen in Regenwasser einweichen und mit klarem Wasser nachwaschen.
- *Fett- und Ölflecken* aus Papier zwischen Löschpapier ausbügeln, bei Leinen und Baumwolle gepulverte Kreide aufstreuen und überbügeln, bei Tuch und Wolle 8 Teile Wasser mit 1 Teil Salmiakgeist mischen und damit ausreiben. Aus Leder mit Benzin (Vorsicht!) ausreiben.
- *Grasflecken* aus Leinen mit Brennspiritus ausreiben und mit Seife und Wasser nachwaschen. Bei Baumwolle 1 El. Kochsalz in 1 l Wasser lösen und Flecken eine Stunde einweichen, dann mit klarem Wasser spülen, bei Tuch und Wolle mit Brennspiritus oder Salmiakgeist ausreiben.
- *Pech-, Teer- und Harzflecken* wie Fettflecken behandeln, jedoch zuvor mit dünn aufgestrichener Butter, Margarine, Schmalz oder Öl aufweichen.
- *Kaffeeflecken* naß machen und dann Kleider einige Stunden in die Sonne legen.
- *Klebstoff-Flecken* auf Holz noch vor dem Trocknen entfernen. Fleck mit etwas Butter, Salatöl oder Hautcreme einreiben.
- *Lackflecken* von Öllacken wie Öl- und Harzflecken behandeln, von Spirituslacken mit Brennspiritus ausreiben, von Zelluloselacken mit Ether (Vorsicht!) ausreiben.
- *Milchflecken* auf Wollstoffen mit lauwarmem Wasser oder mit einer Mischung von 1 Teil Kochsalz, 1 Teil Brennspiritus und 4 Teilen Salmiakgeist ausreiben.
- *Obstflecken* bei kochbaren Stoffen einweichen, mit Brei aus Waschpulver und Regenwasser bedecken, einwirken lassen und mit Wasser nachspülen; oder Fleckstelle über Dampfstrahl (Wasserkessel) halten, oder Stoff über Topf halten und kochendes Wasser in

Fleckenentfernung

dünnem Strahl durchgießen. Bei Wolle Seifenlauge mit Salmiakgeistzusatz anwenden.
- *Ölfarbenflecken* mit Terpentinöl (Terpentinölersatz) erweichen und mit Seifenwasser mit Sodazusatz auswaschen.
- *Rostflecken* bei kochbaren Stoffen über Wasserdampf (Wasserkessel) halten und dabei mit Zitronensäure betupfen, oder mit Zitronensäure betupfen und mit Regenwasser nachspülen; bei Tuch und Wolle mit Essig anfeuchten und dann Buchenholzasche aufstreuen, evtl. mehrmals wiederholen.
- *Rostflecken* auf Stahl mit Öl oder Petroleum betupfen, einige Stunden oder Tage einwirken lassen, mit Kork, der mit Essig und Schmirgelpulver (Ata, Bimssteinpulver) benetzt ist, abreiben. Größere Roststellen nach Erweichen mit Schmirgelpapier oder Schmirgelleinen reinigen. Alternativ kann man Rost mit Asche abreiben.
- *Rotweinflecken* bei kochbaren Stoffen sofort mit Kochsalz bestreuen und nach einiger Zeit mit warmem Seifenwasser nachwaschen.
- *Rußflecken* nie feucht behandeln. Fleck mit weichem Brot abreiben, oder dicke Salzschicht einwirken lassen und dann abbürsten.
- *Schimmelflecken* auf Leder verschwinden durch eine Lösung aus 20 Teilen Wasser, 5 Teilen Wasserstoffsuperoxid und 1 Teil Salmiakgeist. Man kann den nassen Fleck auch mit Zitronensaft begießen und mit Salz bestreuen. Leder bearbeitet man mit gleichen Teilen Wasser und Spiritus. Danach das Leder gut einfetten. Heikles Leder mit frischem Brot abwischen und mit Wolltuch nachreiben.
- *Schokoladeflecken* mit Mischung aus Glycerin und Eigelb behandeln, einwirken lassen und gründlich warm auswaschen.
- *Schweißflecken* aus Baumwolle mit Salmiakgeist oder Brennspiritus ausreiben und mit Wasser nachspülen; aus Wolle und Tuch mit einer Mischung von 1 Teil Salmiakgeist, 2 Teilen Brennspiritus und 3 Teilen Ether (Vorsicht!) ausreiben. Mit Seifenwasser nachwaschen und mit klarem Wasser spülen.
- *Sengflecken* sofort mit Essig- oder Boraxwasser einreiben und mit klarem Wasser nachspülen.
- *Tintenflecken* auf kochbaren Stoffen mit Brühe von weißen Bohnen auswaschen, oder Zitronensaft aufträufeln. Bei Wolle Flecken mit Zitronensaft beträufeln, Kochsalz aufstreuen und mit Wasser nachspülen. Öfter wiederholen!

- *Wachs-, Stearin- und Kerzenflecken* mit heißem Bügeleisen zwischen Lösch- oder Fließpapier ausbügeln, mit Benzin (Vorsicht!) oder Terpentinöl (Terpentinölersatz) nachreiben.
- *Walnußflecken* mit Buttermilch oder Zitronensaft ausreiben.

Grünacker, Herta, *Fleck weg ohne Gift* (Augsburg: Weltbild, 1994) 104 S.

Fleischverwertung (Wursten)
Je nach Art die Stücke frisch zum Kochen, Schmoren, Braten oder zur Wurstbereitung benutzen. Einfachste Haltbarmachung durch Trocknen, Pökeln oder Räuchern (➤ Räucherkammer, ➤ Vorratsschutz).

- *Fleisch trocknen:* Fleisch in fingerdicke Streifen schneiden und einige Tage luftig hängend in der Sonne trocknen. Vor Insekten schützt ein feinmaschiges Netz, etwa aus alten Damenstrümpfen.
- *Pemmikan:* Diese sehr lange haltbare Kraftnahrung wird hergestellt, indem man getrocknetes Fleisch fein zerhackt oder mahlt, walnußgroße Speckwürfel in der Pfanne ausläßt (Vorsichtig und langsam, Fett darf nicht kochen!), beides im Verhältnis 1:1 mischt, mit Salz, Pfeffer, Paprika, Suppenwürze, Kräutern usw. würzt und in Formen erkalten läßt. Zusätze von Pflanzenfett, getrockneten Beeren, Sojamehl oder Hefeflocken sind empfehlenswert. Pemmikan eignet sich nur für gemäßigte und kalte Klimazonen, weil das Schweinefett sonst ranzig wird.
- *Leberwurst* aus weichgekochten härteren Fleischteilen oder bei etwa 75–80 °C durchzogenen, weicheren Fleischteilen und Innereien (Leber nicht erhitzen) sowie durchzogenem und gewürfeltem Speck bereiten. Alles, außer Speck, mit Zwiebeln, Salz, Pfeffer und Majoran nach Geschmack durch den Fleischwolf drehen oder möglichst fein wiegen oder hacken, mit abgeschöpftem Brühfett versetzen, in Därme füllen und in 90 °C heißen Wasserkessel geben, Temperatur auf 30 °C absinken lassen, Würste eine Stunde darin sieden lassen. Herausnehmen, trocknen, drei bis vier Stunden räuchern.
- *Blutwurst (Thüringer)* aus Fleisch, Herzen, Zungen, Schwarten, Blut und Speckwürfeln. Verarbeitung schlachtwarm! Bestandteile wie bei Leberwurst vorbereiten, durch Fleischwolf drehen oder sehr fein wiegen oder hacken, Speckwürfel, Blut und Gewürze zugeben, in Därme füllen und 15–30 Minuten im kochenden Wasser

sieden, dann bei 85 °C ziehen lassen; nach Herausnehmen und Trocknen wenig räuchern.

• *Dauerwurst* aus 1 Teil Speck und 2 Teilen magerem Rind- oder Schweinefleisch (oder beide Fleischarten gemischt) durch Fleischwolf drehen oder möglichst fein wiegen oder hacken, gut vermengen, würzen und in Därme füllen. Würste mit Stopfnadel einstechen, gut trocknen lassen und räuchern.

Flicken und Stopfen von Wäsche
siehe → Kleiderpflege

Flucht
Obwohl generell gilt, daß man im Katastrophenfall so lange wie möglich zu Hause standhalten sollte, kann man durch Umstände wie Vertreibung, Artillerie-Beschuß, Feuer oder Zerstörungen durch Erdbeben gezwungen sein, sein Haus für kurze oder längere Zeit zu verlassen.

Dabei ist den Anweisungen der Behörden, die im Krisenfall über Standhalten oder Evakuierung entscheiden können, Folge zu leisten. Die Polizei hat die Aufgabe, die *Aufenthaltsregelung* zu überwachen.

Keinesfalls sollte man planlos fliehen. Für den Fall einer Flucht sollte man daher ein Ziel und auch mehrere Ausweichmöglichkeiten planen, wo man versteckte Lager mit Notproviant, Plastikplanen, Brennholz usw. angelegt hat.

Wer flüchtet, gibt zwar etwas auf, was zum Überleben wichtig sein könnte (Schutzraum, Vorräte, vergrabene Güter usw.), es ist jedoch in den meisten Fällen möglich, später zurückzukehren. Vor der Flucht die Wohnung eventuell gezielt in Unordnung bringen, um den Eindruck zu erwecken, daß bereits geplündert wurde.

Ob man als Fortbewegungsmittel einen PKW benutzt, sollte man sich gut überlegen, denn Staus, zerstörte Straßen und Brücken sowie Kontrollen könnten die Flucht bald beenden. Als Einzelperson könnte eine Moto-Cross-Maschine die richtige Wahl sein, mit der Familie flüchtet man unbemerkt am besten zu Fuß, mit Mountainbikes oder – flußabwärts – mit einem Boot. Kleinkinder können mit einem Rückentragegestell, einem Brustgeschirr oder einem großen Tuch transportiert werden. Kleinkinder mit gut haltenden »SOS-Anhängern« mit Namen und Adresse ausstatten. Gehbehinderte Personen werden entweder im Rollstuhl, mit einer improvisierten Trage (→ Transport von Verwundeten) oder huckepack befördert.

Flucht zu Fuß: Man bewege sich leise und nachts möglichst ohne Licht vorwärts. (Es sei denn, es ist zu vermuten, daß das Gebiet vermint ist!) Bei Dunkelheit hebt man das Knie höher als sonst und prüft den Boden vor dem Auftreten. Bei weichem Boden mit der Ferse zuerst auftreten, bei hartem mit dem Fußballen, bei Schnee mit der ganzen Fläche. Kleine Schritte machen. Dünn besiedeltes Gebiet bevorzugen; Straßen, Brücken, Ortschaften vermeiden. Fremden mit äußerster Vorsicht begegnen. Der Langsamste bestimmt das Marschtempo. Oftmals kurze Pausen einschalten (maximal 20 Minuten). Druckstellen an den Füßen sofort mit Heftpflaster überkleben, um Blasenbildung zu verhindern. Offenes Feuer vermeiden. Spätestens eine Stunde vor Dunkelheit eine passende Stelle für ein geschütztes Lager suchen. Gutes topographisches Kartenmaterial (genaue Stadtpläne, Wanderkarten) erleichtern die Flucht wesentlich. Für den Fall, daß man getrennt wird, sollten unbedingt kurz- und langfristige Treffpunkte ausgemacht werden.

Folter

Sollte man in die unangenehme Situation kommen, gefoltert zu werden, um irgendwelche Informationen preiszugeben, muß man sich stets vor Augen halten, daß man nach deren Preisgabe höchstwahrscheinlich ohnehin getötet wird, weil man dann nutzlos, aber ein Mitwisser ist.

Ist man nicht Yogi oder im autogenen Training weit fortgeschritten, so daß man die Schmerzen ganz »ausschalten« kann, versuche man wenigstens, sich auf irgendeine bestimmte Sache zu konzentrieren (z.B. auf Kopfrechenaufgaben), denn genauso schlimm wie der Schmerz ist die Furcht vor dem kommenden Schmerz. Man kann sich von der Liebe zu den Menschen ergreifen lassen, die man so schützen kann, oder vom Haß auf die Gegner. Die dabei ausgeschütteten Hormone dämpfen die Schmerzen. Weiter kann der Glaube an eine höhere Gerechtigkeit und an ein Leben nach dem Tod sehr helfen.

Fremdsprachen

Fremdsprachenkenntnisse sind generell von Vorteil, z.B. um freie ausländische Radiostationen abzuhören.

☢ Wenn es, wie in den Prophezeiungen angekündigt, zu sino-russischen Militäraktionen in Europa kommt, kann es von Vorteil sein, wenn man einige Brocken Russisch (→ Russisch-Grundwortschatz) und Chinesisch versteht und sprechen kann.

Matesic, Josip, *30 Stunden Russisch für Anfänger* (Berlin, München, Wien, Zürich: Langenscheidt, [7]1991) 168 S.
Langenscheidts Sprachführer Chinesisch (Berlin, München, Wien, Zürich: Langenscheidt, [8]1991) 220 S.

Fugen in Holz verschließen

siehe auch → Fensterfugen (Türfugen) dichten

Schmale Fugen mit Glaser- oder Fugenkitt (→ Kitte) verstreichen. Gröbere Fugen mit paßgerecht zugeschnittenen Holzspänen zuspänen und mit Glaserkitt nachkitten oder mit einer Mischung aus Tischlerleim, Sägemehl und Schlämmkreide verschließen. Wenn möglich, Fugen zusätzlich mit dicker, dünn aufgetragener Ölfarbe überstreichen.

Füllhalterpflege

Zur Füllung nur Füllhaltertinte benutzen. Vor Füllung mit anderer Tintenart als bisher Halter gut reinigen. Reinigen des Halters durch Einlegen in kaltes Wasser für 10 bis 24 Stunden unter oftmaligem Betätigen der Kolbenpumpe oder des Füllknopfes, dann Wasserreste gut ausspritzen, neu mit Tinte füllen. Federn nach dem Füllen mit weichem Läppchen abwischen.

Gasleck, Verhalten bei

Bei austretendem Heizgas besteht akute Explosionsgefahr!

- Zigaretten und jedes offene Feuer sofort löschen.
- Keinen Lichtschalter und keine elektrischen Geräte (Telefon) betätigen; auch Lichtschalter können durch Funken das Gas entzünden.
- Türen und Fenster öffnen. Gasquelle (z.B. Herd) bzw. Haupthahn schließen. Raum verlassen und Hilfskräfte rufen.

Gebete

siehe auch ➤ spirituelle Vorbereitung

Not lehrt beten, lautet ein altes Sprichwort; es spiegelt die Erfahrung wider, daß Menschen, die im Alltag keinen Gedanken an Gott und Religion verschwendet haben, im Angesicht einer großen Gefahr bisweilen das Bedürfnis verspüren, sich an eine »höhere Instanz« zu wenden. Daß Gebete zumindest ablenken sowie Kraft und Hoffnung spenden können, müssen auch Kritiker zugeben, die diese Effekte psychologisch erklären mögen.
Es gibt keinen Grund, sich zu schämen, plötzlich (wieder) zu beten. Und wer meint, daß es »unfair« sei, Gottes Hilfe zu erbitten, nachdem man ihn so lange vernachlässigt hat, und daß man seine Hilfe jetzt gar nicht verdiene, der lese in der Bibel bei Mt 18,12-14 (Lk 15,4-7) oder Lk 15,11-32 nach, mit welchen Bildern Jesus den Vater beschreibt!

Im folgenden steht neben dem *Vaterunser* und dem *Ave Maria* eine Anleitung zum Beten des beruhigend-meditativen *Rosenkranzgebetes,* das bei Dutzenden von Marienerscheinungen seit Mitte des vorigen Jahrhunderts immer wieder als besonders wirksames Mittel zur Konfrontation der Gefahren während der kommenden Katastrophen empfohlen wurde. An den mit »+« gekennzeichneten Stellen ist das Kreuzzeichen zu machen.

Das Vaterunser (Gebet des Herrn)

Vater unser im Himmel, geheiligt werde Dein Name, Dein Reich komme, Dein Wille geschehe wie im Himmel so auf Erden. Unser tägliches Brot gib uns heute und vergib uns unsere Schuld, wie auch wir vergeben unseren Schuldigern, und führe uns nicht in Versuchung, sondern erlöse uns von dem Bösen.
Denn Dein ist das Reich und die Kraft und die Herrlichkeit in Ewigkeit. Amen.

Das Ave Maria

Gegrüßet seist Du, Maria, voll der Gnade, der Herr ist mit Dir, Du bist gebenedeit unter den Frauen und gebenedeit ist die Frucht Deines Leibes Jesus. Heilige Maria, Mutter Gottes, bitte für uns Sünder, jetzt und in der Stunde unseres Todes. Amen.

Gebete

Der Rosenkranz
Der Rosenkranz wird auf folgende Weise gebetet:

Im Namen des Vaters + und des Sohnes + und des Heiligen Geistes +. Amen.

Ich glaube an Gott, den Vater, den Allmächtigen, den Schöpfer des Himmels und der Erde, und an Jesus Christus, seinen eingeborenen Sohn, unsern Herrn, empfangen durch den Heiligen Geist, geboren von der Jungfrau Maria, gelitten unter Pontius Pilatus, gekreuzigt, gestorben und begraben, hinabgestiegen in das Reich des Todes, am dritten Tage auferstanden von den Toten, aufgefahren in den Himmel; er sitzt zur Rechten Gottes, des allmächtigen Vaters; von dort wird er kommen, zu richten die Lebenden und die Toten. Ich glaube an den Heiligen Geist, die heilige katholische Kirche, Gemeinschaft der Heiligen, Vergebung der Sünden, Auferstehung der Toten und das ewige Leben. Amen. *(Apostolisches Glaubensbekenntnis)*

Ehre sei dem Vater und dem Sohn und dem Heiligen Geist, wie im Anfang, so auch jetzt und alle Zeit und in Ewigkeit. Amen.

Es folgen 3 Ave Maria. Nach dem Namen »Jesus« wird jeweils eine Bitte eingefügt:

Gegrüßet seist Du, Maria, voll der Gnade, der Herr ist mit Dir. Du bist gebenedeit unter den Frauen, und gebenedeit ist die Frucht Deines Leibes, Jesus,...*

* der in uns den Glauben vermehre.
* der in uns die Hoffnung stärke.
* der in uns die Liebe entzünde.

Heilige Maria, Mutter Gottes, bitte für uns Sünder jetzt und in der Stunde unseres Todes. Amen.

Ehre sei dem Vater...

Es folgen 5 sogenannte Gesetze, die wie folgt aufgebaut sind:

- 1 Vaterunser,
- 10 Ave Maria,
- 1 Ehre sei dem Vater.

Je zehn Ave Maria haben ein »Geheimnis«, die des nächsten Gesetzes ein anderes. Nach den Geheimnissen unterscheidet man verschiedene Rosenkränze:

Der freudenreiche Rosenkranz:
* den Du, o Jungfrau, vom Heiligen Geist empfangen hast
* den Du, o Jungfrau, zu Elisabeth getragen hast
* den Du, o Jungfrau, (zu Bethlehem) geboren hast
* den Du, o Jungfrau, im Tempel aufgeopfert hast
* den Du, o Jungfrau, im Tempel wiedergefunden hast

Der schmerzhafte Rosenkranz:
* der für uns Blut geschwitzt hat
* der für uns gegeißelt worden ist
* der für uns mit Dornen gekrönt worden ist
* der für uns das schwere Kreuz getragen hat
* der für uns gekreuzigt worden ist

Der glorreiche Rosenkranz:
* der von den Toten auferstanden ist
* der in den Himmel aufgefahren ist
* der uns den Heiligen Geist gesandt hat
* der Dich, o Jungfrau, in den Himmel aufgenommen hat
* der Dich, o Jungfrau, im Himmel gekrönt hat

In Fátima lehrte die Gottesmutter folgendes Gebet, das jeweils nach den zehn Ave Maria in den Rosenkranz eingeschoben werden soll:

O mein Jesus, verzeihe uns unsere Sünden, bewahre uns vor dem Feuer der Hölle, führe alle Seelen in den Himmel, besonders jene, die Deiner Barmherzigkeit am meisten bedürfen.

Geheimtinten
Geheimtinten dienen dazu, unsichtbare Mitteilungen zu notieren. Bei den folgenden Flüssigkeiten verschwindet die Schrift beim Ein-

trocknen und erscheint wieder, wenn man das Papier erwärmt (z. B. bügeln oder kurz auf Herdplatte legen): Zitronensaft, Zwiebelsaft, Zuckerlösung, mit Wasser verdünnte Milch, Kochsalz- oder Alaunlösung, Urin.
Da ein leeres Blatt Verdacht erregt, empfiehlt es sich, zwischen den Zeilen eines harmlos mit normaler Tinte beschriebenen Blattes oder am Rand von Buchseiten zu schreiben. Das Papier sollte nicht zu dünn sein. Ein Gänsekiel oder ein Holzstäbchen sind zum Schreiben besser geeignet als ein Füller oder eine Metallfeder, die Kratzspuren hinterlassen können.

Geld

Wer Vorsorgemaßnahmen für eine Großkatastrophe treffen will, sollte schon jetzt damit beginnen, denn bei einem weltweiten Börsencrash kann eine Geldentwertung über Nacht nicht ausgeschlossen werden.
Nach dem Zusammenbruch werden unbedingt benötigte Naturalien wertvolle Zahlungsmittel sein, dagegen ist nicht zu erwarten, daß Kunstobjekte, Antiquitäten oder Schmuck zu ihrem tatsächlichen Wert verkauft werden können. Gold und andere Edelmetalle dürften allerdings ihren Wert langfristig behalten.
Allfällige Schulden sollten getilgt werden, denn es ist möglich, daß bei einer Geldentwertung zwar die Sparguthaben verfallen, die Banken aber ihre Hypotheken beanspruchen und man enteignet wird.
Vor der Perspektive eines totalen Zusammenbruchs sind längerfristige Investitionen wie Beiträge für Privatpensionen, Lebensversicherungen, Pensionsnachzahlungen usw. hinausgeworfenes Geld. Statt dessen sollte man notwendige Ankäufe der in diesem Buch empfohlenen Ge- und Verbrauchsgüter sobald wie möglich tätigen und Vermögen aus Wertpapieren usw. in rasch verfügbare Mittel umwandeln.

Gemüse- und Getreideanbau

- *Kartoffeln:* Sie liefern viel Vitamin C im Winter, brauchen guten, kräftigen Boden, wachsen auch in tonigem Lehm, bevorzugen aber saure Böden. Deshalb darf man nicht kalken (sie werden dann schorfig). Im Herbst wird tief umgegraben, im Frühjahr

Gemüse- und Getreideanbau

nochmals, und dabei werden gleich Furchen gezogen, in die viel Kompost und Mist und darauf die Kartoffeln kommen. Die geringste Frosteinwirkung schädigt die Blätter, und die Pflanzen müssen dann ganz von vorn beginnen. Frühkartoffeln läßt man vorkeimen. Dazu legt man sie bei 5 bis 10 Grad Wärme ans Licht und achtet darauf, daß jede Knolle noch zwei intakte Keime hat. Die Hauptsaat wird nicht vorgekeimt und frühestens im späten Frühjahr direkt in den Boden gelegt. Frühkartoffeln etwa 8 cm tief im Abstand von 30 cm bei einem Reihenabstand von 50 cm, Hauptsaat oder Winterkartoffeln im Abstand von 45 ×45 cm und etwa 13 cm tief einlegen. Man kann sie nach Bedarf ausgraben. Der Wintervorrat bleibt im Boden, bis das Kraut ganz welk und fast verrottet ist. Dann sollen die Kartoffeln ein bis eineinhalb Tage auf der Erde liegen, damit die Schale gefestigt wird, und dunkel gelagert werden. Dem Frost ausgesetzt, faulen sie sofort. Achtung: Nur die ausgewachsenen Knollen verwenden, die restlichen Teile der Pflanze sind giftig!

- *Bohnen:* Sie bevorzugen leichten, wasserdurchlässigen Boden. Am besten wachsen sie als Folgepflanzen nach einer reichlich mit Mist gedüngten Kultur. Eventuell kalken. Sie sind sehr kälteempfindlich, deshalb im frühen Sommer säen. In zwei Reihen 5 cm tiefe, versetzte Löcher anbringen, so daß die Pflanzen einen Abstand von 15 cm haben. Der Boden muß regelmäßig gehackt werden. Höhere Sorten brauchen eine Stütze. Für den Wintervorrat wird die ganze Pflanze (fast ausgereift) ausgerissen und an der Wurzel an einem luftigen Ort zum Trocknen aufgehängt. Dies sind dann die weißen Bohnen. Über den Winter können Breite Bohnen gesät werden. Sie kommen 8 cm tief im Abstand von 20 cm in den Boden. Im Frühjahr die zarten Spitzen abzwicken und essen, und den Boden hacken. Die reifen Bohnen werden fortlaufend gepflückt und nach dem Sommer getrocknet. Ertragreicher sind Stangenbohnen.
- *Kopfsalat:* Er wächst auf jedem ausreichend gedüngten Boden. Er ist hitzeempfindlich und zieht Schatten vor, wächst jedoch unter Bäumen nicht gut. Mist oder Kompost untergraben. Dem Wintersalat schadet zuviel Dünger (Grauschimmelfäule). Wintersalat wird im späten Sommer 2 cm tief gesät und später mit Folientunnel oder Glasfenstern geschützt. Sommersalat kann erstmals im zeitigen

Frühjahr dünn in Reihen mit 45 cm Abstand gesät werden. Die Pflanzen brauchen zirka 30 cm Abstand voneinander. Umpflanzen ist leicht möglich.

- *Karotten:* Eine ausgezeichnete Gemüsepflanze: hoher Vitamin-A-Gehalt, leicht einzulagern und roh oder gekocht zu fast jedem Gericht eßbar. Der Boden soll durchgearbeitete Gartenerde sein. Am besten sind ganz leichte, fast sandige Böden. Kompost oder Mist soll gut verrottet sein. Saure Böden sind zu meiden. Den Boden tief durcharbeiten, einhacken und rechen. Zum Säen soll der Boden trocken und warm sein (ab späterem Frühjahr). Flach und dünn säen und dabei andrücken. Reihen können mit den schneller aufgehenden Radieschen markiert werden. Bei trockenem Wetter leicht gießen, Unkraut jäten. Pflanzen brauchen etwa 8 cm Abstand. Beim Ernten zuerst jede zweite Pflanze wegnehmen (vergrößert den Abstand). Haupternte vor dem ersten richtigen Frost. Karotten ungewaschen in einem kühlen Keller in Sand lagern.
- *Tomaten* brauchen viel Wärme und trockenes Wetter. Im Herbst werden im zukünftigen Beet Furchen gezogen, die im Frühling mit Kompost aufgefüllt und mit Erde zugedeckt werden. In diese erhöhten Reihen werden die Tomaten gesetzt. Im späten Frühjahr gedeihen die Pflanzen auch ohne Glasfenster. Sie brauchen mindestens 12 °C Wärme und fleißiges Gießen. Wenn sie drei bis vier richtige Blätter haben, kommen sie in Töpfe oder Blumenkästen mit Torf und Komposterde. Im Frühbeet können sie langsam abgehärtet werden. Im Frühsommer beim ersten warmen Wetter ins Freiland ziehen; dabei sehr vorsichtig verfahren. Jede Pflanze braucht einen Tomatenstab. Ein wenig hacken und eventuell mulchen (Boden mit einer Schicht aus Stroh, Torf oder Gras bedecken). Seitentriebe abzwicken; eine Pflanze soll nicht mehr als 5 kräftige Triebe entwickeln.
- *Zwiebeln* bevorzugen einen wasserdurchlässigen, leichten Lehmboden, tief umgegraben und reichlich gedüngt. Sie vertragen keinen sauren Boden, deshalb kalken und beim Umgraben Mist oder Kompost untermischen. Im Frühjahr wird mit dem Rechen sehr fein durchgearbeitet. Entweder sät man Mitte des Sommers und läßt die Pflanzen bis zum Frühjahr im Beet, oder zu Beginn des Frühjahrs, sobald der Boden etwas abgetrocknet ist. Es wird sehr

flach in Reihen mit 25 cm Abstand gesät. Die Saat wird mit Erde bedeckt. Nicht zu tief auspflanzen. Im Sommer gesäte Pflanzen im zeitigen Frühjahr versetzen. In den ersten Monaten Unkraut jäten. Der Pflanzenabstand soll etwa 10 cm betragen. Nicht zu große Zwiebeln sind haltbarer. Wenn die Spitzen des Zwiebellauchs zu welken beginnen, werden sie abgeknickt. Das bringt die Knolle zur Reife und verhindert Samenbildung. Nach einigen Tagen wird sie herausgezogen und auf den freien Boden gelegt oder besser noch auf Drahtnetze. Dabei sollen die Knollen Sonne bekommen. Lagerung in einem kühlen, luftigen Raum. Zwiebeln halten etwas Frost aus.

- *Weizen:* Ideal sind schwere Lehm- oder Tonböden. Leichte Böden bringen wenig Ertrag. In gemäßigten Zonen wird er gerne im Herbst gesät, wo die Saat im noch erwärmten Boden kräftig austreibt und dann im Frühjahr schnell in die Höhe schießt. Bei strengeren Wintern wird im Frühjahr gesät. Dann braucht der Weizen warmes, trockenes Wetter und kann viel später als der Winterweizen geerntet werden. Die Ernte ist beim Winterweizen reicher. Frost kann sehr junge Weizenpflanzen schädigen. Bei zu hohen Pflanzen kann es zu Winterfäule kommen. Deshalb kann man zu früh gesäte Felder von Schafen abweiden lassen (November oder Februar/März). Man kann den Weizen auch vor dem ersten Schnee etwa 10 cm über dem Boden mähen. Auch im Oktober kann noch gesät werden, doch wird dann mehr Saatgut gebraucht. Wenn man im Frühjahr zu früh sät, füttert man nur die Krähen. Weizen braucht ein grobes Saatbett. Von den Schollen kann der Winterregen ablaufen, so daß die Saat nicht ausgeschwemmt wird. Es wird also nur flach, wenn überhaupt, gepflügt. Danach wird (nicht allzu gründlich) mit der Egge gearbeitet. Anschließend wird gesät, wobei sich der Boden vorher setzen soll. Nach dem Säen kommt wieder die Egge an die Reihe. Dies wird mehrmals gemacht, bis die Saat etwa 15 cm hoch steht. Dadurch werden Unkräuter vernichtet und die Oberfläche gelockert. Man braucht etwa 200 bis 250 kg an Saatgut pro ha.
- *Hafer* ist für feuchte und kalte Orte besonders geeignet und gedeiht auf schweren und sauren Böden gut. Deshalb wird er in feuchten Regionen gerne im Frühjahr gesät. Die Wintersaat bringt aber reichere Erträge, besonders dann, wenn zur Saat auf den ande-

ren Feldern gerade der Sommerhafer eingebracht wird. Dadurch sind die Vögel abgelenkt. Bei der Ernte soll das Haferstroh noch leicht grün sein. Der Hafer wird dann für 3 Wochen in Hocken (zusammengestellte Garben) auf dem Feld aufgestellt und so getrocknet. Beim Verfüttern an Tiere kann man sich das Dreschen sparen. In England wird Hafer in Form von *Porridge* (lange kochen) zum Frühstück gegessen.

- *Roggen* ist für trockene, kühle Landstriche geeignet und liebt leichte, sandige Böden. Er gedeiht auf viel ärmeren Böden als andere Getreide und ist gegen kalte Winter und auch saure Böden abgehärtet. Der Roggen wird früh reif und erst ganz trocken gemäht, da die Körner nicht leicht ausstreuen. Reines Roggenbrot ist zwar sehr nahrhaft, jedoch wird das Korn häufig als Mischgetreide zum Weizen für Brot verwendet. Eine Wintersaat kann auch als frühe Weide für die Tiere im nächsten Jahr verwendet werden.

- *Mais* gedeiht auf gutem, leichtem Boden. Die Aussaat erfolgt erst zwei Wochen nach möglichen Spätfrösten. Die Reihenabstände können zwischen 35 und 75 cm betragen, auf 1 m^2 Boden sollen etwa 8 bis 9 Pflanzen stehen. Saattiefe etwa 8 cm. Vögel richten in Maisfeldern ziemlichen Schaden an. Die Ernte kann zur Reife erfolgen, wobei die Körner dann gemahlen werden oder noch früher, wobei die Kolben gekocht werden. Auch als Sommergrünfutter für das Vieh und zur Silage ist der Mais geeignet. Er liebt Wärme, die »Totreife« (so daß die Körner gedroschen werden können) erreicht er nur in wärmeren Gebieten.

Gerben von Häuten und Fellen

Die frisch abgezogenen Häute behelfsmäßig aufspannen, mit Salz einreiben, alle Fleisch- und Hautreste abschaben, anschließend bei Zugluft trocknen lassen.

Die Enthaarung der Häute erfolgt durch Auftragen von Kalkmilch oder indem man sie in Wasser anfaulen läßt (➤ Kalkanstriche).

Eine einfache Gerberlohe kann aus geraspelter Fichten- und Eichenrinde (Ersatz: Alaun) und Wasser hergestellt werden. Die Häute und Felle werden darin 1 bis 2 Jahre belassen, wobei man alle 2 bis 3 Monate die Lohe durch eine frische ersetzen muß.

Richards, Matt, *Deerskins into Buckskins. How to Tan With Natural Materials. A Field Guide for Hunters and Gatherers* (Backcountry Publications, 1997) 160 S.

Geruchsbeseitigung bei Unterkünften

Gerüche aller Art beseitigt man durch regelmäßiges, starkes Lüften, gründliche Reinigung der Räume, bei Modergeruch durch regelmäßige Beheizung sowie durch Kalken (Weißen) der Decken und Wände (➤ Kalkanstriche).

Getreide

siehe ➤ Gemüse- und Getreideanbau

Getreideverwertung in Krisenzeiten

siehe auch ➤ Backen, ➤ Kochkiste

Backen ist aufgrund des Zeit- und Energieaufwands in echten Notzeiten Luxus. Wenn man die Zeit und Energie dafür nicht erübrigen kann, wird *Getreide* nur grob zerkleinert (geschrotet) und geröstet oder zu Brei verkocht:

- *Getreide rösten:* Eine dünne Lage Weizen, Mais, Reis in der Pfanne rösten, bis die Körner aufspringen. Bei Mais *(Popcorn)* einen Topf mit Deckel verwenden!
- *Getreide kochen:* Salzwasser zum Kochen bringen, vom Feuer nehmen, das geschrotete Getreide vorsichtig einrühren, wieder aufs Feuer stellen und zum Aufkochen bringen. 15–20 Minuten lang köcheln lassen. Verwendet man eine ➤ Kochkiste, läßt man den Brei nur so lange auf dem Feuer, bis er etwas eingedickt (nicht mehr wäßrig) ist, und stellt den Topf dann für mindestens fünf Stunden in die Kochkiste. Etwas Öl oder Fett beigeben.
- *Mais behandeln:* Wenn man viel Mais ißt, sollte man diesen nach Art der Mexikaner auf folgende Weise behandeln, um Pellagra (➤ Vitamine) vorzubeugen: Die getrockneten Maiskörner zusammen mit $1/100$ ihres Gewichts Branntkalk (ätzend! siehe auch ➤ Kalk) wässern. Durch die alkalische Reaktion wird das Niacin aufgeschlossen. Statt Kalk kann man auch Holzasche verwenden.

Gitarresaiten, Verlängerung der Lebensdauer von

Am Hals einer Gitarre gibt es metallene Querbalken, Bünde genannt. Durch den ständigen, wiederholten Fingerdruck nutzt sich genau über diesen Bünden die Saite auf einer Länge von nur 1 bis 2 mm sehr schnell ab. Heute kauft man sich einfach einen neuen

Satz, sollte dies nicht mehr möglich sein, so müssen die Saiten wiederverwertet werden. Man sollte also rechtzeitig (bevor die Metallumwicklung des Plastikstranges ganz durchgescheuert ist) die Saite um wenige mm bis 1 cm versetzen. Das durchgescheuerte Stück wandert weg vom Bund und wird durch ein nicht abgenütztes Stück ersetzt. Das geht so: Zuerst markiert man die Saite am Steg (Befestigung am Resonanzkörper) mit einem Stift (deutlich sichtbar, schwarzer Marker o. ä.). Dann lockert man die Saite an der Mechanik, bis sie lose hängt. Anschließend am Steg die Saite lösen, um etwa $^1/_2$ bis 1 cm Richtung Steg verschieben und wieder festmachen. Dieser Vorgang kann mindestens fünfmal wiederholt werden, anschließend kann man die Enden der Saite überhaupt verkehrt einspannen, dann geht das Ganze noch einmal von vorne los. Also die Saiten in voller Länge verwenden (Überlängen nicht kürzen) und vielleicht ohne Plektrum spielen!

Glas absprengen
Zerbrochene Flaschenhälse lassen sich – sofern die Flasche sprungfrei ist – leicht absprengen, wenn man die Flasche bis dahin, wo der Hals abgesprengt werden soll, mit Öl füllt und ein glühendes Eisenstück in das Öl taucht. Das Glas springt dann dort, wo der Ölspiegel steht, glatt ab. Mit alter Holz- oder Metallfeile Sprungränder abrunden.

Glas mit Schere schneiden
Glasscheibe möglichst tief unter Wasser halten und mit kräftiger Schere schneiden.

Glasscheiben einsetzen
Zerbrochene Scheibe entfernen, Kittreste und Glaserstifte aus dem Glasfalz entfernen. Neue Scheibe allseitig mit 2 mm Spielraum zuschneiden (Glaserdiamant oder Stahlrädchen benutzen). Glasfalz möglichst mit Leinsamenöl oder Firnis vorölen. Scheibe einlegen und feststiften, zur Not mit kleinen Nägeln, denen der Kopf abgezwickt ist. Falz mit Glaserkitt (➤ Kitte) verstreichen und mit Messerrücken glattstreichen. Sprünge behelfsmäßig mit Isolierband oder Leukoplast überkleben.

Glühbirnen, Ersatz für
siehe → Lichtquellen, nachhaltige/Leuchtdioden

GPS-Empfänger (Global Positioning System)
Ob sich der Ankauf eines GPS-Empfängers zur Orientierung lohnt, ist fraglich. Das System funktioniert mit einer Reihe von Satelliten im Erdorbit, über deren Signallaufzeiten die aktuelle Position auf einige Meter genau automatisch errechnet wird. Das System ist allerdings auf Bodenstationen angewiesen, welche die Satelliten regelmäßig synchronisieren. Obwohl das System von den USA für militärische Zwecke entwickelt worden ist, ist unklar, ob der reibungslose Betrieb der Bodenstationen im Kriegsfall aufrechterhalten werden kann, bzw. ob es dann nicht zu einer Verschlüsselung der Daten kommt, um dem Gegner die Nutzung des Systems unmöglich zu machen.

Gruppenführung
Wenn bei der Verteidigung Ihres Anwesens oder auf der Flucht rasche Entscheidungen getroffen werden müssen, ist eine Führungsstruktur wie beim Heer bzw. auf einem Schiff einem demokratischen Entscheidungsfindungsprozeß unbedingt vorzuziehen. Es muß für alle klar sein, wer die Befehle gibt, und diese müssen unbedingt befolgt werden. Für die Gruppenführung sind einige Punkte zu beherzigen:
- Gehen Sie mit gutem Beispiel voran, betonen Sie die positiven Seiten der Situation und bleiben Sie heiter!
- Demonstrieren Sie Autorität; zeigen Sie den anderen, daß Sie die Situation im Griff haben, das beruhigt.
- Stellen Sie Regeln auf (Nahrungs- und Wasserrationen, Aufnahme von Flüchtlingen, Arbeits- und Ruhezeit usw.). Alle Regeln müssen mit dem Ziel des Überlebens im Einklang stehen, sonst kann es zu Revolten kommen.
- Alle Gruppenmitglieder sollten immer vollständig informiert werden.
- Meinungsverschiedenheiten sollten möglichst vermieden werden; Kompromisse schließen.
- Aufkommende Panik sofort bekämpfen.
- Verteilen Sie Aufgaben nach den Fähigkeiten und der Belastbarkeit der Gruppenmitglieder. Beauftragen Sie, wie Pfadfinder-

gründer Baden-Powell im Krieg, auch Kinder und Jugendliche mit altersadäquaten Aufgaben (z.B. Wachdienst, Feuerbekämpfung). Jeder sollte eine Beschäftigung haben.
- Erstellen Sie einen Zeitplan für Nah- und Fernziele.
- Stellen Sie jeden Abend das Erreichte heraus, loben Sie die Erfolge, sprechen Sie zuversichtlich.

Gummigegenstände flicken

Fahrradschläuche, Gummiflaschen, Gummischuhe und Gummikleidung kann man behelfsmäßig mit Leukoplast oder Isolierband flicken. Besser ist es, einen Flick aufzusetzen. Man schneidet ein die Schadstelle reichlich überdeckendes Gummistück zu, rauht die aufeinanderkommenden Gummiflächen mit Sandpapier oder einer Glasscherbe auf, reibt mit Benzin nach und bestreicht beide Seiten mit Gummilösung (Schlauch- oder Fahrradkitt, ➤ Kitte). Gummilösung kurz antrocknen lassen und dann beide Teile durch Umwickeln oder Beschweren kurze Zeit fest zusammenpressen. Zur Erhöhung der Haltbarkeit Gummigegenstände mit ein wenig Glycerin einreiben, nicht mit Fett oder Öl behandeln, da Fette den Gummi zerstören!

Gummi weich machen

Gummi verträgt keine Hitze (Sonnenbestrahlung, Nähe des Feuers oder Ofens), ist empfindlich gegen Frost und wird durch Fette und Öle erweicht. Spröde- und Rissigwerden von Gummi kann man durch gelegentliches Einreiben mit Glycerin verhüten. Hartgewordener Gummi soll durch Einlegen in eine Mischung von 2 Teilen Wasser und 1 Teil Salmiakgeist wieder weich werden.

Haarschnitt

In Krisenzeiten ist einem Kurzhaarschnitt der Vorzug zu geben. Kurzes Haar ist leichter zu pflegen (Wassermangel, Parasiten) und trocknet schneller. Mädchen sind mit kurzen Haaren nicht auf den ersten Blick als solche zu erkennen, wodurch im Kriegsfall die Gefahr sexueller Übergriffe geringer ist.

Haarshampoo

Aus dem Mehl der Seifenkrautwurzel, der zerkleinerten Kermesbeeren oder der Quillajarinde, die schaumbildende und reinigende

Saponine enthalten, kann ein die Kopfhaut nicht austrocknendes Haarwaschmittel hergestellt werden. 1 % Lavendel- oder Rosmarinessenz können zur Parfümierung beigegeben werden.

Hammer aus Hartholz
Ohne große Mühe läßt sich ein Holzhammer aus einem Baumstück mit Ast (Eiche, Buche) herstellen. Die Schlagflächen werden durch kurzes Erhitzen über dem Feuer gehärtet.

Haustiere, Vorsorge und Schutzmaßnahmen für
Sollen Haustiere im Krisenfall nicht einfach schnell und schmerzlos getötet werden, müssen folgende Vorbereitungen getroffen werden:
- Bevorratung von Futtermitteln und Wasser
- Bevorratung von Hygieneartikeln (geruchsabsorbierende Katzenstreu usw.)
- Vom Tierarzt einen Medikamentenvorrat zusammenstellen lassen.
- Impfungen verabreichen lassen, die das Immunsystem stärken.
- Zur Vorbeugung gegen Parasiten und Kontamination Haare kurz scheren oder eventuell abrasieren.
- Stehen Haustiere für längere Zeit nicht unter tierärztlicher Kontrolle (Entwurmung usw.), ist beim Umgang mit ihnen besonders auf Hygiene zu achten, da sie Überträger gefährlicher Krankheiten sein können! (Z.B. Toxocariasis oder Toxoplasmose, die zu Mißbildungen bei Kindern führen kann, wenn die Parasiten während der Schwangerschaft aufgenommen wurden.)
- Beim Hausschutzraum an einen Platz für das Tier denken.
- Bei ABC-Alarm Haustiere nicht ins Freie lassen.
- Im Fall einer Evakuierung können kleine Tiere, die sich ruhig verhalten, in einem ABC-Schutzbettchen für Kleinkinder untergebracht werden.

Hautpflege
siehe auch → Kosmetik mit Naturmaterialien

Trockene Haut regelmäßig mit Oliven-, Mandel-, Erdnuß-, Speise- oder Paraffinöl oder Vaseline behandeln, fetthaltige Hautcreme und Lanolin anwenden. Bei nassem, kaltem Wetter verhindert eine derartige Behandlung das lästige Aufspringen der Haut. Aufgesprungene Haut nach sehr gründlicher Reinigung mit warmem Wasser

Heilmittel

mit den obigen Fetten oder mit Glycerin behandeln. Regelmäßiges Waschen mit kaltem und warmem Wasser, kräftiges Bürsten und Trockenreiben ist Grundbedingung jeder Hautpflege. Scharfe, sodahaltige Seife und Schmierseife vermeiden! Destilliert man Birkenrinde, erhält man ein Öl, das Hautbeschwerden lindern kann.

Heilmittel
siehe → Medizin, → Krankheiten, Behandlung von

Heilpflanzen, Liste der
siehe auch → Krankheiten, Behandlung von, → Medizin

Es ist anzunehmen, daß nach den Katastrophen die Phytotherapie (Behandlung mit Heilkräutern) die wichtigste medizinische Disziplin sein wird. Die folgende Liste stellt daher die bekanntesten in unseren Breiten gedeihenden Heilpflanzen vor, ergänzt durch einige subtropische und tropische Arten, die möglicherweise bei weiterer Klimaerwärmung auch bei uns kultiviert werden können. Die Bilder vermitteln nur einen vagen Eindruck vom Aussehen der Pflanzen, ein gutes Bestimmungsbuch oder Lexikon der Heilpflanzen ist zur sicheren Bestimmung unverzichtbar, z.B.:

📖 *Die große Enzyklopädie der Heilpflanzen. Ihre Anwendung und ihre natürliche Heilkraft* (Klagenfurt: Neuer Kaiser Verlag, 1994) 736 S. Ein hervorragendes Nachschlagewerk mit Farbfotos, Zeichnungen und Beschreibungen aller namhaften Heilpflanzen.

Der Kräutervorrat sollte immer nur für ein Jahr angelegt werden, da viele getrocknete Pflanzen bei längerer Lagerung ihre Wirkung verlieren. Zur Behandlung welcher Störung oder Krankheit sich die Kräuter eignen, siehe → Krankheiten, Behandlung von.

Bedeutung der Abkürzungen: *Sg.* = Sammelgut, *Sz.* = Sammelzeit, *Hs.* = Herstellung, *Lg.* = Lagerung, *Aw.* = Anwendung

Ackerschachtelhalm, Schachtelhalm, Zinnkraut
(Equisetum arvense)
Sg.: Die unfruchtbaren Sommertriebe. *Sz.:* Die Stengel werden von Mai bis Juli ca. 10 cm über der Erde abgeschnitten (keine Teile des braunen Wurzelstocks). *Lg.:* Um das Brechen der Stengel zu ver-

Heilpflanzen, Liste der

meiden, werden sie auf Papier gelegt und in der Sonne getrocknet. In Papiersäcken aufbewahren. *Aw.:* Zur inneren und äußeren Anwendung.

Aloe, Kapaloe (Aloe ferox)
Sg.: Saft der Blätter. *Hs.:* Den Blattgrund anschneiden und den Saft austreten lassen, danach einkochen und das so gewonnene Konzentrat trocknen und hart werden lassen. *Aw.:* Zur inneren und äußeren Anwendung. Kann zu Pulver zerrieben werden (Farbe wird dann gelbrot). Wirkt stark abführend und sollte nicht während der Schwangerschaft und Stillperiode angewendet werden. Äußerlich wirkt es juckreizstillend, geringfügig anästhetisch (z.B. bei Insektenstichen) und narbenbildend.

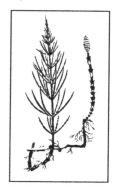
Abb. 52: Ackerschachtelhalm

Abb. 53: Aloe

Angelika (Angelica archangelica)
siehe ➙ Engelwurz, Echte *(Angelica archangelica)*

Arnika, Wohlverleih (Arnica montana)
Sg.: Der am Boden kriechende, bräunliche Wurzelstock und die Blüten. *Sz.:* Wurzeln von September bis Oktober oder von März bis April, die geöffneten Blüten von Juni bis August pflücken. *Lg.:* Blüten frisch verwenden oder schattig trocknen (häufig wenden). Nach dem Trocknen sollte man die Blüten aus den Kelchen zupfen. Wurzeln schattig trocknen und in Papiersäcken aufbewahren. *Aw.:* Nur zur äußerlichen Anwendung.

Attich (Sambucus ebulus)
siehe ➙ Zwergholunder *(Sambucus ebulus)*

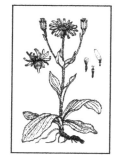
Abb. 54: Arnika

205

Bärlapp, Gürtelkraut, Hexenkraut
(Lycopodium clavatum)
Sg.: Die reifen Sporen. *Sz.:* Von Juli bis August werden die Ähren von den Stengeln geschnitten. *Lg.:* Einige Tage luftig trocknen, daraufhin die Sporen (das Sporenpulver) aus den Ähren klopfen und lichtgeschützt in einem Glasgefäß aufbewahren. *Aw.:* Zur äußeren Anwendung.

Abb. 55: Bärlapp

Baldrian, Echter
(Valeriana officinalis)
Sg.: Wurzeln. *Sz.:* Wird im Herbst ausgegraben. Die Pflanze muß mindestens zwei bis drei Jahre alt sein. *Lg.:* In der Sonne trocknen und anschließend lichtgeschützt in Glasbehältern aufbewahren. *Aw.:* Innere und äußere. Der Saft der frischen Wurzeln oder ein Pulver daraus sind einem Tee vorzuziehen.

Abb. 56:
Echter Baldrian

Basilikum *(Ocimum basilicum)*
Sg.: Sproßspitzen und Blätter. *Sz.:* Die Blätter schneidet man von Juni bis September vom Stengel ab (nur die größeren verwenden). Die blühenden Sproßspitzen von Juli bis September ca. zwei bis drei Blätter unter dem Blütenstand abschneiden. *Lg.:* Vor Licht schützen und schattig trocknen. Danach licht- und feuchtigkeitsgeschützt in Glas- oder Porzellanbehältern aufbewahren. *Aw.:* Innere und äußere.

Beinwurz, Gemeiner Beinwell *(Symphytum officinale)*
Sg.: Wurzeln, blühende Sproßspitzen und Blätter. *Sz.:* Die Wurzeln im Frühjahr oder Herbst ausgraben, waschen, in Stücke schneiden und der Länge nach teilen. Der Rest wird von Juni bis August gesammelt. *Lg.:* Wurzeln in der Sonne trocknen und in Glasbehälter geben. Den Rest schattig trocknen und in Stoff- oder Papiersäcken aufbewahren. *Aw.:* Innere und äußere.

Birke *(Betula)*
siehe → Hängebirke *(Betula pendula)*

Heilpflanzen, Liste der

Bitterklee (Menyanthes trifoliata)
siehe → Fieberklee *(Menyanthes trifoliata)*

Bitterorange (Citrus aurantium)
Sg.: Blüten, Blätter und Fruchtschalen. *Sz.:* Während der Blütezeit müssen die Blätter und Blüten an trockenen Tagen getrennt gesammelt werden. Stengel nicht ernten. Fruchtschale der grünen (nicht ausgereiften) Frucht verwenden. *Lg.:* Alle Teile unter oftmaligem Wenden schattig trocknen. Blüten lichtgeschützt aufbewahren! *Aw.:* Nur zur inneren Anwendung.

Abb. 57: Bitterorange

Blasentang (Fucus vesiculosus)
Sg.: Die gesamte Pflanze (Meeresalge). Hoher Jodgehalt (für die Schilddrüse). *Sz.:* Die ausgewachsene Pflanze, wenn sie olivbraun, lederig-laubartig, wiederholt gegabelt und verzweigt sowie ca. einen Meter lang ist. *Lg.:* Trocknen. *Aw.:* Innere und äußere.

Bohne (Phaseolus vulgaris)
Sg.: Hülsen, Schalen. *Sz.:* Von Juli bis September. Ab dem vollen Reifegrad, aber vor der Austrocknung ernten und öffnen. *Lg.:* Die Hülsen (Schalen) werden in der Sonne getrocknet. Man muß aufpassen, daß man keine vertrockneten nimmt, da diese ihre Wirkung bereits verloren haben. *Aw.:* Ausschließlich zur inneren Anwendung.

Bockshornklee, Echtes
(Trigonella foenum-graecum)
Sg.: Samen. *Sz.:* Von Juli bis August. Die Pflanze an der Basis abschneiden. *Lg.:* Samen aus der Pflanze klopfen, sieben (Fremdteile aussondern) und kurze Zeit in frischer Luft liegenlassen. Die Samen werden zu Pulver vermahlen.

Abb. 58:
Knotige Braunwurz

Braunwurz, Knotige (Scrophularia nodosa)
Sg.: Der krautige Teil der Pflanze. *Sz.:* Während der Blütezeit von Ende Mai bis August. *Lg.:*

Schattig trocknen (verliert dabei den widerlichen Geruch). *Aw.:* Zur inneren Anwendung.

Brennessel (Urtica dioica)
Sg.: Ganze Pflanze ohne Wurzel. *Sz.:* April bis September. Ca. 10 cm über dem Boden abschneiden. Handschuhe verwenden wegen Hautreizung. *Lg.:* An luftigen, schattigen Plätzen trocknen und in Stoff- oder Papiersäcken aufbewahren. *Aw.:* Innere und äußere.

Abb. 59: Brennessel

Brunnenkresse (Nasturtium officinale)
Sg.: Der gesamte oberirdische Teil der Pflanze. *Sz.:* Im Frühjahr handhoch abschneiden, sorgfältig unter fließendem Wasser reinigen (Typhuserreger oder Saugwurmlarven können sich in der Pflanze eingenistet haben) und anschließend ca. 15 Minuten in Essigwasser legen! Es wird nur die frische Pflanze verwendet, da beim Konservieren oder beim Kochen die Heilkraft verlorengeht. *Aw.:* Innere und äußere.

Abb. 60: Eberwurz

Eberwurz, Gemeine -, Silberdistel (Carlina acaulis)
Sg.: Wurzeln. *Sz.:* Von Oktober bis November ausgraben und am Wurzelhals abschneiden. Nach dem Entfernen der Seitenwurzeln in ca. 5 cm große Stücke schneiden und der Länge nach teilen. *Lg.:* An der Sonne oder an einem geheizten Platz trocknen und in Glasgefäßen aufbewahren. *Aw.:* Zur inneren Anwendung.

Ehrenpreis (Veronica officinalis)
siehe ➞ Waldehrenpreis *(Veronica officinalis)*

Eibisch (Althaea officinalis)
Sg.: Blüten, Blätter und Wurzeln. *Sz.:* Wurzeln im Herbst bis ins Frühjahr ausstechen, waschen und seitliche Wurzeln entfernen. Blätter im Juli oder August gemeinsam mit dem Stiel abschneiden. Blüten im Juni oder Juli pflücken, bevor sie sich öffnen. *Lg.:* In

Heilpflanzen, Liste der

dünnen Schichten auflegen und trocknen. Wurzeln schneiden und vor Feuchtigkeit schützen (Glasbehälter). *Aw.:* Die Wurzeln eignen sich zur inneren und äußeren Anwendung.

Eiche (Quercus)
siehe ➤ Stieleiche *(Quercus robur)*

Eisenkraut (Verbena officinalis)
Sg.: Sproßspitzen. *Sz.:* Während der Blütezeit von Juli bis August. Ca. 10 bis 20 cm unterhalb der untersten Blüte abschneiden. *Lg.:* Die zu Büscheln gebundenen Sproßspitzen werden aufgehängt und getrocknet und dann in Stoffsäcken aufbewahrt. *Aw.:* Innere und äußere.

Abb. 61: Eibisch

Abb. 62:
Echte Engelwurz

Engelwurz, Echte (Angelica archangelica)
Sg.: Früchte und Wurzeln. *Sz.:* Früchte werden von Juni bis Juli nach Reifegrad nach und nach abgeschnitten. Die Wurzeln werden von September bis Oktober gesammelt, gewaschen und von kleineren Wurzeln getrennt. *Lg.:* Die Früchte in der Sonne trocknen, schütteln und sieben, damit die Dolden abfallen und Fremdteile abgesondert werden. Die Wurzeln ebenfalls in der Sonne trocknen (auch im Ofen möglich). Die Dämpfe, die beim Trocknen entstehen, können leicht reizend wirken. *Aw.:* Zur inneren Anwendung.

Die Wald-Engelwurz *(Angelica sylvatica)* hat ebenfalls Heilwirkung.

Enzian, Gelber (Gentiana lutea)
Sg.: Wurzeln. *Sz.:* Meist von September bis Oktober – auch von März bis April möglich. In Stücke schneiden und der Länge nach teilen. *Lg.:* In der Sonne trocknen und gut verschlossen aufbewahren. *Aw.:* Innere und äußere.

Erdrauch, Gemeiner (Fumaria officinalis)
Sg.: Der gesamte krautige Teil der Pflanze. *Sz.:* Von März bis April.

Knapp über dem Boden abschneiden. Entfernt werden: trockene Blätter, abgestorbene Pflanzenteile und verholzte Pflanzenteile. *Lg.:* Unter häufigem Wenden schattig trocknen. In Ton- oder Glasgefäßen aufbewahren. *Aw.:* Zur inneren Anwendung.

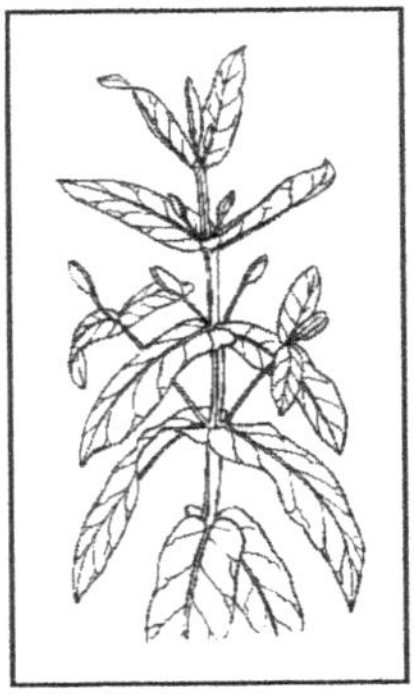

Eukalyptus (Eucalyptus globulus)

Sg.: Blätter. *Sz.:* Von Juni bis Juli oder von September bis Oktober. *Lg.:* Die frischen Blätter zur Ölgewinnung lichtgeschützt in Glas oder Porzellangefäßen aufbewahren. Die im Schatten getrockneten Blätter nicht der Sonne aussetzen und ebenfalls lichtgeschützt in Glas oder Porzellangefäßen aufbewahren. *Aw.:* Innere und äußere.

Abb. 63: Eukalyptus

Fieberklee (Menyanthes trifoliata)

Sg.: Blätter. *Sz.:* In ausgewachsenem Zustand von Mai bis Juli – ohne Stiel. *Lg.:* Schattig trocknen. Glas- oder Porzellangefäße. *Aw.:* Zur inneren Anwendung.

Abb. 64: Fieberklee

Frauenmantel (Alchemilla vulgaris)

Sg.: Blätter (ohne Blütenstände). *Sz.:* Von Mai bis Juli. Am Blattansatz mit den Fingernägeln abreißen. *Lg.:* Schattig trocknen, häufig wenden und in Papiersäcken aufbewahren. *Aw.:* Innere und äußere.

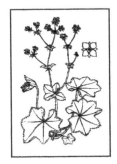

Gartenraute (Ruta graveolens)

Sg.: Sproßspitzen. *Sz.:* Von Mai bis August (vor dem Aufblühen). Ca. 20 cm unter dem Blütenstand abschneiden. *Lg.:* An einem luftigen, schattigen Ort trocknen und aufbewahren. *Aw.:* Zur inneren Anwendung.

Abb. 65 Frauenmantel

Abb. 66: Gartenraute

Heilpflanzen, Liste der

Geißraute, Echte (Galega officinalis)
Sg.: Der krautige Teil der Pflanze. *Sz.:* Von Mai bis Juni ohne den verholzten Teil über dem Boden abschneiden. Daraufhin kann man die Blütenstengel (nur solche ohne Früchte) sammeln. *Lg.:* Gebüschelt schattig trocknen und in Stoffsäcken aufbewahren. *Aw.:* Zur äußeren Anwendung.

Goldrute (Solidago virgaurea)
Sg.: Wurzeln und Sproßspitzen. *Sz.:* Wurzeln im September oder Oktober. Sproßspitzen von Juli bis August während der Blüte ungefähr 15 cm unterhalb der untersten Blüte abschneiden. *Lg.:* Wurzeln in der Sonne trocknen. Sproßspitzen schattig trocknen; beides in Stoffsäcken (Papiersäcken) aufbewahren. *Aw.:* Innere und äußere.

Hagebutte (Rosa canina)
siehe → Heckenrose *(Rosa canina)*

Hängebirke (Betula pendula)
Sg.: Rinde (der jungen Zweige), Blätter und Triebe. *Sz.:* Die Rinde wird von März bis April von den Zweigen in Streifen geschnitten. Die Blätter werden von April bis Juni gesammelt (ohne Stiel). Die geschlossenen Knospen im Februar sammeln. *Lg.:* Ca. 10 cm große Rindenteile in der Sonne trocknen. Die Blätter und Knospen unter häufigem Wenden schattig trocknen und in Glasgefäßen aufbewahren. *Aw.:* Innere und äußere.

Hauswurz, Echte (Sempervivum tectorum)
Sg.: Blätter. *Sz.:* Die frischen Blätter werden im Sommer von Juli bis August gesammelt. (Nur die äußeren Rosettenblätter nehmen.) Zu junge und gelbe Blätter werden nicht genommen. Die Blätter werden frisch verwendet. *Aw.:* Nur zur äußeren Anwendung.

Heckenrose (Rosa canina)
Sg.: Die »falschen« Früchte (Hagebutten) und Blätter. *Sz.:* Früchte von August bis September. Die Blätter im Sommer ohne Stiel sammeln. *Lg.:* Die Früchte werden seitlich eingeschnitten und die Schließfrüchte entfernt (Haare möglichst entfernen). *Aw.:* Innere und äußere.

Holunder, Schwarzer (Sambucus nigra)

Sg.: Früchte und Blüten. *Sz.:* Die Beeren werden von August bis September gepflückt. Die Blüten von April bis Juni mit dem Blütenstand an dessen Basis abschneiden. *Lg.:* Die Früchte am besten frisch verwenden. Der Rest wird im Schatten getrocknet und mild ausgeklopft, um die Blüten von den Stielen zu trennen. *Aw.:* Die Blüten können innerlich und äußerlich zur Anwendung kommen; die Früchte werden nur innerlich angewendet.

Hopfen, Wilder (Humulus lupulus)

Sg.: Hopfenzapfen (weibliche Blütenstände). *Sz.:* Von August bis September an der Basis (ohne Stengel) abschneiden. *Lg.:* Schattig trocknen, mehrmals wenden. Lichtgeschützt in Glasgefäßen aufbewahren. *Aw.:* Zur inneren Anwendung.

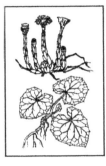

Abb. 67: Huflattich

Huflattich, Brustlattich (Tussilago farfara)

Sg.: Junge Blütenköpfchen und Blätter (getrocknet und frisch). *Sz.:* Blütenköpfe im Frühjahr (Februar bis April), Blätter im Juni bis Juli – ohne Stiel. *Lg.:* Köpfchen und Blätter sehr dünn auflegen und trocknen. In Glas oder Tongefäßen aufbewahren. *Aw.:* Zur inneren sowie äußeren Anwendung. Vorsicht! Nach neuesten Erkenntnissen enthält Huflattich neben den zur Schleimlösung bewährten Inhaltsstoffen auch ein krebserregendes Alkaloid, weshalb entsprechende Präparate aus den Apotheken verschwunden sind.

Isländisches Moos (Cetraria islandica)

Sg.: Die gesamte Pflanze. *Sz.:* Von März bis April oder von September bis Oktober. Nur junge, helle Pflanzen nehmen. *Lg.:* Von Erde säubern, in der Sonne trocknen und in Papiersäcken aufbewahren. *Aw.:* Innere und äußere.

Johanniskraut, Hartheu (Hypericum perforatum)

Sg.: Frische Blüten (Sproßspitzen). *Sz.:* Juni bis Juli während der Blütezeit. Ca. 25 cm tief abschneiden. *Lg.:* Wird üblicherweise

Heilpflanzen, Liste der

frisch verwendet, kann aber auch getrocknet aufbewahrt werden. *Aw.:* Innere und äußere.

Kalmus *(Acorus calamus)*
Sg.: Wurzelstock. *Sz.:* September bis Oktober oder April bis Mai. *Lg.:* Schälen und der Länge nach spalten, zum Trocknen in die Sonne legen (oder im Ofen bei ca. 40°C). *Lg.:* Im Glasgefäß. *Aw.:* Innere und äußere.

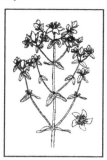
Abb. 68: Johanniskraut

Abb. 69: Kalmus

Kamille, Echte *(Matricaria chamomilla)*
Sg.: Blütenköpfchen. *Sz.:* Beginn der Blüte von Mai bis Juni (nicht die reifen Köpfchen pflücken, da sie sich beim Trocknungsvorgang lösen). *Lg.:* Schattig trocknen und lichtgeschützte Aufbewahrung. *Aw.:* Zur inneren und äußeren Anwendung.

Kampferbaum *(Cinnamomum camphora)*
Der Kampferbaum kommt nur in Asien (China, Japan) vor, sei hier aber erwähnt, weil er als ein Bestandteil der »Schwedenkräuter« (➤ Kräutertees, Zubereitung von) genannt wird. Kampfer wirkt auf das Gefäß- und Nervensystem, regt die äußere Haut zu vermehrter Tätigkeit und geschwächte Körperteile (z.B. nach Quetschungen) generell an. *Aw.:* Innere und äußere Anwendung.

Abb. 70: Echte Kamille

Klette, Große *(Arctium lappa)*
Sg.: Wurzeln und Blätter. *Sz.:* Im Herbst des ersten Wachstumsjahres oder im darauffolgenden Frühjahr (vor der Ausbildung des Stengels). Säubern und die Seitenwurzeln wegschneiden.

Abb. 71: Kampferbaum

Die Blätter (ohne Stiel) von Mai bis Juli sammeln. *Lg.:* Die Wurzeln werden in Streifen oder kleine Scheiben geschnitten und in der Sonne getrocknet. In Glasbehältern aufbewahren. Die Blätter schattig trocknen. *Aw.:* Innere und äußere.

Königskerze, Kleinblütige (Verbascum thapsus)
Sg.: Blüten und Blätter. *Sz.:* Die Blüten von Juli bis August (gleich nach dem Aufblühen) einzeln (ohne den Kelch) pflücken. Blätter von Frühling bis Sommer sammeln, wenn sie ausgewachsen sind. *Lg.:* Alles in der Sonne trocknen. Die Blüten lichtgeschützt in Glasgefäßen und die Blätter in Stoff- oder Papiersäcken aufbewahren. *Aw.:* Innere und äußere.

Krapp, Färberwurzel (Rubia tinctorum)
Sg.: Wurzeln. *Sz.:* Im Herbst. (Ab zweijährigen oder älteren Pflanzen) *Lg.:* Schnell in der Sonne trocknen, da sie rasch faulen oder schimmeln. *Aw.:* Innere und äußere.

Kümmel (Carum carvi)
Sg.: Die reifen Spaltfrüchte. *Sz.:* Zu Beginn der Reife die Dolden samt Stiel abschneiden. *Lg.:* Zu einem Büschel binden und zum Trocknen aufhängen. Danach auf ein Blatt Papier abschütteln, um dann die Samen in einem Glasgefäß aufzubewahren. *Aw.:* Innere und äußere.

Kürbis (Cucurbita pepo)
Sg.: Samen und Fruchtfleisch. *Sz.:* Von August bis Oktober. Die Samen werden aus dem reifen Fruchtfleisch herausgelöst. *Lg.:* Die Samen schälen und in der Sonne trocknen. Zur Aufbewahrung eignen sich Glas- oder Porzellangefäße. *Aw.:* Nur zur inneren Anwendung. Eine Tasse Fruchtfleischsaft, auf nüchternen Magen getrunken, wirkt abführend. Gegen Bandwürmer einen Brei der geschälten Kerne ebenfalls auf nüchternen Magen einnehmen und tagsüber nichts außer den Kernen essen, bis der Wurm ausgeschieden wird.

Labkraut, Echtes (Galium verum)
Sg.: Sproßspitzen. *Sz.:* Von Juni bis Juli werden die blühenden

Sproßspitzen abgeschnitten (ca. 10 cm unterhalb des Blütenstandes). Vertrocknete Blätter und abgestorbene Teile entfernen! *Lg.:* In der Sonne oder im Schatten rasch trocknen (die Pflanze verliert sonst an Wirkkraft), auch wenn die Pflanze dabei schwarz wird. Die Sproßspitzen in Glasgefäßen aufbewahren. *Aw.:* Innere und äußere.

Abb. 72:
Echtes Labkraut

Lärchenschwamm (Polyporus officinalis),
Löcherpilz (Polyporus)
Sg.: Der fleischige bis fleischig-korkige, seitlich abstehende Hut, der an Lärchen wächst. *Aw.:* Gegen hektische Schweiße und Wassersucht empfohlen.

Lavendel, Echter (Lavandula angustifolia)
Sg.: Blüten. *Sz.:* Von Juni bis Juli zu Beginn der Blüte an der Basis abschneiden. *Lg.:* Gebüschelt im Schatten trocknen. Danach die Blütenstände herauslösen (reiben zwischen den Händen). Lichtgeschützt in Glasgefäßen aufbewahren. *Aw.:* Innere und äußere.

Löwenzahn (Taraxacum officinale)
Sg.: Wurzeln, das junge Kraut, die ganze noch nicht blühende Pflanze. *Sz.:* Das Kraut wird vor der Blüte geerntet, die Wurzeln im Herbst. *Lg.:* Die ganze Pflanze in einem luftigen Raum trocknen. Wurzeln sammeln und reinigen (nicht waschen!), spalten, in einem warmen Raum trocknen und in Glasgefäßen aufbewahren. *Aw.:* Zur inneren Anwendung.

Abb. 73:
Echtes Lungenkraut

Lungenkraut, Echtes (Pulmonaria officinalis)
Sg.: Blätter, obere Pflanzenteile, frisch blühende Sproßspitzen. *Sz.:* Blätter von März bis April (vor der Blüte). Die blühenden Sproßspitzen mit den Schäften von Mai bis Juni (zu Beginn der Blüte) ca. 10 cm über dem Boden abschneiden. *Lg.:* Vorsichtig in dünner Schicht an einem schattigen Platz trocknen. Die blühenden Sproßspitzen werden kurz vor

dem Gebrauch geschnitten. *Aw.:* Zur inneren und äußeren Anwendung.

Mädesüß (Filipendula ulmaria)
Sg.: Wurzelstock und Sproßspitzen. *Sz.:* Wurzelstock von September bis Oktober ausgraben. In ca. 5 bis 10 cm lange Stücke schneiden (Seitenwurzeln entfernen). Die blühenden Sproßspitzen von Juni bis August sammeln. Ca. 15 cm unterhalb des Blütenstandes abschneiden. *Lg.:* Wurzeln in der Sonne trocknen und in Stoffsäcken aufbewahren. Die Sproßspitzen schattig im Bündel trocknen und in Glasgefäßen aufbewahren. *Aw.:* Innere und äußere.

Mais (Zea mays)
Sg.: Griffel = buschenartige Schöpfe (Haarbüschel). *Sz.:* Von Juli bis August oder von August bis September (dann sind die Büschel schon getrocknet). *Lg.:* Unter häufigem Wenden in der Sonne trocknen und in Glas- oder Tongefäßen aufbewahren oder frisch verwenden.

Malve, Wilde; Roßpappel, Käsepappel (Malva sylvestris)
Sg.: Blüten und Blätter. *Sz.:* Die Blüten werden von Juni bis September noch als Knospen oder kurz nach dem Aufblühen gepflückt, die Blätter zur selben Zeit (ohne Stiel) abgeschnitten. *Lg.:* Schattig trocknen und die Blüten lichtgeschützt in Glasgefäßen aufbewahren. *Aw.:* Innere und äußere.

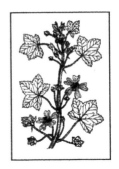

Abb. 74:
Wilde Malve

Manna-Esche (Fraxinus ornus)
Sg.: Saft (Manna) aus dem Baum. *Sz.:* In mindestens 5–10 Jahre alte Bäume werden von Juli bis August an einer Seite Schnitte gesetzt (5 cm Abstände). Das Manna-Harz wird in getrocknetem Zustand eingesammelt. *Lg.:* In der Luft nochmals trocknen und in Glasgefäßen aufbewahren. *Aw.:* Zur inneren Anwendung.

Mariendistel (Silybum marianum)
Sg.: Samen. *Sz.:* Die Samen werden von Juli bis August nach der

Blüte, wenn sich die Köpfchen geöffnet haben, gesammelt. *Lg.:* Köpfchen trocknen, Samen herausschütteln und absieben. In Stoffsäcken aufbewahren. *Aw.:* Zur inneren Anwendung.

Melisse (Melissa officinalis)
Sg.: Sproßspitzen und Blätter. *Sz.:* Die Blätter von Mai bis September ohne Stiel pflücken. Die Sproßspitzen von Juni bis Juli ca. 10 cm unterhalb des Blütenstandes abschneiden. Am besten zu Beginn der Blüte. *Lg.:* Schattig trocknen und lichtgeschützt in Glasgefäßen aufbewahren. *Aw.:* Innere und äußere.

Mistel (Viscum album)
Sg.: Zweige, Blätter ohne Beeren. *Sz.:* Das ganze Jahr über möglich. Am besten im Spätherbst oder Winter. *Lg.:* Schattig trocknen (nicht über 45 °C); lichtgeschützt aufbewahren. *Aw.:* Zur inneren Anwendung.

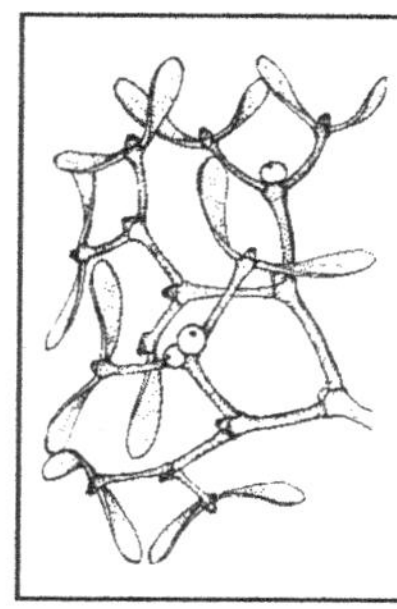

Abb. 75: Mistel

Myrrhenbaum (Commiphora molmol)
Sg.: Harz. *Sz.:* Austritt des Harzes ausschließlich am Stamm, der zur Gewinnung eingeschnitten wird. Das Harz wird in der Luft hart. Aussehen: durchscheinend, brüchig, von rötlicher Farbe. *Aw.:* Innere und äußere.

Nelkenwurz, Echte (Geum urbanum)
Sg.: Wurzeln. *Sz.:* Vorwiegend im Frühjahr von März bis April vor der Vegetationsphase. Auch im Herbst nach gänzlichem Vertrocknen der Pflanze möglich. Seitenwurzeln wegschneiden und reinigen (waschen). *Lg.:* In der Sonne trocknen und in Stoffsäcken aufbewahren. *Aw.:* Zur inneren Anwendung.

Petersilie (Petroselinum crispum)
Sg.: Blätter und Wurzeln. *Sz.:* Den Sommer über werden die Blätter gesammelt. Wurzeln nur von einjährigen Pflanzen sammeln. *Lg.:* Die Blätter werden frisch verwendet. Die Wurzeln in Stücke schneiden, schattig trocknen und in Glasgefäßen aufbewahren. *Aw.:* Innere und äußere.

Pfefferminze *(Mentha piperita)*
Sg.: Blätter und die blühenden Sproßspitzen. *Sz.:* Blätter: kurz vor oder nach der Blütezeit. Sproßspitzen: Juli bis August, ca. 15 cm unterhalb des Blütenstandes abschneiden. *Lg.:* Nach schattiger Trocknung am besten in Glasgefäßen. *Aw.:* Innere und äußere.

Pomeranze *(Citrus aurantium)*
siehe → Bitterorange *(Citrus aurantium)*

Porst *(Ledum palustre)*
Sg.: Die jungen Sprossen und das Kraut. *Sz.:* Mai bis Juli. *Lg.:* Schattig trocknen und in Stoffsäcken aufbewahren. *Aw.:* Zur inneren Anwendung.

Abb. 76: Porst

Ringelblume *(Calendula officinalis)*
Sg.: Blätter, blühende Sproßspitzen, Köpfchen. *Sz.:* Blätter von März bis November pflücken. Die blühenden Sproßspitzen und Blüten werden von April bis Juni oder von September bis Oktober gepflückt. Köpfchen knapp unter dem Ansatz abschneiden. Wenn die meisten Köpfchen sich geöffnet haben, kann man die blühenden Sproßspitzen mit den Zweigen sammeln. *Lg.:* An einem schattigen Ort trocknen. Locker aufgeschichtet alle Teile zusammen lagern. *Aw.:* Blüten zur inneren Anwendung, Rest für die äußere Anwendung.

Rosmarin *(Rosmarinus officinalis)*
Sg.: Blätter, junge Zweige. *Sz.:* Von Juni bis August (ohne verholzte Teile). *Lg.:* Schattig trocknen; in Porzellan- oder Glasgefäßen aufbewahren. *Aw.:* Innere und äußere.

Roßkastanie, Gemeine *(Aesculus hippocastanum)*
Sg.: Samen, Rinde, Blüten. *Sz.:* Die Rinde der jungen Äste (zwei- bis dreijährige Pflanze) wird im März von der Pflanze abgezogen und

Abb. 77: Rosmarin

in einige Zentimeter große Stücke geschnitten. Die Samen im Oktober (wenn sie von der Pflanze fallen) sammeln. Die Blüten während der Blütezeit von Mai bis Juni sammeln. *Lg.:* Samen halbieren und mit den geschnittenen Rindenstücken in der Sonne oder im Ofen bei 40 bis 50 °C trocknen und in Stoffsäcken aufbewahren. Blüten frisch oder getrocknet verwenden. *Aw.:* Samen und Rinde eignen sich nur zur äußeren Anwendung. Ein mit den frischen oder getrockneten Blüten angesetzter Wein kann schluckweise über den Tag verteilt getrunken werden.

Abb. 78: Roßkastanie

Abb. 79: Ruprechtskraut

Ruprechtskraut *(Geranium robertianum)*
Sg.: Gesamte Pflanze ohne Wurzelwerk. *Sz.:* Von Juni bis September wird die Pflanze während der Blüte kurz oberhalb des Wurzelhalses abgeschnitten. *Lg.:* In Büscheln schattig trocknen und in Stoffsäcken aufbewahren. *Aw.:* Innere und äußere.

Safran, Echter *(Crocus sativus)*
Sg.: Blüten. *Sz.:* Von September bis Oktober während der Blütezeit. *Lg.:* Schattig trocknen (nicht zu warm). In Glasgefäßen lichtgeschützt aufbewahren. *Aw.:* Zur inneren Anwendung.

Abb. 80: Echter Safran

Salbei, Echter *(Salvia officinalis)*
Sg.: Blätter mit blühenden Sproßspitzen. *Sz.:* Ausgewachsene Blätter von Mai bis Juli. Die blühenden Sproßspitzen ca. 15 cm unterhalb der Blüten abschneiden – von Mai bis August. *Lg.:* Alles schattig trocknen und aufbewahren. *Aw.:* Die Blüten

Abb. 81: Echter Salbei

eignen sich zur inneren Anwendung, die Blätter vorwiegend zur äußeren.

Schachtelhalm *(Equisetum arvense)*
siehe ➛ Ackerschachtelhalm *(Equisetum arvense)*

Schafgarbe, Gemeine *(Achillea millefolium)*
Sg.: Blühende Sproßspitzen. *Sz.:* Von Juni bis September ca. 10 cm unterhalb des Blütenstandes abschneiden. *Lg.:* Schattig, luftig trocknen. In Stoffsäcken aufbewahren. *Aw.:* Innere und äußere.

Abb. 82:
Gemeine Schafgarbe

Schlehdorn, Schlehe *(Prunus spinosa)*
siehe ➛ Schwarzdorn *(Prunus spinosa)*

Abb. 83:
Schlüsselblume

Schlüsselblume, Echte *(Primula veris)*
Sg.: Wurzeln, Blätter und Blüten. *Sz.:* Wurzeln im Herbst, Blätter vor der Blütezeit (im Frühling) und die Blüten von April bis Mai sammeln. *Lg.:* Blätter und Blüten an einem schattigen, luftigen, die Wurzeln an einem sonnigen Ort trocknen. *Aw.:* Blüten zur inneren, Wurzeln zur äußeren Anwendung.

Schöllkraut, Warzenkraut *(Chelidonium maius)*
Sg.: Gesamte Pflanze ohne Wurzeln. *Sz.:* Von April bis Juni zu Beginn der Blüte ca. 15 cm über dem Boden abschneiden (ohne verhärteten Teil des Stengels). *Lg.:* Zu Büscheln binden und an einem schattigen, luftigen Ort trocknen. In Stoffsäcken aufbewahren. *Aw.:* Nur äußere Anwendung! (Giftig!) Nicht zu hoch dosieren!

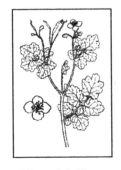

Abb. 84: Schöllkraut

Schwarzdorn *(Prunus spinosa)*
Sg.: Blüten und Rinde. *Sz.:* Die Blüten von März bis April kurz vor

dem Aufblühen sammeln. Die Rinde im Frühjahr oder im Herbst von den jungen Ästen sammeln. *Lg.:* Die Blüten schattig trocknen und in Glasgefäßen lichtgeschützt aufbewahren. Die Rinde in der Sonne trocknen und in Papiersäcken lagern. *Aw.:* Zur äußeren Anwendung.

Senna (Cassia angustifolia)
Kommt nur in Ostafrika und Südindien vor, sei hier aber erwähnt, weil er Bestandteil der Rezeptur der »Schwedenkräuter« (➔ Kräutertees, Zubereitung von) ist. *Sg.:* Fiedern (Blätter). *Lg.:* Die Fiedern sind einzeln erhältlich (ohne Stiel). *Aw.:* Innere und äußere.

Abb. 85:
Schwarzdorn

Silberweide (Salix alba)
Sg.: Rinde der Zweige. *Sz.:* Von den jungen Zweigen (zwei bis drei Jahre) wird von Oktober bis November, nachdem die Blätter abgefallen sind, die Rinde abgeschält. *Lg.:* Schattig trocknen und in Stoffsäcken aufbewahren. *Aw.:* Innere und äußere.

Sonnentau, Rundblättriger (Drosera rotundifolia)
Sg.: Pflanzenteil, ohne Wurzel. *Sz.:* Während der Blütezeit – Juni bis August. An der Basis abschneiden. *Lg.:* Dünn geschichtet trocknen. Glas oder Porzellangefäß. *Aw.:* Zur vorwiegend inneren Anwendung.

Abb. 86:
Rundblättriger
Sonnentau

Spierstaude, Wiesengeißbart
(Filipendula ulmaria)
siehe ➔ Mädesüß *(Filipendula ulmaria)*

Spitzwegerich, Breitwegerich
(Plantago lanceolata,
Plantago maior)
Sg.: Die getrockneten Blätter ohne Stengelteile. *Sz.:* Von Mai bis August (Druck auf die Blätter

Abb. 87:
Spitzwegerich

vermeiden). *Lg.:* Dünn ausbreiten, luftig trocknen. Blätter, die sich schwarz verfärben, müssen ausgesondert werden. *Aw.:* Zur inneren Anwendung als Tee.

Stieleiche (Quercus robur)
Sg.: Rinde. *Sz.:* Im Frühjahr die Rinde der jungen Zweige (nicht älter als 20 Jahre) ringförmig schälen. *Lg.:* In der Sonne trocknen und in Stoff- oder Papiersäcken aufbewahren. *Aw.:* Innere und äußere.

Stinkender Storchenschnabel (Geranium robertianum)
siehe → Ruprechtskraut *(Geranium robertianum)*

Sumpfporst (Ledum palustre)
siehe → Porst *(Ledum palustre)*

Tausendgüldenkraut, Fieberkraut (Centaurium erythraea)
Sg.: Blühende Sproßspitzen. *Sz.:* Juni bis September, abschneiden – da Wurzel neu austreibt. *Lg.:* Schattig trocknen. Oft wenden, um Schimmelbildung zu verhindern. *Aw.:* Innere und äußere.

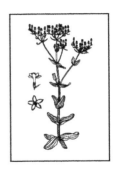

Abb. 88: Tausengüldenkraut

Tüpfelkraut (Hypericum perforatum)
siehe → Johanniskraut *(Hypericum perforatum)*

Wacholder, Gemeiner (Juniperus communis)
Sg.: Blätter, Früchte und Holz. *Sz.:* Die Blätter vom Frühjahr bis zum Herbst mitsamt dem Stiel abschneiden. Früchte erst wenn sie reif und blauschwarz sind. Von den ca. 1 cm dicken Ästen wird die Rinde entfernt. *Lg.:* Die Blätter unter häufigem Wenden schattig trocknen und in Glasgefäßen aufbewahren. Früchte und Holz in der Sonne trocknen und in Stoffsäcken aufbewahren. *Aw.:* innere und äußere.

Waldehrenpreis (Veronica officinalis)
Sg.: Das blühende Kraut der Pflanze. *Sz.:* Von Juni bis August.

Lg.: Schattig trocknen (häufig wenden). Im Ton- oder Glasgefäß aufbewahren. *Aw.:* Innere und äußere.

Weide *(Salix)*
siehe → Silberweide *(Salix alba)*

Weidenröschen, Schmalblättriges *(Epilobium angustifolium)*
Sg.: Blätter, Blüten und Stiele. *Sz.:* Mai bis September. *Lg.:* Schattig trocknen; in Stoffsäcken lagern. *Aw.:* Innere und äußere.

Weinraute *(Ruta graveolens)*
siehe → Gartenraute *(Ruta graveolens)*

Wermut *(Artemisia absinthium)*
Sg.: Blätter und blühende Zweigspitzen. *Sz.:* Von Juni bis September hindurch werden die Blätter einzeln gepflückt. Die blühenden Zweigspitzen im August vor der vollständigen Blüte von den Stengeln abschneiden (ohne den hölzernen Teil). *Lg.:* Die Blätter schattig trocknen. (Sehr oft umdrehen!) Die Zweigspitzen bündeln und aufhängen, später in Stoffsäckchen aufbewahren. *Aw.:* Zur inneren Anwendung.

Abb. 89: Wermut

Wiesengeißbart *(Filipendula ulmaria)*
siehe → Mädesüß *(Filipendula ulmaria)*

Wurmfarn *(Dryopteris filix-mas)*
Sg.: Wurzelstock und die Wedel. *Sz.:* Den Wurzelstock gräbt man am besten von September bis Oktober aus, säubert ihn und befreit ihn von den Seitenwurzeln. Danach schneidet man ihn in einige Zentimeter lange Stücke. Die ausgewachsenen Wedel werden von August bis Oktober gesammelt. *Lg.:* Wedel in Papiersäcken, den Wurzelstock nach sofortigem Trocknen im Schatten (nicht zu hohe Temperaturen) in Glas- oder Porzellangefäßen aufbewahren. Die Wedel werden ebenfalls im Schatten durch dünnes Ausbreiten getrocknet. *Aw.:* Innere und äußere.

Heilpflanzen, Liste der

Zinnkraut (Equisetum arvense)
siehe → Ackerschachtelhalm *(Equisetum arvense)*

Zitronenmelisse (Melissa officinalis)
siehe → Melisse *(Melissa officinalis)*

Zitwer (Artemisia cina)
Kommt in den nördlichen Steppen des Iran und Irak vor. *Sg.:* Blütenköpfchen (Wurzeln nur für Schwedenkräuter). *Sz.:* Die Blütenköpfchen werden in noch geschlossenem Zustand geerntet. *Aw.:* Zur inneren Anwendung.

Zwergholunder (Sambucus ebulus)
Sg.: Beeren, Blüten, Blätter und Wurzeln. *Sz.:* Die Beeren von September bis Oktober im reifen Zustand ohne Stiel ernten. Die Blüten samt den Blütenständen von Juni bis Juli ernten, und die gutentwickelten Blätter im Sommer pflücken. Die Wurzeln im Frühjahr oder Herbst ausgraben, reinigen und in ca. 5 bis 10 cm große Stückchen schneiden. *Lg.:* Die Früchte frisch verzehren. Die Blüten und Blätter schattig trocknen. Die Wurzeln in der Sonne trocknen. Wurzeln und Blätter in Stoffsäcken und die Blüten in Glasgefäßen aufbewahren. *Aw.:* Zur inneren Anwendung.

Heilsalben
Salben für durch kleine Verletzungen entstandene eitrige Entzündungen:
- Entweder Rizinusöl mit weißem Mehl zu einer Paste vermischen,
- oder saubere Seife raspeln, mit heißem Wasser erweichen und mit Zucker (etwa 1 Tl. Zucker auf 1 El. Seife) verrühren,
- oder 2 El. Stärke und 1 El. Borsäure mit etwas kaltem Wasser vermischen und mit einer Tasse heißem Wasser zu einer dicken Salbe verrühren. Vor der Anwendung völlig abkühlen lassen.

Für *Verbrennungen* eignen sich die beiden ersten Rezepte oder ein Breiumschlag aus Weißbrot, Essig, Borax und Honig.
Zur Förderung der Heilung von Entzündungen ist auch *Eigenurin* geeignet, den man auf die entzündeten Stellen tupft. Scham oder

Ekel sind unangebracht; die Eigenurintherapie ist mittlerweile medizinisch anerkannt.

Heizen und Kochen
siehe ➤ Öfen, improvisierte

Für das Heizen und Kochen kommen bei länger andauernden Versorgungskrisen nur Feststoffbrennöfen in Frage, wobei das wichtigste Brennmaterial Holz bzw. Holzkohle sein wird. Fernwärmeanschluß, Öl- und Gasöfen werden nutzlos sein; Zentralheizungen funktionieren ohne Strom nicht (Umwälzpumpe). Man sollte rechtzeitig mehrere kleine eiserne Öfen organisieren (Entrümpelung, Schrottplatz). Langfristig ist der Bau eines Kachelofens zu empfehlen, der die Wärme lange speichert. Wer keinen Kamin besitzt, führt die Rauchfangrohre weit durch den Raum, um die Abwärme zu nutzen. Nichts in die Nähe hängen, darauf legen – Brandgefahr! Man achte auch bei der Durchführung des Rohres nach draußen auf eine brandsichere Ausführung.

Schornsteine müssen regelmäßig gefegt werden, um sie von gefährlichen Rußablagerungen zu befreien. Behelfsmäßig kann dies mit einem Bündel von Stechpalmenzweigen geschehen, das – mit einem Gewicht beschwert – an einem Seil in den Schornstein hinuntergelassen wird.

Herdplatten reinigen
Stark verschmutzte eiserne Herdplatten mit sodahaltigem Seifenwasser reinigen, trocknen, mit Bimsstein, Schmirgelpapier, Sandpapier, Scheuermittel oder dergleichen nachreiben und mit trockenem, wollenem Lappen nachpolieren. Das Einreiben der Herdplatten mit einer Speckschwarte verhindert Rostansatz.

Herzschrittmacher
Personen mit Herzschrittmacher müssen beim Einsatz nuklearer Waffen in der Atmosphäre unbedingt unter hinreichend dicken Schutzschichten (Erdreich, Stahlbeton) Zuflucht suchen, weil das Gerät andernfalls durch den NEMP (➤ Kernwaffen) ausfallen kann.

Hobeln
Durch Hobeln wird Holz zugepaßt und geglättet. Tischler verwenden verschiedene Hobelarten: Schropphobel (Schroppzwiemandel)

zum Abnehmen grober Späne, Schlichthobel für mittelfeine und Doppelhobel für feine Arbeiten; für Großflächen die Rauhbank. Hobeln ist ausgesprochene Gefühls- und Übungssache. Rechte Hand faßt Hobel derart, daß Daumen links vom Keil (der das Messer hält) bleibt, linke Hand faßt die geschwungene Hobelnase. Hobel, ohne zu stoßen, gleichmäßig mit sanftem Körperschwung führen. Haarscharfes Hobeleisen gewährleistet saubere Arbeit. Schärfen auf Schleifstein mit nachfolgendem Abziehen auf Wasser- oder Ölstein (→ Messer schärfen).

Holzarten

Da Holz nach dem Zusammenbruch der technischen Zivilisation im Anschluß an eine globale Katastrophe einer der wichtigsten Rohstoffe sein wird, seien im folgenden die Eigenschaften der verschiedenen Hölzer zusammengefaßt. Werkholz vor der Verarbeitung stets einige Monate bis Jahre, Brennholz ein bis zwei Jahre trocknen lassen.

- *Apfel:* 10 Meter hoch, Holz hell- bis dunkelrotbraun, dicht, fein, sehr hart, schwer spaltbar, wenig dauerhaft, arbeitet stark – Drechslerholz, Heizwert mittel, gute Glut
- *Bergahorn:* 35 Meter, Holz weiß, seidig glänzend, hart – Möbel, Eßgeräte, Geigenbögen
- *Bergulme:* wertvolles Möbelholz
- *Birne:* 20 Meter, Holz gelblichweiß bis rötlichbraun, dicht, fein, hart, fest, trocken haltbar, beiz- und polierbar – Schnitz-, Instrumentenbauholz, für Holzschnitt, gedämpft für Schreinerarbeiten, Heizwert mittel, mäßige Glut
- *Eberesche (Vogelbeerbaum):* 15 Meter – Beeren Vitamin-C-haltig, eßbar, für Gelee und Saft
- *Eibe:* 15 Meter, bis 2000 Jahre alt, Holz gelblich bis rotbraun, feinjährig und dauerhaft – Drechsler-, Möbel-, Schnitzholz, Früchte eßbar, Samenkern, Nadeln und Holz sehr giftig!
- *Eiche:* 30 Meter, hart, zäh und elastisch, getrocknet dauerhaft und schwer – Möbel-, Werkzeug-, Furnierholz, Wasserbauholz, gute Heizkraft, lang brennend, gute Glut und Kohle, Rinde zum Gerben
- *Erle:* Wasserbauholz, zuvor mindestens 9 Monate lagern
- *Esche:* 40 Meter, Holz weißgelblich, hart, zäh, elastisch – Nutz-

holz für Wagenteile, Skier, Bögen, Turn- und Sportgeräte, Werkzeug, guter Heizwert, leicht entflammbar, gute Glut, Blätter zum Färben
- *Espe:* 25 Meter, Holz ohne Kern, weich, leicht, gut spaltbar – Papier, Zündhölzer, Blindholz bei Möbeln, Heizwert gering
- *Feldahorn:* 10 Meter, Holz rötlich, schön gemasert – Kunsttischler-, Drechslerholz
- *Feldulme:* hart, biegsam, wurmfest und gut zu verarbeiten – Möbel-, Intarsien-, Treppen-, Mühlen-, Drechslerholz, geringer Heizwert
- *Fichte:* 50 Meter, Holz rötlich, astig, harzig – Bau-, Möbel-, Brennholz, Papier, mittlere Heizkraft, wenig Glut, rauchentwickelnd
- *Flatterulme:* Holz grobporig – Heizwert gering, leicht entflammbar
- *Haselnußstrauch:* Zweige zum Flechten
- *Kiefer:* 60 Meter, Holz gelblich, im Kern rotbraun, weich, harzreich – Innenrinde eßbar, Wasserbau-, Möbel-, Bootsbauholz, aus Harz Terpentinöl
- *Kirsche:* 18 Meter, Holz gelblich bis rötlichgelb, fein, kräftig gezeichnete Jahresringe, mäßig hart, schwer spaltbar – feines Möbel- und Furnierholz, Heizwert gering
- *Lärche:* 35 Meter, Holz gelblich, Kern rotgelb bis rot, mäßig hart, gut spaltbar, sehr dauerhaft – Bau-, Schreiner-, Schiffsbauholz, mittlere Heizkraft, mit Duft verbrennend
- *Pappel:* 30 Meter, weich, geringe Festigkeit und Haltbarkeit – Papier, Zündhölzer, Blindholz, geringer Heizwert, leicht entflammbar, wenig Glut
- *Pflaume (Zwetschge):* 10 Meter, Holz rötlichweiß mit rotbraunem Kern, dicht, fein, sehr hart und spröde, stark reißend – Kunstschreinerholz, Faßhähne, Heizwert gut, mittlere Glut
- *Pinie:* 25 Meter, Holz harzarm, sonst wie Kiefer – Bau-, Möbelholz, Samen roh und geröstet eßbar
- *Roßkastanie:* 30 Meter, Holz weiß bis hellbraun, feinfaserig, weich, leicht spaltbar, wenig haltbar – Kisten-, Drechsler-, Schnitz-, Brennholz, Heizwert mittel, Funken!
- *Rotbuche:* 35 Meter, Holz hellrötlich, harzig, zäh, im Wasser dauerhafter als im Trockenen – Frucht (dreikantige Nuß) eßbar

Holzarten

und zur Ölgewinnung, geröstet als Kaffee-Ersatz, Drechsler-, Wagner-, Möbel-, Bau-, Faß-, Brennholz, hoher Heizwert, gute Glut, sehr gut für Kochfeuer
- *Schwarzerle:* 25 Meter, Holz rötlich-weiß bis rostrot, weich, brüchig, im Trockenen und ganz unter Wasser haltbar – Wasserbau-, Grubenbau-, Drechsler-, Holzschuhholz, geringer Heizwert
- *Sommerlinde:* 40 Meter, Holz weißgelblich, grob und locker, sehr weich, gut schneid- und biegbar, trocken haltbar – Reißbretter, Spielwaren, Kunstglieder, Drechsler-, Schnitzholz, schlechter Heizwert, leicht entflammbar
- *Spitzahorn:* 25 Meter, Holz weiß bis rötlich, hart, gut zu bearbeiten, beiz- und polierbar – Möbel-, Instrumentenholz, guter Heizwert, gute Glut
- *Tanne:* 60 Meter, Holz weiß, nahezu harzfrei, dauerhaft – Bau- (auch unter Wasser), Möbel-, Furnierholz, gute Heizkraft, mittlere Glut, wenig Rauch
- *Wacholder:* 10 Meter, Holz harzreich – mit Duft verbrennend (gegen Insekten), Beeren als Gewürz oder für Tee, Zweige zum Räuchern
- *Walnußbaum:* 30 Meter, Holz hart, schön gemasert – Furnierholz, Gerb- und Farbstoff aus grüner Fruchtschale, nahrhafte Nüsse, Heizwert sehr hoch, gute Glut
- *Weide:* strauchartig, Holz zäh und biegsam – Innenrinde eßbar, geschälte Äste für Flechtarbeiten und zum Binden, Weidenpfeife, schlecht entflammbar, geringer Heizwert
- *Weißbirke:* 30 Meter, Holz gelblich weiß, mittelhart – Innenrinde eßbar, Drechsel-, Furnier-, Wagenbau-, Instrumenten-, Sperr-, Kaminfeuerholz, Reisigbesen, zuckerhaltiger Saft (➤ Birkenwein), Heizkraft sehr gut; brennt mit Duft, auch frisch und im nassen Zustand.
- *Weißbuche:* 25 Meter, im Trockenen dauerhaft, hart, drehwüchsig – Werkzeug-, Maschinenteilholz, hoher Heizwert, vorzügliches Brennholz, sehr gute Glut
- *Weiß- und Schwarzdorn:* Anlegen von lebenden Zäunen
- *Winterlinde:* 30 Meter, Holz wie Sommerlinde – Holzschuhe, Werkzeug, Zündhölzer, Zeichenkohle, Schnitzholz, Blüten für Tee und Honig, Heizwert mittel, wenig Glut
- *Zypresse:* 20 Meter, bis 2000 Jahre alt, Holz hellgelb bis fahlrot,

haltbar, hart, dicht − Kunsttischler-, Schiffs- und Sargbauholz, ätherisches Öl aus Zapfen

Knuchel, Hermann, *Holzfehler* (Originalausgabe: 1934; Hannover: Verlag Th. Schäfer) 120 S.

Holzfällen

Schräg gewachsene Bäume werden immer zur Neigungsrichtung gefällt. Zum Fällen bringt man in der gewünschten Fallrichtung (auch umgebende Bäume beachten, damit der Baum nicht in deren Ästen hängenbleibt) mit Axt oder Säge eine V-förmige Kerbe an, die etwa ein Drittel der Stammdicke tief ist. Dann wird an der gegenüberliegenden Seite eine Handbreit darüber eine zweite Kerbe angebracht, die zum Abknicken des Stammes führt. Während der Baum fällt, unbedingt seitlich stehen! Nach dem Fällen gleich entrinden, weil sich sonst der Borkenkäfer einnistet. Sowohl Brenn- als auch Bauholz soll vor der Verwendung länger (1 bis 2 Jahre) gelagert werden.

Holzfällen, richtiger Zeitpunkt zum

Nach Meinung erfahrener Holzfäller spielt der Zeitpunkt des Fällens und der jeweilige Stand des Mondes dabei eine große Rolle für die Qualität des Holzes. Was auf den ersten Blick sehr nach Aberglauben aussieht, ist derzeit wieder stark im Kommen. Es gibt bereits Firmen, die sich auf zum richtigen Zeitpunkt geschlagenes Holz spezialisiert haben.

Generell ist Winterholz (Dezember, Januar) das bessere Bau- und Werkzeugholz. Einige spezielle Regeln aus verschiedenen alten Quellen:

- *Bauholz:* Besonders gutes Bauholz wird im Zeichen des Steinbocks (22. Dezember bis 20. Januar) nach Neumond gefällt.
- *Feuerbeständiges Holz:* Holz (insbesondere Lärchenholz), das entweder am 1. März zwei Tage vor Neumond nach Sonnenuntergang oder am 21. Dezember bei abnehmendem Mond gefällt wird, soll sehr feuerbeständig sein (Kaminbauholz).
- *Nicht faulendes Holz:* Am 7. Januar, 25. Januar, 31. Januar, 1. und 2. Februar, 1. bis 4. Mai, 1. September oder in den letzten beiden Märztagen (besonders bei abnehmendem Mond in den Fischen) fällen.

- *Pfahlholz für Wasserbauten:* Warme Sommertage bei zunehmendem Mond; das Holz sofort verwenden.
- *Reißfestes Holz* für Brücken, Schnitzwerk, Möbel soll man am 24. Juni zwischen 11 und 12 Uhr (12 und 13 Uhr Sommerzeit) schlagen. Zu dieser Zeit rückten früher alle Holzfäller aus, um die günstige Stunde zu nutzen. Alternativen dazu sind der 25. März, der 29. Juni, der 31. Dezember und allgemein Ende Dezember und Anfang Januar.
- *Leichtes Holz:* Dafür soll man bei abnehmendem Mond im Zeichen Löwe oder Skorpion schlagen, am besten am 23. November.
- *Nicht schwindendes Holz* wird am 21. Dezember zwischen 11 und 12 Uhr geschlagen. Alternativen: im Februar nach Sonnenuntergang, 25. März, 29. Juni, 31. Dezember, am dritten Tag im Herbst, wenn der Mond zunimmt.
- *Brennholz:* Brennholz generell nach der Wintersonnenwende bei abnehmendem Mond fällen, den Wipfel abtrennen und einige Tage talwärts liegenlassen. Brennholz soll nicht vor Juni gefällt werden. Fällt man im Oktober, im ersten Viertel des zunehmenden Mondes, wächst das Holz gut nach.
- *Bretter-, Säge- und Bauholz:* Wenn der zunehmende Mond beim Fällen im Sternzeichen Fische steht, werden die Bretter aus dem Holz besonders beständig.
- *Brücken-, Floß- und Bootsholz* und auch Holz für Waschtische soll bei abnehmendem Mond in den Fischen oder im Krebs geschlagen werden.
- *Boden- und Werkzeugholz:* Dielenholz soll zu den Skorpiontagen im August oder, wenn möglich, am ersten Tag nach einem Vollmond im Stier geschlagen werden, da es dann besonders schwer ist und sich nicht wirft.
- *Christbäume,* die drei Tage vor dem elften Vollmond des Jahres (meist im November, manchmal auch im Dezember) gefällt werden, halten die Nadeln sehr lange. Sie bekamen früher einen »Mondstempel« und waren etwas teurer als andere Christbäume.
- *Roden:* Für das Abholzen von Bäumen und Sträuchern gibt es die »Schwendtage«, den 3. April, den 22. Juni und den 30. Juli, besonders bei abnehmendem Mond. Auch die letzten drei Februartage bei abnehmendem Mond sind sehr geeignet, um das Nachwachsen zu verhindern.

Holz, Formen von

Holz läßt sich dauerhaft biegen, indem man es etwa 2 Stunden lang über Wasserdampf erhitzt und danach für einige Tage mittels eines Gestells in die gewünschte Form zwingt.

Holzkohleerzeugung

Holzkohle ist ein brauchbarer, raucharmer Brennstoff, der gute Hitze erzeugt und geringes Gewicht hat. Holzkohle wird in Meilern gewonnen. Nach den Abbildung 90 und 91 werden dazu meterlange Rundhölzer (oder Spaltholz) um einen Pfahl (Quandel) oder um einen Schacht strahlenförmig geschichtet. Der Schacht wird aus Rundhölzern, die kreuzweise paarig übereinandergelegt sind, gebaut und zur Hälfte mit trockenem Reisig, Kienspänen oder anderen leicht brennbaren Stoffen gefüllt. Der in 2 oder 3 Etagen errichtete Meiler wird allseitig mit einer 6 cm starken Moosschicht und einer darauffolgenden 10 bis 15 cm starken Erd- oder Sandschicht ummantelt. Dicht über dem Boden werden in 50 cm Abstand Luftlöcher angebracht. Der Schachtinhalt wird von oben entzündet, dann mit Brennstoff aufgefüllt und sofort mit Moos und Sand abgedeckt. Das Feuer läuft von oben nach unten. Alle durchbrennenden Stellen der Ummantelung sofort mit Moos und Sand nachdecken, da sonst der Meilerinhalt zu Asche verbrennt. Luftlöcher beim Herunterbrennen des Meilers schließen. Sobald aus den untersten Luftlöchern blaue Gase entweichen und die Meilerdecke dicht über dem Boden

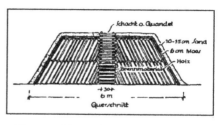

Abb. 90: Kohlenmeiler im Querschnitt

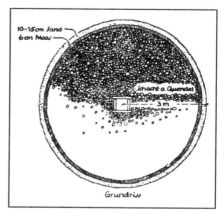

Abb. 91: Kohlenmeiler im Grundriß

durchbrennt, ist der Verkohlungsprozeß beendet. Dann den Meiler nochmals mit Erde abdecken und einen Tag zum Abkühlen stehenlassen. Die fertige Holzkohle mit Haken herausziehen und mit Wasser ablöschen.
Ein Raummeter Schnittholz von 7–25 cm Durchmesser (stärkere Hölzer spalten!) ergibt rund 50–75 kg Holzkohle. Die Brenndauer des skizzierten zweistöckigen Meilers beträgt 3 Tage; Holzinhalt 10–15 m³ Holz, d. h. 750–1150 kg Holzkohle. Meiler an windgeschützter Stelle in Wassernähe anlegen.
Um die Güte von Holzkohle zu testen, läßt man ein Stück davon auf eine harte Unterlage fallen. Je heller der Ton klingt, desto besser ist die Qualität.

Holzverbindungen des Tischlers

Hölzer können zunächst durch ↠ Nageln, ↠ Schrauben und mit Tischler- oder Kaltleim (↠ Klebstoffe und Leime) verbunden werden. Besser sind Verbindungen von Holz mit Holz, wie in Abbildung 92 a–g dargestellt. Die einfachste Holzverbindung ist das Überblatten (Fig. a), geeignet für die Verbindung von flachliegenden Leisten und zum behelfsmäßigen Rahmenbau. Verfestigung dieser Verbindungsart durch Leimen und zusätzliches Nageln mit Drahtstiften, Holzstiften oder Schrauben. Widerstandsfähiger ist das Schlitzen (Fig. b), denn hier greifen die geschlitzten Hölzer ineinander. Geeignet für Tür- und Fensteranfertigung, Rahmen- und Möbelbau. Verfestigung durch Leim und Holznagel. Verbindungsherstellung durch Sägeeinschnitte und Ausstechen mit Stemmeisen (Stechbeiteln). Zur Verbindung stärkerer Hölzer (Tisch- und Stuhlbeine, Tischzargen) benutzt man die Verdübelung (Fig. c). Verfestigung ausschließlich durch Leim. Verbindungsherstellung durch Bohren der Dübellöcher und Zuschnitzen der Dübel (Tischler benutzen hierzu Dübeleisen). Zur rechtwinkeligen Verbindung zweier Bretter eignet sich die Verbindung durch eingeschnittene und herausgestemmte Nut und angesägte Feder (Fig. d). In ein Brett sägt man eine Nut ein, an das andere wird eine Feder angeschnitten. Verfestigung durch Leimen. Zum Einfügen von Böden in Regalen oder Schränken Gratverbindung benutzen (Fig. e). Nicht verleimen! Herstellung mit Grathobel, Stemmeisen, Gratsäge. Die gebräuchlichste und beste Holzverbindung ist die Verzinkung

(Fig. f), die allerdings am mühsamsten herzustellen ist. Verfestigung durch Verleimung. Herstellung durch Aussägen und Ausstemmen. Die Verzinkung ist nur sinnvoll, wenn sauber und genau ausgeführt, für Möbelanfertigung jedoch unentbehrlich. Zur Bildung größerer Flächen kann man die Bretter stumpf aneinandersetzen (nur dauerhaft, wenn Gratleisten eingeschoben werden) oder man fälzt oder nutet sie, wie aus Fig. g ersichtlich. Verfestigung dieser Verbindung durch Verleimen, Gratleisten oder untergeschraubte Querhölzer.

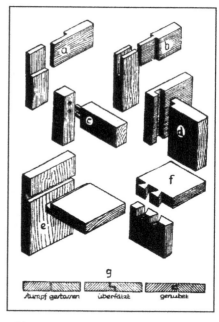

Abb. 92: Holzverbindungen des Tischlers

Krauth, Theodor /Meyer, Franz Sales, *Das Schreinerbuch. Die gesamte Bauschreinerei* (Leipzig: E. A. Seemann, 4 1899; Hannover: Verlag Th. Schäfer, 1981) 237 S. und 82 Tafeln.

Krauth, Theodor /Meyer, Franz Sales, *Das Schreinerbuch. Die gesamte Möbelschreinerei* (Leipzig: E. A. Seemann, 4 1902; Hannover: Verlag Th. Schäfer, 1980) 290 S. und 136 Tafeln.

Holzverbindungen des Zimmermanns

Zimmerer benutzen andere Holzverbindungen als Tischler, die vom Prinzip her aber ähnlich sind. Zur Errichtung eines Fachwerks müssen senkrecht aufeinandertreffende Hölzer (Balken oder Kanthölzer) verbunden werden, wie in Abbildung 93 gezeigt.

In Abbildung 93a ist die einfachste Verzapfung dargestellt. In das durchlaufende Holz (etwa ein Rähm[16] oder die Schwelle) wird ein Schlitz gestemmt (mit Stemmeisen oder Stechbeitel), in den der Zapfen (angesägt) des auftreffenden Holzes stramm passen

---

[16] waagrechter Balken des Dachstuhls

Holzverbindungen des Zimmermanns

Abb. 93:
Holzverbindungen des Zimmermanns

muß. Verbindung durch 1,5–2,5 cm starken Holznagel (niemals durch Leim!). Anwendung beim Einbinden von Pfosten (Stielen oder Säulen), Riegeln (Tür-, Fenster-, Zwischenriegel), Wechseln (Schornstein- oder Treppenwechsel) und im Fachwerk- und Dachstuhlbau. Fig. b stellt die schwalbenschwanzförmige Überblattung dar, die für gleiche Zwecke, besonders für die Verbindung von Fußboden- und Deckenbalken mit Schwelle oder Rähm, verwendet wird; sie hält Zugbeanspruchung besser aus. Fig. c ist die einfache Zapfenverbindung für das Einbinden von Pfosten in waagrecht laufende Schwellen oder Rähme; sie entspricht in Zweck und Herstellung der bei Fig. a gezeigten Verbindung. Fig. d zeigt eine gerade Ecküberblattung für rechtwinkelig zusammentreffende Hölzer gleicher Höhenlage; Herstellung mit der Säge, Verfestigung durch Eisennägel. Besser ist die in Fig. e dargestellte hakenförmige Ecküberblattung, bei der beide Hölzer hakenartig ineinandergreifen. Geeignet für Rähm- und Schwellenverbindungen. Bei Fachwerkecken werden die aufeinandertreffenden Schwellhölzer mit dem Eckpfosten nach Fig. f verbunden. Der angeschnittene Zapfen des Eckpfostens greift in passende Schlitze einer geraden Ecküberblattung (vgl. Fig. d). Fig. g zeigt das Einbinden von Riegeln in einfachster Form mit schwalbenschwanzförmiger Überblattung (vgl. Fig. b). Bei Fig. h ist das Einbinden schräglaufender Streben, die jedes Fachwerk zumindest an den Gebäudeecken braucht, in das Schwellholz oder Rähm gezeigt. Diese Verbindungsart ist schwieriger herzustellen, verspricht aber allein ausreichende Absteifung der Eckpfosten. Herstellung mit Säge und Stemmeisen, Verfestigung durch Holznagel. Bei Fig. i ist das gerade Anblatten bei in gleicher Richtung laufenden Hölzern (Verlängerung oder Auswechslung von Balken) gezeigt.

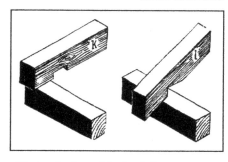

Abb. 94: Dach- und Deckenbalken

Diese Verbindung ist stets durch Klammern oder Ankereisen zu sichern; wird sie bei tragenden Fachwerkteilen angewendet, so ist sie durch Stiel oder Pfosten zu unterstützen. Schließlich sind zwei Verbindungsarten für das Auflegen von Dach- und Deckenbalken (Dachsparren) auf das Rähmholz gezeigt, und zwar bei Fig. k die sog. Kammverbindung für annähernd oder völlig waagrecht verlaufende Dach- oder Deckenbalken, und bei Fig. l für im Winkel auftreffende Sparren. Beide Verbindungen sind unbedingt durch starke Eisennägel zu sichern.

Sämtliche Holzverbindungen müssen stramm und ohne zu wackeln ineinander passen. Bei Errichtung eines Fachwerks ist dasselbe zunächst in Einzelteilen, wandweise liegend, zusammenzusetzen und erst, wenn alle Teile genau ineinanderpassen, an Ort und Stelle aufzurichten. Vor dem festen Aufsetzen des Rähms müssen die Riegel eingeschoben werden.

Opderbecke, Adolf, *Der Zimmermann* (Leipzig: Verlag B. F. Voigt, ⁵1910; Leipzig: Reprint Verlag, ca. 1990) 318 S. Techniken des Zimmermanns mit 928 Abbildungen und 27 Tafeln.

Hunde abwehren
siehe auch ➔ Erste Hilfe 2.1.2

Erdbeben, Kriegshandlungen und ähnliche Katastrophen können dazu führen, daß Wild- und Haustiere verwirrt werden und unberechenbares, eventuell gefährliches Verhalten entwickeln. Eine ernstzunehmende Gefahr nach solchen Katastrophen stellen insbesondere streunende Hunde dar. Wird man mit einem solchen konfrontiert, Blickkontakt vermeiden, aber nicht davonlaufen. Abwehr durch

Tritte oder Stockschlag gegen Schnauze, Kehlkopf oder Augen. Wird man angefallen und niedergeworfen, Hals schützen! Faust möglichst tief in den Rachen des Hundes stecken, mit der anderen Hand seinen Nacken packen und Hände gegeneinander drücken. Dies ist für den Hund schmerzhaft und mit akuter Erstickungsgefahr verbunden, so daß er nach einigen Sekunden abläßt.

Hustenmedizin

Rezepte für selbstgemachte Hustenmedizin:
- 1 El. Olivenöl, Saft einer Zitrone, 1 El. Honig, 1 Eiweiß vermischen; alle 2 Stunden 1 Tl. verabreichen.
- Zwiebel fein hacken, mit braunem Zucker bestreuen, 3 Stunden stehenlassen, verzehren.
- 1 Teelöffel Glycerin, 1 El. Weinbrand, 3 El. kochendes Wasser vermischen; solange wie nötig halbstündlich einnehmen.
- Im Mai die jungen Triebe der Fichte mit Zucker zu einem Sirup ansetzen.
- Auch mit Spitzwegerich kann man einen hervorragenden Hustensirup ansetzen.
- Einige Tropfen (japanisches) Minzöl in heißes Wasser geben, den Kopf über die Lösung halten und mit einem Tuch abdecken, einige Male tief inhalieren; Vorgang mehrmals täglich wiederholen.

Hütten

siehe auch → Biwak, Wahl eines Platzes für ein, → Dächer behelfsmäßig eindecken, → Schneegruben bauen, → Zelte

Auf der Flucht oder in der ersten Zeit nach einer Großkatastrophe könnte man gezwungen sein, in einer selbstgebauten Hütte Zuflucht zu suchen. Für die nachfolgenden Konstruktionen empfiehlt sich eine Dachneigung von mindestens 45 Grad!

Zweighütten: Nach Abbildung 95 einen Kreis von etwa 5 m Durchmesser abstecken und im Abstand von

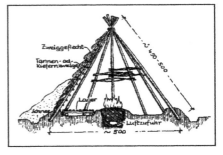

Abb. 95: Runde Zweighütte

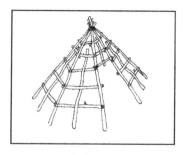
Abb. 96: *Verflechten der Seitenteile*

Abb. 97: *Freistehende Zweighütte*

50 cm 4,5–5 m lange Stangen, die sich oben im Mittelpunkt treffen, einrammen. Spitzen durch Draht, Strick oder Weidenruten zusammenbinden. Fingerstarke Zweige in 25 cm Abstand durch die Stangen flechten und diese mit Tannen- und Kiefernzweigen bestecken. In Hüttenmitte einfache Feuerstelle errichten, seitlich Lager aus Zweigen oder dünnen Stangen. Tannen- oder Kiefernzweige mit Schnee bewerfen.

Abbildung 96 zeigt, wie die Seitenwände geflochten werden.

Abb. 98: *Abgestützte Zweighütte*

Abbildung 97 zeigt eine *freistehende Zweighütte*.

Zweighütte an einem Baum angelehnt und vorn offen, aus drei Tragstangen und waagrecht aufgebundenen Stangen für die Eindeckung, nach Abbildung 98 errichten:

Astartige Deckmaterialien werden nach Abbildung 99 über die Deckstangen gesteckt, wobei man immer unten beginnt und nach oben arbeitet.

Schilfhütten (Abbildung 100) werden aus dichtgebundenen, möglichst langen Schilfbündeln herge-

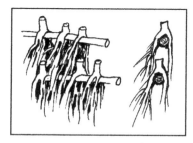
Abb. 99: *Astartiges Deckmaterial*

Abb. 100: Schilfhütte

stellt, die so eng wie möglich nebeneinander an den Deckstangen festgebunden werden. Die höhere Lage überdeckt die tiefere. Ganz wasserdicht wird das Dach, wenn es »doppelt« gedeckt wird. Nach dem Austrocknen muß ausgebessert werden. Schilfhütten riechen meist modrig.
Langfaseriges Deckmaterial (Schilf, Gras, Stroh) wird gebündelt und von unten beginnend an die Deckstangen gebunden. *Flächiges Deckmaterial* (Rinde, große Blätter, Grassoden) wird zwischen zwei Haltestangen geklemmt oder aufgenagelt. (siehe Abbildung 101)

Rindenhütten werden mit außen aufgenagelten Rindenstücken gedeckt. Tote Rinde wird durch Einweichen (in heißem Wasser) biegsam. Niemals lebende Bäume entrinden.

Zur *Wärmeisolation* der Hütten eignet sich Laub, Erde, Moos oder Schnee. Bei extremer Kälte kann die Hütte mit diesen Materialien sogar gefüllt werden; man gräbt sich dann einfach ins Innere.

Abb. 101: Langfasriges und flächiges Deckmaterial

Höh, Rainer, *Das Blockhüttentagebuch* (Kiel: Conrad Stein, 1995) 218 S. Beschreibt den Bau einer Blockhütte.

Hygieneartikel, Ersatz für

siehe auch ➛ Haarshampoo, ➛ Kosmetik mit Naturmaterialien, ➛ Seife herstellen

• *Toilettenpapier:* Wenn Sie weder Toiletten- noch Zeitungspapier parat haben, können Sie auf eine Methode der alten Römer zurückgreifen. Dort hatte jeder Soldat einen persönlichen Schwamm an einem Stöckchen, der nach Gebrauch zur weiteren Verwendung sorgfältig ausgewaschen wurde. Steht Wasser zur

Verfügung, geht es aber – wie in vielen Ländern heutzutage – auch ohne Schwamm.
In der freien Natur bieten sich große Pflanzenblätter, belaubte Zweige, glatte Kieselsteine, Tannenzapfen oder abgeflachte Schneebälle an.

- *Babywindeln:* Wegwerfwindeln ersetzt man durch Tücher (Kochwäsche), in die man zusätzlich sehr saugfähigen Torfmull stecken kann.
- *Menstruationsartikel:* Indianerinnen verwendeten mit Torfmull gefüllte Hasenfelle. Schwämme und waschbare Binden sind eine leichter zu realisierende Alternative. Die Frauen von *Biosphere 2* (ein riesiges experimentelles Glashaus in der Wüste von Arizona, das einen abgeschlossenen Lebensraum darstellt) durften keine Wegwerfprodukte verwenden. Statt dessen gebrauchten sie immer wieder verwendbare Gummibehälter, die unter der Bezeichnung *The Keeper* bei folgender Firma im Internet bestellt werden können: http://www.eco-logique.com/
- *Zahnputzmittel:* In Ermangelung von Zahnpasta kann feine Schlämmkreide, Holzkohlebrei oder einfache Toiletteseife zum Zähneputzen benutzt werden. *Zahnpulver* kann auch aus $4/5$ Soda (Natriumcarbonat) und $1/5$ Kochsalz gemischt werden. Eventuell mit einer Prise Pfefferminzöl, Anis oder Zimt geschmacklich verbessern. *Zahnpasta* erhält man, wenn man zu dieser Mischung ein paar Löffel Glycerin hinzurührt. Aus Buchenrinde läßt sich eine *Ersatzzahnbürste* anfertigen, indem man die Rinde an einem Ende zerfasert.
- *Deodorant:* Ein Faden wird in ein Glas mit gesättigter Alaun-Lösung gehängt, das man mehrere Wochen an einem ruhigen Ort stehen läßt. Der daran wachsende Kristall kann befeuchtet als »Deostein« verwendet werden. Oder einfach eine Lösung von Alaun in Alkohol auf die Haut auftragen. Alaun stoppt auch kleine Blutungen (Rasierstein!).

Auch kolloidales Silber (siehe ➤ Silber, kolloidales) ist ein hervorragendes Deodorant gegen Achselschweiß.
Die Verwendung von Essig ist eine weitere Möglichkeit.

- *Aftershave:* Als Aftershave dient Alkohol; er kühlt die Haut und schließt die kleinen Wunden.
- *Rasierschaum:* Gewöhnliche Seife ist ein guter Ersatz.

Informationsquellen in der Krisenzeit
siehe auch → Kommunikation

Nach der Einstellung der Zeitungen im Katastrophen- oder Kriegsfall sind die elektronischen Medien die wichtigste Informationsquelle. Sicher soll die Bevölkerung vor allem durch das Fernsehen informiert werden, das allerdings Netzstrom voraussetzt. Durch Zerstörung der Sendeanlagen, Besetzung der Sender oder Störsender werden jedoch die lokalen Stationen bald den Betrieb einstellen. Satellitenprogramme aus dem Ausland sind eventuell weiterhin zu empfangen. Bei einem NEMP (siehe → Kernwaffen) werden jedoch auch die Empfangseinheiten der Satellitenantennen in Mitleidenschaft gezogen.

Unempfindlicher und krisensicherer ist der Hörfunk, denn früher oder später wird es gelingen, die Bevölkerung mit einer kleinen (mobilen) Sendestation zu erreichen. Besorgen Sie sich ein gutes Radiogerät mit einem großen Empfangsbereich (viele »Bänder«, sogenannte *Weltempfänger*) oder einen *Scanner* (Empfangsgerät für viele verschiedene Frequenzen, mit dem man sogar Flug- und CB-Funk abhören kann). Interessant sind Radiogeräte, die man alternativ mit Strom aus Batterien, aus Solarzellen oder aus einem eingebauten Kurbelgenerator betreiben kann. Bei herkömmlichen Geräten leise hören, dann halten die Batterien länger. Außerdem können Sie Radiogeräte als Empfänger benutzen, um mit Hilfe kleiner, selbstgebauter Sender (Anleitungen in Elektronik-Bastelbüchern) mit ihren Nachbarn zu kommunizieren.

Inkorporation
siehe auch → Strahlung, Grundlagen der, → Erste Hilfe/8 Strahlenschäden

Inkorporation, wörtlich *Einverleibung*, ist die Aufnahme eines Stoffes in den Körper. Stoffe können durch die Atmung, mit der Nahrung oder über die Haut inkorporiert werden.

Insektenstiche behandeln
siehe auch → Ungezieferschutz/Mückenmittel, → Erste Hilfe/2.1.2 Insektenstich im Rachenbereich

- *Mücken-(Schnaken-)stiche* mit Seife, Natronwasser, Salmiak betupfen.
- Bei *Bienenstichen* Stachel nicht mit Fingern oder Pinzette her-

ausziehen (dadurch wird mehr Gift in die Wunde gepreßt), sondern mit einem Messer entfernen, und gleiche Abwehr- oder Linderungsmittel anwenden. Betupfen mit einer Kaliumpermanganat-Lösung mindert die Wirkung des Giftes. Abwehrmittel: Tabakrauch, Holzteer, Lorbeeröl, starken Rauch entwickelndes Feuer (feuchte Brennstoffe, Torf), Insektenschutzmittel usw.
- Einreiben von *Wanzenstichen* mit Zinksalbe oder Vaseline verhütet das Anschwellen der gestochenen Stelle.
- Bei *Wespen-* und *Hornissenstichen* wirkt rasches Aufstreichen von frischer Ackererde oder von frischem Kuhmist lindernd; auch das Einreiben mit Zwiebelsaft schafft Linderung. Oder einen Brei aus Brot, Essig, Borax und Honig auftragen.

Jagen und Fallenstellen
siehe auch → Fischfang

Obwohl bei Großkatastrophen damit zu rechnen ist, daß auch viele Wildtiere umkommen, könnten Jagd und Fallenstellerei in der Zeit danach eine wichtige Möglichkeit sein, die zur Neige gehenden Vorräte zu ergänzen bzw. zu ersetzen. Für die Jagd mit Feuerwaffen, Armbrust, Bogen oder Schleuder bzw. das Auslegen von Schlingen, den Bau von Schlag-, Speer- oder Bogenfallen und das Versorgen und Verwerten des erlegten Wilds muß aus Platzgründen auf die Survival-Literatur sowie Bücher zur Jagdprüfung verwiesen werden. Empfehlungen dazu im Literaturverzeichnis!

Joghurt herstellen

Joghurt ist ein gesundes und nahrhaftes Produkt, das sich leicht aus roher Kuh-, Ziegen- oder Schafsmilch, jedoch auch aus frischer pasteurisierter Milch, Milchpulver, entrahmter Milch, Kondensmilch oder Dosenmilch herstellen läßt:
Für 1 l Joghurt benötigt man: 4 B. frische Milch, 3 El. Milchpulver (nicht unbedingt nötig, verbessert aber die Konsistenz), 2 El. Joghurt aus dem letzten Ansatz, der bis zur Verwendung gut gekühlt gelagert wurde. Alle Gerätschaften müssen vorher gut gereinigt sein; sonst kommt es zu Fehlgärungen, die das Produkt ungenießbar machen.
Ein wenig Milch wird beiseite gestellt, das Milchpulver in die Frischmilch gerührt und das Ganze fast bis zum Siedepunkt er-

Kalk

hitzt. Nicht kochen lassen! (Bei Verwendung von Milch aus Milchpulver entfällt das Erhitzen; das Pulver wird einfach in lauwarmes Wasser gerührt.) Man läßt die Milch abkühlen, bis sie sich am Handgelenk weder besonders heiß noch kalt anfühlt (41–43 °C). Das alte Joghurt wird in die restliche Milch gerührt. Dieses Gemisch wird langsam in die warme Milch gegossen. In ein Glas, eine Steingutschüssel mit Deckel o. ä. füllen, mit einem dicken Tuch oder einer Decke umwickeln (oder in eine ➤ Kochkiste stellen) und 6 bis 8 Stunden bei Zimmertemperatur ruhen lassen. Das Endprodukt sollte die Konsistenz einer Creme haben, also nicht wäßrig sein. Joghurt abkühlen, einen Teil in einem versiegelten Gefäß für den nächsten Ansatz aufheben.

Kalk

siehe auch ➤ Kalkanstriche für Decken und Wände

Mit diesem sehr wichtigen Grundstoff verbessert man den Boden, weißt Mauern und verbindet im Mörtel Steine. Gemahlener Kalkstein (Schlämmkreide) wird zum Neutralisieren von Bodensäure und zur Verbesserung von Lehmböden benutzt. In einem Kalkofen gebrannt, wird daraus gebrannter Kalk (Calciumoxid), eine stark ätzende Substanz, die durch vorsichtiges Übergießen mit Wasser zu gelöschtem Kalk (Calciumhydroxid) wird. Auch damit lassen sich saure Böden neutralisieren. In ein wenig Wasser aufgeschlämmt, kann Löschkalk zum Weißen verwendet werden. Die Eigenschaft, Kohlendioxid zu absorbieren, macht ihn zu einem wichtigen Utensil für den versiegelten Schutzraum oder Stall.

Kalkanstriche für Decken und Wände

siehe auch ➤ Kalk, ➤ Sauerstoffversorgung in geschlossenen Räumen (Schutzraum)

1 kg gebrannten Kalk (ätzend!) und 2 l Wasser vermischen. Vorsicht, starke Erwärmung! Die Mischung erstarrt bald zu einem sahneartigen Brei, der mit reichlich Wasser zu einer Flüssigkeit von milchsuppenartiger Beschaffenheit sehr gut verrührt wird. Diese Kalkmilch wird durch ein grobmaschiges Gewebe (z. B. Nylonstrumpf) oder Drahtsieb gegossen und auf die gut gereinigten (Abkratzen mit Drahtbürste) Decken oder Wände mit einem möglichst großen Pinsel (Streichbürste) gleichmäßig aufgetragen. Zusatz kalkbeständiger Farben (feingemahlene Erden, Ocker, Kreide, Schwerspat usw.) ist

möglich, doch ist daran zu denken, daß die Farbanstriche bedeutend heller auftrocknen, als sie aufgestrichen werden. Helle Kalkfarbentöne bewirken bessere Raumausleuchtung durch Rückstrahlung des einfallenden Tageslichtes und gleichzeitig eine starke Desinfektion durch die keimtötende Eigenschaft des Kalks.

Im luftdichten Schutzraum bewirkt ein frischer Kalkanstrich aus gelöschtem Weißkalk eine Senkung des Kohlendioxid-Spiegels und ermöglicht dadurch längeres Atmen der vorhandenen Luft.

Kältemischungen

Kältemischungen werden zum starken Abkühlen von Speisen und Getränken benutzt. Man stellt ein Gefäß mit dem zu kühlenden Inhalt in ein zweites, größeres und füllt den Raum zwischen beiden Gefäßen mit einer der folgenden Kältemischungen:
- Man löst in 3 Teilen kaltem Wasser 1 Teil Salmiak und 1 Teil Kalisalpeter. Die Temperatur sinkt um etwa 20 °C.
- Man löst in 46 Teilen Wasser 24 Teile Glaubersalz, 15 Teile Kalisalpeter und 15 Teile Salmiak. Temperaturrückgang: 20–25 °C.
- Man mischt gleiche Teile Schnee und Koch- oder Viehsalz. Die Temperatur sinkt um 14 °C.

Kälteschutz

siehe auch ➞ Kleiderpflege

Wäsche regelmäßig wechseln. Saubere Wäsche hält wärmer als schmutzige, verschwitzte. Nasse Kleidungsstücke sofort und nicht zu nahe am Ofen oder offenen Feuer trocknen. Papierlagen (Zeitungspapier) zwischen Strumpf und Unterhose, Unterhose und Beinkleid, Strumpf und Schuh, Wollsachen und Rock tragen. Langstroh in die Stiefel stopfen. Überschuhe (Zehenschützer) anfertigen. Unterteil aus Leder oder vierfachem Stoff. Oberteil aus drei- bis vierfachem Stoff. Sehr warm halten Stroh- und Bastschuhe. Freiliegende Körperstellen durch Einfetten schützen. Ohrenschützer tragen. Erfrierungen der Nase durch tiefes Atmen und Warmreiben verhindern. Wärmende Kleidung läßt sich aus Alufolie (an den Rändern eingeschlagen) oder Zeitungen herstellen. Auch Handschuhe und Futter für Hosen, Schuhe oder Mützen können auf diese Weise gefertigt werden.

Bei Kleidung gilt das »Zwiebelprinzip«: Lieber mehrere leichte

Kleidungsstücke übereinander anziehen als einen dicken Pullover, denn es sind die Luftschichten in der Kleidung, welche isolieren.

Kannibalismus

Die ethnologische Forschung geht heute davon aus, daß profane Anthropophagie zum Zweck der Proteinversorgung von kaum einem Volk längerfristig praktiziert wurde. Dagegen kam es in vielen Kulturen immer wieder zu Hungerkannibalismus, also dem Verzehr von Leichen in Notzeiten mangels anderer Nahrung. Unter Umständen kann dies die *Ultima ratio* sein, um sein Überleben oder das von Angehörigen sicherzustellen. Man erinnere sich an den Fall der 1972 in den Anden abgestürzten Rugbymannschaft aus Uruguay: 16 der Spieler überlebten nur, weil sie in der Schneewüste die Leichen der verstorbenen Kameraden aßen. Später erhielten die gläubigen Katholiken übrigens vom Papst nachträglich den Dispens für diese Tat; die Rettung des eigenen Lebens hat Vorrang vor der Pietät gegenüber den Verstorbenen.

Wer selbst in die unglückliche Lage kommen sollte, Menschenfleisch als letzte Alternative zum Hungertod essen zu müssen, mag den Fall als die extremste Form einer Organspende betrachten, die der Verstorbene, da er nach dem Tod seinen Körper ohnehin nicht mehr braucht, vielleicht gerne geleistet hätte. Da sich bald nach dem Eintritt des Todes Ptomaine (Leichengifte) bilden, sollte das Fleisch keinesfalls roh genossen werden. Der Geschmack ähnelt dem von Schweinefleisch. Das Gehirn sollte besser nicht verwendet werden, da eine Infektion durch Prionen nicht ausgeschlossen ist. Das beste Fleisch soll (einem von Thor Heyerdahl interviewten Südsee-Insulaner zufolge) der Unterarm einer Frau sein.

Karten aufziehen

Landkarten sind haltbarer, wenn sie auf Leinen- oder Baumwollstoff (altes Bettzeug, Wäschestoff o.ä.) aufgezogen werden. Zunächst Kartenblatt bügeln und mit scharfem Messer (Rasierklinge, Buchbindermesser) an Lineal oder Stahlschiene in gleich große Teile schneiden. Stoff mit kleinen Nägeln oder Reißzwecken auf die Tischplatte spannen. Kartenblatteile rückseitig mit Stärkekleister bestreichen (Stärkekleister erhält man durch Glattrühren von 1 El. Kartoffel-, Weizen- oder Roggenmehl in Kaltwasser und

Überbrühen mit ½ B. kochendem Wasser), bis sich das Papier nicht mehr rollt, sondern flach liegt. Kartenblatteile mit 3 mm allseitigem Abstand voneinander in richtiger Reihenfolge auf den Stoff kleben und beschwert über Nacht trocknen lassen.

Käsebereitung

Voll- oder Magermilch an warmem Ort bis zum Dickwerden stehenlassen. Das Dickwerden kann entweder durch geringen Zusatz von Sauermilch, Labessenz oder -pulver oder durch gelindes Erwärmen und Hinzufügen einiger Tropfen Essig, Zitronensaft oder Zitronensäure (etwa 2 Tl. pro Liter) beschleunigt werden. Dicke Milch in grobporigen Leinenbeutel füllen und acht bis zehn Stunden abtropfen lassen. Die gelbgrünliche, abtropfende Flüssigkeit nennt man Molke, sie ist sehr gesund, daher nicht fortgießen! Der feste Rückstand im Beutel heißt *Topfen* (Quark, Weißkäse). Topfen mit wenig Salz, gewiegter Zwiebel, Zwiebelgrün und Schnittlauch vermischen und als *Brotaufstrich* verwenden.

Topfen mit wenig Salz und Kümmel vermengen, daumenstark auf ein Tuch streichen und mit feuchtem Tuch fliegensicher bedeckt an feuchtwarmem Ort stehenlassen. Weitere Flüssigkeit sondert sich ab, und nach wenigen Tagen bildet sich eine runzlige, gelbliche Haut. Nochmals durchkneten und in gleicher Weise abermals einige Tage stehenlassen. Nachdem sich neue Runzelhaut gebildet hat, füllt man die Masse in flache Schalen und stellt diese abermals lauwarm auf. Die Masse beginnt zu zerlaufen, und man erhält einen herzhaften, dem Camembert ähnlichen *Brotaufstrich*.

Harzer-Käse (Thüringer- oder Kümmel-Käse) erhält man ebenfalls aus mit wenig Salz und Kümmel durchgeknetetem Topfen, der sehr gut abgelaufen sein muß. Man formt kleine Käse oder Stangen, die man mit etwas Bier bestreicht und auf ein Brett legt. Um Fliegen fernzuhalten, Tuch, das feuchtzuhalten ist, darüberlegen. Käse öfters wenden und lauwarm stellen. Zusätze von wenig Quetschkartoffeln oder Schlagobers (Sahne) sind möglich.

Hanreich, Lotte/Zeltner, Edith, *Käsen leicht gemacht* (Graz: Leopold Stocker, [6]1997) 207 S.

Katastrophenplan

Um im Katastrophenfall richtig zu handeln, ist es unbedingt nötig, im vorhinein persönliche Katastrophenpläne für die verschiedenen

Krisenfälle (Feuer, AKW-Unfall, Kriegsausbruch, Erdbeben usw.) auszuarbeiten. Die Pläne sollten folgenden Inhalt aufweisen:
- *Titel* (für welchen Katastrophenfall, für welche Person)
- Bedeutung der ➤ *Sirenensignale*
- *Notrufnummern*
- *Adressen und Telefonnummern von Angehörigen und Verwandten:* Da nach einer lokalen Katastrophe das gesamte lokale Telefonnetz (auch Handys) ausfallen kann, sollte es einen Ansprechpartner in einem weiter entfernten Landesteil geben, der als Informationsknoten dient und bei dem sich die während der Katastrophe getrennten Familienmitglieder melden können.
- *Verhalten in Abhängigkeit vom Aufenthaltsort:* Also Maßnahmen, falls man bei der Arbeit, im Sportklub, im Supermarkt usw. vom Alarm überrascht wird. Alle möglichen Aufenthaltsorte müssen im vorhinein geklärt werden. Dabei sind Detailfragen zu beantworten wie: Welche Angehörigen werden verständigt? Wer holt die Kinder aus Kindergarten/Schule? Welche Ausweichrouten gibt es, wenn die Hauptstraßen verstopft sind? Welche Schutzräume kommen in Frage, wenn der Weg nach Hause zu lang ist? Wo gibt es weitere öffentliche Schutzräume? Welche Treffpunkte kommen in Frage? Welche Räume sind zu Hause die sichersten? usw.
- *Geheimcodes:* Unter Umständen muß man unter Zwang einen Anruf tätigen oder wird überwacht. Dafür soll ein unverfänglicher Gruß oder eine Floskel ausgemacht sein, deren Anwendung bedeutet: *Es ist etwas nicht in Ordnung – ich kann nicht frei sprechen!*
- weitere wichtige Notizen

Die Katastrophenpläne mit einem Kopierer verkleinern und in die Geldbörse geben, damit man sie immer bei sich hat.

Keramik dichten
Sprünge in Keramik werden gedichtet, indem man sie von innen mit flüssigem Wachs ausgießt.

Kernwaffen
siehe auch ➤ Strahlung, Grundbegriffe der ionisierenden, ➤ Fallout

1 Grundprinzipien
Seit Ende des Zweiten Weltkrieges wurden Waffen entwickelt, die

Kernwaffen

auf dem Prinzip der *Kernspaltung* (Fissionsbombe: Atombombe) bzw. dem der *Kernverschmelzung* (Fusionsbombe: H-Bombe, Neutronenbombe) beruhen.

Eine *Fissionswaffe* besteht im Prinzip aus einer Masse schwerer Kerne ^{235}U (Uran) oder ^{239}Pu (Plutonium) und einer Vorrichtung, die durch eine Detonation konventionellen Sprengstoffes die unterkritische Masse in sehr kurzer Zeit in den kritischen Bereich hinein verdichtet. Eine Neutronenquelle bringt unmittelbar darauf die Kettenreaktion der Kernspaltung in Gang.

Abb. 102: Codename »Grable«: US-Atombombentest, 25. Mai 1953

In *Fusionswaffen* (thermonuklearen Waffen) werden leichte Kerne zu schwereren verschmolzen. Die dazu erforderliche Temperatur von etwa 50 Millionen Grad wird durch eine kleine Fissionswaffe erzeugt. Da man bei den leichten Kernen nicht auf eine kritische Masse achten muß, lassen sich Fusionswaffen wesentlich zerstörerischer konstruieren.

Zu den Fusionswaffen zählen die Wasserstoffbombe (H-Bombe) und die Neutronenwaffe, deren Fusionsmaterial so gewählt ist, daß bei der Detonation möglichst viele Neutronen freigesetzt werden. (Deuterium + Tritium → ^{4}Helium + Neutron + 17,588 MeV)

Atomsprengkörper im Mt-Bereich besitzen darüber hinaus eine Hülle aus ^{238}U. Nach der Spaltung und der Verschmelzung kommt es in diesem Mantel dann noch einmal zu einer Spaltung. Man spricht von einer Drei-Phasen-Bombe; Sprengkraft und Aktivität der Rückstände sind bei dieser Bombe wesentlich größer.

2 Klassifikation

Kernwaffen können als ballistische Geschosse, Raketen, Bomben, Minen und Torpedos ausgeführt werden. Auch radioaktive Kampfstoffe (radiologische Waffen) können ihnen zugeordnet werden.

Kernwaffen

Die Entwicklung in den 1960er Jahren führte zunächst zur Vergrößerung der Sprengkraft einzelner Bomben, um den Abschreckungswert zu steigern, dann zum Bau besonders kleiner, auf dem Gefechtsfeld einsetzbarer A-Waffen (*taktische* Kernwaffen, Kaliber 1–50 kt[17]) und zu großkalibrigen Waffen, die einzeln oder mit einer Rakete mit Mehrfachsprengkopf auf gegnerisches Gebiet geschossen werden, von wo aus sie sich auf mehrere Ziele zubewegen (*strategische* Kernwaffen, Kaliber im Mt-Bereich).

Strategische Ziele sind: Großstädte, Verkehrsknoten, Wirtschafts- und Industriezentren. Taktische Ziele stellen dar: das Gefechtsfeld, Schwergewichtseinsatz, Feuerzusammenfassung, Truppenkonzentrationen und Versorgungseinrichtungen.

Ab 1966 wurden *Mehrfachsprengköpfe* hergestellt. Unterschieden werden:

- *MRV (Multiple Reentry Vehicle)*: nicht selbständig zielender Mehrfachsprengkörper
- *MIRV (Multiple Independently Targetable Reentry Vehicle)*: selbständig zielender Mehrfachsprengkörper
- *MARV (Maneuvering Reentry Vehicle)*
- *Marschflugkörper (Cruise Missiles)*: sehr tief auf vorprogrammiertem Kurs fliegender Sprengkörper mit hoher Zielgenauigkeit und Reichweite zwischen 450 und 4500 km

Zwei weitere häufige Abkürzungen: *ICBM (Inter Continental Ballistic Missiles)* ist die Abkürzung für Interkontinentalraketen, *SLBM (Submarine Launched Ballistic Missiles)* für U-Boot-gestützte Raketen.

3 Detonationsarten

Nach der Höhe der Waffe zum Zeitpunkt der Detonation unterscheidet man verschiedene *Detonationsarten:*

- *Hohe Luftdetonation* (Abbildung 103a, Detonationspunkt für 1 kt bzw. 1 Mt: 200 m bzw. 2000 m), eingesetzt zur großräumi-

---

[17] Die Sprengkraft (Detonationswert) von Kernwaffen wird als Äquivalent des herkömmlichen Sprengstoffes TNT angegeben. 1 kt entspricht daher 1000 Tonnen TNT, 1 Mt 1 Million Tonnen TNT. Zum Vergleich: Die auf Hiroshima abgeworfene Atombombe hatte eine Sprengkraft von »nur« 12,5 bis 15 kt.

gen Zerstörung von Gebäuden. Erscheinungsbild: Der Feuerball berührt den Erdboden nicht mehr, weiße oder blaugraue Detonationswolke, der Stamm bildet sich kaum aus.
- *Niedere Luftdetonation* (Abbildung 103 b, 100 bis 1000 m), eingesetzt gegen Bodentruppen, Flottenverbände. Erscheinungsbild: Ein grauer, schlanker Stamm steigt bis zur Detonationswolke auf, die sich daraufhin ebenfalls grau verfärbt.
- *Bodendetonation* (Abbildung 103 c, 50 bis 900 m), eingesetzt gegen Flugplätze, Befestigungen. Erscheinungsbild: der Feuerball berührt die Erdoberfläche und verursacht einen Kra-

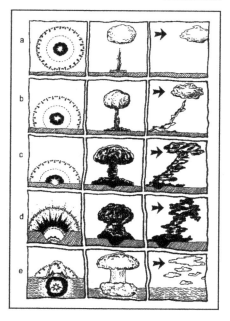

Abb. 103: Mittels dieser Phänomenologie der Detonationsarten läßt sich abschätzen, ob viel (Fig. c, d) oder wenig (Fig. a, b) Fallout zu erwarten ist. Die Zeit (und der Wind) gehen von links nach rechts.

ter, Erdstoß; Detonationswolke und Stamm sind miteinander verbunden, hell- bis tiefbraun gefärbt vom mitgerissenen Erdmaterial, das in der Folge als radioaktiver Niederschlag (→ Fallout) eine starke Verstrahlung des Geländes bewirkt.
- *Untererddetonation* (Abbildung 103 d, −5 bis −1500 m): Einsatz: Befestigungen, unterirdische Anlagen, Flughäfen, Auslösung von Erdbeben
Erscheinungsbild: Feuerball kann einen Krater verursachen, starke Erdstöße
- *Unterwasserdetonation* (Abbildung 103 e): Einsatz: Seestreitkräfte, Auslösung von Flutwellen, Zerstörung von Staudämmen.
Erscheinungsbild: breiter Stamm aus Wasser, Wasserstoß, Flutwelle

Kernwaffen

4 Auswirkungen von Kernwaffen

Zu den Auswirkungen einer Nukleardetonation gehören:
- Lichtblitz
- Hitzestrahlung
- Druckwelle
- Neutronen- und Gammastrahlung direkt aus dem Detonationspunkt (Anfangsstrahlung, während der ersten Minute nach der Detonation)
- Strahlung aus dem Fallout und aus der aktivierten Materie (Rückstandsstrahlung)
- elektromagnetischer Puls (NEMP)

4.1 Lichtblitz

Die thermische Strahlung erreicht den Beobachter zuerst mit einem Lichtblitz, der etwa $^1/_{10}$ Sekunde dauert und bei weitem heller als die Sonne ist. Dieser kann zur Blendung über Minuten (am Tag) oder Stunden (Nacht) führen. Selbst bei weit entfernten Detonationen kommt es zu irreversiblen, punktförmigen Verbrennungen der Netzhaut.

Schutzmaßnahmen: Nicht in Richtung des Gefechtes blicken.

Abb. 104: Im März 1953 fanden in den USA Kernwaffenversuche statt, bei denen die Auswirkungen verschiedener Detonationen auf Gebäude beobachtet wurden. Auf diesem Bild erreicht der Lichtblitz einer unweit in einer Höhe von 100 m detonierten 16-kt-Kernwaffe ein typisches amerikanisches Einfamilienhaus.

4.2 Hitzestrahlung (thermische Strahlung)

Auf den Lichtblitz folgt eine Hitzestrahlung, welche die Luft auf 2000°C erhitzt. Es kommt zur Einäscherung, Entzündung oder zum Schmelzen

Abb. 105: Das Haus von vorhin wird nun von der Hitzestrahlung erreicht. Da es einen weißen Anstrich hat, beginnt es nur zu qualmen. Bei einem dunklen Anstrich wäre es augenblicklich entflammt.

von brennbaren Materialien. Hierdurch können gewaltige (Wald-) Brände entstehen.
Die folgende Tabelle gibt die maximale Reichweite verschiedener Effekte bei schönem Wetter und ebener Erde an:

Auswirkungen der thermischen Strahlung	Radius in km	
	1 Mt	10 Mt
punktförmige Netzhautverbrennungen	320	320
Entzündung trockener Blätter	18	42
Verbrennungen der Haut 1. Grades	18	40
Verbrennungen der Haut 2. Grades	16	35
Verbrennungen der Haut 3. Grades	13	31
Entzündung eines hellen Baumwollstoffes	10	24
Entzündung von Schreibpapier	8,5	18

Auswirkungen der thermischen Strahlung auf den Menschen: Verbrennungen der Haut (auch sekundär durch aufgeheizte Staub- und Sandkörner – »Popcorn-Effekt«), Schock, Denaturierung des Eiweiß, Hitzschlag, ► Kohlenmonoxidvergiftung usw. können auftreten.

Schutzmaßnahmen: Nicht in Richtung des Gefechtes blicken, Schatten und Deckung ausnützen, Tragen dicker, schwer entzündlicher Kleidung (keine Kunstfaserstoffe).

4.3 Druckwelle
Die vom Detonationspunkt ausgehende Druckwelle breitet sich mit Überschallgeschwindigkeit aus. Die Stoßfront trifft mit einem lauten Knall ein. Dieser statische Spitzenüberdruck vermag von Fenstern (bei 0,1 bar) bis hin zu erdbe-

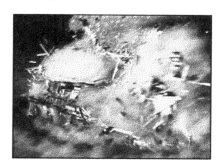

Abb. 106: Wenige Sekunden später trifft die Druckwelle ein – mit verheerenden Folgen.

bensicheren Eisenbetonbauten (1,7 bar) alles zu zermalmen. Dahinter folgt ein orkanartiger Wind, der nach 1 bis 4 Sekunden wieder abklingt, danach folgt eine etwa doppelt so lange dauernde (schwächere) Sogwirkung in Richtung des Detonationspunktes. Der Sturm läßt Bauten einstürzen und reißt Fahrzeuge, Bäume und

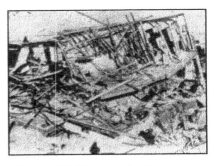

Abb. 107: Die Überreste des Hauses

Trümmer aller Art mit. Minuten später kann es in Hunderten Kilometern Entfernung zu weiteren Erschütterungen kommen, wenn Schockwellen an der Hochatmosphäre reflektiert werden.
Bei allen Detonationsarten außer den hohen Luftdetonationen kann es zu einer mehr oder weniger heftigen Erdbebenwelle kommen, die Bodenrisse, Felsstürze, Überschwemmungen usw. hervorrufen und unterirdische Anlagen, Staudämme usw. zerstören kann.
Die folgende Tabelle zeigt die Ankunftszeiten (in Sekunden nach dem Lichtblitz) sowie die Auswirkungen der Schockwelle einer 1-Mt- und einer 10-Mt-Bombe.[17]

Schockwelleneffekte (bei ebener Erde)	1 Mt		10 Mt	
	Radius in km	Zeit in sec	Radius in km	Zeit in sec
Fenster schwer beschädigt	34	60	68	140
Glasscherben durchdringen die Bauchwand	14	38	24	60
Straßen durch gefällte Bäume unpassierbar	9	24	24	60
tödliche Stürze durch Windstoß	6	14	14	32
Stahlbetonhäuser brechen zusammen	2,6	4,5	5,5	10
99% aller Personen erleiden Trommelfellrisse	1,7	2,7	3,8	6
99% Todesfälle durch Lungenrisse	1,6	2,1	3,2	4,5

[17] Dabei ist allerdings zu bedenken, daß die Militärs (Ausnahme: China) heute wieder kleinere Bomben (bis 0,5 Mt) bevorzugen, deren Wirkradien entsprechend kleiner ausfallen.

Kernwaffen

In Abbildung 108 ist die Auswirkung der Druckwelle einer im Zentrum Berlins detonierenden 1-Mt-Bombe dargestellt:
Innerhalb des mit »12« bezeichneten Gebietes (Radius 2,7 km) ist der Druck größer oder gleich 12 psi. Im Zentrum ist ein 70 Meter tiefer Krater mit einem Durchmesser von 300 Metern entstanden. Bis auf die Grundmauern ist alles dem Erdboden gleichgemacht. 98 % der Bevölkerung in diesem Bereich sind sofort tot.
Innerhalb der 5-psi-Zone (Radius 4,3 km) gibt es nur noch einige Skelette von Stahlbetonbauten. Die Hälfte der Bevölkerung ist sofort tot, die Überlebenden sind meist schwer verletzt.
Innerhalb der 2-psi-Zone (Radius 7,5 km) stehen noch einige der Gebäude. Allerdings wurden Fenster, Wände und Menschen der oberen Etagen weggeblasen. Die Straßen sind mit Schutt bedeckt. 45 % der Menschen sind verletzt, 5 % sind sofort tot.
Innerhalb des 1-psi-Rings (Radius 12 km) sind Einfamilienhäuser schwer beschädigt, während größere Gebäude nur leichte Schäden davongetragen haben. 25 % der Bevölkerung sind verletzt worden, vor allem durch Glassplitter und herumfliegende Trümmer.

Verletzungen durch Druck: Ab 0,5 bar sind Trommelfellrisse möglich, bei 4–6 bar kommt es zu schweren inneren Verletzungen (Blutungen und Zerreißen der Organe im Bauch- und Brustraum, Embolie durch Einpressen von Luft in den Blutkreislauf), vor allem aber zu indirekten Verletzungen durch die Folgen des Sturmes (herumwirbelnde Glassplitter, Trümmer).

Schutzmaßnahmen:
Schutzraum, Keller aufsuchen; falls nicht möglich, Geländevertiefungen oder Erhebungen nützen.

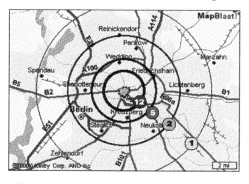

Abb. 108: Auswirkungen der Druckwelle einer 1-Mt-Kernwaffe bei Bodendetonation im Zentrum Berlins. Die Abbildung wurde mit dem Programm »Blast Mapper« erstellt, das solche Karten für die meisten Städte der Welt berechnen kann. Das Programm kann im Internet unter http://www.pbs.org/wgbh/amex/bomb/sfeature/mapablast.html aufgerufen werden.

4.4 Anfangsstrahlung

Diese besteht aus α- und β-Strahlung[18] (wegen ihrer geringen Reichweite vernachlässigbar), γ-Strahlung und Neutronenstrahlung. Die Intensität der Neutronenstrahlung und der harten γ-Strahlung nimmt nach einer Sekunde stark ab, die der weichen γ-Strahlung viel langsamer.

4.5 Rückstandsstrahlung

Dazu zählen der radioaktive Niederschlag (RN, engl.: *fallout*) und die neutroneninduzierte Strahlung (NIS).

Der RN besteht aus radioaktiven Spaltprodukten, nicht verbrauchtem Spaltungsmaterial, Teilchen der Sprengkörperhülle und Erd- und Wasserteilchen, die vor allem bei einer bodennahen Detonation ins Gewicht fallen. Je nach Detonationshöhe und Windstärke sinken die Teilchen früher oder später wieder zu Boden. Als direkten Niederschlag bezeichnet man den Ausfall mit Teilchen > 1 mm bis ca. 15 Minuten nach der Zündung. Der lokale Niederschlag mit Teilchen > 0,02 mm wird durch Winde verfrachtet und fällt bis einen Tag nach der Detonation aus. Durch den RN reichert sich der Boden (Gras, Oberflächenwasser) mit zum Teil langlebigen radioaktiven Isotopen an. Kernwaffeneinsätze gegen Städte erfolgen meistens als hohe Luftdetonation, wodurch es nur wenig Fallout gibt. Dagegen gibt es viel Fallout bei Bodendetonationen, etwa beim Angriff auf Raketensilos.

Das Abklingverhalten des RN kann mit der aus Atombombenversuchen gewonnenen *7er-Regel* abgeschätzt werden:

Zeit nach der Detonation	Dosisleistung
1 Stunde	1
7 Stunden	$1/10$
7×7 Stunden (2 Tage)	$1/100$
7×7×7 Stunden (2 Wochen)	$1/1000$

---

[18] Die Strahlenarten sind unter → Strahlung, Grundbegriffe der ionisierenden beschrieben.

Aus dieser Regel folgt, daß man am 3. Tag nach dem Fallout den Schutzraum schon für etwa 30 Minuten verlassen kann, am 9. Tag bereits für 4 Stunden und nach 2 Wochen bereits für 12 Stunden (bei leichter Arbeit und mit Pausen). In der Folge muß aber darauf geachtet werden, daß keine der langlebigen radioaktiven Isotope mit der Nahrung oder dem Trinkwasser aufgenommen werden.

Zur zweiten Komponente der Rückstandsstrahlung kommt es auf folgende Weise: Die bei einer Atomdetonation (vor allem bei Fusionswaffen) freigesetzten Neutronen können nach einer Abbremsung in der Luft von Gebäuden oder vom Boden eingefangen werden. Dort entstehen instabile Kerne, die nach einiger Zeit wieder zerfallen und Strahlung abgeben. Man spricht von *neutroneninduzierter Strahlung*. Sie ist u. a. von der Bodenzusammensetzung abhängig. Die folgende Tabelle gibt die Halbwertszeiten für aktivierte Bestandteile von Bodenmineralien oder Gesteinen an:

Isotop	Strahlungsart	HWZ in Stunden bzw. Minuten
^{24}Na	β, γ	15 Stunden
^{31}Si	β	2,7 Stunden
^{28}Al	β, γ	2,3 Minuten

Praktisch spielt also nur ^{24}Na eine Rolle. Nach 10 HWZ (150 Stunden) ist nur mehr ein 1024stel der ursprünglichen Dosisleistung vorhanden.

Dies ist vor allem beim Einsatz von Neutronenwaffen mit hoher Luftdetonation wichtig, ansonsten übertreffen die Auswirkungen des RN die der NIS.

Auswirkungen der Strahlung auf das Ökosystem:
Die folgende Tabelle zeigt den Einfluß einer kleinen (!) 1-kt-Neutronenbombe, wie sie gegen einen Verband von 10 Panzern eingesetzt wird (Detonationshöhe: 200 m), auf das Ökosystem:

Kernwaffen

Bereich des Ökosystems	betroffenes Gebiet in ha
totale Vernichtung aller Organismen	10
Wald- und Vegetationsbrände (bei trockener Umgebung)	30
Vernichtung vieler Mikroorganismen	40
Vernichtung der meisten Insekten	100
Vernichtung von Hartholzwäldern	170
Vernichtung von Weichholzwäldern	310
Vernichtung der meisten Nutzpflanzen	350
50 % Mortalität von Säugetieren und Vögeln	490

Auswirkungen der Strahlung auf den Menschen:
siehe auch → Erste Hilfe/Strahlenschäden
Sofortschäden: Tod, Strahlenkrankheit
stochastische (zufällige) Schäden: Krebs, Schädigung in der Erblinie
Schutzmaßnahmen:
Da es im Kriegsfall oft nicht möglich ist, den Abstand zur Detonation zu vergrößern, bleiben folgende Schutzmaßnahmen:
- Abschirmen: Schutzraum, Keller, Unterstand aufsuchen.
- Aufenthaltsdauer minimieren: nicht nach draußen gehen, so spät wie möglich in verstrahltes Gebiet gehen.
- Kontakt mit dem RN vermeiden: Luft filtern, kein Oberflächenwasser trinken, keine Gegenstände von draußen in den Schutzraum bringen, dekontaminieren.

4.6 TREE und NEMP
Nuklearexplosionen können auch die Funktionsfähigkeit elektrischer und elektronischer Geräte stark beeinflussen. Zum einen kommt es durch die Primärstrahlung zur vorübergehenden oder permanenten Schädigung von Geräten, die Kondensatoren oder Halbleiter (Dioden, Transistoren, ICs) enthalten, den sogenannten TREE[19]-Effekten. Diese sind jedoch auf ein relativ kleines Gebiet begrenzt.

---

[19] von engl.: *transient radiation effects on electronics*

Kernwaffen

Die zweite Klasse von Effekten sind die des nuklearen elektromagnetischen Impulses (NEMP)[20]: Durch die hochenergetischen γ-Strahlen können Elektronen aus den Hüllen der Atome und Moleküle der Luft herausgeschlagen werden (Comptoneffekt). Jedes Compton-Elektron löst wiederum einige 100 000 Sekundärelektronen aus. Diese Ladungstrennung bewirkt ein starkes elektrisches Feld. (Bei Bodendetonationen fließen Elektronen über den Boden zurück und bewirken ein starkes Magnetfeld.) Die entstehenden Felder bedeuten eine Gefahr für alle herkömmlichen elektrischen oder elektronischen Geräte. Durch die in ihnen induzierten hohen Ströme werden Bauelemente kurzfristig gestört oder total zerstört. Besonders gefährdet sind Geräte, die mit Leitungen oder Antennen verbunden sind. (Selbst Rohrleitungen oder Eisenbahnschienen können als Antennen wirken.) Dieser Effekt wird daher gezielt eingesetzt, um durch die Detonation einiger weniger Nuklearwaffen in Höhen von 2–50 km sämtliche ungeschützte Kommunikations- und Waffensysteme des Gegners lahmzulegen, wobei sich die Wirkung auf einen ganzen Kontinent erstrecken kann.

http://jya.com/emp.htm
Kostenlose 470seitige technische Handreichung über EMP der US Armee.

Schutzmaßnahmen:
Geräte abschalten und vom Stromnetz trennen. »Antennen« entfernen. Geräte nicht neben Heizungsrohren, Wasserleitungen, Kabeln usw. lagern. Aufbewahren empfindlicher Gegenstände in Faradayschen Käfigen, d. h. Kisten aus Metall (Keksdose, mit Alufolie überzogene Papierschachtel o. ä.), die mit einer Leitung geerdet sind. Das beste Abschirmmaterial ist µ-Metall, das wesentlich billigere Weicheisen ist allerdings nur um einen Faktor 3 bis 4 schlechter. Bereits 1 mm Eisenblech bietet einen guten EMP-Schutz. Für den militärischen Einsatz gibt es TREE- und NEMP-gehärtete Geräte.

http://www.mushield.com/
http://www.advancemag.com/
http://www.lessemf.com/
Bezugsquellen für µ-Metall-Behälter

---

[20] Mittlerweile wurden auch Bomben mit herkömmlichen Sprengstoffen entwickelt, die einen EMP verursachen können.

Kitte

- *Brillen aus Kunstharz* und *Gegenstände aus Zelluloid* kittet man mit Aceton, Essigether oder Essigsäure.

- *Eiserne Öfen und Herdplatten* kittet man mit einem pulverförmigen Gemisch aus 30 Teilen gebranntem Gips, 20 Teilen Eisenfeilspänen, 12 Teilen Hammerschlag (schwarzes Pulver unter dem Schmiedeamboß) und 10 Teilen Kochsalz, das mit etwas ➤ Wasserglas vermengt wird. Schnell verarbeiten!
Oder man vermengt 4 Teile Lehm und 1 Teil Borax mit etwas Wasser zu einem steifen Brei.

- *Fugenkitt für Holz:* Man mischt 50 g gepulverten, gebrannten Kalk und 60 g Topfen (➤ Käsebereitung) mit 10 g Wasser und preßt den steinhart werdenden Kitt in die vorher angefeuchteten Holzfugen.
Oder man mischt 17 Teile gebrauchsfertigen Tischlerleim (➤ Klebstoffe und Leime) mit 20 Teilen Wasser und fügt so viel gesiebtes Sägemehl hinzu, daß ein steifer Brei entsteht.
Oder: Zeitungspapier in Wasser aufweichen, zerquetschen, mit Tischlerleim mischen und etwas gebrannte Magnesia (Magnesiumoxid) zusetzen.

- *Glaserkitt* erhält man durch Vermengen von 10 Teilen Schlämmkreide mit 1 Teil Leinölfirnis, Kitt wird schnell hart. Aufbewahrung in Ölpapier oder unter Wasser. Harter Glaserkitt wird durch kräftiges Durcharbeiten und Zusatz von etwas Leinsamenölfirnis wieder verwendbar gemacht.

- *Gummikitt (Gummilösung):* Man schneidet 3 Teile Gummi oder Kautschuk in kleine Stücke, übergießt diese in einer Glasstöpselflasche mit 30 Teilen Benzen (frühere Bezeichnung: Benzol, Achtung! Dämpfe nicht einatmen!) und läßt das Ganze unter wiederholtem Schütteln zu einer schleimigen Masse werden. Verarbeitung: siehe ➤ Gummigegenstände flicken.

- *Gußeisenkitt:* Man schmilzt 40 g Wachs und gibt allmählich unter stetigem Rühren 120 g feingesiebte Gußeisenspäne hinzu. Dann fügt man 5 g Talg und 10 g Fichtenharz (Kolophonium) bei. Die Mischung läßt man 20 Minuten kochen und erkalten. Auf gut gereinigte Bruchstellen kalten Kitt auftragen und Kitt mehrmals mit glühendem Flacheisen überstreichen.

- *Ofenkachelkitt:* Man mischt Lehm mit etwas Kochsalz und

rührt beides mit Wasser zu einem steifen Brei, mit dem die Fugen ausgestrichen werden.
- *Porzellankitt* erhält man durch Verrühren von ➤ Wasserglas mit Zinkoxid.
Oder Gummi arabicum mit warmem Wasser und Gips verrühren. Kittstelle gut beschwert einige Tage ruhenlassen.

Klebstoffe und Leime

- In Wasser gelöstes *Pflaumen-, Kirsch- oder Pfirsichbaumharz* ist ein vorzügliches *Klebemittel für Papier und Pappe*.
- Papier wird mit *Stärkekleister* (➤ Karten aufziehen) geklebt.
- Auch *Eiklar* eignet sich zum Verkleben von Papier (Briefe). Eine Paste aus Mehl und Wasser hält nur etwa eine Woche lang.
- *Mistelleim:* Dazu werden Mistelbeeren püriert.
- *Glas, Porzellan und Papier* klebt man mit einer Paste aus $1/2$ B. Kaseinpulver, $1/4$ B. Borax und heißem Wasser. Der Klebstoff kann in luftdichten Gefäßen aufbewahrt werden.
- *Tischlerleim* in kleine Stücke brechen, in Wasser quellen lassen, bis sie durch und durch gallertartig sind, und im Wasserbad (niemals auf direktem Feuer!) schmelzen (nicht kochen!) lassen. Kaltleim mit Wasser anrühren, kurze Zeit quellen lassen. Alle Leimstellen vor dem Zusammenleimen gut reinigen. Verleimungen von Tischlerleim müssen 8–14 Stunden, von Kaltleim 3–6 Stunden gut zusammengepreßt oder beschwert trocknen.
- *Holzleim:* Eine Handvoll Ätzkalk mit 125 g Leinsamenöl auf eine geeignete Dicke einkochen, im Schatten auf Blechplatten ausbreiten und hart werden lassen. Der Leim kann über Feuer wieder weich gemacht werden und stellt einen ausgezeichneten feuer- und wasserbeständigen Holzleim dar.

Kleiderpflege

siehe auch ➤ Knopfersatz, ➤ Knöpfe annähen, ➤ Leder, Reinigen von, ➤ Wasserdichtmachen von Geweben

Allgemeines:
Klemmende Reißverschlüsse funktionieren wieder einwandfrei, wenn man sie mit einem Kerzenstummel oder mit Seife schmiert.
Eingeseifte Nadeln gehen besser durch dicken Stoff.
Zum *Stärken* kann man Zuckerlösung verwenden.

Kleiderpflege

Spülen oder Abreiben mit starkem Essigwasser vertreibt *Schweißgeruch*.

Vergilbte Wäsche wird über Nacht in saure Milch gelegt und dann normal gewaschen.

Ein Schuß Essig ins letzte Spülwasser macht *Wolle weich*; Spülwasser soll immer die gleiche Temperatur wie Waschwasser haben.

Wollsachen warm (nicht heiß!) mit Seife waschen, so lange lauwarm spülen, bis das Wasser klar bleibt. Zusammengelegt ausdrücken (nicht wringen!), auf reinem Tuch zum Trocknen auslegen, Strümpfe hängen, Sonne oder Ofenwärme vermeiden.

Zeltbahnen und imprägnierte Stoffe nicht waschen, sondern trocken reinigen (klopfen und bürsten).

Kochwäsche: Kochbare Wäsche und Anzüge 12 Stunden in Sodawasser einweichen und mehrmals zur Schmutzlösung durchstampfen, auswringen, wenn möglich nachspülen. Kochwasser 3 Minuten vor dem Zuschütten des Waschpulvers mit Soda enthärten. Dann Waschpulver oder Seife zugeben und aufs Feuer setzen. Zum Kochen bringen, 5 Minuten kochen und weitere 10 Minuten ziehen lassen. Etwas abkühlen lassen, gut durchwaschen, heiß, lauwarm, kalt spülen, auswringen, zum Trocknen aufhängen.

Bügeln: Bügeln der Beinkleider erst nach gründlichem Klopfen und Bürsten und nach Fleckenentfernung. Hosen flach (Naht auf Naht) auf Bügelbrett oder mit Wolldecke bedeckten Tisch legen, sauberes, feuchtes Tuch auflegen und mit heißem Eisen bei kräftigem Druck bügeln. Hosen zum völligen Abkühlen und Trocknen in Spanner hängen. Fehlt Bügeleisen, dann Hosen, gut flach gefaltet, unter das Bettlaken legen und nachts darauf schlafen.

Trocknen: Durchnäßte Sachen nicht zu nahe am Ofen aufhängen. Ausgebreitet über Bügel, Stuhllehne oder auf Leine in 1,5 m Abstand von Herden und offenen Feuerstellen und in 1 m Abstand von Ofen und Heizkörpern trocknen.

Flicken stets aus möglichst gleichartigem Stoff, fadengerade, bei umgelegten Flickenrändern aufheften oder aufstecken. Mit kleinen Stichen und passendem Garn (Zwirn, Twist, Nähseide, Baumwollgarn) aufnähen und bügeln.

Stopfen: Löcher nicht mit Faden zusammenziehen, sondern eng aneinander in Fadenrichtung Woll- oder Baumwollfäden (je nachdem, ob es sich um Stoff- oder Wollstrumpf handelt) parallel zueinander spannen, dann über Kreuz geflechtartig eng an eng durchstopfen, ohne Wulstränder zu bilden. Kleine Löcher stets sofort stopfen.

Kleidung
siehe auch ➤ Kleiderpflege

Zusätzlich zur vorhandenen Alltagskleidung sollte eine Reihe warmer, wetterfester, strapazierfähiger und funktioneller Kleidungsstücke gekauft werden, wie sie in Trekking-, Expeditions- und Berggeschäften angeboten werden. Besonders wichtig: Eine lange Jacke oder ein Anorak mit Kapuze und verstärkter Schulterpartie aus atmungsaktivem Gewebe. Unauffällige Farben bevorzugen. Auch bei Socken, Pullovern, Handschuhen und Leibwäsche auf beste Qualität achten; nach einer globalen Katastrophe wird man vielleicht jahrelang ohne neue Wäsche auskommen müssen.

Knopfersatz
An Stelle eines fehlenden Knopfes kann notfalls ein rundes oder ovales Hartholzplättchen verwendet werden. Die Nählöcher werden mit einer glühenden Nadel durchgebrannt, weil sich beim Bohren mit einem Bohrer das dünne Holz spalten würde.

Knöpfe annähen
Reste gerissener Nähfäden entfernen. Knopf mit kräftigem Zwirn annähen. Zur Erzielung des Zwischenraums zwischen Knopf und Stoff dicke Nadel oder Zündholz beim Annähen auf den Zwei- oder Vier-Lochknopf legen und Fäden darüber spannen. Nähfäden zum Schluß unter dem Knopf mit Zwirn umwickeln, Fadenschluß verknoten.

Knoten
Knoten dienen zur Befestigung von Seilen und Stricken. Je größer die beim Knoten erzielte Reibungsfläche ist, desto fester hält der Knoten. In Abbildung 109 sind die wichtigsten Knotenarten dargestellt: Fig. a zeigt den *Zimmermannsklang* (Zimmer- oder Balkensteek), Fig. b die *Doppelschlinge* (Seemanns-, Schiffer-

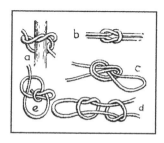

Abb. 109: Wichtige Knoten

oder Kreuzknoten), Fig. c den *Durchziehknoten*, Fig. d den *Schiffsknoten* und Fig. e die *laufende Schlinge* (laufender Palsteek).

Sondheim, Erich, *Knoten, Spleißen, Takeln* (Yacht Bücherei, Bd. 9, Bielefeld: Klasing, [17]1992) 152 S.

Kochen mit einfachen Zutaten

siehe auch → Backen, → Backpulver und Hefe, → Getreideverwertung in Krisenzeiten

Der Nahrungsaufnahme kommt in Krisenzeiten auch eine nicht zu unterschätzende psychische Aufbauwirkung zu. Expeditionsteilnehmer berichten, daß an manchen Tagen gerade der Gedanke ans Essen über Strapazen hinweghilft und die Stimmung der Truppe mit dessen Qualität steigt und fällt. Aus diesem Grunde seien hier die wichtigsten Rezepte für das wirtschaftliche Kochen *mit einfachen Zutaten* angeführt. Die Hausfrau mag darüber lächeln, unter Extrembedingungen kann jedoch auch jemand gezwungen sein zu kochen, der bisher davon keine Ahnung hatte. Beachten Sie die empfehlenswerten Extrem-Kochbücher von Lukas und Höh und insbesondere *Tante Linas Kriegskochbuch* von Horbelt/Spindler im Literaturverzeichnis!

Halten Sie feste Essenszeiten ein und versuchen Sie, das Beste aus den vorhandenen Lebensmitteln zu machen. Essen Sie langsam und bedächtig, kauen Sie ausgiebig. Versuchen Sie, die Speisen möglichst appetitlich anzurichten, denn bei genußvollem Essen werden die Nährstoffe vom Körper besser aufgenommen.

In Krisenzeiten besonders wichtig sind hygienische Arbeitsverhältnisse in der Küche. Fleisch sollte besonders lange gekocht, besser aber gebraten werden. Schneidet man es in zentimeterdicke Stücke, ist es sicherer und spart Kochzeit.

Die folgenden Kochrezepte sind jeweils für 4 Personen berechnet.

Vergleichsmaße und Gewichte:

1 Becher (B.) =	1/4 l	=	etwa 16 Eßlöffel (El.)
	Mehl	=	etwa 125 g
	Reis	=	etwa 220 g
	Graupen	=	etwa 200 g
	Salz	=	etwa 200 g
1 gestrichener El.	Butter	=	etwa 20 g
	Mehl	=	etwa 10 g

1 El. Volleipulver = 1 Hühnerei
Teelöffel (Tl.)

Suppen
Suppen eignen sich hervorragend zur Verwertung von Knochen oder sehr zähem Fleisch. Für eine *einfache Brühe* werden Fleisch und/oder Knochen, Fisch(abfälle) oder Gemüse in Wasser – 1 l pro kg Festbestandteil – gekocht (auf möglichst kleiner Flamme) und mit Salz und Gewürzen abgeschmeckt.

- *Beutelsuppen* lassen sich mit ein wenig Milchpulver, Eipulver, Speisestärke oder Fett (vorher in ein wenig kaltem Wasser anrühren) veredeln und auch strecken (2 B. mehr Wasser zufügen, als auf der Packung steht).
- *Bohnensuppe (auch Erbsen- oder Linsensuppe):* 500 g Hülsenfrüchte (3 B.) am Vortag in 2 l Wasser einweichen, am nächsten Tag rechtzeitig weich kochen, Salz, Gewürzkräuter, geröstete Speck-, Zwiebel- oder Brotwürfel dazugeben, mit Mehl oder Einbrenne (siehe S. 271) dicken. Gut mit Rind-, Schweine- oder Hammelfleisch, vorzüglich mit Rauchfleisch oder Würstchen.
- *Gemüsesuppe:* Reste von Gemüsegerichten (ca. 5 B.) oder die doppelte Menge gewaschener, kleingeschnittener Karotten, grüne Bohnen, Kraut, Kohl, Kohlrabi, rote Rüben, Porree oder dergleichen zunächst in wenig Wasser weich kochen, dann Wasser auf insgesamt 3 l Suppe auffüllen; viel Würzkräuter (Petersilie, Bohnenkraut, Liebstöckel, Sellerie und Zwiebelgrün), gehackte Zwiebeln und etwas Knoblauch, Salz, Suppenwürfel oder Fleischextrakt nach Geschmack dazugeben; wenn alles kocht, 4 El. in kaltem Wasser angerührtes Roggen- oder Weizenmehl oder 3 El. Kartoffelmehl oder eine Einbrenne zum Dicken dazugeben. Fehlt Mehl, so können 3–4 mittelgroße, rohe Kartoffeln in die kochende Suppe gerieben werden.
- *Graupensuppe:* 250 g Graupen (1 1/4 B.) abends in 2 l Wasser einweichen, am nächsten Tag gar kochen, Salz, Suppenwürze, Würzkräuter nach Geschmack dazugeben, 4 mittelgroße Zwiebeln in Würfel schneiden, rösten und hinzufügen. Gut mit Fleischresten aller Art.
- *Grießsuppe:* 100 g Grieß läßt man unter ständigem Rühren in 2 l Vollmilch, Magermilch oder Wasser einlaufen, bis ein dicklicher

Brei entsteht. 5 Minuten weiterkochen lassen. Entweder mit Salz oder Suppenwürze und gehackten Kräutern nach Geschmack würzen oder mit Zucker süßen, im letzten Fall gut mit rohem oder geschmortem Obst.

- *Haferflockensuppe:* 1 B. Haferflocken in Fett anrösten, mit 2 l Milch oder Wasser (oder beidem gemischt) aufgießen, zum Kochen bringen und 5 Minuten unter Rühren kochen lassen. Mit Salz oder Zucker nach Geschmack würzen.
- *Kartoffelsuppe:* 12 mittelgroße, gekochte Kartoffeln zerquetschen (auch Kartoffelbrei in entsprechender Menge ist geeignet), mit 2 l Wasser aufsetzen und glattrühren, salzen nach Geschmack und vorrätige Suppenkräuter dazutun. In der Pfanne Speck und 8 mittelgroße, in Würfel geschnittene Zwiebeln rösten und hinzugeben. Gut mit Rauchfleisch, Würsten, Wurstscheiben oder Fleischresten aller Art.
- *Mehlsuppe:* 2 l Milch oder Wasser zum Kochen bringen und 6 gehäufte El. Roggen- oder Weizenmehl in etwas kaltem Wasser anrühren und in die kochende Milch oder das kochende Wasser geben. Gut durchkochen lassen, nach Geschmack salzen oder süßen und vor dem Servieren etwas frische Butter hinzufügen.
- *Nudelsuppe:* 4 bis 6 B. Nudeln (Bandnudeln oder Hörnchen) in 2 l kochendes Wasser geben und darin weich kochen lassen. Salz, Suppenwürze, gehackte Kräuter, gehackte Zwiebeln nach Geschmack dazugeben und an warmem Ort 10 Minuten quellen lassen. Gut mit Fleischresten aller Art. Vorzüglich mit Rindfleisch.

Eierspeisen
- Die Zubereitung weichgekochter »*Frühstückseier*« ist bei schlechter Kühlmöglichkeit aufgrund der Gefahr einer Salmonellenvergiftung nicht zu empfehlen!
- *Eierkuchen (Pfannkuchen, Palatschinke, Omelette):* 2–4 Eier mit 250 g Mehl (2 B.) verquirlen und 2 B. Voll- oder Magermilch dazugeben. Alles sehr gut verrühren und nach Geschmack salzen oder zuckern. In der Pfanne Butter, Schmalz oder Margarine erhitzen, ¼ des Teigs in das heiße Fett geben und von beiden Seiten bei kleiner Flamme goldgelb backen. Dann den Rest des Teigs in gleicher Weise zu drei weiteren Eierkuchen verarbeiten. Gut mit einer Füllung von Marmelade oder Schmorobst oder, falls mit Salz gewürzt,

mit gerösteten Speck- und Zwiebelwürfeln oder Fleischresten. Für eine *Brotomelette* röstet man im Fett zerkleinertes altes Brot an, bevor man den Teig darübergießt. Dicker herausgebacken und mit der Gabel zerkleinert, erhält man mit der Grundmasse einen *Schmarrn* (siehe unten).
- *Harte Eier:* Eier in kaltem Wasser aufsetzen, mindestens 10 Minuten kochen lassen und dann unter kaltem Wasser abschrecken. Gut als Brotbelag (in Scheiben geschnitten) oder, fein zerkrümelt, mit Butter oder Margarine verrührt und mit Schnittlauch vermengt, als Brotaufstrich.
- *Rührei (Eierspeise):* 4 Eier mit 4 El. Mehl und 2 B. Voll- oder Magermilch verrühren. Feingehackten Schnittlauch und Petersilie dazugeben, salzen und in etwas Fett in der Pfanne unter häufigem Rühren schwach goldgelb backen. Gut mit Schinkenwürfeln, Paprika, Käse und als Beilage zu Bratkartoffeln und Gemüse.
- *Schmarrn:* 150 g Weizenmehl mit 2 bis 4 Eigelb und 1 B. Voll- oder Magermilch, 1 El. Zucker und etwas Salz verrühren. Eiweiß zu Schnee schlagen und hinzufügen. In großer Bratpfanne Butter, Schmalz, Margarine oder Öl erhitzen und den gut durchgerührten Teig in das heiße Fett gießen. 3 Minuten backen lassen, umrühren, abermals 3 Minuten backen lassen. Vom Feuer nehmen und mit Zucker bestreuen. Dazu Kompott reichen.
- *Spiegeleier:* Fett in der Pfanne erhitzen und 4–8 Eier dazuschlagen. Backen, bis Eiweiß zu fester weißer Masse geronnen ist. Gut zu Spinat und Bratkartoffeln.

Gemüse- und Kartoffelgerichte

Alle Gemüse sind hier als reine Gemüsegerichte angegeben. Mit Ausnahme von Spinat kann man alle Gemüse mit Kartoffeln gemeinsam kochen. Das Kartoffelgewicht ist dann sinngemäß vom Gemüsegewicht abzuziehen. Bis auf die eine längere Kochzeit verlangenden Rüben können die Kartoffeln roh mit jedem Gemüse zusammen aufgesetzt werden. Bei Rüben sind die Kartoffeln nach etwa 1 1/2 Stunden Kochzeit hinzuzufügen. Auch Fleisch kann zusammen mit dem Gemüse und den Kartoffeln gekocht werden (Eintopfgerichte); siehe hierzu *grüne Bohnen* (S. 267). Der süßliche Geschmack angefrorener Kartoffeln läßt sich beseitigen, indem man sie vor dem Kochen einige Stunden in kaltes Wasser legt.

- *Bratkartoffeln:* Salz- oder Pellkartoffeln oder in sehr dünne Scheiben geschnittene, geschälte rohe Kartoffeln in heißer Pfanne mit Fett oder Speck goldgelb backen (öfters wenden!). Eventuell Zwiebelwürfel und Fleischreste mitbraten. Für 4 Personen sind die Scheiben von etwa 20 mittelgroßen Kartoffeln erforderlich.
- *Salz- oder Pellkartoffeln:* Pro Person 5–6 Kartoffeln mittlerer Größe dünn schälen, waschen und mit kaltem Wasser und etwas Salz aufs Feuer stellen. Kochen lassen, bis sich die Kartoffeln leicht mit der Gabel oder spitzem Messer durchstechen lassen; Wasser abgießen, Topf ohne Deckel zum Dämpfen nochmals kurz aufs Feuer bringen und mehrmals schwenken. Pellkartoffeln bleiben ungeschält und werden in gleicher Weise zubereitet. Pellkartoffeln sind gesünder (die wertvollen Nährstoffe befinden sich in einer dünnen Schicht unter der Schale) und sparsamer als Salzkartoffeln. Das Kartoffelwasser ist nährstoffreich und kann in Suppen oder Brotteig gegeben werden.
- *Kartoffelbrei (Kartoffelpüree):* Pro Person 4–5 mehlige Kartoffeln als Pellkartoffeln bereiten (siehe oben), Schalen abziehen und Kartoffeln gut zerreiben oder zerstampfen. Daneben pro Person $1/2$ B. Milch oder Wasser oder halb Milch halb Wasser erwärmen, etwas Salz und die zerriebenen oder zerquetschten Kartoffeln hinzufügen. Unter kräftigem Durchrühren kurz aufkochen lassen.
- *Kartoffelnudeln, Kartoffelbratlinge:* 2 B. Kartoffelbrei mit etwa einem Drittel Weizenmehl und einem ganzen Ei vermengen, etwas Salz dazutun und eine halbe Stunde ruhenlassen. Aus der Masse fingerdicke Nudeln auf mit Mehl bestäubtem Brett ausrollen oder handtellergroße, in Mehl gewälzte Fladen formen. Fladen am besten in geriebener Semmel wälzen und in heißer Pfanne beidseitig goldgelb backen. Oder fingerdick ausgerollten Teig in 5 cm lange Streifen schneiden und in kochendes Wasser geben, darin ziehen lassen, bis die Nudeln an die Oberfläche steigen, herausnehmen, abtropfen lassen und in gefetteter Pfanne leicht überbacken.
- *Kartoffelpuffer:* Pro Person 3 mittelgroße Kartoffeln reiben (➤ Reibeisen), rohen Kartoffelbrei kräftig durchrühren. Gewürze und eventuell Ei und Wurstwürfel beifügen. In der Pfanne etwas Butter, Schmalz, Talg oder Margarine erhitzen und Teig in dünner Schicht in die heiße Pfanne gießen. Bei mittlerer Flamme beidseitig hellbraun backen.

Kochen mit einfachen Zutaten

- *Kremlach:* Rohe Kartoffeln schälen und reiben. Die gesamte Flüssigkeit herauspressen, mit Salz, Pfeffer und geschlagenem Ei mischen. Das Gemisch löffelweise in heißes Öl geben und auf beiden Seiten braten, bis die Kuchen gerade braun sind. Gut zu Fleisch und Apfelmus.
- *Grüne Bohnen:* Spitzen der Bohnen (pro Person etwa 500 g) abschneiden und Fäden abziehen. Bohnen waschen, brechen oder schnitzeln, mit etwas Fett im Topf erhitzen und unter vorsichtiger Wasserzugabe dünsten. Wenn Bohnen weich sind, etwas mehr Wasser hinzufügen und mit Einbrenne dicken, mit Bohnenkraut und etwas Salz nach Geschmack würzen. Gut zu Rind- und Hammelfleisch. Falls Bohnen mit Fleisch zusammen gekocht werden sollen, zuerst Fleisch in kaltem Wasser aufsetzen und halbgar kochen, dann Bohnen hinzugeben, weiter wie oben zubereiten.
- *Hülsenfrüchte in Breiform:* 1 kg Hülsenfrüchte mit 6 B. Wasser abends zum Quellen aufstellen. Wie *Bohnensuppe* (siehe S. 263) bereiten und beim Garkochen verdampfendes Wasser ergänzen. Sehr weich gekochte Hülsenfrüchte zerstampfen. Gut zu Kartoffeln, Sauerkraut und fettem Fleisch. Ist der Brennstoff knapp, die Hülsenfrüchte noch vor dem Quellen zerkleinern. Sojabohnen verlieren ihren unangenehmen Eigengeschmack, wenn man sie mit Korn (➤ Getreideverwertung in Krisenzeiten) im Verhältnis 1:3 kocht.
- *Kohlrabi:* Von 2 kg Kohlrabi das holzige Strunkende abschneiden, dünn schälen oder abziehen, waschen und in möglichst dünne Scheiben schneiden. Kohlrabigrün kann, sofern es zart und grün ist, feingehackt mitverwendet werden. Wie grüne Bohnen dünsten und dicken, eventuell mit Kümmel würzen, beliebt zu Fleischgerichten aller Art.
- *Konservengemüse:* Inhalt der Dose aufkochen lassen und mit Einbrenne dicken, würzen nach Geschmack.
- *Kraut, Kohl:* Pro Person einen mittelgroßen Kohlkopf (Weiß- oder Wirsingkohl) putzen, welke Blätter entfernen, darunterliegende gut waschen; Kopfmitte nicht waschen; schnitzeln oder in Streifen schneiden, mit Kümmel und etwas Salz würzen und wie *grüne Bohnen* (siehe oben) dünsten. Rotkohl (Blaukraut) wie Weißkraut oder Wirsingkohl vorbereiten, jedoch feiner schneiden und zusammen mit etwas Zucker, Zitronensäure und eventuell Apfel-

scheiben mit etwas mehr Wasser gar kochen und langsam einschmoren lassen.
- *Mais, grüner (Kukuruz):* Nicht ausgereifte Maiskolben, die jedoch schon Körneransatz haben, entblättern und in wenig Wasser kochen, bis sich die Körner leicht mit der Gabel einstechen lassen. Vor dem Essen mit frischer Butter bestreichen, dazu Salz- oder Pellkartoffeln reichen.
- *Möhren (Karotten, Mohrrüben, gelbe Rüben):* 2 kg Möhren waschen, schaben und in zentimeterdicke Scheiben schneiden, wie grüne Bohnen dünsten. Wenn sie gar sind, etwas feingehackte Petersilie und etwas Mohrrübenkraut dazugeben. (Mohrrübengrün ist sehr vitaminreich!)
- *Sauerkraut:* 1–1 ½ kg Sauerkraut ungewaschen mit viel Kümmel und Zwiebelwürfeln vermengen und wie *grüne Bohnen* (siehe S. 267) gardünsten. Gut zu Würstchen, Hülsenfruchtbrei, fettem Fleisch. Am gesündesten ist Sauerkraut, wenn man es, mit Kümmel vermengt, roh ißt.
- *Spinat:* Aus 3 kg Spinat welke Blätter und Wurzelenden auslesen, sehr gut waschen, abtropfen lassen; mit wenig Wasser kurz aufkochen, bis die Blätter welk zusammenfallen. Auf einem Brett möglichst fein hacken oder wiegen (wenn vorhanden, durch Fleischwolf drehen), mit wenig Wasser, gehackten Zwiebeln und etwas Salz garkochen. Zum fertigen Spinat gebe man eine Handvoll roher, feingehackter Spinatblätter. Gut zu Fleisch- und Eierspeisen aller Art.
- *Weiße Rüben (Mairüben, Kohlrüben, Steckrüben):* 2 kg Rüben waschen, schaben und schnitzeln, mit Wasser und etwas Salz aufs Feuer setzen und weich kochen lassen (Kochzeit etwa 2 Stunden). Gut zu fettem Fleisch.

Fische
Fischbedarf pro Person etwa 250 g bei Kochfischen, 200 g bei Bratfischen, notfalls weniger. Fluß- oder Seefische gut in Essigwasser waschen, mit Messer schuppen, Bauch aufschneiden und ausnehmen, Kopf, Schwanz und Flossen abschneiden, nochmals gründlichst waschen und – wenn möglich – mit Essig- oder Zitronenwasser abreiben.
- *Bratfische:* Fische oder Fischstücke in Mehl wälzen, in Milch baden und danach in Semmelbröseln wälzen und in heißem Fett in

der Pfanne goldgelb backen. Bei großen Stücken Pfanne kurze Zeit zudecken und Fisch gar dünsten lassen. Mit gehacktem Zwiebelgrün, Petersilie und Schnittlauch würzen und möglichst mit Zitronensaft beträufeln; zu Salz- oder Pellkartoffeln reichen.
- *Dünstfische:* Fett im Topf erhitzen, Fische hineintun, mit Zwiebelwürfeln und Zitronensaft würzen und im bedeckten Topf Saft ziehen lassen. Saft mit Einbrenne leicht dicken, salzen nach Geschmack, dazu Salzkartoffeln servieren.
- *Kochfische:* Fische mit reichlich Wasser, etwas Salz und Zwiebelscheiben oder -würfeln weich kochen, Kochwasser mit viel grünem Dill, Suppenwürze, Brühwürfel, Petersiliengrün und etwas Salz würzen und mit Mehl oder Einbrenne dicken.

Fleischgerichte (pro Person 100–150 g Fleisch)
- *Fleischlaibchen (Hackbraten, deutsches Beefsteak):* Gehacktes, gewiegtes oder durch den Fleischwolf gedrehtes Rind- oder Schweinefleisch oder beide Fleischarten gemischt mit Paprika, Salz, etwas Senf und rohen Zwiebelwürfeln vermengen. In Wasser oder Milch aufgeweichte Semmelbrocken und etwas Weizen- oder Roggenmehl dazugeben. Flache Scheiben formen, diese eventuell in geriebener Semmel wälzen und in der Pfanne in reichlich heißem Fett allseitig dunkelbraun braten.
- *Gulasch:* Rind-, Schweine-, Kalb- oder Hammelfleisch in nicht zu kleine Würfel schneiden und mit viel Zwiebelwürfeln, etwas Knoblauch und reichlich Paprika in heißem Fett anbraten; dann wenig Wasser und etwas Salz hinzutun und weich kochen lassen, verdampfendes Wasser ersetzen.
- *Kalbs-, Hammel- und Schweinebraten:* Bereitung wie Gulasch, jedoch Fleisch im Stück lassen. Braten stets in Bratröhre bereiten, öfters wenden und mit dem sich bildenden Saft begießen. Schwarte bei Schweinebraten mit dem Messer schachbrettartig einschneiden. Bei Hammelbraten Knoblauch dazugeben.
- *Kochfleisch aller Art:* Mit heißem Wasser, Salz, Pfeffer oder Paprika, Würzkräutern nach Wahl (Hammelfleisch mit etwas Knoblauch) aufsetzen und weich kochen lassen. Kochwasser zum Schluß mit etwas Mehl oder Einbrenne dicken und rohe oder in Fett geröstete Zwiebelwürfel hinzufügen. Wird Fleischbrühe benötigt, mit viel kaltem Wasser unter Beigabe einiger Markknochen aufsetzen,

den größten Teil des Kochwassers vor dem Dicken mit Mehl oder Einbrenne abgießen und mit feingehackter Petersilie würzen.
- *Schnitzel und Koteletts:* Fleischscheiben weich klopfen, wie Bratfisch in Mehl, Milch (oder Ei) und Semmelbröseln wälzen, etwas salzen und in der Pfanne in heißem Fett braun braten.
- *Fleischragouts:* Fleisch wie Gulasch vorbereiten, anbraten und gar kochen, zur Soße nach Geschmack etwas Marmelade oder Zucker, Salz, Pfeffer, Paprika, Zitrone oder Essig geben.

Soßen
- *Bechamelsoße:* 2 mittlere Zwiebeln in Würfel schneiden und in 1 El. Butter, Margarine, Schmalz oder Öl goldgelb rösten, 1 gehäuften El. Weizen- oder Roggenmehl dazutun und dieses hellgelb rösten (umrühren), dann 1 B. Voll- oder Magermilch angießen und Soße mit etwas Salz und Paprika würzen.
- *Fruchtsoße:* Fruchtsaft erwärmen, etwas Kartoffelmehl (Maizena oder Puddingpulver) in kaltem Wasser glattrühren und zum kochenden Fruchtsaft geben.
- *Meerrettichsoße:* Ein daumengroßes Stück gereinigten Meerrettich reiben oder raspeln (→ Reibeisen). Aus 1 gehäuften El. Weizen- oder Roggenmehl und 1 El. Butter, Margarine oder Schmalz Einbrenne bereiten, mit 1 B. Milch oder Wasser ablöschen, aufkochen und geriebenen Meerrettich dazutun, mit wenig Salz und $^1/_2$ Tl. Zucker würzen und kurz aufkochen lassen.
- *Petersiliensoße:* Milch und Wasser zu gleichen Teilen zum Kochen bringen, mit Kartoffelmehl oder Einbrenne dicken, Salz, Suppenwürze, Fleischextrakt und rohe oder geröstete Zwiebelwürfel dazugeben und zum Schluß viel feingehackte Petersilie hineintun. Nimmt man an Stelle von Petersilie grünen Dill, so erhält man eine *Dillsoße,* die gut zu Fischgerichten paßt.
- *Senfsoße:* 4 El. Senf in 1 B. Wasser glatt verrühren, etwas Salz und eine Prise Zucker dazugeben, einen gehäuften El. Kartoffelmehl in einer Tasse Milch oder Wasser kalt anrühren und in die kochende Soße zum Dicken geben. Gut zu hartgekochten Eiern oder Fischgerichten.
- *Specksoße:* Speck- und Zwiebelwürfel in der Pfanne bräunen, etwas Roggen- oder Weizenmehl dazugeben und, sobald das Mehl zu bräunen beginnt, mit kaltem Wasser oder kalter Milch ab-

schrecken, umrühren und kurz aufkochen lassen. Beim Abschrekken ist die Pfanne vom Feuer zu nehmen. Würzen nach Geschmack mit Suppenwürze, Salz, Kräutern usw.

Salate
- *Gemüsesalat:* Gemüse aller Art (pro Person etwa 500 g) weich kochen und abtropfen lassen. Das Kochwasser mit Essig oder Zitronensaft, etwas Salz, wenig Zucker, Paprika und Kräutern würzen und mit Kartoffelmehl dicken. Gemüse dazutun und alles gut vermischen. Wenn vorhanden, rohes, feingehacktes Sauerkraut und gewürfelte saure Gurken dazugeben.
- *Gurkensalat:* Gurken waschen und schälen oder junge Gurken ungeschält in möglichst dünne Scheiben schneiden; leicht salzen und mit etwas Essig- oder Zitronensaft oder Sauermilch beträufeln. Wenn vorhanden, etwas Pfeffer oder Paprika beifügen.
- *Kartoffelsalat:* Festkochende Kartoffeln kochen, in Scheiben schneiden, mit feingeschnittener Zwiebel vermengen und mit Essig, Öl, Pfeffer, Salz und eventuell Zucker abschmecken.
- *Kopfsalat:* Salatblätter gut waschen, abtropfen lassen und mit wenig Essig oder Zitronensaft, Öl und eventuell Zucker marinieren.
- *Tomatensalat:* Tomaten in dünne Scheiben schneiden und wie Kopfsalat, jedoch mit reichlich Zwiebelwürfeln und etwas Pfeffer oder Paprika mischen.
- *Salatdressing mit falschem Joghurt:* 2 El. Milchpulver, 1 El. Öl, Salz, Pfeffer, einige Spritzer Essig oder 1 Prise Ascorbinsäure in ein wenig Wasser vermischen.

Verschiedene Rezepte
- *Einbrenne:* In der Pfanne 1 El. Butter, Margarine oder Schmalz erhitzen und 1 gehäuften El. Weizen-, notfalls Roggenmehl hinzufügen. Unter ständigem Rühren Mehl goldgelb bis braun rösten. Pfanne schnell vom Feuer nehmen und $^1/_2$ B. Wasser nach und nach dazugeben, gut verrühren, nochmals aufs Feuer stellen und unter dauerndem Rühren zu einem glatten, sämigen Brei aufkochen lassen. Sofort zu Soßen, Gemüse und Fleischspeisen geben.
- *Reis dünsten:* 1 B. Reis in etwas Fett glasig rösten, mit 2 B. Wasser auffüllen, salzen, auf kleiner Flamme zugedeckt ca. 30 Minuten dünsten lassen.

Kochen mit einfachen Zutaten

- *Nudeln kochen:* 6 B. Wasser im Topf zum Kochen bringen, etwas Salz, Suppenwürze, Brühwürfel oder Fleischextrakt dazugeben und 4–6 Hände voll Teigwaren hineinschütten, langsam auf kleiner Flamme kochen lassen, bis Teigwaren bißfest sind. Kurz vor dem Anrichten Teigwaren herausnehmen, abtropfen lassen und kurz mit kaltem Wasser abschrecken, zum Abschluß etwas Butter, Margarine oder Öl daruntermischen.
- *Brennsterz:* 2 B. Mehl mit ca. 1 1/2 B. Wasser und Salz gut vermengen, in eine Pfanne mit reichlich heißem Öl schütten, beidseitig anbraten, mit Gabeln zerkleinern.
- *Spätzle (Nockerl):* 2 B. Mehl mit Salz, 3 Eiern und 1/2 B. Wasser und eventuell etwas Butter und Milch verrühren. Verwendet man Vollkornmehl, muß der Teig 30 Minuten ruhen. Teig mit Messerrücken in dünnen Schnitten vom Schneidbrett rasch in kochendes Salzwasser befördern. Wenn die Spätzle nach oben steigen, sind sie fertig. Für *Kässpätzle* mit gerösteten Zwiebeln und Käse vermischen, für *Eiernockerl* mit zerkleinertem Rührei und Schnittlauch, für *Apfelnockerl* mit geschmorten Äpfeln, Rosinen und Zucker.
- *Polenta (Maisgrieß)* wird genauso wie Reis zubereitet, eventuell mit etwas mehr Wasser.
- *Früchte schmoren:* Pro Person 250–500 g Rhabarberstiele (Blätter sind giftig!) nehmen, diese gut waschen und ungeschält in 2–3 cm lange Stücke schneiden, Kirschen, Johannisbeeren, Pflaumen im Ganzen, geschälte Äpfel oder Birnen ohne Kerngehäuse geviertelt in möglichst wenig Wasser im Topf gar kochen (nicht zerkochen lassen!), nach Geschmack süßen und abkühlen lassen. Diese Methode ist auch zur Verwertung unreifen Obstes zu empfehlen.
- *Milchreis:* 2 bis 2 1/2 B. Reis waschen und mit 2 B. Wasser bei kleiner Flamme zum Kochen bringen. Nicht umrühren! Wenn Wasser verquollen ist, nach und nach 2 B. Milch dazugeben und auf kleinster Flamme so lange weiterquellen lassen, bis die Reiskörner gerade noch etwas körnig sind. Man kann den Reis auch vor dem Kochen in der Pfanne in etwas Butter goldgelb rösten.

Süßspeisen
siehe auch → Vorratsschutz/Geleezubereitung usw.

- *Apfelmus:* Fallobst oder reife Äpfel dünn schälen, Kerngehäuse entfernen und mit wenig Wasser und Zucker nach Geschmack

weich kochen, durch Sieb oder weitmaschiges Tuch streichen oder zerstampfen. Wenn vorhanden, Rosinen, Korinthen und abgeriebene Zitronenschale dazumischen.
- *Apfelnockerl:* siehe ➞ *Verschiedene Rezepte/Spätzle (Nockerl)*
- *Karamelpudding:* In trockenem Topf oder Tiegel 2 El. Zucker ohne Wasserzugabe schmelzen und braun werden lassen, bis sich bläulicher Rauch entwickelt. Schnell vom Feuer nehmen und sofort 1 B. Wasser darüberschütten, aufkochen lassen, bis der karamelisierte Zucker restlos gelöst ist; dann 2 B. Voll- oder Magermilch dazutun, zum Kochen bringen und in etwas Wasser angerührte 4 El. Puddingpulver, Stärke- oder Kartoffelmehl zum Dicken dazutun. Nochmals gut durchkochen lassen und Topfinhalt in einer mit Kaltwasser ausgespülten Schüssel erkalten lassen. Zum Anrichten auf einen flachen Teller stürzen.
- *Grießflammeri:* In 3 B. kochende Voll- oder Magermilch oder Wasser oder halb Milch halb Wasser quirlt man ³/₄ B. Weizengrieß und läßt das Ganze unter ständigem Rühren 10 Minuten kochen, zuckert nach Geschmack und gibt – wenn vorhanden – Vanillezucker und Rosinen hinzu. Wie beim Karamelpudding in eine Schüssel füllen und später stürzen. Gut mit geschmorten Früchten aller Art.
- *Zwetschgenkonfitüre:* 3½ kg entsteinte Zwetschgen in einem Kochtopf mit 500 g Zucker vermischen, zudecken und eine Nacht lang kühl stehenlassen. Am darauffolgenden Tag wird, ohne umzurühren, die Masse zugedeckt zum Kochen gebracht. Daraufhin den Deckel abnehmen und 3 Stunden lang leicht köcheln lassen – wiederum ohne umzurühren. Anschließend noch 10 Minuten stark sprudelnd kochen; jetzt muß gründlich umgerührt werden. Die heiße Masse abfüllen.

Getränke
- *Heiße Orangen- oder Zitronenlimonade:* Saft von fünf Orangen oder Zitronen mit 4 B. Wasser und 4 El. Zucker mischen, erhitzen und heiß trinken.
- *Heiße Zitronenmilch:* Saft von 5 Zitronen mit 1¼ l (5 B.) Voll- oder Magermilch und 3 El. Zucker verrühren, aufkochen und heiß trinken.
- *Johannisbeer- oder Himbeersirup zum Verdünnen:* 3 kg gewaschene Beeren werden zerdrückt und zugedeckt 2 Tage kühl gela-

gert. Dann wird der Saft mit einem Tuch ausgepreßt und abgewogen. Es wird die gleiche Menge Zucker wie Saftgewicht genommen. Die Hälfte des Zuckers zum Saft geben und wiederum 3 Tage kühl lagern (Gärung). Anschließend wird der restliche Zucker zum leicht angegärten Saft gegeben, aufgekocht, abgeschäumt und heiß abgefüllt.

- *Kaffee:* Hat man keine Kaffeekanne mit Filter oder Mokkamaschine, 5–10 Tl. feingemahlenen Kaffee mit 1 1/4 l sprudelnd kochendem Wasser überbrühen. 5 Minuten ziehen lassen und durch Sieb oder Leinentuch in eine Kanne gießen.
- *Kakao:* Man verrühre 4–8 Tl. Kakaopulver mit 6–8 Tl. Zucker und gebe etwas kaltes Wasser oder kalte Milch hinzu. Inzwischen auf dem Feuer 1–1 1/2 l Wasser, Milch oder Milch-Wasser-Gemisch zum Kochen bringen und den angerührten Kakaobrei hineinschütten. Aufwallen lassen und vom Feuer nehmen.
- *Schwarztee:* Man bringe 1 l Wasser zum Kochen und gebe 1–4 Tl. schwarzen Tee dazu, den man höchstens 5 Minuten ziehen läßt. Je nach Geschmack Milch oder Zitrone und Zucker hinzufügen.
- *Kühlende Fruchtmilch:* 4 B. Voll- oder Magermilch mit beliebigem Fruchtsaft vermischen und kühlen.
- *Kühlendes Zitronenwasser:* Saft von 2 bis 3 Zitronen mit 5 B. kaltem Tee und 3 El. Zucker verrühren, im Bedarfsfall mit einer ➤ Kältemischung stark kühlen.

Kochherd bauen

siehe auch ➤ Backofen bauen, ➤ Ofenbau

Für einen einfachen Kochherd wie in Abbildung 110 gezeigt, in stufenförmiger Grube seitlich Feuerloch mit unterirdischem Rauchkanal anlegen. Etwa in der Mitte des waagrechten Kanals für Kochtopf passendes Loch graben und Topf so hineinstellen, daß der Topfboden um einige Zentimeter in den Rauchkanal hineinragt. Schornstein aus zusammengesetzten Konservendo-

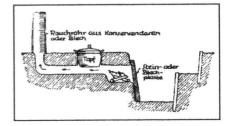

Abb. 110: Erdofen

sen, von denen Deckel und Boden entfernt wurden, aus mit Lehm vermauerten Steinen oder aus einer zusammengebogenen Blechtafel bauen. Zur Feuerregulierung einen flachen Stein (Vorsicht, dieser darf nicht feucht sein!) oder ein Blechstück vor das Feuerloch stellen und mehr oder minder großen Luftschlitz lassen.

Kochkiste

Kochkisten eignen sich zum feuerlosen Erweichen von schwer garkochenden Speisen (Erbsen, Linsen, Bohnen, Eintopf usw.) Etwa 50×50×50 cm große Holzkiste mit Deckel (oder noch besser eine Camping-Isolierbox) benutzen. Kistenboden mit festgepreßter Schicht Zeitungspapier, Stroh, Häcksel, Heidekraut oder anderen schlechten Wärmeleitern bedecken. Den am Feuer zum Kochen gebrachten Topf auf diese Schicht stellen. Topf mit gleichem Material fest umpacken, bis 2 cm unter Deckelrand. Topf mit altem Kissen bedecken. Kistendeckel auflegen und beschweren. Kissen kann auch durch Sack ersetzt werden, der mit den obengenannten schlechten Wärmeleitern gefüllt ist; doch muß das Sackgewebe so dicht sein, daß kein Staub durchdringt, besonders wenn als Umpackung oder Sackfüllung Torfmull benutzt wird.

Abb. 111: Kochkiste

Kohlenmonoxidvergiftung

Kohlenmonoxid ist ein farb- und geruchloses Gas, das etwas leichter als Luft ist. Wird es eingeatmet, verbindet es sich mit dem Hämoglobin des Blutes, verhindert damit die Aufnahme von Sauerstoff und führt so zum Ersticken.

Kohlenmonoxid entsteht durch unvollständige Verbrennung kohlenstoffhaltiger Stoffe, das kann sein, wenn etwas besonders schnell oder mit zuwenig Sauerstoff verbrennt, z.B. wenn in einem geschlossenen Raum ein Verbrennungsmotor betrieben wird.

Symptome der Vergiftung sind Kopfschmerzen, Übelkeit, rote Lippen, Müdigkeit und Schwäche (sie ähneln denen bei einer Grippe).

Rettungsmaßnahmen:

➲ Das Opfer muß sofort an die frische Luft gebracht werden.

Kommunikation

⊃ Beengende Kleidung lösen.
⊃ Falls erforderlich, lebensrettende Sofortmaßnahmen einleiten (→ Erste Hilfe, S. 127).

Kommunikation
siehe auch → Informationsquellen in der Krisenzeit

Während der Krise kann es von Vorteil sein, neben dem Telefon ein Faxgerät und einen Anrufbeantworter zu besitzen, wenn Sie im Chaos mit Familienmitgliedern oder Verwandten kommunizieren müssen. Dabei sind herkömmliche Telefone Handys und Schnurlostelefonen vorzuziehen, weil sie nicht vom Stromnetz abhängig sind. Nur wirklich notwendige Anrufe tätigen, um die Leitungskapazitäten für die Rettungsdienste freizuhalten.

Im Verteidigungsfall werden die Netze wahrscheinlich auf Kriegsbetrieb umgestellt, wodurch private Nummern nicht mehr zu erreichen sind.

Im Falle einer Okkupation kann Kommunikation durch CB-Funk oder, solange die Leitungen noch offen sind, durch E-Mail aufrechterhalten werden. Elektronische Nachrichten erreichen den Empfänger auch auf Umwegen, wenn die direkte Verbindung nicht mehr existiert, und können nicht nur verschlüsselt, sondern auch so versteckt werden, daß man sie gar nicht mehr bemerkt (Steganographie-Programme). Allerdings hat im Mai 2000 das von einem philippinischen Informatik-Studenten programmierte »Loveletter-Virus« gezeigt, wie verletzlich an das Internet angeschlossene Computer eigentlich sind. Im Kriegsfall ist damit zu rechnen, daß über die Datennetze ein *Informationskrieg* zwischen ausgeklügelten Programmen ausgefochten wird; dabei werden zivile Rechner großteils auf der Strecke bleiben, zumal einige Viren nicht nur die Software, sondern auch die Hardware irreparabel schädigen können.

☙ Es ist anzunehmen, daß unmittelbar nach einer Katastrophe, wie sie die Seher beschreiben, die Nachrichtengeschwindigkeit im wesentlichen wieder der Reisegeschwindigkeit (mit Fahrrad oder Pferd) entsprechen wird. Briefverkehr, Telefon, Fax, Telegraphie, E-Mail werden Geschichte sein. Wahrscheinlich werden zwischen den Dörfern (die Städte werden verwüstet und verwaist sein) zuerst einfache Systeme der Nachrichtenübermittlung eingesetzt werden:

Kommunikation

Signalspiegel, Semaphor-System (Flaggenzeichen), Rauchzeichen, Morsesignale, Brieftauben. Bald wird es lokal zur Einrichtung von Telegraphenkabeln und CB-Funkverkehr kommen, für weitere Distanzen muß auf Kurzwelle gesendet werden.

Das *Morsealphabet* sollten Sie immer zumindest griffbereit haben. Sie können damit durch Blinkzeichen (Spiegel, Lampen), akustische Signale (Klopfzeichen, Pfeifen) oder eine einfache Morseleitung kommunizieren. Die Pausenzeichen sollten genauso lang sein wie ein Punkt, ein Strich sollte die Länge von drei Punkten haben.

Zeichen	Morsecode	Zeichen	Morsecode	Zeichen	Morsecode
A	.-	P	.--.	5	.....
B	-...	Q	--.-	6	-....
C	-.-.	R	.-.	7	--...
D	-..	S	...	8	---..
E	.	T	-	9	----.
F	..-.	U	..-	0	-----
G	--.	V	...-	Punkt	.-.-.-
H	....	W	.--	Komma	--..--
I	..	X	-..-	Fragezeichen	..--..
J	.---	Y	-.--	Anfang	-.-.-
K	-.-	Z	--..	Irrung	....
L	.-..	1	.----	Warten	.-...
M	--	2	..---	Wiederholung	.-. .-. .-
N	-.	3	...--	Verstanden	...-.
O	---	4	....-	Ende	.-.-.

http://www.qsl.net/dk5ke/

Das *internationale Funkeralphabet* wurde so gewählt, daß auch bei stark verrauschter akustischer Verbindung eine Unterscheidung der Buchstaben noch möglich ist. Die Wörter werden dabei englisch ausgesprochen:

Kommunikation

Zeichen	Wort	Zeichen	Wort	Zeichen	Wort
A	Alpha	M	Mike	Y	Yankee
B	Bravo	N	November	Z	Zulu
C	Charlie	O	Oscar	1	Unaone
D	Delta	P	Papa	2	Bissotwo
E	Echo	Q	Quebec	3	Terrathree
F	Foxtrott	R	Romeo	4	Kartefour
G	Golf	S	Sierra	5	Pantafive
H	Hotel	T	Tango	6	Soxisix
I	India	U	Uniform	7	Setteseven
J	Juliet	V	Victor	8	Oktoeight
K	Kilo	W	Whisky	9	Novenine
L	Lima	X	X-ray	0	Nadazero

Abbildung 112 zeigt den Schaltplan für eine primitive Telefonverbindung.

An drahtlosen Systemen sind für den privaten Haushalt vor allem CB-Funkgeräte und selbstgebaute Sender im UKW- oder MW-Bereich interessant, für die ein herkömmliches Radiogerät, das auch mit Batterien, Sonnenenergie oder Dynamo betrieben werden kann, als Empfänger dienen kann. Bauanleitun-

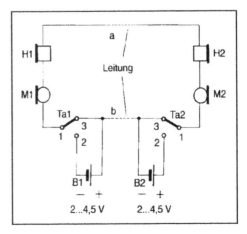

Abb. 112: Eine einfache Telefonverbindung kann mit je zwei Spannungsquellen B, Mikrofonen M, Ohrhörern H, Schaltern Ta und einer zweipoligen Leitung realisiert werden.

gen dafür finden Sie in Elektronik-Bastelbüchern wie dem unten angeführten.

Im Kriegsfall ist an die Gefahr eines EMP (siehe ➤ Kernwaffen) zu denken.

Lorenz, C., *Elektronik und Radio. Einführung, Interessante Sender KW-UKW, MW-KW Empfänger* (München: Ing. W. Hofacker Verlag, ⁴1978) 160 S.

Kompaßersatz

siehe auch ➤ GPS-Empfänger

☢ Achtung: Sollte es tatsächlich zu einem Polsprung, d. h. einer Verschiebung der Erdachse kommen, sind sämtliche im folgenden beschriebenen Methoden nur mehr relativ richtig, nicht aber, um die wahre Nordrichtung zu finden.

• *Improvisierter Kompaß:* Ein Stück Eisendraht, optimal ist eine Nähnadel, wird an einem Magneten (z. B. aus Lautsprecher, Telefon usw.) gerieben – immer in derselben Richtung! Die Nadel wird dann magnetisch und zeigt die Nord-Süd-Richtung an, wenn man sie an einem dünnen Faden aufhängt oder auf ein Stück Papier legt, das man vorsichtig auf eine Wasseroberfläche setzt. Notfalls kann statt einem Magneten auch ein Stück Stoff (Seide) verwendet werden. Oder man magnetisiert die Nadel in einer Spule aus isoliertem Draht, den man an eine Gleichspannungsquelle anschließt.

• *Kompaßersatz durch Zeigeruhr:* Uhr so in die Waagrechte bringen, daß der kleine Zeiger auf die Sonne weist. Süden liegt dann genau in der Mitte zwischen dem kleinen Zeiger und der Zwölf des Zifferblattes, und zwar vormittags nach vorwärts (im Uhrzeigersinn), nachmittags nach rückwärts gelesen. (Achtung: Bei Sommerzeit müssen Sie die Uhr vorher eine Stunde zurückdrehen!)

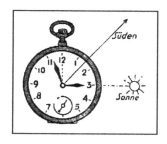

Abb. 113:
Die Uhr als Kompaßersatz

• *Weitere Hilfsmittel zur kompaßlosen Orientierung:* Die bemooste Stammseite der Bäume zeigt in Mitteleuropa gewöhnlich nach Nordwesten (Wetterseite). Freistehende Bäume neigen sich nach Südosten. Die Sonne steht um 6 Uhr im Osten, um 9 Uhr im Südosten, um 12 Uhr im Süden, um 15 Uhr im Südwesten, um 18 Uhr im Westen, um 21 Uhr im Nordwesten und um 24 Uhr (nur in hohen Breiten sichtbar) im Norden. Der Vollmond steht genau der Sonne entgegen, also um 3 Uhr im Südwesten, um 6 Uhr im Westen usw.

- *Orientierung bei Nacht:* In sternklaren Nächten kann man ohne Kompaß die Himmelsrichtung nach dem Polarstern feststellen. Man findet den Polarstern, indem man den hinteren Teil des Großen Wagens (Großer Bär) um das Fünffache verlängert. Der Polarstern steht stets genau im Norden.
- *Orientierung in der Stadt:* Kirchen sind oft geostet (Richtung vom Volk zum Altar). Gut kann man sich an Satellitenantennen orientieren: Die meisten (Astra, Eutelsat) stehen auf 16° ± 3° Ost, die Antennen türkischer Haushalte zielen meist auf 42° Ost (Türksat).

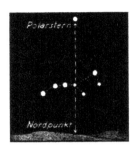

Abb. 114: Großer Wagen und Polarstern

Konservendosen, ausgebeulte
Ausgebeulte oder sich blähende Konservendosen sind unbedingt wegzuwerfen – Gefahr einer Lebensmittelvergiftung! Auch nicht an Tiere verfüttern.

Konservierung (von Lebensmitteln)
siehe → Vorratsschutz

Korke aus Flaschen entfernen
Bei Benutzung von Korkenziehern diese nicht ganz durch den Kork bohren, damit Kork weiter verwendbar bleibt. Fehlt Korkenzieher, Flasche mit linker Hand halten und mit der flachen rechten Hand einen kurzen, aber heftigen Schlag gegen den Flaschenboden führen, Kork springt dann meist heraus. Ist Kork in die Flasche hineingerutscht, dann Bindfaden- oder Drahtschlinge durch den Flaschenhals einführen. Flasche mit dem Hals nach unten halten, so daß Kork in die Schlinge fällt, Schlinge mit Kork mit heftigem Ruck herausziehen.

Korke, durchbohrte, verwendbar machen

Kork in warmem (nicht kochendem!) Wasser aufquellen lassen. Gut trocknen lassen. In heißes Bienenwachs, Paraffin o. ä. tauchen, vollsaugen und erkalten lassen.

Kosmetik mit Naturmaterialien

siehe auch ➤ Haarshampoo, ➤ Hautpflege, ➤ Hygieneartikel

Viele Kosmetika lassen sich mit einfachen Mitteln ersetzen:

- *Zwiebelmaske gegen Akne* bei fettiger Haut: Eine geriebene Zwiebel mit Hafermehl und einem Tl. Honig vermischen. Die Maske wird für 20 Minuten aufgetragen.
- *Harte Hornhaut* auf den Füßen: Über Nacht eine Zwiebelscheibe aufbinden oder mit Ringelblumensalbe einreiben. Dann läßt sich die Hornhaut am nächsten Tag leicht ablösen.
- *Straffende Gesichtsmaske:* 1 El. Honig in 2 El. warmem Wasser auflösen und mit etwas Magertopfen verrühren. Auftragen, 20 Minuten einwirken lassen, abschaben und Rest mit lauwarmem Wasser abspülen.
- *Peeling:* Einmal wöchentlich die Haut mit Weizenkleie abrubbeln.
- *Gesichtswasser:* 1 El. Essig auf ein Glas Wasser, vor allem für fettige, großporige Haut geeignet.
- *Rauhe Hände* können mit Gurkensaft, -schalen oder Kartoffelwasser behandelt werden.
- *Brüchige Nägel* werden durch Einreiben mit Zwiebelsaft behandelt.
- *Haarfestiger:* Als Haarfestiger kann man eine Mischung von 2 Teilen Eiweiß und 1 Teil Alkohol verwenden, auch Bier und Zuckerwasser eignen sich hierzu.

Faber, Stephanie, *Das große Buch der Naturkosmetik* (Tosa, 1997) 320 S.

Krankheiten, Behandlung von

siehe auch ➤ Medizin, ➤ Erste Hilfe

Neben den Krankheiten sind die jeweils wichtigsten ➤ Heilpflanzen und alten Behandlungsmethoden angegeben: Für eine einigermaßen sichere Selbstdiagnose ziehe man die im Literaturverzeichnis angegebenen medizinischen Handbücher zu Rate!

Krankheiten, Behandlung von

Krankheit/Leiden	Behandlungsmöglichkeiten
Akne	Brennessel, Zwiebel, Knoblauch, Arnika
Angina (Eitrige Mandelentzündung)	Ringelblume, Holunderblüten, Schlüsselblumenblüten, Salbei, Bockshornkleepulver, Packung mit heißem Lehm oder zerquetschten Pellkartoffeln
Arthritis	Eispackungen, warme Moorpackungen, Waschungen der Gelenke mit Essigwasser
Arthrose	Bad oder Wickel mit Fichtennadel- oder Weidenrindenabsud, Franzbranntwein
Asthma	Spitzwegerich, Sonnentau, Lungenkraut, Salbei, Fenchel, Eibischblätter, Huflattichblüten, Schlüsselblumenblüten, Johanniskraut, Gartenraute
Bandscheibenleiden	Zinnkrautbäder
Bandwurmbefall	»Verschiedene Kräuter«, Kürbiskerne, Wurzeln des Wurmfarns
Blähungen	Salbei, Fenchel, Kamille, Pfefferminze, Kalmus, Kümmel gestoßen, Tausendgüldenkraut, Enzianwurzel
Blasenleiden	Arnikablüten, Birkenblätter, Ringelblumenblüten, Johanniskraut, Eisenkraut, Schachtelhalm, Brunnenkresse, Eichenrinde, Brennessel, Frauenmantel, warme Sitzbäder
Blutarmut	Brennesselsaft, Johannisbeersaft
Bluterguß	Ringelblume, Beinwurz, Schwedenkräuter
Bluthochdruck	Knoblauch, Zwiebel, Mistelsaft, Akupunktur
Bluttiefdruck	Schlehe, Weißdorn, Hagebutte
Brandwunden	Ringelblume, Johanniskraut
Brustdrüsenentzündung	Ringelblumenblüten, Johanniskraut, Holunderblüten
Cholesterinspiegel, zu hoher	Ehrenpreis
Depression	Johanniskraut
Durchfall	Salbei, Karottensuppe, »Verschiedene Kräuter«, Aktivkohle (Ersatz: Holzkohle; Tierknochenkohle), viel Tee trinken, erste Schonkost geschabter Apfel, Haferschleim, Gerstenbrei, Weißbrot

Krankheiten, Behandlung von

Krankheit/Leiden	Behandlungsmöglichkeiten
Eiter (Zahn)	Salbei
Entzündung	Propolis-Tropfen, Û Silber, kolloidales
Entzündung (Mund)	Salbei
Ekzeme (Flechten)	Labkraut, Ringelblume, Klette, Brennessel, Ehrenpreis, zerstoßene Huflattichblätter
Erkältung	Schwedenkräuter, Dampf von Kamillentee oder Salzwasser inhalieren, Schwitzkur
Fieber	Ringelblume, Frauenmantel, Hauswurz, Johanniskraut, Arnikablüten, Bitterklee, Holunderblüten, Pomeranzenblüten siehe auch Û Fieber, Hausmittel bei
Füße, offene	Darmfett vom Schwein
Fußpilz	Ringelblume, Sonnenlicht, Luft, Meerwasser
Gallenbeschwerden	Löwenzahn, Schwedenkräuter, Rettich roh und als Saft
Gastritis	Schwedenkräuter
Gelbsucht	Ringelblume, Löwenzahn, Pfefferminze, Johanniskraut, Ehrenpreis, Wermut, Rosmarin, Kamille
Gelenksschwellungen	Beinwurz
Gerstenkorn	Umschläge mit Absud von Kamille, Huflattich oder Kornblume
Gicht	Wiesengeißbart, Schafgarbe, Sumpfporst, Gartenraute, Weidenrinde, Birkenblätter, Goldrute, Brennessel, Löwenzahn, Bärlapp, Schwedenkräuter
Gürtelrose	Hauswurz, Eichenrinde, Frauenmantel, Hafer, Kamille, Salbei, Steinklee, Blutegel (ihr Speichel enthält Hirudin; Ablösen geschieht durch Kontakt mit einem glühenden Gegenstand)
Halsschmerzen	Kamille, Schwarze Johannisbeere, Salbei
Hämorrhoiden	Mariendistel, Johanniskraut, Königskerze, Kamille, Schöllkraut, Bärlapp, Schafgarbe, Zinnkraut, Schwedenkräuter, Roßkastanie oder Eichenrindentee (Sitzbäder)

Krankheiten, Behandlung von

Krankheit/Leiden	Behandlungsmöglichkeiten
Hautjucken	Löwenzahn, Aloe, Destillat aus Birkenrinde
Herzklopfen	Mistel
Husten	Huflattich, Spitzwegerich, Malve siehe auch Û Hustenmedizin
Insektenstiche	Betupfen mit Salbei, Schwedenkräuter, Zitronensaft, Zwiebelsaft, Essig
Ischias	Johanniskraut, Sumpfporst, Eukalyptusblätter, Arnikablüten, Wiesengeißbart, Schafgarbe
Keuchhusten	Spitzwegerich, Eukalyptusblätter, Sonnentau, Schlüsselblumenblüten, Holunderblüten, Eisenkraut, Salbei
Knochenbrüche	Beinwurz
Kopfschmerzen (Migräne)	Holunderbeeren, Brennessel, Schafgarbe, Schwedenkräuter, Johanniskraut, Salbei, Mistel, Melisse, Baldrian, Hopfenblüten, Lavendelblüten, Nelkengewürz, Angelikawurzel, Kamille, Pomeranzenblüten, Basilienkraut, Akupunktur
Krampfadern	Ringelblume, Mistel, Arnikablüten, Königskerzenblüte, Aloe, Schafgarbe, Johanniskraut
Krämpfe	Salbei
Krebs	Zinnkraut
Kropfleiden	Brunnenkresse, Erdrauch, Braunwurz, Blasentang, Ringelblumen, Hauswurz, Spitzwegerich, Labkraut
Kreuzschmerzen	Johanniskraut, Schafgarbe, Gartenraute, Eisenkraut, Königskerze, Arnikablüten, Beinwurz
Lungenentzündung	Lungenkraut, Schlüsselblumenblüten, Huflattichblüten, Sonnentau, Schachtelhalm, Holunderblüten, Isländisches Moos; nicht liegen, sondern viel bewegen, mit Heu abreiben, viel schwitzen
Lungenverschleimung	Käsepappel
Magenkrämpfe	Wermut, Wacholder, Heidelbeere, Kartoffelsaft
Magenverstimmung	Schwedenkräuter, Schafgarbe
Mandelentzündung	Zinnkraut, Salbei

Krankheiten, Behandlung von

Krankheit/Leiden	Behandlungsmöglichkeiten
Menstruationsstörungen	Mistel, Frauenmantel, Schafgarbe, Salbei, Melisse, Baldrianwurzel, Arnikablüten, Isländisches Moos
Mumps	Johanniskraut
Nagelbettentzündung	Zinnkraut
Nebenhöhlen- und Stirnhöhlenkatarrh	Ringelblume, Holunderblüten, Salbei, Schlüsselblumenblüte, Sonnentau, Brunnenkresse, Schafgarbe, Goldrute
Nervenentzündungen	Schafgarbe
Nervenschwäche	Ehrenpreis, Salbei, Johanniskraut, Hopfenblüten, Baldrian, Malvenblüten, Lavendelblüten, Rosmarin, Pomeranzenblüten, Melisse, Schlehdornblüten
Nierenbeschwerden	Zinnkraut, Goldrute, Krappwurzel, Hagebutten, Birkenblätter, Wacholderbeeren (gestoßen), Petersiliensamen, Ehrenpreis
Prostataleiden (Krebs)	Kleinblütiges Weidenröschen
Rheumatismus	Brennessel, Beinwurz, Löwenzahn, Bärlapp, Ehrenpreis, Schwedenkräuter, Arnikablüten, Sumpfporst, Goldrute, Schafgarbe, Wiesengeißbart, Weidenrinde, Birkenblätter, Gujakholz, Wacholderbeeren (gestoßen), Gartenraute, Akupunktur
Salmonelleninfektion	viel Tee mit Salz und Zucker
Schilddrüse, Überfunktion der	Ringelblumen, Johanniskraut, Eichenrinde-Pulver, Lärchenschwamm-Pulver, Ehrenpreis, Isländisches Moos, Rosmarin, Schlehdornblüten, Hopfenblüten, Melisse
Schilddrüse, Unterfunktion der	Brunnenkresse, Braunwurz, Erdrauch, Storchschnabel, Rosmarin, Schlehdornblüten
Schlaflosigkeit oder Schlafstörungen	Schlüsselblume, Frauenmantel, Johanniskraut, Hopfenblüten, Pomeranzenblüten, Lavendelblüten, Schlehdornblüten
Schuppenflechte (Psoriasis)	Eichenrinde, Weidenrinde, Wiesengeißbart, Erdrauch, Walnußschale, Schöllkraut, Brennessel, Ehrenpreis, Ringelblume, Schafgarbe
Skorbut	Tannennadeltee, Hagebutten, Zwiebeln, Tomaten, Salat, Brennesseln, Brunnenkresse

Krankheit/Leiden	Behandlungsmöglichkeiten
Sodbrennen	Schafgarbe
Sonnenbrand	Topfen (Quark) oder Joghurt auftragen
Thrombose	Blutegel
Übelkeit	Schafgarbe
Venenentzündung	Huflattich, Ringelblume, Mistel, Arnikablüten, Königskerzenblüte, Aloe, Schafgarbe, Johanniskraut
Verstopfung	Kürbis, Bärlapp, rohes Obst, Feigen, Tee aus Holunderbeeren oder -rinde, Taubnessel, Schlüsselblume
Wadenkrämpfe	Bärlapp
Warzen	Ringelblume, Schöllkraut, gebrannter Û Kalk
Wassereinlagerungen	Brennessel, Schlüsselblume, Kalmus, Zinnkraut, Rosmarin, Attichwurzel, Petersiliensamen, Mais
Wunden, eitrige	Frauenmantel, Ringelblumenblüten-Tinktur, Absud von gebrühtem Zinnkraut, Zwiebelsaft, kolloidales Silber; siehe auch Û Heilsalben
Würmer	Kürbiskerne, Pfefferminztee mit einigen Knoblauchzehen (mitkochen), Wurmfarn, einen El. Seifenwasser trinken (oder Seifenwasserklistier), rohe, entkernte Hagebutten
Zahnfleischbluten	Zinnkraut
Zahnschmerzen	Gewürznelken kauen oder auflegen, Nelkenöl, Kamille
Zuckerkrankheit	Löwenzahn, Mistel, Frauenmantel, Schwedenkräuter, Geißrautenkraut, Geißrautensamen, Heidelbeerblätter, Birkenblätter, Bockshornkleesamen, Mariendistelsamen, Bohnenschalen, Brennesselblätter (wenig), Blätter und Stengel der Stevia rebaudiana (Yerba dulce enthält Steviosid)

Kräutertees, Zubereitung von

Die häufigsten Zubereitungsmethoden für Kräutertees sind Aufguß, Abkochen, Kaltauszug und Tinkturen (Wasser, Alkohol, Arzneiwein).

Grundsätzlich sollte die Teekanne aus Keramik, Glas, Porzellan oder Steingut sein, auf keinen Fall aus Metall!
- Der *Aufguß* ist das gebräuchlichste Verfahren und wird bei den Kräuterarten mit ätherischen Ölen angewendet. Dabei werden die Kräuter in der Teekanne mit kochendem Wasser übergossen und ca. 10 Minuten lang stehengelassen. Dieser Aufguß wird nun mittels eines Tuches oder eines Siebes abgeseiht. Aufgüsse sollen sofort (d.h. innerhalb der nächsten Stunden) konsumiert werden. Man kann den Aufguß auch ins Vollbad geben oder als Wickel bzw. Kompresse aus Verbandmull auf die Haut auflegen.
- Das *Abkochen* wird vor allem bei hitzebeständigen, nicht-aromatischen Drogen wie Wurzeln, Rinde, Samen und Holz verwendet, um die schwerlöslichen Inhaltsstoffe freizusetzen. In das kochende Wasser kommt die zerkleinerte Droge und wird ca. 10 bis 30 Minuten abgekocht. Danach 5 bis 10 Minuten lang ziehen lassen und abseihen. Die Drogen dürfen vor dem Abkochen nicht ins Wasser gelegt werden. Die Abkochung ist warm oder lauwarm zu konsumieren. Man kann sie auch in Form von Teilbädern verwenden oder als Kompresse auf die Haut auflegen.
- Der *Kaltauszug* wird vor allem für schleimhaltige Teesorten empfohlen. Die stark zerkleinerten Kräuter werden mit der doppelten Wassermenge übergossen, 6 bis 12 Stunden stehengelassen (hin und wieder umrühren) und dann verwendet.
- *Tinkturen* werden aus Kaltauszügen gewonnen. Die zerkleinerte Droge wird in ein Gefäß (Flasche) gegeben, das mit Alkohol, Wasser oder Wein gefüllt wird. Die Flasche sollte luftdicht und verschließbar sein und lichtgeschützt ca. 5 bis 10 Tage unter mehrmaligem Schütteln stehengelassen werden. Danach die Droge abseihen, auspressen und bei Bedarf erneut mit Lösungsmittel versetzen, um das Volumen aufzufüllen. 50 bis 70%igen Alkohol verwenden.
- *Arzneiwein:* Zu dessen Herstellung eignet sich am besten Rot- oder Weißwein mit hohem Alkoholgehalt wie z.B. Portwein oder Marsala. Das Verhältnis zwischen Wein und Droge kann variieren, muß aber stets niedriger sein als das Verhältnis von Wasser oder Alkohol-Wasser-Tinkturen.

Zum Herstellen von Arzneiweinen eignen sich am besten folgende Kräuter:

Wermut – Wermutwein: 30 g blühende Sproßspitzen der Pflanze in

60 g 50%igem Alkohol ansetzen und einen Liter hochqualitativen Weißwein dazugeben. Einen Tag stehenlassen und dann durch ein Tuch abseihen. Gläschenweise als verdauungsfördernden Wein trinken.

Chinarinde – Chinawein: 50 g zerstoßene Chinarinde mit 50 g Tinktur aus Bitterorangenschalen und 900 g Marsalawein verrühren. Fünf Tage lang stehenlassen und anschließend durch ein Blatt Papier filtern. Gläschenweise trinken. Wirkt nervenstärkend, tonisch und regt die Gallensekretion an.

Zusammengesetzter Rhabarberwein: 30 g Rhabarberwurzeln (Pulverform), 30 g Eibisch (Pulver), 8 g trockene Bitterorangenschale, 4 g Kardamom und 480 g weißer Likörwein oder Marsala 15 Tage lang stehenlassen. Durch Papier filtern. Leberstärkend, kräftigend und verdauungsfördernd, als »Gesundheitselixier« bekannt.

Schwedenkräuter: In 1^1/$_2$ Liter Kornschnaps setzt man folgende Kräuter an: Aloe, Myrrhe, Safran, Sennesblätter, Kampfer, Zitwer, Manna-Esche, Theriak venezian, Eberwurz und Angelikawurzel. 10 bis 14 Tage in der Sonne oder nahe dem Herd stehenlassen. Immer wieder schütteln, auch vor dem Abfüllen in kleinere Behältnisse.

Urban-Backhaus, Monika E., *Natürliche Hilfe durch Heiltees*, (München: Südwest, 1995) 104 S.

Kriegsvölkerrecht
siehe auch → Biologische Waffen, → Chemische Waffen

Das Kriegsvölkerrecht (humanitäres Völkerrecht in bewaffneten Konflikten) gibt Beschränkungen für bestimmte militärische Aktionen vor, soweit diese die Zivilbevölkerung betreffen. Da es im wesentlichen auf dem Haager Abkommen von 1907 sowie den vier Genfer Abkommen von 1949 (Zusatzprotokolle 1977) beruht, ist es den Gegebenheiten eines modernen Krieges nicht mehr angepaßt. Darüber hinaus ist es nicht von allen Staaten anerkannt. Seit der Kodifizierung dieser Normen gab es wohl wenige Kriege, in denen man sich tatsächlich an sämtliche Vorgaben gehalten hat – Krieg läßt sich nicht normieren. Auch die Erfahrungen der jüngsten Vergangenheit (Operation »Desert Storm«, Krieg in Jugoslawien) wecken Zweifel daran, daß sich die Kombattanten (Kräfte mit

Kriegsvölkerrecht

Kampfauftrag) eines zukünftigen Konfliktes an die Bestimmungen des Kriegsvölkerrechts (z.B. Verzicht auf B- oder C-Waffen) halten werden, wenn diese militärische Erfolge behindern. Zum Völkerrecht in bewaffneten Konflikten gehören folgende Rechtsnormen:

- Die Kombattanten müssen Uniform oder ein aus der Ferne erkennbares Unterscheidungszeichen tragen oder zumindest ihre Waffen offen führen.
- Freischärler und Spione haben keinen Anspruch auf den Status eines Kriegsgefangenen.
- Angriffe sind auf militärische Ziele zu beschränken, dabei ist auf größtmögliche Schonung der Zivilbevölkerung zu achten.
- Beschießung und Bombardierung der Zivilbevölkerung und Angriffe auf zivile Ziele sind verboten.
- Verboten ist der Einsatz von B- und C-Waffen (nicht jedoch deren Erzeugung und Lagerung). Der Einsatz von A-Waffen ist grundsätzlich erlaubt.
- Zu den erlaubten Kriegslisten zählt der Gebrauch gegnerischer Signale, Zeichen oder Parolen.
- Verboten ist der Mißbrauch der weißen Parlamentärsflagge, das Vortäuschen von Kampfunfähigkeit, der Mißbrauch von Nationalflaggen, militärischer Abzeichen und Uniformen sowie international anerkannter Schutzzeichen (z.B. rotes Kreuz).
- Repressalien sind an sich völkerrechtswidrige Zwangsmaßnahmen, mit denen man den Gegner zwingen will, Völkerrechtsverletzungen seinerseits zu beenden. Sie dürfen nicht gegen geschützte Personen, Privateigentum, lebensnotwendige Objekte, Anlagen und Einrichtungen, die gefährliche Kräfte enthalten, oder gegen Kulturgüter gerichtet sein.
- Zivilpersonen dürfen nicht kämpfen, außer wenn sie im noch unbesetzten Gebiet zu den Waffen greifen *(levée en masse)*.
- Zivilpersonen dürfen nicht angegriffen, getötet, verwundet oder ohne zwingenden Grund gefangengenommen werden. Auch ihr Eigentum ist geschützt.
- Kollektivstrafen, Repressalien, Terrorisierung und Plünderungen sind verboten.
- Verwundete, Kranke und Schiffbrüchige sind zu schonen, zu schützen, zu pflegen, zu identifizieren und vor Mißhandlung und Beraubung zu schützen.

- Gefallene sind zu bergen und zu identifizieren, ihre Ausplünderung ist verboten.
- Sanitätsdienst und -einrichtungen sind solange zu schützen, solange sie nicht für den Gegner schädigende Handlungen mißbraucht werden.
- Kriegsgefangene dürfen nicht unmenschlich oder entwürdigend behandelt werden.
- Ein wehrloser, sich ergebender Kombattant darf nicht weiter bekämpft werden. Er ist gefangenzunehmen und zu entwaffnen. Persönlicher, nicht militärischer Besitz darf ihm nicht genommen werden. Der Gefangene muß nur seinen Namen, Vornamen, Dienstgrad, sein Geburtsdatum und seine Personenkennziffer angeben und darf nicht zu weiteren Angaben gezwungen werden.
- Kriegsgefangene sind möglichst bald außer Gefahr zu bringen; ist das im Gefecht nicht möglich, sind sie freizulassen.
- Kriegsgefangene (nicht jedoch Offiziere) dürfen für nichtmilitärische Arbeiten herangezogen werden.
- Fluchtversuche, bei denen keine Gewalt angewendet wurde, dürfen nur disziplinar geahndet werden.

Kühlung von Nahrungsmitteln und Getränken
siehe auch → Kältemischungen

- Kühlschrank und Tiefkühltruhe können aufgrund ihres hohen Stromverbrauchs in der Nachkriegszeit nicht mehr verwendet werden. Eine Alternative stellen Camping-Kühlboxen für den Betrieb mit 12 V Gleichstrom dar.
- Geringe Kühlwirkungen werden durch Umwickeln des zu kühlenden Gefäßes mit nassen Tüchern und Aufstellung in Zugluft erreicht. Wasser kann zu diesem Zweck in einem porösen Tonkrug (Alcaraza) gelagert werden. Noch besser ist das Einlegen in fließende kalte Gewässer (Bach, Brunnen). Optimalen Lichtschutz und Kühle bietet ein Erdkeller.
- *Cold Shaft:* Der »Kälteschacht« war eine in den 1920er Jahren in Südkalifornien weit verbreitete Installation zur Kühlung von Nahrungsmitteln. Früchte, Gemüse, Fleisch und Milch können darin um etwa 15 °C abgekühlt werden. Der Schacht hat einen Querschnitt von ca. 40×40 cm und läuft vom Keller des Hauses bis in die Dachkammer, wo er sich etwas verjüngt. Die Konstruktion be-

steht aus 10 cm dicken Holzwänden (bei Verwendung von Isoliermaterialien wie Styropor können die Wände dünner sein), die innen mit Metall ausgekleidet sind. Oberes und unteres Ende werden durch Draht- und Fliegengitter gegen Nagetiere und Insekten abgesichert. Durch ein hohes, enges Türchen hat man Zugriff auf eine Reihe von Ablagen aus Drahtgitter. Die darauf gelagerten Nahrungsmittel sind ständig einem Luftstrom vom Keller in den Dachboden ausgesetzt und werden dadurch gekühlt.

Kulturgüterschutz
siehe auch → Wissen, Konservierung von technologischem

Bei Großkatastrophen (Asteroidenimpakt, Krieg) sind besonders die in Städten konzentrierten Kulturgüter (Kunstwerke, Sammlungen, Bibliotheken) in Gefahr, unwiederbringlich verlorenzugehen, wenn die Verantwortlichen nicht rechtzeitig Pläne für die Sicherung zumindest der beweglichen Güter gemäß der Haager Konvention und der UNESCO-Richtlinien ausarbeiten.

Abb. 115: Zeichen für schützenswertes Kulturgut

Die Völkergemeinschaft hat ein international verbindliches blau-weißes Schutzzeichen für die Kennzeichnung von Kulturgut mit schützenswertem Status eingeführt, das in Abbildung 115 dargestellt ist. Bei besonders schützenswerten, unbeweglichen Kulturgütern darf es dreimal verwendet werden.

In Deutschland haben sich Bund und Länder auf folgende Präventivmaßnahmen geeinigt: Sicherungsverfilmung von Archiv- und Bibliotheksgut, Kennzeichnung von Baudenkmälern, Fotodokumentation und Verbreitung des Wortlautes der Haager Konvention. Dem ersten Punkt wird am meisten Bedeutung zugemessen. Seit 1961 wurden 570 Millionen Mikrofilmaufnahmen von Archivalien der Dringlichkeitsstufe I gemacht und in luftdichten Stahlbehältern im »Oberrieder Stollen« in Oberried bei Freiburg im Breisgau eingelagert. Damit sind etwa 50% der staatlichen Archivalien erfaßt, nicht jedoch private, kirchliche oder kommunale Bestände. Rund 8000 unbewegliche Kulturgüter sind in Deutschland in einer zentralen Datei erfaßt. Eine Verfilmung der Bibliotheksbestände ist erst ab dem Jahr 2003 vor-

gesehen, da man bis dahin noch Archivmaterial der DDR bearbeiten muß.
Die Schweiz hat rund 8200 schützenswerte Kulturgüter im *Schweizerischen Inventar der Kulturgüter von nationaler und regionaler Bedeutung* erfaßt. Um die wertvollsten beweglichen Kulturgüter zu schützen, stehen 272 Schutzräume mit über 198 355 m³ Volumen zur Verfügung!
In Österreich dagegen haben selbst große Museen derzeit keine Strategien für eine Notevakuierung ihrer Bestände.
Alle Direktionen und Leitungen, die für bewegliche Kulturgüter verantwortlich sind, müßten unbedingt Katastrophenpläne aus der Zeit des 2. Weltkriegs adaptieren oder eine neue Logistik ausarbeiten! Das Schweizer Bundesamt für Zivilschutz (siehe das *Adressenverzeichnis*) stellt auf seiner Internetseite einen *Leitfaden für das Erstellen eines Katastrophenplans* zum Herunterladen zur Verfügung.

Lagerung von Lebensmitteln
siehe → Vorratsschutz

Landwirtschaft nach dem Zusammenbruch
siehe auch V.2 *Checklisten*/Saatgut- und Nutztierlisten

Nach einer globalen Katastrophe würde die funktionale Verteilung der Bevölkerung wieder der des Mittelalters ähneln: Der größte Teil ist in der Landwirtschaft beschäftigt. Die verwüsteten Flächen, der Mangel an Saatgut, Nutztieren, Kunstdünger und Treibstoff für die Maschinen stellen in der ersten Zeit große Probleme dar. Auch wenn Sie beabsichtigen, ein Handwerk auszuüben, aus dessen Einkünften (Tauschhandel) Sie leben wollen, sollten Sie sich nach Möglichkeit einen kleinen Garten und einige Tiere zulegen, um sich in der ersten Zeit mit dem Nötigsten selbst versorgen zu können. Für die Selbstversorgung sollte pro Person etwa 1 Hektar landwirtschaftliche Nutzfläche zur Verfügung stehen. Pflanzen Sie um Ihr Haus so viele Obstbäume, -sträucher und Kräuter wie möglich, kaufen Sie resistentes Saatgut (keine Hybriden, empfehlenswert ist der nicht überzüchtete Dinkel) und einige Tiere, lernen Sie die Grundbegriffe des Gärtnerns.
Gefragt ist eine ökologische, nachhaltige, aber auch möglichst er-

tragreiche Landwirtschaft, wie sie in den letzten Jahrzehnten von Forschern wie Bill Mollison (der 1981 dafür den Alternativen Nobelpreis erhielt) unter dem Namen *Permakultur* entwickelt und erprobt wurde.

📖 Seymour, John, *Das große Buch vom Leben auf dem Lande. Ein praktisches Handbuch für Realisten und Träumer* (engl. Original: *The Complete Book of Self-Sufficiency*, London: 1976; Ravensburger Buchverlag, 1997) 256 S. Informationen über Ökologie, Aufbau einer Selbstversorger-Landwirtschaft, Land urbar machen, Land ent- bzw. bewässern, Wald nutzbar machen, Arbeitspferde, Säen, Ernten, Getreidepflanzen, Brot backen, Bier brauen, Gemüse vom Feld, Kühe, Milchverarbeitung, Ziegen, Schweine, Schafe, Geflügel, Schlachten und Fleischverwertung, Bienenzucht, Obst- und Gemüsegarten, Pflanzenschutz, Treibhäuser, Konservierungsverfahren, Wein keltern, Fischen, Wasserkraft, Wind- und Sonnenenergie, Korbflechten, Töpfern, Wolle spinnen, Gerben, Hausbau u. v. m. – Unverzichtbar!

📖 Seymour, John, *Selbstversorgung aus dem Garten. Wie man seinen Garten natürlich bestellt und gesunde Nahrung erntet* (Ravensburger Buchverlag, 1997) 256 S. Ein überaus nützliches Buch, das alle Aspekte des Selbstversorger-Gartens behandelt: Vorstellung der Gemüse, Früchte und Kräuter, Gartenarbeit im Jahreslauf, Planung des Nutzgartens, Grundlagen des erfolgreichen Gartenbaus, Gemüseanbau, Obstanbau, Kräuter, der Anbau im Gewächshaus, Vorratswirtschaft usw. Unbedingt besorgen!

Hamm, Wilhelm, *Das Ganze der Landwirtschaft. Ein Bilderbuch zur Belehrung und Unterhaltung* (Original: Leipzig 1872, Augsburg: Weltbild-Verlag, 1996) 320 S. Das Reprint zeigt in vielen Bildern landwirtschaftliche Geräte und Maschinen für Muskel- und Dampfkraft. Darüber hinaus beschreibt es ausführlich Belange des Ackerbaus, der Viehzucht, des Obstbaus, der Forstwirtschaft, der Fischzucht und vieles andere mehr.

Mollison, Bill, *Permakultur konkret. Entwürfe einer ökologischen Zukunft* (Schaafheim: Pala-Verlag, 1989) 144 S.

📖 Mollison, Bill/Holmgren, David, *Permakultur – Landwirtschaft und Siedlungen in Harmonie mit der Natur* (Schaafheim: Pala-Verlag, ²1984) 168 S.

📖 Mollison, Bill, *Permakultur II – Praktische Anwendung* (Schaafheim: Pala-Verlag, 1983) 176 S.

Bell, Graham, *Permakultur praktisch. Schritte zum Aufbau einer sich selbst erhaltenden Welt* (Darmstadt: Pala-Verlag, 1994) 236 S.

📖 Bell, Graham, *Der Permakultur-Garten. Anbau in Harmonie mit der Natur* (Darmstadt: Pala-Verlag, 1995) 172 S.

http://www.permaculture.com/
http://www.attra.org/attra-pub/perma.html
http://metalab.unc.edu/london/permaculture.html
http://www.permaculture.co.uk/
Informationen zum Thema Permakultur und nachhaltige Intensiv-Landwirtschaft.

Latrinen und Toiletten

siehe auch → Hygieneartikel, Ersatz für/Toilettenpapier

In Ermangelung von Elektrizität für Pumpen und Fließwasser wird das »Plumpsklo« das WC ablösen. In seiner einfachsten Form besteht es aus einer Grube, über der in Sitzhöhe ein schmales Brett (»Donnerbalken«) angebracht ist. Ein weiterer Balken zum Festhalten verhindert, daß man in die Grube fällt.
Ein Häuschen über der Grube hält Regen, Schnee und Insekten ab. Ein Sitz sollte über einen gutschließenden Deckel verfügen. Ein Ventilationsrohr wird aus der Grube ins Freie geführt und unbedingt mit einem Fliegengitter versehen.
Ein Sitzbelag aus geschäumtem PE-Kunststoff (wie er für Isomatten verwendet wird) erhöht den Komfort in der kalten Jahreszeit erheblich.
Die Grube muß mindestens 1,5 m über dem Niveau des Grundwassers liegen. Mindestabstand 15–30 m zu Quellen und Brunnen einhalten, doch den Abort auch nicht zu nahe am Haus anlegen. (Geruchsbelästigung!) Darauf achten, daß sich die Tür nach Osten, jedoch nicht zur Wetterseite hin öffnet.
Zur Geruchsbeseitigung kann man Aborte ausschwefeln (→ Ausschwefeln von Räumen und Gefäßen) oder mit Wacholderzweigen ausräuchern. Trockenaborte sind nach dem Gebrauch mit Erde, Torfmull, Holzasche oder Ätzkalk zu bestreuen.

Lebensmittel, gefrorene, verwenden

Brot, Zucker, Fleisch, Fisch, Fleisch- und Fischkonserven, Mehl, Grieß, Grütze, Teigwaren, Kaffee und Tee werden durch Kälte nicht beeinflußt. Gefrorenes Brot möglichst vor dem Verzehren rösten (→ Brotröstzange). Alle wasserhaltigen Lebensmittel (Kartoffeln, Frischgemüse, Frischobst, Obst- und Gemüsekonserven, Sauerkraut usw.) sind frostfrei zu lagern und, falls gefroren, allmählich, eventuell in kaltem Wasser, aufzutauen. Der süße Geschmack gefrorener Kartoffeln ist unschädlich. Unbedingt vor Frost zu schützen sind alle Getränke (Wein, Bier, Spirituosen, Milch, Obstsäfte, Mineralwasser), da Behälter und Flaschen durch Frost gesprengt werden können. Käse verliert durch Frost an Geschmack und wird krümelig. Niemals Lebensmittel in gefrorenem Zustand essen!

Leder, Reinigen von
Das Folgende gilt nur für glattes Leder, nicht für Rauhleder. Leder mit lauwarmer Seifenlösung reinigen und langsam (nicht am Ofen) trocknen lassen. Fettflecken mit Benzin (Vorsicht!) ausreiben. Damit keine Ränder entstehen, so lange reiben, bis das Benzin verdunstet ist. Oder Fließ- oder Löschpapier zusammenfalten, mit Benzin tränken, auf den Fleck legen und mit einem Eisenstück beschweren. Ältere Fettflecken mit in heißem Wasser gelöstem Hirschhornsalz (Ammoniumcarbonat, entsteht beim trockenen Erhitzen von Horn, Hufen, Klauen, Leder) auswaschen. Stockflecken verschwinden, wenn man das Leder für 24 Stunden in einen Behälter legt und daneben (im Behälter) ein Schälchen mit starkem Salmiakgeist aufstellt. Schimmelansatz mit Holzessig, Schweißflecken mit Brennspiritus auswaschen.

Lederriemen flicken und verlängern
Bei gerissenen Riemen Rißstellen geradeschneiden und »anschärfen«, d.h. mit sehr scharfem Messer von der Lederstärke so viel abnehmen, daß beim Übereinanderlegen beider Riemenenden ein allmählicher Übergang entsteht. Mit Pfriem, spitzem Nagel oder dicker Stopfnadel in 2–5 mm Abstand und nicht zu dicht am Rande Löcher bohren und dann mit kräftigem, mit einer Kerze oder etwas Bienenwachs gewachstem Faden einmal hin, einmal zurück durchnähen, so daß sich auf beiden Seiten Fadenstich an Fadenstich reiht. Am Ende Fadenenden dreifach verknoten. Verlängerung von Riemenzeug in gleicher Weise. Zum Nähen benutzt man drei- bis vierfachen Leinenzwirn, starkes Hanfgarn oder dünne Schnur. Zur Not kann man auch dünnen Draht verwenden.

Lederriemen herstellen
Auf einer guten Unterlage wird ein Nagel und – im gewünschten Abstand – daneben ein Messer eingeschlagen. Das Lederstück wird nun zwischen Nagel und Messer durchgezogen.

Lehmbau
In Ermangelung von Ziegeln und Mörtel oder Beton kann man aus festgestampftem Lehm Wände für Unterkünfte, Stallungen und dergleichen errichten. Lehm gut zerkleinern, Steine auslesen und so

mit Wasser anfeuchten, daß gut erdfeuchtes Gemisch entsteht. Zur Erhöhung der Stabilität und des Wärmedämmfaktors kann man dem Lehm etwas Stroh beimischen. Für die einzustampfende Wand aus Knüppeln oder Brettern sorgfältig abgesteifte Schalung errichten. Lehmgemisch in 25–30 cm hohen Schichten einbringen und jede Schicht so lange stampfen, bis sich Feuchtigkeit an der Oberfläche zeigt. Zum Aussparen von Fenster- und Türöffnungen entsprechend große Bretter- oder Bohlenkästen in die Ausschalung einbauen. Tür- und Fensterrahmen mit Carbolineum oder erwärmtem Teer vorstreichen und nicht mit Kalkmörtel, sondern Lehmbrei verstreichen. Lehmbauten brauchen möglichst weit überstehende Dächer und sind nach gründlicher Austrocknung sehr dauerhaft und warm. Ein Teeranstrich (erwärmter Steinkohlenteer) für Außenwände ist nach völliger Austrocknung (3–8 Wochen, je nach Witterung) möglich. Noch heißer Teer kann mit Kies beworfen werden; derart behandelte Wände kann man später mit Kalkmörtel verputzen.

Um kürzere Bauzeit oder Trockenheit der Wände zu erreichen, Lehmziegel nach oben beschriebener Vorbereitung des Lehms formen und im Schatten sehr luftig bei täglichem Wenden trocknen lassen. Lehmziegel (Grünlinge genannt) später wie gebrannte Ziegel vermauern, jedoch an Stelle von Kalk- oder Zementmörtel stets Lehmbrei (Lehmmörtel) benutzen. Lehmwände müssen stärker als Ziegel- oder Betonwände errichtet werden, Wandstärke 40–60 cm.

Niemeyer, Richard, *Der Lehmbau und seine praktische Anwendung* (Nachdruck von 1946, Staufen: Ökobuch Verlag) 157 S.
Keppler, Marliese/Lemcke, Tomas, *Mit Lehm gebaut. Ein Lehmhaus im Selbstbau* (München: Blok Verlag, 1986) 124 S.

Lichtquellen, nachhaltige

siehe auch ➞ Feuer entfachen, ➞ Akkus

Heute erhalten wir einen Großteil unseres Lichtes aus Glühbirnen und Leuchtstoffröhren, deren komplizierte Herstellung in der ersten Zeit nach einer globalen Katastrophe unmöglich sein wird. Von Glühbirnen (v.a. 12 V) sind daher große Mengen einzulagern. Wenn aber auch diese kaputt sind, müssen alternative Beleuchtungsmöglichkeiten gefunden werden. Die Herstellung von Kerzen ist nicht so einfach, wie es auf den ersten Blick scheint, weil es an

Paraffin ebenso wie an Bienenwachs mangeln wird. Auch Petroleumlampen, die hell und billig wären, fallen ohne den aus Erdöl gewonnenen Rohstoff Petroleum (Kerosin) aus.

Auf alle Fälle sollte in den Räumen die Absorption durch Weißen der Wände, Aufhängen von Spiegeln oder Alufolie minimiert werden.

Offenes Feuer stellt immer ein Sicherheitsrisiko dar. Kerzen und Lampen daher nie unbeaufsichtigt lassen und vor dem Schlafengehen auf eventuell nachglimmende Dochte hin überprüfen.

- *Binsenlicht:* Binse *(Juncus)* vorsichtig spalten, damit das Mark unverletzt bleibt. Das Mark wird in flüssiges Fett getaucht. Man läßt es aushärten und stellt die brennende Binse etwas schräg (sonst verlischt sie) in eine Halterung.
- *Talglichte:* Talg aus $^1/_3$ Rindfleisch und $^2/_3$ Hammelfleisch oder $^7/_8$ Rindfleisch und $^1/_8$ Schmalz härtet durch Zugabe eines Teils Alaun pro fünf Teile Talg aus. Am saubersten brennt reines Hammelfett.
- *Öllampe:* In eine flache, mit Mohn-, Lein-, Sonnenblumen- oder Olivenöl gefüllte Schale (z. B. kleine Konservendose) Baumwolldocht (bzw. Wollfaden, Wattedocht usw.) einhängen und diesen am Schalenrand mit etwas Draht befestigen, ohne ihn aber fest mit Draht zu umwickeln. Die Lampe leuchtet heller und vertreibt Insekten, wenn man dem Öl ein Stückchen Kampfer beifügt. Man kann den Docht auch um ein Stäbchen wickeln, das man senkrecht in der Mitte des Gefäßes anbringt.
- *Kerzen:* Kerzen stellt man aus saugfähigen, absolut trockenen Baumwollfäden her, die man mit einem kleinen Gewicht beschwert und so lange – nach jedem Mal abkühlen – in (im Wasserbad) geschmolzenes Bienenwachs, Stearin und Paraffin (Verhältnis 1:9), geschmolzene Kerzenreste oder in ein Gemisch dieser Stoffe taucht, bis eine Kerze genügender Stärke erreicht ist. Für einen ausreichend dicken Docht eventuell mehrere Baumwollfäden zusammendrehen. Baumwolldochte brennen besser, wenn sie mit einer Lösung aus 2 B. Wasser, 2 El. Kochsalz und 4 El. Borax 24 Stunden lang getränkt wurden. Wenn die Flamme zu sehr rußt, muß der Docht in regelmäßigen Abständen auf etwa 1 cm Länge gekürzt werden. Dies kann man durch Verwendung geflochtener Dochte vermeiden.

Einen *Windschutz für Kerzen* kann man aus handelsüblichen Getränkedosen basteln, wenn man sie nach Abbildung 116 vorsichtig aufschneidet und das Unterteil mit Sand füllt, in den man die Kerze steckt.

- *Fackeln:* In flachem Gefäß Wachs, Paraffin, Kerzenreste schmelzen und geschmolzenes Fichtenharz dazutun (Vorsicht, feuergefährlich!). In Streifen gerissene Lumpen, Papierstreifen, Sackleinen eintauchen und um trockenen, 50–60 cm langen Knüppel winden, Bindfaden darüberwickeln, erkalten lassen. Ein einseitiger Windschutz für Fackeln kann aus einer alten runden Dose hergestellt werden, von der man den Deckel und eine halbe Seitenfläche entfernt; im Boden wird ein Loch für die Fackel angebracht.

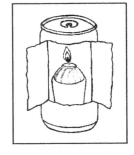

Abb. 116: Windschutz aus Aludosen

- *Solarlampen* und *Kurbellampen:* Solarlampen sind Taschenlampen, die Sonnenlicht durch eingebaute Solarzellen in Strom umwandeln und in Akkus speichern. Moderne Solarlampen geben bis zu 6 Stunden Licht, wenn sie vollständig aufgeladen wurden. Lädt man sie bei bedecktem Himmel auf, leisten sie deutlich weniger. Kurbellampen werden mittels Handkurbel und Generator aufgeladen. Beide Systeme funktionieren jedoch mit Lämpchen, die eines Tages kaputtgehen; sie können aber eventuell, wie im folgenden Punkt beschrieben wird, durch Leuchtdioden ersetzt werden:

- *Leuchtdioden:* Licht emittierende Dioden (LEDs) sind äußerst robuste, sparsame Lichtquellen. Erst vor kurzer Zeit wurden superhelle weiße TS-AlInGaP-LEDs entwickelt, die in Verbindung mit einem spannungsbegrenzenden Widerstand als Ersatz für Glühlämpchen dienen können.

- Zur *Reparatur einer* herkömmlichen *Taschenlampe* wird das Glas des kaputten Lämpchens zerbrochen und die gerissene Glühwendel entfernt. Der kürzere (negative) Anschluß der LED (Serie Z4004) wird im Inneren der Birne angelötet. Der längere (positive) Anschluß wird an einen passenden Widerstand (100 Ω, ¹/₄ Watt) gelötet, der wiederum an die Außenseite des Birnchens gelötet wird. Die LED wird im Brennpunkt des Taschenlampenreflektors mit Knetmasse, Silikon, Kitt usw. fixiert.

- Die amerikanische Firma *Innovative Technologies* bietet eine

LED-Taschenlampe an, die durch Schütteln aufgeladen wird und völlig wartungsfrei ist. Auch ähnliche Produkte tauchen bereits im Handel auf.

- *LED-Scheinwerfer* bestehen aus vielen nebeneinander angeordneten LEDs und stellen eine praktisch unzerstörbare Lichtquelle mit geringer Leistungsaufnahme dar. Sie können z. B. über Conrad-Electronic bezogen werden. Mit einer Mischung aus 60 % blauen (400–500 nm) und 40 % roten (650–690 nm) LEDs lassen sich theoretisch sogar Pflanzen züchten.
- *Kohlebogenlampe:* Zink-Kohle-Batterien (nicht aber Alkaline-, NiCd-, Hg- oder Blei-Säure-Batterien) enthalten Kohlestäbe, die man vorsichtig entfernen kann. Die Stäbe werden mit einem Messer oder Bleistiftspitzer gespitzt, in einer Holzhalterung so befestigt, daß die Spitzen einander berühren, und an die Pole eines Akkus angeschlossen. Zieht man die Elektroden nun einen Spaltbreit auseinander, entsteht durch die Ionisation der Luftmoleküle ein bis zu 3500 °C heißer, recht heller Lichtbogen, der allerdings auch viel Strom verbraucht. Von Zeit zu Zeit müssen die verbrennenden Stäbe einander wieder angenähert werden.
- *Titandioxid-Lampe:* Eher der Kuriosität halber: Titandioxid (Weißpigment) wird in Wasser gelöst. Die Lösung wird in eine transparente Flasche gefüllt und mit einem (akkubetriebenen) Laserpointer bestrahlt (niemals in den Strahl blicken!), woraufhin die Flüssigkeit ein violettes Licht abstrahlt.
- *Glühwürmchen-Lampe:* Rüdiger Nehberg, wie er leibt und überlebt: Der deutsche »Überlebens-Papst« regt in seinem *Survival-Lexikon* an, Glühwürmchen in ein klares Glas zu sperren (mit Luftlöchern im Deckel). In unseren Breiten nur im Frühsommer möglich.

Oppenheimer, Betty, *The Candlemaker's Companion. A Complete Guide to Rolling, Pouring, Dipping, and Decorating Your Own Candles* (Pownal: Storey Books, 1997)168 S.

http://www.innovativetech.org/

Löcher in Leder schlagen

In Ermangelung einer Lochzange einen entsprechend starken Nagel benutzen, dessen Spitze man scharf und rechtwinkelig abgefeilt hat. Als Unterlage dient Leder oder Weichholz.

Massenpanik, Verhalten bei
siehe Kapitel III.10

Matten aus Schilf, Stroh, Stoffresten weben

Schilf entblättern, vom Stroh leere Ähren abschneiden, Stoffe aller Art je nach Stoffstärke in 4–8 cm breite Streifen schneiden. Aus 7 Pfählen von je 1 m Länge und 2 Stangen von 150 cm Länge das in Abbildung 117 skizzierte Gerüst bauen.

Dazu 5 der Pfähle mit 20 cm Abstand einschlagen, 2 gegenüber mit 80 cm Abstand voneinander. Die letzten beiden mit einer aufgenagelten oder mit Schnur oder Draht befestigten Stange verbinden und nun von dieser waagrecht liegenden Stange zu den Spitzen der 5 eingeschlagenen Pfähle

Abb. 117: Vorrichtung zum Weben von Matten

Schnüre straff gespannt ziehen. Dann 4 etwas längere Schnüre an der waagrecht verlaufenden Stange zwischen den bereits befestigten anbinden und die freien Enden an der zweiten 150 cm langen Stange anknüpfen. Stange wie auf der Abbildung zu sehen anheben, Stroh-, Schilf- oder Stoffstreifen in das sogenannte *Fach* (der von Fäden gebildete Winkel) schieben und fest an die waagrechte Stange heranschieben. Freie Stange mit den angebundenen Fadenenden senken und nun Stroh oder dergleichen in das unter den gespannten Fäden liegende Fach schieben, anpressen, Stange heben und so fort, bis Matte gewünschter Länge entstanden ist. Zum Schluß beiderseits vorstehende Unregelmäßigkeiten des *Schusses* (das sind die eingeschobenen Stroh-, Schilf- oder Stoffbündel oder -streifen) mit scharfem Messer oder Schere abschneiden. Alle Verknotungen an Pfählen und Stangen lösen und die Schnurenden (Kettenenden) gut miteinander verknoten.

Für aus Stoffstreifen anzufertigende Teppiche (Fleckerlteppiche, Allgäuer Teppiche) Fäden (sogenannte Kette) in höchstens 8 cm Abstand spannen, also dementsprechend mehr Pfähle einschlagen. Stoffstreifen nicht einzeln verweben, sondern zu langem Band zusammennähen und auf 5 cm breites, etwa meterlanges Brett wickeln, das an beiden Enden gabelartig zuzuschneiden ist. Das Brett ersetzt das Schiffchen des Webstuhls und wird abwechselnd in das untere und obere Fach geschoben. Bei dieser Webart Stoffstreifen an den Teppichkanten nicht straff spannen (einhalten) und die entstandenen Stoffstreifenschlaufen nicht abschneiden!

Mauern und Ziegelwände errichten

Feld- und Natursteinwände und -mauern stets in ausreichendem Verband mit Kalkmörtel oder Zement-Kalkmörtel errichten (➤ Mörtelbereitung). Wände aus gebrannten Ziegeln ebenfalls mit Kalk- oder Zement-Kalkmörtel mauern. Verbände für verschiedene Mauerstärken sind in Abbildung 118 gezeigt.

Mauern niemals direkt auf Erdboden aufsetzen, sondern zunächst 30 bis 80 cm tiefen Graben ausheben und auf der Grabensohle mit dem Mauern beginnen. Wenn möglich, Dachpappenschicht handbreit über dem Erdboden waagrecht einschalten, um Aufsteigen von Bodenfeuchtigkeit zu verhindern. Stets zuerst Mauerecken hochmauern, zwischen diesen Schnur spannen und nun genau nach der Schnur den Zwischenraum zwischen den Eckpfeilern ausmauern. Mauerrichtung stets durch Lot und Wasserwaage prüfen. (Fehlt Wasserwaage, dann möglichst großes, flaches Gefäß benutzen, das handhoch mit Wasser zu füllen ist. Setzt man das Gefäß auf die Mauer auf und steht das Wasser im Gefäß überall gleich hoch, so kann angenommen werden, daß die

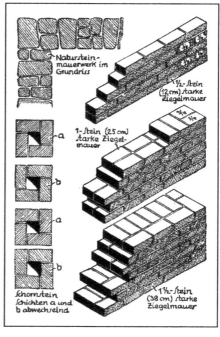

Abb. 118: Grundtechniken des Mauerns

Mauer waagrecht verläuft.) Zum Einbauen von Fenstern und Türen Falze mauern und Holzklötze zum späteren Einnageln der Fenster- und Türrahmen mit einmauern. In Ermangelung von Eisenträgern, und um das Mauern von Wölbungen und Bögen zu vermeiden, Tür- und Fensteröffnungen mit kräftigen geteerten oder mit Carbolineum getränkten Balken überdecken (bei halbsteinstarken Mauern 12 cm breites Balkenholz von 10–14 cm Höhe, bei steinstarken Mauern zwei 12 cm breite, 14 cm hohe Balken benutzen). Für Unterkunfts- und Stallräume reicht eine Wandstärke von 25 cm als Kälteschutz nicht aus, es sei denn, daß eine zusätzliche Isolierung der Wand mit Dämmplatten oder Bohlenwänden vorgesehen ist. Sonst mindestens 38 cm starke Vollziegelwände (1^1/$_2$ Stein) wählen. Halbsteinstarke Ziegelwände sind nur als unbelastete, innere Trennwände geeignet.

Medizin

für Notfallmedizin siehe ➞ Erste Hilfe auf S. 126!
siehe auch ➞ Krankheiten, Behandlung von, ➞ Heilpflanzen, Liste der, ➞ Fieber, Hausmittel bei, ➞ Hustenmedizin

Nach einer Katastrophe von globalem Maßstab werden pharmazeutische Mittel, die uns heute selbstverständlich geworden sind (Aspirin, Penicillin, Anästhetika usw.), für längere Zeit nicht verfügbar sein. Sollten Sie ein Medikament regelmäßig benötigen, kann es daher eine Frage von Leben und Tod sein, ob Sie rechtzeitig einen Vorrat davon angelegt haben, selbst wenn die Haltbarkeit nicht garantiert ist.[21]

Der Vorteil von *homöopathischen Heilmitteln* liegt darin, daß mit relativ geringen Mengen an Essenzen durch den Vorgang der Potenzierung große Mengen von Heilmitteln hergestellt werden können. Umfangreiches Wissen über diese Heilkunst vorausgesetzt, könnten Sie sich noch vor einer globalen Katastrophe mit diesen Grundsubstanzen eindecken, danach wird auch das kompliziert sein.

---

[21] An dieser Stelle sei angemerkt, daß einige Prophezeiungen und Botschaften davon sprechen, daß es in der Zeit nach dem Krieg erstaunlich wenig Invalide und Kranke geben wird. Kommt es zu »Wunderheilungen«, wie es einige von ihnen beschreiben, oder ist das die Folge der natürlichen Auslese?

Medizin

Auf lange Sicht empfiehlt sich für den Hausgebrauch daher besonders die Anwendung von Naturheilpraktiken, für die man wenig oder nur einfache Hilfsmittel braucht, wie Akupressur (Shiatsu), Akupunktur, Hydrotherapie (Kneipp), Osteopathie, Chiropraktik, Homöopathie, besonders aber die Behandlung mit »Hausmitteln« und die Phytotherapie (Heilkräuter).

Bei der *Akupressur* handelt es sich um eine fernöstliche Heilmethode durch sanfte Massage spezieller Punkte mit den Fingerspitzen. Alles, was Sie für diese bei vielen Leiden hilfreiche Methode benötigen, ist das Wissen um diese Punkte. Kaufen Sie sich dafür ein gutes Buch. Auch im Internet befinden sich Datenbanken mit Abbildungen aller Punkte:

http://www.qi-journal.com/AcuPoints/acupuncture.html

Heilkräuter sollten Sie bereits jetzt in großer Zahl auf Ihrem Grundstück anpflanzen.

An dieser Stelle muß auf die zum Teil ausgezeichnete Literatur zum Thema Heilkräuter hingewiesen werden, beispielsweise auf die Publikationen von Maria Treben und »Kräuterpfarrer« Johann Weidinger. (siehe Literaturverzeichnis!)

Eine umfangreiche Liste bewährter Heilkräuter finden Sie unter dem Stichwort → Krankheiten, Behandlung von.

http://www.botanical.com/
Hervorragendes Kompendium der Heilkräuter.

Sprechen Sie unbedingt mit Ihrem Arzt, welche Medikamente Sie brauchen. Hier sind nur einige Krankheiten angeführt, die einen Medikamentenvorrat lebensnotwendig machen:
- alle chronischen Krankheiten
- Allergiker
- zu hoher Blutdruck
- Bluter
- chronische Atembeschwerden
- Diabetes (Zucker-Ersatz: *Stevia rebaudiana*)
- Epilepsie
- Herzkrankheiten
- Operationen (medikamentöse Nachbehandlung)
- Über- oder Unterfunktion der Schilddrüse

Melken von Kühen und Ziegen
siehe auch ➤ Butterbereitung, ➤ Käsebereitung

Das Melken muß mit voller Hand, welche die Zitzen ganz umfaßt, erfolgen. Die Finger drücken dabei durch reihenweises Schließen die Milch nach unten heraus. Melken ist Übungssache und gelingt nicht auf Anhieb, also Geduld haben und dem Tier nicht weh tun. Euter stets völlig leer melken! Manche Melker strecken auch den Daumen als Widerstand zwischen Zitze und Finger flach nach unten, diese Art soll sich besonders bei hartmelkenden Tieren bewähren. Sanftes Kneten und Streichen des Euters fördert den Milchertrag und erleichtert das Ausmelken. In der Regel morgens, mittags und abends, stets zur gleichen Stunde melken. Frisch gemolkene Milch sofort durch Seihtuch gießen und kühl stellen.

Messer schärfen, befestigen, einkitten

Messer aller Art werden am besten am Wetzstahl geschärft, wobei die Messerschneide möglichst flach, also im spitzen Winkel, am Stahl entlangzuziehen ist. Hat man keinen Stahl zur Verfügung, so muß an einem Schleifstein geschärft werden. Als Schleifstein eignen sich Sandstein, Quarz oder Granit. Das Schärfen der Messer an irdenen Töpfen ist tunlichst zu vermeiden, da hierbei eine viel zu grobe, Scharten verursachende Schärfung erzielt wird. Rostfreier Stahl läßt sich schwieriger schleifen.

Methode: Man bewegt das Messer im Uhrzeigersinn kreisend auf dem stets gut befeuchteten Schleifstein, wobei die rechte Hand den Griff hält und die Linke einen leichten Druck auf die Schneide ausübt, immer dann, wenn das Messer vom Körper weg bewegt wird. Die zweite Seite wird im Gegenuhrzeigersinn geschliffen. (Die Schneide soll immer vorangehen.) Man kann sich die Arbeit erleichtern, indem man einen runden Schleifstein mit einer Kurbel antreibt.

Nach dem Schleifen auf dem Schleifstein muß der feine Schleifgrat an einem Messerrücken oder auf einem Abziehstein entfernt werden. Steht zum Schleifen eine Schleifmaschine zur Verfügung, so achte man darauf, daß der Stahl durch zu kräftiges Andrücken und zu rascher Drehung nicht blau anläuft (verbrennt), da er hierdurch weich und unbrauchbar wird. Messer nicht zum Umrühren heißer Speisen, etwa zum Wenden von Bratkartoffeln, Pfannkuchen und dergleichen, oder zum Graben benutzen! Stark schartige Messer werden entweder auf der Schleifscheibe zunächst mit senkrecht zur Scheibe stehender Schneide geradegeschliffen und dann geschärft, oder man bringt die Schneide zum Glühen und läßt sie langsam erkalten (Enthärten des Stahls); dann die Schneide mit einer Metallfeile geraderichten und schleifen. Um den Messerstahl wieder zu härten, erhitzt man ihn nochmals bis zur dunklen Rotglut und schreckt ihn dann in kaltem Wasser ab. Sollte der Stahl durch diesen Härteprozeß zu spröde und hart geworden sein, so muß man ihn über schwacher Flamme so lange erwärmen, bis er braun anläuft und einige Purpurflecken bekommt (Anlassen des Stahls).

Wenn Taschenmesser in den Griffschalen zu wackeln beginnen, kann man diese durch vorsichtiges Festschlagen der Vernietung wieder befestigen. Im Holzheft locker gewordene Küchenmesser können durch Nachklopfen der Nieten wieder festsitzend gemacht werden. Ins Heft eingekittete Messer (Tischmesser) lockern sich im Laufe der Zeit. Man mischt etwas Fichtenharz mit Kreide, füllt damit die Öffnung im Messerheft und drückt den erhitzten Klingenstift (das Messerende jenseits der Schneide) heiß hinein. Eingekittete Messer nicht zu heiß waschen und nicht in heißem Wasser liegenlassen.

Bothe, Carsten, *Das Messerbuch* (Braunschweig: Venatus Verlag, 1999)

Modergeruch vertreiben
Raum mit Wacholderzweigen ausräuchern und gut lüften. Wird der Modergeruch durch feuchte Wände verursacht, so ist neben regelmäßigem Lüften auch regelmäßige Heizung erforderlich. ➞ Kalkanstriche können ebenfalls nützen.

Mörtelbereitung
siehe auch ➞ Betonbereitung, ➞ Zementherstellung

Sack- oder Stückkalk (gebrannter Kalk, Branntkalk, Ätzkalk) wird in einem Holzbottich mit soviel kaltem Wasser abgelöscht (Vorsicht, starke Erhitzung!), daß ein sahneartiger Brei entsteht, der bald zu einem zähen Teig erstarrt. Man mischt diesen Kalkbrei (Weißkalk oder Sumpfkalk, gelöschter Kalk) nach einigem Stehenlassen mit scharfem (grobkörnigem, seesandartigem), humusfreiem

Musik

Sand und erhält so Kalkmörtel. Gibt man etwas Zementpulver hinzu, so erhält man Zement-Kalkmörtel oder verlängerten Zementmörtel. Vor der Verarbeitung muß jedes Mörtelgemisch gut durchgemischt und mit klarem, säurefreiem Wasser zu breiiger Beschaffenheit verdünnt werden. Das Mischungsverhältnis von Kalk und Sand zu Kalkmörtel bei Mauerwerk beträgt: 1 Teil Weißkalk auf 3 Teile Sand; bei Putzmörtel: 1 Teil Weißkalk auf 2 Teile Sand (bei Innenputz kann Gips zugesetzt werden). Das Mischungsverhältnis von verlängertem Zementmörtel kann mit 1 Teil Zement auf 11 Teile Weißkalk und 5–8 Teile Sand angenommen werden. Reiner Zementmörtel (also ganz ohne Kalkbeigabe) besteht aus 1 Teil Zement und 2–4 Teilen Sand.

Musik

siehe auch ➞ CD-Player

Wenn es nach den Katastrophen weder Fernsehen noch Radio gibt, ist zu erwarten, daß dem Chorsingen und der Hausmusik wieder größere Bedeutung zukommen. Daher Noten, Liederbücher und Ersatzteile für Instrumente bevorraten. Saiten stellte man früher aus Schafsdärmen her. Opern und Orchesterwerke mit aufwendiger Besetzung wird man für längere Zeit wohl nur auf CD hören können.

Nageln

Nägel niemals senkrecht, sondern nach Abbildung 119 stets schräg einschlagen. Muß man starke Nägel für dünnes, leicht spaltendes Holz verwenden, dann Nagelspitze mit Zange abkneifen oder zumindest mit Hammer abstumpfen. Zu lange Nägel nicht einfach umschlagen, sondern mit Zange unten rechtwinkelig umbiegen und Spitze von rückwärts einschlagen (»vernieten«). Zum Versenken des Nagelkopfes Versenkstift, Durchschläger, zur Not dicken, stumpfen Nagel benutzen. Versenkloch mit Glaserkitt (➞ Kitte) ausfüllen. Um Nägel leichter in Hartholz schlagen zu können, Nagelspitze in geschmolzenes Bienenwachs oder Kerzenreste tauchen oder zumindest damit einreiben.

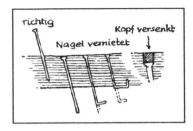

Abb. 119: Richtiges Nageln

Nahrung aus der Wildnis

Wenn die Nahrungsmittelvorräte aufgebraucht sind, kann auf eine Vielzahl von eßbaren Wildtieren und -pflanzen zurückgegriffen werden. Anleitungen zum Fallenstellen, Schlachten, Fischen und Sammeln finden sich in den im *Literaturverzeichnis* angeführten Survival-Büchern. Ekelerregende Tiere können zu Pulver zerrieben und so Suppen oder Eintöpfen beigemengt werden.

Nach einem AKW-Unfall oder einem Atomwaffeneinsatz ist bei Nahrung aus der freien Natur eine etwaige Strahlenbelastung zu beachten, prinzipiell sind aber beispielsweise folgende Tiere und Pflanzen eßbar:

Eßbare Tiere:
- *alle felltragenden Tiere:* z.B. Ratten. Jedoch Trichinengefahr! Lange braten oder 2–3 Stunden lang kochen bzw. Fleischfresser vermeiden!
- *alle Vögel und Vogeleier:* Teilweise ist Vogelfleisch sehr zäh, daher lange kochen.
- gehäutete *Frösche:* Kröten sind dagegen ungenießbar.
- *alle Süßwasserfische* (in unseren Breiten): Kochen oder braten, um etwaige Würmer zu töten.
- *Weinbergschnecken:* sehr nahrhaft; Zubereitung: Waschen – wenn möglich in Essigwasser – 10 Minuten in kochendem Wasser sieden, dann abkühlen lassen, Körper aus der Schale herausnehmen, zwei Stunden in Salzwasser sieden lassen.
- *Regenwürmer:* sehr nahrhaft, noch lebend einige Zeit zur Reinigung in Wasser geben.
- *Schlangen und Eidechsen:* Immer häuten!
- *Larven und Maden:* sehr nahrhaft; Raupen sind dagegen oft giftig!
- *größere Insekten* wie Käfer und Heuschrecken: Keine schon toten, übelriechenden, behaarten, auffällig gefärbten Insekten oder solche mit mehr als 6 Beinen verwenden. Kopf, Flügel, Beine entfernen. Wegen Parasitengefahr kochen.
- *Muscheln, Seeigel* und andere *Krustentiere* kalter und gemäßigter Zonen
- *Frisches Blut:* nahrhaft, reich an Salz und Vitamin C

Nahrung aus der Wildnis

- *Knochen:* Zum Kochen in kaltem Wasser aufsetzen, weil sonst das gerinnende Eiweiß die Öffnungen verschließt.

http://www.eatbug.com/
http://members.aol.com/keninga/insects.htm
http://www.naturenode.com/recipes/recipes_insects.html
Insekten-Rezeptsammlungen

Eßbare Pflanzen:
Generell sind eßbar:
- *alle Grassamen* (außer schwarz gepunktete – Mutterkornbefall!): Kochen, um die enthaltene Stärke besser auszunutzen.
- die *Bastschicht* (Innenrinde, zwischen Holz und Borke) *vieler Bäume:* z.B. Ahorn, Birke, Buche, Espe, Fichte, Kiefer (hoher Vitamin-C-Gehalt), Pappel, Weide. Die stärkehaltige Rinde zu Mehl verarbeiten oder in Streifen geschnitten wie Nudeln kochen.
- *viele Früchte* (nicht jedoch die giftigen Samen in den Kernen von Steinfrüchten wie Aprikose oder Pfirsich!)
- *Nüsse,* z.B. Haselnuß, Walnuß, können auch in unreifem Zustand verzehrt werden.
- alle Arten von *Tang und Meeresalgen*
- bestimmte *Beeren:* Erdbeeren, Himbeeren, Brombeeren, Preiselbeeren, Kornelkirschen, Schlehdornbeeren, Wacholderbeeren usw.
- bestimmte *Pilze:* Pilze haben allerdings nur einen geringen Nährwert und sind eventuell hoch strahlenbelastet. Da außerdem die Unterscheidung genießbarer und giftiger Arten teilweise sehr schwierig ist, sollte man im Zweifelsfall besser ganz auf Pilze verzichten!

Einige spezielle Pflanzen:
- *Junge Brennesseln:* wie Spinat kochen, als Suppe oder Tee verzehren.
- *Brombeerblätter:* für Tee
- *Bucheckern:* wie Eicheln behandeln.
- *Buchen-* und *Lindenblätter,* wenn sie jung sind
- *Edeldistel:* Knospen und junge Stengel von Stacheln befreien und kochen; die Wurzeln können zu einem Mehl verarbeitet werden. Im Blütenkopf befindlicher Fruchtknoten (»Jägerbrot«) kann roh gegessen werden.

- *Edelkastanie:* Maroni einschneiden und rösten oder kochen. Achtung: Nicht mit der weitverbreiteten Roßkastanie verwechseln, deren Samen ein Gift enthalten!
- *Erdbeere:* Früchte, Blätter für Tee
- *Eicheln:* schälen, kochen, mahlen und aus dem Mehl Fladen oder Kuchen backen, oder Eicheln auf einer Blechplatte schwarzbraun rösten und zu Eichelkaffee mahlen.
- *Farne:* Stärkehaltigen Wurzelstock und junge (gerollte) Wedel wegen ihrer Bitterstoffe abbrühen (dabei einmal das Kochwasser wechseln) und verzehren, oder die stärkereichen Wurzelknollen zu einem Mehl zerreiben, das mit Sodalösung entbittert und für Brot, Bannock (siehe ➔ Backen) usw. verwendet wird.
- *Fichte:* Die jungen Triebe im Mai kann man kochen oder mit Zucker oder Alkohol zu einem Hustensaft ansetzen.
- *Gerste:* Geröstete und gemahlene Gerstenkörner *(Tsamba)* können für Müsli, Fladenbrot, Sterz, Schmarrn oder als Kaffeersatz verwendet werden.
- *Hagebutte* (Früchte der Heckenrose): Samenkörner entfernen, roh als Mus oder in Form von Tee konsumieren, Vitamin-C-Lieferant.
- *Himbeerblätter:* für Tee
- *Holunder:* Blüten in Ei und Mehl wenden, in heißem Fett backen und zuckern. Beeren roh essen, zu Saft oder »Hollerkoch« (mit Zucker, Zitronensäure und Gewürznelken kochen) verarbeiten.
- *Hopfen:* Die jungen Triebe schälen und weich kochen.
- *Huflattich:* Blätter als Gemüse, in Kräutersuppe, Salat oder Tee verwerten.
- *Kiefer:* Die innere Rinde und die Nadeln (junge Triebe) enthalten viel Vitamin C und A. Die Samen sind eßbar. Zu deren leichterer Gewinnung Tannenzapfen zuerst über Feuer erhitzen.
- *Klatschmohn:* Junge Blätter in Salzwasser kochen.
- *Klette:* Blatt- und Blütenstiele schälen und kochen, auch die Wurzel kann gekocht gegessen werden.
- *Lindenblüten:* für Tee
- *Löwenzahn:* Blätter als Gemüse, Wurzeln wie Kartoffeln kochen oder über kleinem Feuer geröstet und gemahlen als Kaffeersatz.
- *Nachtkerze:* Junge Blätter roh oder gekocht verzehren, die fleischige Wurzel für Salat verwenden.

- *Pfefferminze:* für Tee
- *Sauerampfer:* für Salate oder Suppen
- *Schilfrohr:* Blattspitzen im Mai und Juni, Rohrkolben während der Blüte als Gemüse. Wurzelwerk und Blütenstaub zur Herstellung von Mehl verwenden.
- *Tanne:* Die Nadeln sind ein hervorragender Vitamin-C-Lieferant. Eine Tasse Tannennadeltee täglich schützt vor Skorbut. Vorsicht: Nicht mit der giftigen Eibe verwechseln! Die Samen können in Backwerk mitgebacken werden. Gewinnung wie bei Kiefernsamen.
- *Tulpe und Narzisse* besitzen eßbare Zwiebeln.
- *Wegerich:* Blätter als Gemüse kochen.
- *Weidenröschen:* Junge Triebe, Stengel oder Blätter als Gemüse, junge Blätter als Salat oder für Tee
- *Wiesenschaumkraut:* Junge Blätter roh verzehren, ältere Blätter dienen als Pfefferersatz.

Vermeiden Sie unbekannte Pflanzen mit milchigem Saft, rote Pflanzen und Pflanzen, die nach Bittermandel oder Pfirsich riechen.

Viele Pflanzen enthalten Bitterstoffe (Tannin). Sie werden zubereitet, indem man sie mehrmals in frischem Wasser wäscht bzw. das Kochwasser mehrmals wechselt.

Genießbarkeitstest für unbekannte Pflanzen

Dieser Test ist nur für Notfälle gedacht, wenn keinerlei sichere Nahrung zur Verfügung steht. Er ist nur dann ratsam, wenn Sie einigermaßen über giftige Pflanzen Bescheid wissen. Wenden Sie ihn nur auf Pflanzen an, die Sie zumindest grob einordnen können; bei bestimmten Gewächsen würden bereits die ersten Testschritte zum Tod führen!

Im folgenden werden die einzelnen Testschritte beschrieben. Gehen Sie nur dann zum nächsten Schritt über, wenn beim vorhergehenden im angegebenen Zeitraum keine Reaktion erfolgt ist.

- Bringen Sie die Innenseite Ihres Unterarms mit einem kleinen Stück der Pflanze in Berührung und warten Sie eine Stunde lang auf eine Reaktion.
- Reiben Sie die Pflanze an der Innenseite Ihres Unterarms und warten Sie eine Stunde lang auf eine Reaktion.
- Bringen Sie ein kleines Stück der Pflanze mit Ihren Lippen und

Ihrer Zunge in Berührung und spucken Sie anschließend aus. Warten Sie eine Stunde lang auf eine Reaktion.
- Nehmen Sie ein winziges Stück (so dünn wie nur möglich und ca. $1/2 \times 1/2$ cm große Oberfläche) der Pflanze in den Mund, kauen Sie es und spucken Sie es anschließend aus. Warten Sie eine Stunde auf eine Reaktion.
- Schlucken Sie ein Stück von der im vorigen Schritt angegebenen Größe. Warten Sie 24 Stunden auf eine körperliche Reaktion.
- Schlucken Sie ein Stück von der Größe $1/2 \times 1/2 \times 1/2$ cm. Warten Sie wieder 24 Stunden auf eine Reaktion.
- Schlucken Sie ein Stück von der Größe $2 \times 2 \times 2$ cm. Warten Sie 24 Stunden auf eine Reaktion.
- Wiederholen Sie den letzten Schritt.
- Falls sich bis jetzt keine negative Reaktion gezeigt hat, ist die Pflanze wahrscheinlich genießbar.

📖 Heiß, Erich, *Wildgemüse und Wildfrüchte* (Düsseldorf: Lebenskunde Verlag, 2000) 334 S.

Nieten von Blech- und Metallteilen

Um Metallteile fest miteinander zu verbinden, wendet man das Vernieten an. Man braucht hierzu Nieten, die aus Schaft und Kopf bestehen, notfalls kann man ausgeglühte (weich gemachte) Nägel benutzen, denen man das untere, spitze Ende mit der Zange abgekniffen hat. Nieten sollen stets aus weicherem Material bestehen als die zu vernietenden Teile. Der Arbeitsvorgang: Bohren oder Durchschlagen eines Loches zum Durchstecken der Niete, Durchziehen der Niete und das Kopfmachen, das heißt das Rundklopfen des herausragenden Nietenschaftes mit kurzen, kleinen Hammerschlägen; wenn vorhanden, Nietenzieher und Kopfmacher benutzen. Nieten nicht zu dicht am Rand anbringen!

Notschlachtung von Nutztieren
siehe ➤ Nutztiere, ABC-Schutzmaßnahmen für

Notsignale, internationale
siehe auch ➤ Signalisieren, ➤ Signalzeichen, ➤ Kommunikation
- *Dreieck:* Ein generelles Warnzeichen, z.B. auch im Autoverkehr. Nachts dafür drei Feuer entzünden.

- *Internationales Notrufzeichen:* SOS (..·---..·) als ► Signalzeichen, optisches oder akustisches Signal oder im Sprechfunkverkehr das Wort »Mayday«.
- *Internationales Bergnotzeichen:* Sechs Rufe, Pfiffe, Schüsse, Lichtzeichen pro Minute. Dann eine Minute Pause. Antwort: Drei Signale pro Minute.
- *Signalraketen am Berg*: Rot: Notruf!, weiß: Verstanden!, grün: Kehre zur Basis zurück!

Nuklearwaffen
siehe ► Kernwaffen

Nutztiere, ABC-Schutzmaßnahmen für
siehe auch ► Strahlung, Grundbegriffe der ionisierenden, ► Strahlung, Schutz vor, ► Kalkanstriche, ► Kernwaffen, ► Sauerstoffversorgung in geschlossenen Räumen (Schutzraum), ► Haustiere, Vorsorge und Schutzmaßnahmen für

Für den Landwirt stellt sich die Frage, wie er seine Nutztiere vor Strahlung bzw. B- und C-Schäden schützen kann. Folgende Maßnahmen können gesetzt werden:

Langfristige Maßnahmen:
- Ein direkter Zugang von der Wohnung in den Stall bzw. die Futtermittelscheune sollte angelegt werden.
- Die Verstärkung der Stallwände zwecks besserer Strahlenabschirmung und der Bau einer Lüftungsanlage mit Filter sind zu überlegen.

In Spannungszeiten:
- In Krisenzeiten sollte Futtermittel bevorratet werden. Rauhfutter ist am besten (in Scheunen) mit möglichst staubdichten Folien abzudichten.
- Tiere im Stall lassen.
- Eventuell eine das Immunsystem stärkende Schutzimpfung verabreichen.
- Außen an den Stallmauern Erde aufschütten, so hoch wie die Tiere groß sind, oder Sandsäcke stapeln. Zum Schutz der Stallfenster Zimmererstöcke davorstellen, Pfosten darüberlegen, Sandsäcke auf der Höhe der Fenster stapeln.
- Wasservorräte in Behältern im Stall bereitstellen. (Ein Rind benötigt pro Tag bis zu 30 l Wasser, Kleinvieh 5 l, Huhn $1/4$ l.)

- Futtermittel und Maschinen im Freien mit Abdeckplanen schützen.
- Dekontaminationsausrüstung und Wasser bereitstellen.
- Stelle für Notschlachtungen vorbereiten.

Bei ABC-Alarm:
- Den Stall möglichst gut abdichten. Achtung: Nach ca. 6–8 Stunden ist sehr viel Sauerstoff verbraucht, und der Kohlendioxidgehalt der Luft steigt rapide an. Durch das Ausstreuen von gelöschtem Kalk wird auch hier ein Teil des Kohlendioxids gebunden, und der Zeitraum bis zur notwendigen Lüftung kann um ca. 4–5 Stunden ausgedehnt werden.
- Auch Haustiere (Katzen, Hunde) einsperren.
- Erste Hilfe bei verletzten Tieren: Blutungen stillen, Brandwunden mit kalten Kompressen behandeln.
- Verstrahlte und chemisch kontaminierte Tiere dekontaminieren.
- Vieh regelmäßig, aber eher sparsam füttern und tränken. Zusatz von Eiweiß, Vitaminen und Mineralstoffen ist empfehlenswert.
- Solange die Dosisleistung über 5 mGy/h liegt, die Tiere im Stall lassen.
- Stall regelmäßig desinfizieren.
- Gegenmaßnahmen bei Kontamination mit chemischen Kampfstoffen sind schwierig zu wählen, weil der Kampfstoff meist nicht bekannt sein wird. Kampfstoffspritzer mit saugfähigem Material aufsaugen (nicht wischen!) oder mit Entgiftungspuder bestreuen, 1 Minute einwirken lassen, abkehren und erneut einpudern. Anschließend mit einer Dekontaminationslösung dekontaminieren (siehe → Dekontamination verstrahlter Personen und Gegenstände).
- Kranke Tiere bei Verdacht auf Seuchen (B-Waffen-Einsatz) schlachten und verbrennen (oder desinfizieren und vergraben).

Notschlachtung:
siehe auch → Schlachten von Nutztieren
- Liegen schwere Verletzungen oder schwere Strahlenkrankheit vor, müssen die Tiere rasch notgeschlachtet werden, um ihnen unnötiges Leiden zu ersparen und den Fleischwert zu erhalten.
- Tiere mit erhöhter Körpertemperatur und Entzündungen (insbesondere in den Lymphknoten) sollen bakteriologisch untersucht werden.

- Tiere mit mechanischen Verletzungen können verwertet werden; man entfernt das ödematöse und blutdurchtränkte Gewebe.
- Tiere mit ausgedehnten Verbrennungen sollten innerhalb von 4 Tagen geschlachtet und bakteriologisch untersucht werden.
- Tiere, die eine tödliche Strahlendosis erlitten haben, müssen innerhalb von 3–12 Tagen (tierartabhängig) geschlachtet werden, da zu dieser Zeit die Strahlenkrankheit noch nicht ihren Höhepunkt erreicht und das Fleisch noch keine krankhaften Veränderungen erfahren hat. Das Fleisch ist dann uneingeschränkt zu verwenden. Hat das Tier aber Rückstandsstrahlung mit dem Futter aufgenommen, ist das Fleisch, wenn möglich, einer Strahlenkontrolle zu unterziehen. Knochen, knochennahes Fleisch und Innereien sind in diesem Fall besonders strahlenbelastet.
- Durch C-Kampfstoffe schwervergiftete Tiere müssen innerhalb von 2 Stunden geschlachtet werden. Bei lungenschädigenden Kampfstoffen oder einer großflächigen Kontamination der Haut (mehr als 1/3 der Körperoberfläche) kann das Fleisch nicht für den menschlichen Verzehr verwertet werden.
- Kadaverbeseitigung geschieht durch Verbrennen oder Vergraben (Erdschicht mindestens 1 m dick).

Öfen, improvisierte
siehe auch ➝ Kochherd bauen, ➝ Ofenbau

- *Alkoholofen:* Eine Rolle Toilettenpapier wird in eine oben offene Metalldose gestellt und vollständig mit Alkohol getränkt. Dieser sollte zumindest 70%ig sein, optimal sind 90%. Vorsichtig entzünden! Löschen durch Ersticken mit einem Topfdeckel o. ä.
- *Holzkohleofen:* Für die Verfeuerung von Holzkohle (➝ Holzkohleerzeugung) nimmt man einen Blecheimer ohne Deckel (z.B. Trommel einer alten Waschmaschine), der nach Abbildung 120 seitlich und am Boden mit Luftlöchern zu versehen ist. Der Eimer wird auf 3–4 Steine gestellt oder an 3 Zeltstangen aufgehängt.
- *Sonnenofen:* Diese Öfen bündeln mit parabolförmig

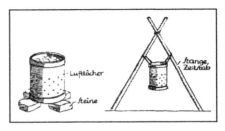

Abb. 120: Holzkohleofen

Ofenbau

angeordneten Spiegeln das Sonnenlicht und erreichen so Temperaturen bis zu 180 °C. Beim Hantieren mit Sonnenöfen immer Sonnenbrillen tragen! Bauanleitungen finden Sie in folgendem Buch:

Halacy, Beth & Stan, *Cooking With the Sun. How to Build and Use Solar Cookers* (Lafayette: Morning Sun Press, 1992) 114 S. Enthält auch Kochrezepte.

Ofenbau

siehe auch → Kochherd bauen, → Öfen, improvisierte

In der Abbildung 121 ist der Bau eines behelfsmäßigen Ofens aus Ziegeln (Mauersteine, Klinker) und Lehmbrei dargestellt. Zunächst auf fester, waagrechter Unterlage 10 Ziegel flach in Lehmbrei als Sockelschicht verlegen, darauf das Feuerloch mit halbsteinstarken Wänden (4 Schichten) mauern. Über dem Feuerloch Schicht b als Abdeckung anlegen, wobei eine Durchgangsöffnung für die Rauchgase zu lassen ist. Erste Heizkammer aus 10 hochkant stehenden Ziegeln herstellen (Schicht c) und mit Abdeckung (Schicht d) verschließen. Auch hier Durchgangsöffnung für Heizgase zur zweiten Heizkammer lassen, deren Seitenwandungen genau wie die der unteren auszuführen sind. Zweite Heizkammer mit Schicht e abdecken und Rauchabzugsrohr aufsetzen. Alle Ziegel vollfugig mit fettem Lehmbrei (nicht mit Mörtel!) vermauern und hinterher sorgfältig mit Lehmbrei verstreichen. Feuerungsöffnung in Ermangelung von Feuerungstüren mit flacher Steinplatte oder Blechstück verschließen.

Ein Rauchabzugrohr kann man notfalls aus aneinandergesetzten Konservendosen (ohne Boden und Dek-

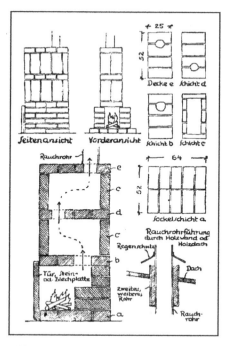

Abb. 121: Einfacher Ofen aus Ziegelsteinen

Ofenbau

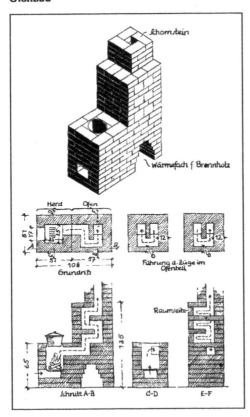

Abb. 122: Heiz- und Kochofen aus Ziegelsteinen

kel) oder aus einer Blechtafel herstellen. Beim Durchführen des Rauchrohres durch Holzwände oder Holzdächer ein zweites, weiteres Rohr um das Rauchrohr setzen und den Zwischenraum mit Lehm oder Sand füllen. Soll ein gemauerter Schornstein (Kamin) errichtet werden (→ Mauern), diesen niemals auf dem Ofen errichten, sondern vom Erdboden hochmauern! Um die Wärmehaltung eiserner Öfen zu verbessern, umkleidet man sie allseitig mit einer 5 cm starken Lehmschicht, die durch ein herumgelegtes Drahtgeflecht gesichert wird. Bei der Feuerungs- und Aschentür ist das Drahtgeflecht auszuschneiden.

Ein kombinierter Heiz- und Kochofen wird in Abbildung 122 gezeigt. Auch er wird aus Ziegelsteinen, die mit Lehmbrei verbunden werden, errichtet. Der Ofen besteht aus dem Herdteil mit Feuerloch, Luftzufuhr, Rost und Kochstelle und dem angesetzten Heizofen, der im hinteren Teil ein offenes Fach zum Vorwärmen von Brennholz hat. Zur besseren Ausnutzung der Heizgase werden im Ofenteil 3 Züge angeordnet (vgl. Abbildung), bei denen die heißen Heizgase zwangsläufig an den schwachen Wandungen der Raumseite entlangstreichen und diese erwärmen. Die Rauchableitung erfolgt durch einen gemauerten Schornstein oder durch Blechrohre.

Ofenreinigung

Öfen, soweit zugänglich (evtl. Abnehmen der Reinigungsklappen), sorgfältig von Flugasche und Ruß reinigen. Kachelfugen mit Lehmbrei verschmieren. Risse in eisernen Öfen verkitten (➤ Kitte), Aschkästen regelmäßig leeren, Feuerungsöffnung vor dem Anfeuern von Aschenresten reinigen.

Ofenrohre, schadhafte, flicken

Durch verrostete Ofenrohre können Unfälle durch Einatmen von Verbrennungsgasen entstehen. Undichte Stellen, Risse und Rostlöcher daher umgehend verschließen. Besteht keine Möglichkeit, das Ofenrohr auszuwechseln, genügt bei kleinen Löchern etwas Lehmbrei, bei größeren Löchern Blechstück aufnieten und mit Lehm verstreichen oder Konservendosenwand mit Lehmbrei ausstreichen und mit Draht fest auf die beschädigte Rohrstelle binden.

Ohrstöpsel

Etwas Bienenwachs oder Paraffin in einer Blechdose schmelzen, einige Tropfen Rizinusöl zufügen und Watte mit flüssigem Wachs-Ölgemisch zu erbsengroßen Kugeln verkneten, die ins Ohr gedrückt werden.

Papier als Brennstoff

In der Stadt könnte man in die Lage kommen, zwar nicht mehr über Heizöl, Kohle oder Holz, wohl aber über Papier (Altpapier, Telefonbücher usw.) zu verfügen. Wenn man einen Ofen für Festbrennstoffe besitzt, kann man Papier in Form enggewickelter, mit einem Draht zusammengebundener Rollen verheizen. Sauberer brennen die Rollen, wenn man das Papier vor dem Einrollen in Wasser einweicht, das mit etwas Spülmittel versetzt ist. Glanzpapiere brennt deutlich schlechter als Zeitungspapier.

Pelzwerk nähen

Zunächst Schnittmuster aus Zeitungspapier anfertigen. Danach Pelzstücke (beim Flicken von Pelzsachen auf gleiche Strichrichtung achten) zuschneiden, mit allseits 5 mm Zugabe für die Nähte. Zugeschnittene Pelzstücke mit Haarseite aufeinanderlegen, so daß Nahtkanten dicht übereinanderliegen. Mit Zwirn und Nadel zusammennähen. Möglichst Kürschnernadel (an zwei Seiten angeschliffen) benutzen. Stichweite 3–4 mm, Stichabstand vom Pelzrand 2–3 mm. Nach Fertigstellung der Naht Pelzwerk auf der Haarseite kräftig bürsten. Pelz stets von der Hautseite mit Rasierklinge oder dergleichen zuschneiden. Am wärmsten hält Pelzwerk, wenn die Haarseite zum Körper hin getragen wird.

Pflanzenschutz, biologischer
Die Möglichkeiten für biologischen Pflanzenschutz sind vielfältig. Hier sei nur ein Beispiel gegeben:
Knoblauchspray: 100 g Knoblauch zerkleinern, mit 2 Tl. Paraffinöl verrühren und 48 Stunden stehenlassen. 30 g Seife in 600 ml heißem Wasser auflösen, über den Knoblauch gießen, 24 Stunden stehenlassen, erwärmen, filtern. Verdünnung mit Wasser im Verhältnis 1:100. Tötet Schnecken, Blattläuse, Spulwürmer und Kohlweißlinge.

Kreutzer, Marie-Luise, *Biologischer Pflanzenschutz* (BLV, [7]1997) 126 S.

Plastikfolien
Strapazierfähige, transparente, UV-feste Plastikfolien mit Gewebekern sind nützlich für Notreparaturen und als Fensterersatz.

Plexiglas
Plexiglas ist der ideale Ersatz für zerbrochene Fensterscheiben und wird nach einer globalen Katastrophe einen hohen Tauschwert haben. Zur Reinigung nur Wasser, Seife und einen weichen Schwamm verwenden, jedoch keine Scheuermittel. Alkohol, Ester, Ketone, Benzol und Chlorkohlenwasserstoffe lösen Plexiglas auf.

Polsprung/Polwende
Seitdem Untersuchungen von Meeressedimenten gezeigt haben, daß sich der magnetische Nordpol (und damit auch der ihm gegenüberliegende magnetische Südpol) im Laufe der Erdgeschichte ständig verlagert hat, wird von Autoren (die allesamt geophysikalische Laien sind) ein »Polsprung« als die Ursache (oder eine der Auswirkungen) der diversen von den Endzeitpropheten verkündeten Phänomene diskutiert. Dazu ist zu sagen, daß die magnetische Umpolung in Wirklichkeit sehr langsam, in Zeiträumen von 5000 bis 20 000 Jahren stattfindet. Oft wird unter dem Polsprung aber auch ein plötzliches Kippen der Rotationsachse der Erde infolge des Impakts eines Him-

melskörpers verstanden. Dies ist in der Erdgeschichte bisher nur einmal eingetreten, bei einem gewaltigen Zusammenstoß in der Frühzeit der Erde, aus dem ihre heutige Achsenneigung von 23,5° resultiert. (Die Rotationsachse neu gebildeter Planeten liegt rechtwinkelig zur Ebene ihrer Umlaufbahn im Sonnensystem, aus dessen Material sie gebildet wurden.) Selbst der gewaltige Einschlag gegen Ende der Kreidezeit (Krater mit 300 km Durchmesser in Yucatan), der wahrscheinlich für das Aussterben der Saurier verantwortlich war, bewirkte kein weiteres Kippen mehr. Der Grund dafür ist, daß sich die Erde mit ihrer gewaltigen Masse wie ein riesiger Kreisel verhält. Ein rotierender Kreisel hält seine Achse jedoch stabil (z. B. freihändiges Fahrradfahren, Prinzip des Kreiselkompasses usw.) und richtet sie nach einem äußeren Impuls unter Ausführung einer Taumelbewegung (Präzession) wieder ein.

Als »Polwende« wird ein Kippen des Erdkörpers um 180° bezeichnet. Nach den Theorien von L. Suball und P. Warlow würde die Erdachse während einer solchen Umkehrung fest bleiben, d. h. weiterhin ständig zum Polarstern zeigen, während die Erde gleichzeitig eine Drehung um 180° vollzieht, so daß Nord- und Südpol vertauscht werden.

Eher ist noch vorstellbar, daß sich durch einen großen Impuls die feste Erdkruste, die nur 1 % des Gesamtdrehimpulses der Erde ausmacht, relativ zu den darunterliegenden Schichten verschiebt. Die Kontinentalplatten sind vom zähflüssigen Erdmantel durch die sogenannte Mohorovišić-Diskontinuität getrennt, auf der sie nach einem hinreichenden Impuls unter Umständen wegdriften könnten. Entlang der Ränder der aufeinanderstoßenden Platten könnte es zur Auffaltung von Gebirgszügen und starkem Vulkanismus kommen.

Für weiteres Studium seien die Schriften von Hans J. Andersen empfohlen, der viele (zum Teil phantastische) Informationen zu diesem Thema zusammengetragen hat.

Andersen, Hans J., *Polsprung – Prophezeiungen und wissenschaftliche Analysen* (Weilersbach: G. Reichel, [8]1998)
Andersen, Hans J., *Polsprung und Sintflut und was Nostradamus uns dazu sagt* (Bochum: Verlag für Vorzeit-und Zukunftsforschung, 1993)
Andersen, Hans J., *Polwende – Zeitenwende* (Forth: Moestel-Verlag, 1977)

http://www.poleshift.org/
Informationen zu Polsprung-Theorien.

Psychohygiene in Streßzeiten

Rekapitulieren Sie vor dem Schlafengehen den Tag, vertagen Sie das Nachdenken über Probleme und Ihre Sorgen auf den nächsten Tag und denken Sie vor dem Einschlafen an etwas Positives.

Beginnen Sie einen neuen Tag mit Zuversicht und aufbauenden Gedanken.

Verwenden Sie mehrmals täglich positive Autosuggestionen wie *Es geht mir (uns) von Tag zu Tag in jeder Hinsicht immer besser und besser. Ich werde das schaffen. Das macht mir nichts aus...*

Lächeln Sie! Dadurch werden körpereigene Stoffe frei, die Belastungen leichter erträglich machen.

Pfeifen oder singen Sie bei der Durchführung schwieriger Arbeiten. Das beste Mittel gegen *Depressionen* ist Beschäftigung, z.B. mit Aufbauarbeiten. Musik und Bücher können von gegenwärtigen Sorgen ablenken.

Auch *Autogenes Training*, eine Art Selbsthypnose, die man aus Büchern oder in Kursen erlernen kann, kann hilfreich sein.

Diese Methoden machen natürlich nicht die Konfrontation mit dem Problem (z.B. Trauerarbeit) überflüssig.

Pyramideneffekte

Wissenschaftliche Versuche mit vierseitigen Pyramiden haben ergeben, daß diese besondere, heute noch nicht geklärte Eigenschaften haben. Es wird vermutet, daß solche Pyramiden als Mikrowellenresonatoren wirken und so Objekten in ihrem Inneren Wasser entziehen. Dies kann für die Konservierung von Nahrungsmitteln und Pflanzensamen, aber auch zur Erhaltung der Schärfe von Rasierklingen verwendet werden.

Bau einer Modellpyramide

Das Material für die Pyramide soll ein Isolator und möglichst homogen sein, z.B. Karton (keine Wellpappe), massives Holz oder Plastik. Der Neigungswinkel der Seitenflächen soll etwa 51 Grad, 52 Minuten und 10 Sekunden betragen (Neigung der Cheopspyramide). Solche Pyramiden erhält man mit etwa 16 cm langen Grundkanten und Seitenkanten von 15,2 cm (mit Zirkel abschlagen). Damit ergibt sich eine Höhe von 12,9 cm. Es kommt nur auf die Proportionen, nicht aber auf die absolute Größe an. Die Kanten sollten möglichst scharf sein. Die besten Resultate wurden erzielt, wenn der Gegenstand in etwa einem Drittel der gesamten Höhe über der Grundfläche plaziert war. Die vier Seiten der Pyramide müssen möglichst exakt nach den vier Himmelsrichtungen ausgerichtet werden. Bei der Ausrichtung mit Kompaß ist die magnetische Abweichung zu berücksichtigen. Längliche Gegenstände sollten in Nord-Süd-Richtung eingelegt werden.

Erhaltung der Schärfe einer Rasierklinge
Nach dem 1959 anerkannten Patent Nr. 91304 des tschechoslowakischen Radioingenieurs Karl Drbal: Eine neue Rasierklinge (nur Stahl bester Qualität) wird am besten horizontal in etwa einem Drittel der Höhe der Pyramide (am besten Holzstückchen als Unterlage) so plaziert, daß die beiden Schneidkanten nach Ost-West zeigen. Klinge mindestens eine volle Woche unberührt liegenlassen. Danach für tägliches oder periodisches Rasieren benutzen. Wird die Klinge nach jeder Rasur wieder wie angegeben in die Pyramide gelegt, behält die Schneide ihre Schärfe. Während der ersten vierzig bis sechzig Tage wird die Schärfe möglicherweise etwas variieren, sich danach aber stabilisieren und normalerweise für mindestens 200 Rasuren ausreichen.

Toth, Max/Nielsen, Greg, *Pyramid Power. Kosmische Energie der Pyramiden* (Freiburg i. Br.: Hermann Bauer, 1977)

Radiästhesie
Die Radiästhesie befaßt sich mit einer wissenschaftlich nicht geklärten Art von »Strahlung«, die der Radiästhet mit Hilfsmitteln wie der Wünschelrute oder dem Pendel wahrnehmen (*muten*) kann. Seit Jahrtausenden werden solche Methoden erfolgreich zum Aufspüren von Wasser und Bodenschätzen benutzt.

Störfelder
Radiästheten wie Pohl oder Bachler haben eindrucksvoll nachgewiesen, daß es Plätze gibt, welche die Gesundheit des Menschen leicht bis stark beeinträchtigen können. Vor allem der Schlafplatz soll nach Möglichkeit nicht auf einer dieser *Störzonen* sein, um Krankheiten vorzubeugen. Die Quellen dieser Strahlungsfelder werden v. a. in geologischen (Verwerfungen), hydrologischen (Wasseradern, unter-

irdisch fließendes Wasser) und kosmischen (Hartmann-Netz, Curry-Netz, polares Wittmann-Feld) Gegebenheiten vermutet. Im Pflanzen- und Tierreich gibt es *Strahlenflüchter* (Rose, Kartoffel, Gurke, Apfel, Flieder, Buche, Linde; Hund, Pferd, Rind, Schwein, Ziege, Schaf, alle Landvögel) und *Strahlensucher* (Mohn, Brennessel, Holunder, Farn, Eiche, Weide, Tanne, Fichte, Lärche, Kirschbaum; Katze, Kaninchen, Schlange, Eule, Ameisen, Bienen). Für den Menschen sind bestrahlte Plätze aber stets schädlich, besonders wenn es sich um *Kreuzungen* mehrerer Störzonen handelt.

Die Wünschelrute zur Wassersuche

Herstellung
Die Rute ist neben dem Pendel das wichtigste Hilfsmittel zum Muten. Sie kann aus verschiedenen Materialien (Holz, Metall, Kunststoff) bestehen. In ihrer einfachsten Form ist sie eine Y-förmige Astgabel (empfohlen: Haselnußstrauch, Weide oder Buche). Die Länge der beiden Gabelgriffe soll 30–40 cm betragen, die Dicke jeder Gabel 4–8 mm. Das *Suchende* soll mindestens 2 cm lang sein.

Manche Radiästheten bevorzugen eine *Winkelrute*, die man aus Draht oder nach Abbildung 123 aus zwei Metallkleiderbügeln herstellen kann:

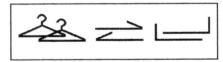

Abb. 123: Winkelrute aus Kleiderbügeln

Vorbereitungen
- Nur bei schönem Wetter und trockenem Boden muten (keinesfalls aber vor Gewittern).
- Nur muten, wenn der Ruter gesund und ausgeruht ist.
- Vor dem Muten alles Metall ablegen.
- Umstehende sollen mindestens zwei Meter entfernt sein.
- Vor dem Gebrauch Rute und Hände gut waschen und abtrocknen. (Der Ruter soll dann niemanden mehr berühren, und auch die Rute soll von niemandem mehr berührt werden.)

Gebrauch der Rute
Die Gabelrute wird nun horizontal vor den Körper gehalten, wobei Oberarm und Unterarm einen rechten Winkel bilden. Ober-

körper und Kopf dürfen nicht nach vorne geneigt sein. Gefaßt wird die Rute am besten im Untergriff, d.h. die Handrücken weisen nach unten.
Bei der Winkelrute werden die beiden Teile an den kurzen Drahtenden gefaßt, so daß die langen Enden parallel nach vorne zeigen und leicht beweglich sind.

Lokalisation einer Wasserader
Der Ruter konzentriert sich nun und fragt mental, wobei er sich langsam im Kreis dreht, ob es auf dem Platz irgendwo Wasser gibt. Wenn die Rute (nach oben oder unten) ausschlägt, richtet er sie wieder ein und geht in diese Richtung, bis sie abermals ausschlägt. Diese Stelle wird markiert. (Eine Winkelrute schlägt aus, indem sich die Stäbe entweder kreuzen oder auseinandergehen.)
Im Winkel von 45° zum Ausgangspunkt wird das Verfahren wiederholt. Wunschdenken soll möglichst ausgeschaltet werden; genauer ist die Methode, wenn der Ruter die vorige Markierung nicht sieht. Schlägt die Rute auf der Markierung aus, ist mit hoher Wahrscheinlichkeit dort eine Wasserader.
Man mutet an verschiedenen Stellen des Ortes, um die Lage der Wasserader festzustellen.
Wenn man auf der Ader steht, hebt sich die Rute in Fließrichtung und senkt sich flußabwärts.
Je früher die Rute quer zur Ader bereits ausschlägt, desto breiter ist die Quelle.

Vorwarnungen
Geht man quer zur Fließrichtung, läßt die Rute bereits vor der eigentlichen Ader ein kleines Zucken spüren (erste Vorwarnung). Geht man weiter, spürt man noch einmal ein Zucken (zweite Vorwarnung). Erst dann schlägt die Rute über der eigentlichen Ader nach oben oder unten aus. Liegen die Vorwarnungen asymmetrisch (links und rechts ungleich weit entfernt), liegt die Ader oft unter einer Kies- oder Lehmschicht oder gar unter einem Felsen!

Tiefenbestimmung und Volumenbestimmung
Liegen die Vorwarnungen symmetrisch, dann entspricht der Abstand von der Mitte der Ader zur ersten Vorwarnung der Tiefe der Ader.

Auch gilt: Je größer der Abstand der ersten von der zweiten Vorwarnung, desto tiefer liegt die Ader.
Liegen die Vorwarnungen symmetrisch, dann ist die Durchflußmenge um so größer, je größer der Abstand zwischen linken und rechten Vorwarnungen ist.

Weitere Effekte
Erfahrene Radiästheten können nicht nur vor Ort nach Menschen, Tieren oder Bodenschätzen suchen, sondern – so unglaublich das für den Laien auch klingen mag – dies sogar auf Landkarten tun. Näheres dazu in der Literatur:

📖 Hoch, P. Ernst, *Strahlenfühligkeit. Umgang mit Rute und Pendel* (Linz: Veritas, ²1983) 132 S. Ein hervorragendes Lehrbuch der Radiästhesie.

📖 Graves, Tom, *Radiästhesie. Pendel und Wünschelrute – Theorie und praktische Anwendung* (Freiburg i. Br.: Hermann Bauer, ²1980) Empfehlenswert!

Bachler, Käthe, *Erfahrungen einer Rutengängerin* (Linz: Veritas, ⁸1983)

Kirchner, Georg, *Pendel und Wünschelrute* (Genf: Ariston, 1977)

Mayer, Hans/Winklbaur, Günther, *Wünschelrutenpraxis* (Wien: Verlag Orac, 1985) 165 S.

Pohl, Gustav Freiherr von, *Erdstrahlen als Krankheits- und Krebserreger* (Feucht: Fortschritt für alle-Verlag, 1983) 206.

Spiesberger, Karl, *Der erfolgreiche Pendel-Praktiker* (Freiburg i. Br.: Hermann Bauer, ¹⁰1981) 112 S.

Radioaktivität
siehe ➤ Strahlung, Grundbegriffe der ionisierenden

Rasierklingen
bleiben länger scharf, wenn man sie vor und nach dem Rasieren auf dem Handballen abzieht, zum Einseifen warmes, weiches Wasser benutzt, Apparat und Klinge während des Rasierens mehrmals in warmes Wasser taucht, nicht eine Klinge mehrere Tage hintereinander, sondern mehrere Klingen abwechselnd nebeneinander benutzt. Zum Erhalten der Schärfe siehe auch ➤ Pyramideneffekte.
Stumpfe Rasierklingen nicht fortwerfen. Man kann sie noch zum Schneiden, Anspitzen von Bleistiften, Schaben von Seife, zum Radieren und zur Not als Taschenmesserersatz verwenden, wenn man sie in einen Einschnitt steckt, den man in ein daumenstarkes Holz- oder Korkstück gemacht hat.

Räucherkammer, Bau einer behelfsmäßigen

50 cm tiefe, 60×60 cm weite Grube ausheben und an einer Seite etwa 25 cm hohes und 25–30 cm breites und ebenso tiefes Feuerloch anlegen. Den Rauchkanal nach Abbildung 124 bauen, wobei zur Kühlung des Rauches eine winkelförmige Umleitung notwendig ist, die man von oben her mit flachen Steinen oder einer Blechtafel abdeckt und mit Erde dichtet.

Auf die Mündung des Rauchkanals ein sauberes Holz- oder Kunststoffaß oder eine Blechtonne ohne Boden stellen. Der nach oben kommende Boden wird mit 12–18 Löchern von 2 cm Weite zum Rauchabzug versehen. Außerdem ist in das Faß eine Stange zum Aufhängen der Würste und Fleischstücke einzubauen. Würste und Fleisch einhängen. Unteren Tonnenanschluß am Rauchkanal mit Erde

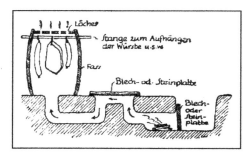

Abb. 124: Schema der Räucherkammer

dichten und im Feuerloch Rauch erzeugen. Zur Rauchregulierung Feuerloch mehr oder weniger mit Blechstück oder flachem Stein verschließen.

Schinken, fetten Speck, Bauchspeck, Roll- und Knochenschinken in Pökellake aus 800 g = 3 B. abgekochtem Wasser, 200 g = 1 B. Kochsalz und 5 g = 5 Messerspitzen Salpeter geben und darin 10 bis 12 Tage belassen. (Die übliche Kartoffelschwimmprobe ist kein zuverlässiger Maßstab für die Lakenzusammensetzung!) Herausnehmen, abtrocknen lassen, räuchern.

Räuchern vorzugsweise mit Buchensägemehl oder Buchenspänen, die völlig trocken sein müssen. Steht Buche nicht zur Verfügung, anderes Laubholz (z. B. Weidenholz) verwenden.

Späne oder Mehl hufeisenförmig schütten, leicht anklopfen und nur glimmen lassen. Leber- und Blutwurst 3–48 Stunden, Dauerwurst 2–3 Tage, Speck, Schinken und Rauchfleisch 3–8 Tage räuchern. Sondergeschmack wird durch Torfräucherung oder Wacholderbeerenzusatz zu den Spänen erreicht. Zu hohe Räuchertemperatur verursacht Fettverlust! Auf die Dauer ist der übermäßige Verzehr von geräucherter Nahrung gesundheitsschädlich.

Binder, Egon M., *Räuchern: Fleisch, Wurst, Fisch* (Stuttgart: Ulmer, 1995) 126 S.

Regale, windschiefe, gerade richten

Stark belastete Regale werden leicht windschief. Man richte die Regale gerade und befestige auf der Rückseite diagonal zwei straffgespannte, sich kreuzende Drähte (also von links unten nach rechts oben und von rechts unten nach links oben). An Stelle von Draht können auch aufgenagelte Leisten benutzt werden. Das Regal kann sich nun nicht mehr zur Seite neigen.

Reibeisen

Ein Reibeisen zum Raspeln von Gemüse, Nüssen, Semmeln, Birkenrinde usw. kann man aus der Hälfte einer leeren Konservendose herstellen (Teilung der Höhe nach), indem man dicht an dicht von innen her mit einem Nagel kleine Löcher einschlägt.

Reinigen von Kämmen und Bürsten

Bürsten und Kämme mit Seife, wenn vorhanden mit Salmiakgeistwasser waschen, grobe Verunreinigungen mit Stopfnadel entfernen oder Kammzinken über gespannten Zwirnfaden ziehen. Bürsten zum Trocknen mit Borsten nach unten an luftigen Platz legen.

Reinigen stark verschmutzter Flaschen

Flaschen zu einem Drittel mit Sand, Soda, Sägemehl oder Eierschalen und heißem Wasser füllen. Vor dem Einfüllen des heißen Wassers muß zunächst etwas kaltes Wasser in die Flasche gegeben werden, da sie sonst springt. Kräftig und anhaltend schütteln, im Bedarfsfall Sodalauge längere Zeit in der Flasche stehenlassen. Lauge ausgießen, Flasche zweimal mit frischem Sodawasser, dann vier- bis fünfmal mit klarem Wasser spülen.

Reinigen eiserner Kochgefäße

Scheuern mit feinem Sand und Essig, Bratpfannen mit Salz ausreiben, wenn stark angebrannt, über Nacht mit Wasser gefüllt aufstellen. Eiserne Gefäße, um Rostansatz zu verhüten, nach dem Waschen sofort trockenreiben oder in die Sonne oder an den Ofen zum schnellen Trocknen stellen.

Reinigen von Metallgegenständen

- *Chromgegenstände* werden mit petroleumgetränktem Tuch oder Nagellackentferner geputzt. Mit Wasser nachspülen.
- *Kupfer* und *Messing* werden mit einem Brei aus Salz und Essig abgeputzt. Funktioniert auch bei Nirosta. Grünspan läßt sich leicht mit Salmiakgeist (evtl. unter Zusatz von etwas Schlämmkreide) entfernen, ebenso durch milde Putz- und Scheuermittel.
- *Zinn* wird mit einer Mischung aus Weinsteinöl und Sand poliert.
- *Silber* wird etwa $1/2$ Stunde in saure Milch gelegt, dann mit Wasser gespült und gut trockenpoliert. Auch heißes Kernseifenwasser mit etwas Salmiakgeist hilft. In sauren Speisen bildet sich aus dem in Silberbesteck enthaltenen Kupfer Grünspan, und bei Kontakt mit Eiern wird Silber schwarz. Man behandelt dann mit Fixiersalz (Natriumthiosulfat). Fleckige Messer werden mit Salz bestreut und mit einem befeuchteten Korken abgerieben. Gelbgewordenes Silber kann man auch in einer Lösung von Weinstein kochen.
- Mattes *Gold* wird mit Zwiebelsaft (einige Stunden einwirken lassen) gereinigt und mit einem weichen Tuch nachpoliert. Auch Backpulver auf einem feuchten Wattebausch eignet sich zum Putzen von Gold.

Reinigen von Petroleum-, Benzin- und Treibstoffbehältern

Behälter mit Kalkmilch (➤ Kalkanstriche) füllen und 24 Stunden im Gefäß stehenlassen. Kalkmilch ausgießen, mit trockenen Sägespänen ausscheuern und mehrmals mit klarem Wasser spülen.

Rostschutz und Rostbeseitigung

Bester Rostschutz ist ein hauchdünner Überzug aus Fett, Öl oder Wachs. Daher Gegenstände, die der Rostgefahr ausgesetzt sind, täglich mit Öllappen abreiben. Acker- und Gartenwerkzeuge zu Beginn der Winterpause kurz in Kalkmilch (➤ Kalkanstriche) tauchen.
Rost mit Petroleum oder Öl bestreichen und mit Schmirgelpapier, Bimssteinpulver, feinem Sand oder Scheuermittel mit einem Korken abreiben (➤ Fleckenentfernung).

Rucksack selbstgemacht

- *Rucksack:* Ein Sack wird an einem Traggestell aus zwei Ästen mit Querhölzern so befestigt, daß das Gewicht auf den Querhölzern lastet. Riemen für besseren Tragekomfort nicht zu schmal dimensionieren.
- *Hudson-Bay-Pack (Deckenrolle):* Eine Trageschnur wird an zwei einander diagonal gegenüberliegenden Ecken einer (möglichst wasserdichten) Decke befestigt. Damit der Knoten nicht abrutscht, kann man in die Zipfel je einen kleinen Stein einschlagen, der dann abgebunden wird. Die Sachen werden in die Decke eingerollt. Man kann die Deckenrolle geschultert oder um die Hüften gegürtet tragen.
- *Kopfkissen-Tragsack:* Die längere Seite eines Kopfkissen-Überzugs in der Mitte falten; in der Mitte des Falzes einen V-förmigen Keil herausschneiden, durch den man den Kopf steckt. Die beiden Hälften läßt man über Bauch und Rücken baumeln. Man erhält so einen Doppelsack, den man mit Transportgut füllen kann. Links und rechts von der Hüfte die beiden Zipfel des Überzugs mit einer Schnur zusammenbinden, damit es beim Gehen kein störendes Pendeln gibt.
- *Babytrage:* Die unteren Ecken eines Stoffstücks um die Hüften binden, Baby oder Kleinkind hineinsetzen und die beiden oberen Ecken um den Hals binden. Kann am Bauch oder am Rücken getragen werden.

Russisch-Grundwortschatz 🕮

siehe auch → Fremdsprachen

Wenn die Prophezeiungen rechtbehalten und es zu einem Krieg kommt, in dem Rußland eine entscheidende Rolle spielt, kann es von großem Wert sein, einige Brocken Russisch radebrechen zu können. Die Akzentzeichen geben an, welche Silbe betont wird. Vokale in unbetonten Silben werden nur andeutungsweise gesprochen. Unterstrichene Wörter sind die in der Phrase zu betonenden.

Deutsch	Russisch
bitte	poschálusta
danke	spasíbo
ja – nein	da – njet
nichts, (das) macht nichts	nitschewó

Sauerstoffversorgung in geschlossenen Räumen

Deutsch	Russisch
Guten Morgen (Guten Abend)!	Dóbroje <u>útro!</u> (Dobrij <u>wetscher!</u>)
Guten Tag!	Dóbrij djén!
(Grüß Gott!) Grüß Dich!	sdráwstwui(tje)
Auf Wiedersehen!	Do swidánija!
Entschuldige! (Entschuldigen Sie!)	prostí(tje)
Ich bitte um Verzeihung!	Prostschú <u>prostschénija.</u>
Wie geht's?	Kak <u>djelá?</u>
gut – es geht	choroschó – nitschewó
Ich freue mich sehr (w. Form).	Ja ótschen <u>rád(a)</u>.
Ich weiß es (nicht).	Ja (nje) <u>snáju.</u>
Woher kommen Sie?	<u>Otkúda</u> Wí?
Sind Sie Russe?	Wi <u>rússkij?</u>
Wie heißen Sie? / Wie heißt du?	Kak Was/Tebjá <u>sowút?</u>
Ich heiße...	Menjá sowút<u>...</u>
Freund	drug
Frieden	mír
Ich bin Ihr/Dein Freund.	Ja Wasch/Twoi <u>drug</u>.
Nicht schießen!	Nje <u>streljáitje!</u>
Bleiben Sie ruhig! Regen Sie sich nicht auf!	Nje <u>wolnújtjes!</u>
Wollen Sie eine Zigarette?	Wi chotítje <u>sigaréttu?</u>
Wollen Sie etwas trinken/essen ?	Dawájtje <u>wípim/sakúsim</u> schtó–nibud?

Sägen

Sägelinie mit Reißnadel oder Bleistift vorzeichnen. Niemals auf, sondern dicht neben der markierten Linie sägen. Säge, ohne stark anzudrücken, ruhig und gleichmäßig führen. Bei Spann-(Gestell-)sägen muß das Sägeblatt stets eben verlaufen. Stumpfe Sägen schränken und feilen. Unter *Schränken* versteht man das wechselseitige Ausbiegen der Zähne nach rechts und links, man benutzt hierzu Schränkeisen, Schränk- oder Flachzange. Das Schärfen oder Feilen wird mit einer feinen Metallfeile (möglichst Dreikant- oder Sägefeile) besorgt. Je feuchter das zu schneidende Holz ist, desto stärker ist die Säge zu schränken, desto gröber wird aber der Schnitt. Verklemmt sich ein Sägeblatt, so ist es zu wenig geschränkt.

Sauerstoffversorgung in geschlossenen Räumen (Schutzraum)

Von allen für den Menschen lebensnotwendigen Stoffen ist Sauerstoff der unmittelbar wichtigste. Bei Sauerstoffmangel kommt es schon nach den ersten Minuten zu Schäden im Gehirn, nach weni-

Sauerstoffversorgung in geschlossenen Räumen

gen weiteren Minuten tritt der Tod ein. Im Durchschnitt (bei mäßiger Bewegung) atmet ein Mensch 20 Liter Luft pro Minute. Der benötigte Sauerstoff macht davon rund 21 % aus. Die ausgeatmete Luft enthält immer noch etwa 16 % Sauerstoff. Ein vollständiges Leeratmen der Luft ist durch den minimalen Partialdruck des Sauerstoffs in den Arterien nicht möglich. In völliger (!) Ruhe benötigt ein Erwachsener pro Minute nur 250 bis 300 ml reinen Sauerstoff, das entspricht einem Luftvolumen zwischen 4 und 6 Liter.

Wenn ein Raum groß genug ist, enthält er ausreichend Sauerstoff, um die Atmung über Tage hinweg zu ermöglichen. Im Idealfall (Insassen sind gesund und verhalten sich völlig ruhig, kein Feuer) würde eine Person zwischen 17,1 und 25,8 m^3 unverbauten Luftraum benötigen, um drei Tage zu überleben. Ist dieses Verhältnis bei kleinen Räumen mit vielen Personen nicht gegeben, muß darüber hinaus Sauerstoff zugeführt werden.

Dies geschieht normalerweise durch eine (mit Muskelkraft betriebene) Filteranlage. Ist das beim Einsatz chemischer Kampfstoffe, bei Großbränden oder bei vulkanischen Emissionen nicht möglich, stellt die einzige praktikable Lösung die Verwendung von Sauerstoff-Druckflaschen dar.

Ein weiteres Problem muß bedacht werden: In einem luftdicht abgeschlossenen Schutzraum sinkt der Sauerstoffspiegel mit der Zeit, während der Kohlendioxidspiegel steigt. Letzteres beeinträchtigt die Atmung bereits zu einem Zeitpunkt, zu dem noch ausreichend Sauerstoff zum Atmen vorhanden wäre. Eine Zufuhr von reinem Sauerstoff allein ist daher nicht ausreichend; das Kohlendioxid muß chemisch gebunden werden, um einer Vergiftung vorzubeugen.

In Situationen, in denen keine Außenluft zugeführt werden darf (sauerstoffverzehrende Großbrände, vulkanische Emissionen) oder kann (kein Schutzraumfilter vorhanden), gelten folgende Regeln für das Luftsparen, die Bindung von Kohlendioxid und die Zufuhr von Sauerstoff:

- Keine Kerzen verwenden, sondern chemische Lichtquellen (Leuchtstäbe aus dem Wander- bzw. Sportgeschäft).
- Nicht kochen und nicht rauchen.
- Die Anwesenden sollen sich möglichst wenig bewegen, wenig reden und wenig essen.
- Aus einer gemieteten und sehr gut vertäuten Sauerstoff-Druck-

flasche mit einem Druckminderer führt man hin und wieder Sauerstoff zu. (Oder kontinuierlich mit einem Flußventil. Vorsicht beim Hantieren mit Sauerstoff!) Dabei kontrolliert man mit einem empfindlichen Barometer, daß der Überdruck im Raum nicht zu groß wird. Ein geringer Überdruck ist vorteilhaft, weil er das Eindringen von Schadstoffen in den Raum verhindert. Ein zu großer Überdruck führt zu Sauerstoffverlust. Aufgerechnet auf 3 Tage beträgt der Mindestverbrauch 1188 Liter Sauerstoff pro Person. Eine 50 Liter fassende Flasche mit 200 bar Druck enthält rund 10 000 Liter, reicht also für eine kleine Familie völlig aus, zumal der Raum selbst ja zu Beginn schon Sauerstoff für zumindest einige Stunden enthält.

- Gelöschter Weißkalk wird mit Wasser zu einem dickflüssigen Brei verrührt. Pro Person werden ca. 2 m² des Schutzraumes mit dem Kalkanstrich getüncht. Dieser Anstrich absorbiert einen Teil des entstehenden Kohlendioxids.
- Blaue Lippen sind ein Anzeichen für Sauerstoffmangel, rote Lippen zeigen eine ➤ Kohlenmonoxidvergiftung an. Akute Lebensgefahr!
- Nur wenn es gar nicht mehr anders geht, über die Luftfilteranlage (notfalls Fensterspalt) vorsichtig Außenluft zuführen.

Sauerteig bereiten

Einige El. Roggenmehl mit etwas Milch (oder lauwarmem Wasser) zu einem nicht zu zähen Teig vermischen, ein wenig Zucker zusetzen und den Teig an einem warmen Ort einige (2–5) Tage sich selbst überlassen. Die eintretende Milchsäuregärung verwandelt das Teiggemenge in Sauerteig, der durch Hinzukneten von Roggenmehl und Milch einfach vermehrt werden kann. Durch Zugabe von 15 g Hefe kann der Vorgang auf 2 bis 2¹/₂ Tage verkürzt werden. Wird regelmäßig Brot gebacken, so hebe man stets etwas Sauerteig auf.

Sauna-Bau

Gute Abwehrkräfte sind in Zeiten schlechter medizinischer Versorgung besonders wichtig. Eine in vielen Ländern praktizierte Methode zur Stärkung der Abwehrkräfte ist das Schwitzen in einer Sauna.

Eine Sauna besteht im wesentlichen aus einem gut gegen Wärmeabgabe nach außen geschützten Raum, der einen Saunaofen enthält, und einem anschließenden Vorraum, der als Ankleideraum und Lagerraum für Brennholz und Wasser benutzt wird. Der Hauptraum hat an drei Seiten zweietagige Sitz- und Ruhebänke. In der Mitte befindet sich der aus Granitsteinen ohne Mörtel oder Lehm errichtete Saunaofen, dessen Rauch frei zur Decke nach einem dort mündenden Rauchschlot strömt. Im Ofen ist ein Warmwasserbehälter eingebaut. Der Rauchabzug ist gegen den Dachraum zur besseren Isolierung und Zugwirkung doppelwandig zu bauen und mit einer Stellklappe zu versehen. Die trichterförmige untere Erweiterung des Rauchabzuges muß bündig in die Raumdecke münden.

Die Raumwände sind mit Moos oder Lehm zu dichten. Der Fußboden ist mit Brettern abzudecken, die sich zu einer Entwässerungsrinne neigen. Zur Raumlüftung dienen zwei einander gegenüberliegende Fenster, die dicht unter der Raumdecke liegen sollen. Kippflügel sind, weil zugluftsicher, zu bevorzugen. Die Raumdecke ist durch eine 15 cm starke Lehmschüttung zu dämmen.

Der Vorraum enthält Sitzbänke und Garderobenhaken. Platz für Wasserfässer und Brennstoff ist vorhanden.

Der Saunabetrieb besteht aus dem Anheizen des Ofens, bis eine Innenraumtemperatur von etwa 70 °C erreicht ist. Heizmaterial: Birken-, Erlen- oder Kiefernholz. Dann wird das Feuer entfernt und Heißwasser aus dem Wasserschiff auf die Steine des Saunaofens gegossen. Es entsteht Dampf, der den im Raum befindlichen Rauch verdrängt. Nun ist die Rauchabzugsklappe zu schließen, und das Saunabad ist gebrauchsfertig. Zur Erhaltung des hohen Feuchtigkeitsgehaltes der Raumluft ist von Zeit zu Zeit neues Heißwasser auf die Ofensteine zu gießen.

Scheren schleifen

Stumpfe Scheren schleift man, indem man mehrmals feines Schmirgelpapier durchschneidet.

Schlachten von Nutztieren

Vor dem Töten der Tiere Hammer oder Axt, Schüsseln, Bluteimer, Rührlöffel, gut geschärfte Messer bereithalten. Beim Schweineschlachten außerdem Brühwasser von mindestens 80 °C.

- *Geflügel:* Hühner und Puten durch Halsschnitt töten, Enten und Tauben durch Kopfabschlagen, Gänse durch Stich zwischen Hirnschale und Genick. Ausbluten lassen, Flügel herausdrehen, rupfen (kann man sich sparen, falls das Tier im Tonmantel zubereitet wird), sengen, Füße im Gelenk abschneiden. Kropf und Luftröhre herausnehmen. Längsschnitt von Brust bis Steiß machen und ausnehmen. Die Leber kann verwertet werden, nachdem man vorsichtig die Galle entfernt hat.
- *Schafe* durch kräftigen Hammerschlag auf Gehirnschale betäuben, den Hals scharf hinter den Ohren durchstechen, Messer stecken lassen, ausbluten lassen. Enthäuten an Vorderbeinen beginnen, dann Bauch, Keulen, Rücken und Kopf abziehen, Bauch aufschneiden, ausnehmen. Aus Schafsdärmen wurden früher Katgut zum Nähen von Wunden und Saiten für Instrumente hergestellt.
- *Kälber* wie Schafe betäuben, Halsschnitt in Längsrichtung ohne Gurgelverletzung. Nach Durchschneiden der rechten und linken Blutadern ausbluten lassen. Tier auf den Rücken legen, vom Halsschnitt aus das Fell über Brust, Bauch bis zum After aufschneiden und enthäuten. Bauch bis Brust aufschneiden, ausnehmen.
- *Rindern* Augen verbinden, durch kräftigen Stirnschlag oder Schuß betäuben oder töten. Halsschnitt. Ausbluten lassen, ausnehmen und abziehen wie beim Kalb. Rind mit Beil und Säge in Wirbelsäulenmitte halbieren.
- *Schweine* am rechten Hinterbein anbinden. Betäubung durch Hammer-Stirnschlag dicht oberhalb der Augen. Drei Finger breit vor dem Brustknochen mit schräg nach innen gerichtetem, nicht zu scharfem Messer abstechen, ausbluten lassen. Blut auffangen, ständig rühren. Luftröhre verstopfen, Brühen, Borsten mit Messer oder Kuhglocke abschaben. Tier an den Sehnen der Hinterfüße an einem Baumast oder einer Leiter aufhängen. In der Mitte zwischen den Keulen über die Bauchmitte nach unten aufschneiden. Eingeweide, ohne sie zu verletzen (Achtung auf Gallenblase!), herausnehmen. Schlund entfernen. Tierkörper an der Wirbelsäule aufspalten. Darmfett sammeln, Därme zur späteren Wurstbereitung leeren, wenden und ganz gründlich reinigen.

Gahm, Bernhard, *Hausschlachten. Schlachten, Zerlegen, Wursten* (Stuttgart: Ulmer, 1996) 144 S.

Schlafsack

Im Fluchtgepäck (siehe Kapitel V *Checklisten*) und als Reserve ist ein Mumienschlafsack mit zuschnürbarer Kapuze ein wichtiger Ausrüstungsgegenstand. Schlafsäcke mit Synthetikfaserfüllung sind zwar etwas schwerer und voluminöser als solche mit Daunenfüllung, dafür aber weniger feuchtigkeitsempfindlich. Lassen Sie sich in Trekking- oder Wandergeschäften beraten, wählen Sie ein Fabrikat mit einem Komfortwert von mindestens –20°C. Bedenken Sie, daß bei einer Lufttemperatur von –10°C und etwas stärkerem Wind bereits eine Temperatur von –30°C empfunden wird (sogenannter *Chill-Faktor*). Der Schlafsack soll möglichst wenig gewaschen und nicht zusammengerollt, sondern in die Hülle gestopft werden.

Zum Schlafsack gehört unbedingt eine gute Isoliermatte, um die Bodenkälte abzuhalten.

Schlafsack aus Wolldecke nähen. Man erhält einen einfachen Schlafsack aus einer 190–200 cm langen Wolldecke, wenn man die Decke flach ausgebreitet auf den Boden legt und die Längskanten etwa um ein Drittel der Deckenbreite umlegt. An einer Längskante werden im Abstand von 20–30 cm Knöpfen angenäht, während man in die umgeschlagene, gegenüberliegende Bahn an der Bruchkante (Umlegekante) Knopflöchern einarbeitet. Am unteren Ende wird der zuknöpfbare Sack 20 cm umgeschlagen und dann auf dieselbe Weise zum Zuknöpfen eingerichtet.

Um ein Ausreißen der Knöpfe und Knopflöcher zu verhüten, empfiehlt es sich, Segeltuch- (Zeltbahn)stückchen oder Lederflecke bei den Annähstellen der Knöpfe und bei den Knopflöchern unterzusetzen.

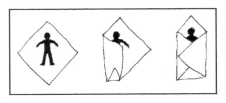

Abb. 125: Decke als Schlafsack

Decke als Schlafsackersatz. Ist nur eine Decke vorhanden, kann sie wie in Abbildung 125 gezeigt als Schlafsack verwendet werden.

Schlafstellen im Haus, behelfsmäßige

Zur Notunterbringung von Verwandten und Nachbarn empfiehlt es sich, einen Vorrat an (wasserdichten) Matratzen, Luftmatratzen, Feldbetten, Polstern und Decken anzulegen.

Schläuche

Ein herkömmlicher Gartenschlauch (am besten frostsicher) ist ein nur schwer ersetzbarer Bestandteil von Wasserversorgungssytemen (Brunnen, Zisternen) und Biogasanlagen.
Ein Sortiment hitzefester Kunststoff- und Gummischläuche kann für viele Zwecke verwendet werden. (z. B. zum ➤ Destillieren)

Schleifen und Tragen für Verwundete

siehe auch ➤ Rucksack selbstgemacht
- *Schleife (Schlitten):* Damit kann auch eine Einzelperson einen Verwundeten transportieren. Zwei 2–2,5 m lange, mittelstarke Äste mit einem Querholz verbinden (umwickeln mit Draht, Schnur oder durch Nagelung). Am Querholz dicht an dicht grüne Zweige oder Baumspitzen anbinden, so daß eine etwa 80–150 cm große Fläche entsteht, auf welcher der Verwundete gelagert wird. Bewegung der Schleife durch Ziehen an den beiden langen Ästen. Variante: Die Äste einer Astgabel verbinden und an ihrem dicken Ende zwei Seilschlaufen zum Ziehen anbringen.
- *Trage aus zwei Jacken:* Eine schnelle Trage für zwei Helfer entsteht, indem man zwei starke, zugeknöpfte Jacken hintereinander auf zwei Stangen aufzieht. (Dabei wird etwa die eine Stange durch den linken Ärmel der ersten Jacke, deren Rumpföffnung, die Rumpföffnung der zweiten Jacke und den rechten Ärmel der zweiten Jacke geführt.)
- *Trage aus Decke:* Zwei Stangen parallel so auf eine Decke legen, daß sie die Decke in Drittel teilen. Die beiden äußeren Drittel nach innen schlagen. Den Verletzten auf die Trage legen. Oder Stangen durch einen Schlafsack ziehen.
- *Tragsitz:* Zwei Retter drehen aus einem Stück Stoff eine Wurst und verknoten diese zu einem Ring. Sie fassen diesen mit der linken bzw. rechten Hand. Der Verletzte wird auf den Tragsitz gesetzt und hält sich zusätzlich an den Schultern der Träger fest. Statt des Stoffrings kann auch ein kurzer Stock verwendet werden.

Schleifen von Metallklingen

siehe ➤ Messer schärfen, befestigen, einkitten

Schlittenbau

Kufen aus 2–3 cm starken, 10–15 cm breiten Brettern gewünschter Länge, vorn hochgerundet (vgl. Abbildung 126) zurechtschneiden. Gleitflächen möglichst mit Bandeisen beschlagen. Kufen mit eingezapften Brettern oder Knüppeln verbinden, Deckbretter aufnageln oder -schrauben. Schlittenkufen für Wagen bestehen aus langen kastenartigen Kufen, in die die Wagenräder bei angezogener Bremse eingestellt werden. Befestigung der Räder, ohne Durchbohren derselben, mit Bolzenschrauben.

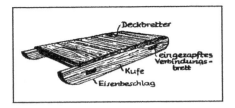

Abb. 126: Ein einfacher Schlitten

Schneebrille, behelfsmäßige

Augenschutz bei Schnee und Sonne ist wichtig, niemand ist vor Schneeblindheit sicher! Aus dünner Pappe, Leder oder Stoff 18×7 cm großen Streifen schneiden und mit Naseneinschnitt nach Abbildung 127 versehen. Zwei 2–4 mm breite Sehschlitze einschneiden und Innenseite der Brille mit weichem Stoff (Flanell oder dergleichen) auskleben. An beiden Schmalseiten Löcher anbringen und Schnur- und Gummibandösen, die um die Ohrmuscheln greifen, anknoten.

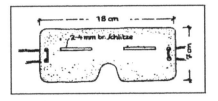

Abb. 127: Improvisierte Schneebrille

Schneegruben bauen

In starken Schneedecken oder Schneewehen kreisförmiges Loch bis zum Erdboden graben, unten derart erweitern, daß für ein bis drei Personen Platz ist. Bei hohen Schneewehen *Tunnel* von der Seite graben, der sich innen höhlenartig erweitert. Zur Schmelzwasserableitung muß der Boden der Lagerstätten oder Höhlen geneigt angelegt werden.

Ist windgepreßter Schnee vorhanden, rechteckiges Loch bauen, in dem ein Mann liegen kann. Lochrand mit 20×20 cm starken

Schneegruben bauen

Schneebalken umrahmen und 60 cm breite, 20 cm starke und ausreichend lange Schneeplatte als Deckel benutzen. Zugang von einer Schmalseite oder von oben.

In Schneewehen von der Seite her Höhle anlegen und Zugang mit losem Schnee verstopfen.

Zur Unterbringung von fünf Personen aus windgepreßtem oder fest zusammengeschlagenem Schnee einen *Iglu* errichten. Er wird aus keilförmigen Blöcken gebaut, deren Kanten alle zum Iglu-Mittelpunkt weisen müssen. Zur Erleichterung des Baus vom dritten oder vierten Ring an mindestens vier 10–20 cm höhere Blöcke, sogenannte Widerlager, einfügen. Bis zur völligen Ausfüllung des Zwischenraums zwischen den Widerlagern die Zwischenblöcke mit Händen und Schultern abstützen. Der fertige Iglu wird mit Schnee beworfen. Ein Einsturz ist unmöglich, da sich die keilförmigen Blöcke durch ihr Eigengewicht zusammenpressen. Zur Nacht Eingangsöffnung mit Schnee verschließen. Man kann auch mit Stangen ein tipiartiges Gerüst bauen, woran dann die Schneeblöcke gelegt werden.

Bei geringer Schneelage *Schneegruben* anlegen. Dazu etwa 2 m breite und ebensolange Grube ausheben, mit Stangen, Skiern, Baumstämmen usw. abdecken. Die Decke soll zu den Füßen hin leicht geneigt sein. Grube mit Schnee abdecken. Schnee hält dreimal so warm wie Holz, jedoch ist eine Schicht zwischen Schnee und Körper (Decke, Mantel, Zeltbahn, dicke Unterkleidung, Zweige usw.) notwendig!

Übernachten im Schnee kann ebenso komfortabel sein wie im Zelt oder in der Hütte, wenn einige Grundsätze beachtet werden:

Der Eingang in einen Schneebau wird an der windabgewandten Seite angelegt.

Der Schlafplatz liegt höher als der Eingang (Warmluft steigt!) und erhält ringsum, zum Schutz gegen herabrinnendes Tauwasser, eine Rinne. Die Liegefläche muß gegen unter dem Körper tauenden Schnee mit einer Isolierschicht versehen werden.

Es sind Luftlöcher für Zu- und Abluft einzubauen, da sonst Erstickungstod droht. Genügend Sauerstoff ist vorhanden, wenn 50 cm über dem Schläfer eine Kerze brennen kann.

Eine Dachstärke von 30–40 cm (Tageslicht scheint nicht mehr durch) isoliert genügend; sie ist einsturzsicher, aber nicht begehbar.

Zum Höhlenbau aufgehäufter Schnee wird in Schichten festgetreten und sollte vor Baubeginn eine Stunde zur Neukristallisation ruhen.
Lockerer Schnee isoliert besser als fester, daher lockeren Schnee auf den fertigen Bau häufen.
Schneehäuser lassen sich bei Temperaturen unter 0 °C durch Besprengen mit Wasser festigen.
Niedrige Bauten werden schneller warm als hohe; eine brennende Kerze heizt einen Schlafplatz für 2 Personen ausreichend auf.
Bei genügender Wandstärke und genug Zu- und Abluft kann in einem entsprechend großen Schneehaus ein Feuer unterhalten werden.
Beim Bau sollte man weder ins Schwitzen kommen, noch vom Schnee durchnäßt werden!
Ehe das Biwak bezogen wird, müssen alle Kleidungsstücke, auch die Schuhe, schneefrei sein (ausbürsten, abreiben!). Solange kein Schnee fällt, können die Kleider durch die Körperwärme trocknen, wenn der Körper durch Bewegung genügend erwärmt wird: die Feuchtigkeit gefriert dann an der Oberfläche und kann ausgebürstet werden. Oberbekleidung samt Schuhe kommt in den Schlafsack, ebenso feuchte Unterwäsche, die vor dem Schlafengehen gewechselt wird. Fehlt Wäsche zum Wechseln, muß die Unterwäsche auf die trockene Oberwäsche angezogen werden! Wenig und lockere Bekleidung hält den Schlafplatz warm!

Schneeschuhe anfertigen

Schneeteller werden an den Schuhen befestigt, um Einsinken bei tiefem Schnee zu vermeiden. Entweder 20–25 cm breite und 35–40 cm lange Bretter benutzen, die mit Draht-, Leder- oder Seilschlaufe zum Einstecken der Stiefel zu versehen sind, oder aus einem biegsamen, daumenstarken Ast einen rechteckigen oder ovalen Rahmen biegen, der netzartig mit Draht oder Schnur bespannt wird. Zum Einstecken der Stiefel Schlaufen aus Gurtband, Lederriemen, Schnüren oder Draht am Geflecht anbringen. Man kann damit auch Sümpfe besser durchqueren.

Schornstein fegen

siehe ➙ Heizen und Kochen

Schrauben

Für Holzschrauben passendes Loch mit Nagelbohrer, notfalls Pfriem oder Nagel bohren. Bohrer oder Bohrloch muß etwas enger als der Schraubenschaft sein. Schraube mit möglichst genau passendem Schraubenzieher eindrehen. Rund- und Linsenkopfschrauben bleiben unversenkt. Andere Schrauben werden versenkt, d. h. das Bohrloch ist oben mit einem Versenkbohrer, notfalls mit Taschenmesser trichterförmig auszubohren. Bei Hartholz die Schraube vor dem Eindrehen in Fett tauchen. Bolzenschrauben haben ein Gewinde, eine Unterlag- oder Beilagscheibe und eine Gegenmutter. Zum Verbolzen passendes Loch bohren, Schraube durchstecken oder -schlagen, Beilagscheibe aufstecken und Mutter mit Schraubenschlüssel (bei kleinen Schrauben notfalls mit Flach- oder Kneifzange) festdrehen. Im Metall festsitzende oder eingerostete Schrauben mit Petroleum beträufeln oder Gegenstand erhitzen, meist lockert sich dann die Schraube leicht. Schrauben in Holz niemals mit dem Hammer eintreiben!

Schreiben

Die Herstellung von Papier und besonders von Tinte ist aufwendig und schwierig. Für Notizen kann man statt dessen Kreide und Schiefertafel verwenden. Analog zu mesopotamischen Keilschrifttafeln könnte man die Lettern einer zerlegten mechanischen Schreibmaschine in feuchten Lehm eindrücken, der dann getrocknet und eventuell auch gebrannt wird. Auch wiederverwertbare Wachstafeln, wie sie die alten Römer verwendeten, könnten dazu benutzt werden.

Blaue Tinte: Preußischblau wird in (erhitztem) Regenwasser gelöst.
Schwarze Tinte: 100 g Schellack, 50 g Borax und 1 l Wasser kochen, bis sich die Bestandteile gelöst haben. 50 g in heißem Wasser gelöstes Gummi arabicum zugeben, aufkochen. Sehr gut zerriebenes Gemisch aus gleichen Anteilen Indigo und Ruß dazurühren, 7 Stunden stehenlassen.

Wenn die Tinte aufgrund zu großer Rußteilchen den Füller verstopft, gröbere Feder, Gänsefederkiel oder Strohhalm verwenden. Letztere werden benutzt, indem man die untere Hälfte des Röhrchens wegschneidet und die verbleibende Hälfte in Form einer Feder zuspitzt.

Schuhe

Nach einer Großkatastrophe mit Zusammenbruch der Infrastruktur wird ein Mangel an gutem Schuhwerk bestehen. Die heute industriell hergestellten Schuhe halten bei Dauerbenützung selten länger als ein Jahr; Schuster, die sie reparieren könnten, gibt es kaum noch. Kaufen Sie daher mehrere Paare Berg-, Trekking- oder Arbeitsschuhe (mit integrierter Stahlkappe zum Schutz der Zehen) in bester Verarbeitung. Die Schuhe sollten wasserdicht und atmungsaktiv sein. (Goretex, Sympatex usw.) Für die warme Jahreszeit empfehlen sich leichte Trekkingschuhe oder Trekking-Sandalen (z.B. von Teva). Laufen Sie die Schuhe schon jetzt auf einigen Wanderungen oder im Alltag ein, damit sie beim Gebrauch im Ernstfall nicht drücken. Durch rechtzeitiges Überkleben wundgescheuerter Stellen mit Pflaster verhindert man Blasenbildung.

Der einfachste *Schuhersatz* besteht aus einem Stück Stoff, Zeltplane usw., das man wie bei einem Patschenverband (siehe S. 148) um den Fuß wickelt.

Behelfssandalen für die warme Jahreszeit können aus einer Sohle (Leder, Holz, Autoreifen) und einem Oberteil (Stoff, Leder, Gummi) sowie einem Halteband zusammengenäht werden.

Schuhpflege

Sachgemäße Pflege verlängert die Lebensdauer der Schuhe und schützt vor Schmerzen und Blasen an den Füßen. Schuhe nach dem Tragen entweder auf Leisten stellen oder mit Heu, Stroh oder Zeitungspapier (eventuell in alte Nylonstrümpfe gesteckt) ausstopfen.

• Nasse *Lederschuhe* niemals auf der Herdplatte oder dicht am Ofen trocknen, da sonst das Leder hart und brüchig wird, stets mindestens 1 m Abstand von der Wärmequelle einhalten. Nasse Schuhe nicht auf die Sohlen stellen, sondern auf die Seite legen oder aufhängen, damit auch die Sohlen trocknen können. Schuhe regelmäßig außen und innen reinigen. Äußere Reinigung mit Schmutzbürste und Holzspan. Schuhe und Stiefel nach dem Trocknen mit Lederfett oder fetthaltiger Schuhcreme einreiben. (Trockene Schuhcreme wird wieder geschmeidig, wenn man sie kurze Zeit auf die Heizung stellt oder einige Tropfen Milch oder Terpentinöl dar-

Schuhpflege

untermischt.) Lederfett kräftig einmassieren. Nähte besonders sorgfältig fetten. Das Fetten aber nicht übertreiben, zu viel Fett macht Leder schwammig, wasserdurchlässig und verursacht kalte Füße. Fehlt Speziallederfett, dann Lebertran, Rizinusöl benutzen. Verharzende Fette unbedingt vermeiden (Firnis), ebenso mineralische Fette und Öle (Vaselinöl). Schuhe und Stiefel innen regelmäßig mit feuchtem Tuch oder Brennspirituslappen ausreiben. Kleine Schäden stets sofort beseitigen (lassen).

- *Selbstgemachte Schuhcreme:* 100 g Bienenwachs, 100 g weißes Wachs, 50 g Seife und 1 l Terpentin: Wachs zerkleinern, mit Terpentin aufgießen, 24 Stunden stehenlassen, 1 l kochendes Wasser dazurühren. Gut rühren, bis die Lösung erkaltet, in verschließbare Flaschen füllen.
- *Imprägnieren:* Ein Gemisch aus 2 Teilen Bienenwachs und 1 Teil Hammelfett (über Nacht einwirken lassen und nachpolieren) macht Lederschuhe wasserdicht.
- *Ledersohlen* in völlig trockenem Zustand mit klarem Firnis oder Leinsamenöl einreiben, bis das Sohlenleder vollgesogen ist. Sohlen werden dadurch haltbarer und wasserdicht. Verlorene Schuhnägel sofort ergänzen lassen. Schimmliges Schuhwerk mit Terpentinöl (Terpentinölersatz) oder mit lauwarmem Seifenwasser abreiben, anschließend mit Lederfett oder fetthaltiger Schuhcreme behandeln. (Vorher gut trocknen lassen.)
- *Gummischuhe* niemals fetten (Fett zerstört Gummi), sondern mit weichem Lappen und kaltem oder lauwarmem Wasser (niemals heißes Wasser anwenden!) reinigen. Zum Trocknen in reichlicher Entfernung von Ofen oder Herd aufhängen.
- *Filzschuhe* nicht bei nassem Schnee tragen und ausziehen, sobald sie durchfeuchtet sind, da sonst Frostschäden an den Füßen unvermeidlich sind. Groben Schmutz abkratzen und abbürsten, nasse Filzschuhe nicht zu nahe an der Heizgelegenheit trocknen.
- *Schuhbänder* werden reißfester, wenn man sie vor dem Gebrauch einige Stunden in essigsaure Tonerde legt.
- *Drückende Schuhe* werden mit einem Schuhspanner, über den ein spiritusgetränkter Wollstrumpf gezogen ist, behandelt. Man kann auch Alkohol in die Schuhe gießen und sie am Fuß trocknen lassen. Am Morgen sind unsere Füße am kleinsten. Deshalb Schuhe am Nachmittag anprobieren.

Schutzkleidung, improvisierte

siehe auch ➤ ABC-Schutzmaske, Ersatz für, ➤ Strahlung, Grundbegriffe der ionisierenden, ➤ Kernwaffen, ➤ Dekontamination verstrahlter Personen und Gegenstände

Zwingt ein extremer Notfall einen dazu, den Schutzraum zu verlassen (oder einen solchen erst aufzusuchen), obwohl man von nahen Kernwaffendetonationen überrascht werden könnte, dann auf folgende Weise Schutzkleidung improvisieren:

Mehrere dünne Lagen von Kleidung übereinander tragen, je länger der Aufenthalt im Freien, desto mehr. Kopf und Gesicht vollständig bedecken, am besten mit einer Kapuze. Gummihandschuhe tragen. Preßluftflasche (Feuerwehr, Sporttaucher), Gasmaske, Feinstaubmaske (aus dem Baumarkt) oder zumindest feuchtes Tuch verwenden, um möglichst wenig schädliche Stoffe einzuatmen. Plastiksäcke als zusätzlichen Schutz über Gummistiefel oder andere hohe Schuhe stülpen, mit Gummiringen (zum Einmachen) fixieren, weitere Ringe gegen Rutschgefahr über die Sohlen spannen. Unbedingt wasserdichte, abspülbare Überkleidung tragen (Regenponcho, Ölzeug, Zeltplane, Duschvorhang o. ä.). Öffnungen mit Klebeband verschließen. Eine Schweißbrille schützt vor Netzhautverbrennungen infolge des Lichtblitzes, erschwert aber sehr die Orientierung. Sonnenbrillen sind nutzlos. Ein weißes T-Shirt oder Bettlaken *über* dem Regenschutz wird befeuchtet und dient zur Kühlung und zum Schutz vor der Hitzestrahlung bei Kernwaffendetonation. Als Kopfbedeckung eignen sich Duschhauben, Plastiktüten oder Hüte mit breiten Krempen. Eventuell auch einen Regenschirm gegen den ➤ Fallout verwenden. Bei Rückkehr in den Schutzraum sorgfältig dekontaminieren, Überkleidung und Schuhe draußen lassen.

Schutzraum

siehe auch ➤ Strahlung, Grundbegriffe der ionisierenden, ➤ Strahlung, Schutz vor, ➤ Kalkanstriche, ➤ Kernwaffen, ➤ Sauerstoffversorgung in geschlossenen Räumen, ➤ Schutzraum, Verhalten im, ➤ Nutztiere, ABC-Schutzmaßnahmen für; V.2 *Checklisten*

Vorbemerkung: Bitte beachten Sie beim Bau eines Schutzraumes die gesetzlichen Vorschriften oder Empfehlungen (»technisches Regelwerk«) sowie etwaige Förderungsmöglichkeiten Ihres Landes! Informationen dazu geben die im *Adressenverzeichnis* erwähnten Zivilschutzorganisationen.

Schutzraum

In den letzten Jahren wurden Schutzräume vor allem im Hinblick auf die Gefahr eines Unfalls in einem nahen Kernkraftwerk diskutiert. Ein Schutzraum sollte seine Insassen aber nicht nur vor Strahlung, sondern auch vor Feuer, Explosionen, B- und C-Waffen, Auswirkungen von Erdbeben, Stürmen usw. schützen. 🛡 Er wird insbesondere in der von vielen Sehern vorhergesagten »Staubnacht« (dreitägige Finsternis) von Bedeutung sein, in der die Luft durch giftige Gase verpestet ist.

Besteht die Gefährdung durch ionisierende Strahlung lediglich in einem beschädigten Kernkraftwerk, oder befinden Sie sich mehrere hundert Kilometer von der Kernwaffenexplosion entfernt, mag ein massives Haus, dessen Fenster gut schließen und mit breitem Klebeband abgedichtet werden, bereits genügend Schutz bieten. Die Strahlenbelastung verglichen mit der im Freien sinkt im Inneren massiver Gebäude nämlich auf unter 1%. 🛡 Auch sprechen viele Seher davon, man solle *die Fenster geschlossen halten*, was bedeutet, daß auch manche Häuser stehenbleiben und ein Überleben des Impakts ermöglichen werden.

Im allgemeinen ist es aber sicherer, unter die Erde zu gehen. Ein bis zwei Meter feuchten Erdreichs geben einen sehr guten Schutz vor den Auswirkungen der Anfangsstrahlung ab, und wenn die Konstruktion durch Risse infolge der Beben undicht wird, ist dies unter der Erde ebenfalls weniger schlimm.

In den USA, dem Land der unbegrenzten Möglichkeiten, bauen »Survivalists« derzeit an den abenteuerlichsten Konstruktionen, um die kommenden Kataklysmen zu überleben. Geodesische Konstruktionen oder monolithische Kuppeln (besonders günstige Statik) aus Stahlbeton werden in den Boden eingelassen und mit Autositzen ausgestattet. Angeschnallt und mit Sturzhelmen versehen, warten die Leute dann auf den ➤ »Polsprung«. Andere wollen sich in Gelee oder auf riesige Federn betten oder suchen in elastischen Hängematten Schutz.

In Deutschland und Österreich verfügen nur wenige Haushalte über einen vorschriftgemäßen *Grundschutzraum* (Schutz gegen herabfallende Trümmer, Brandeinwirkung, radioaktive Niederschläge und B- und C-Waffen): Nur jedem Dreißigsten steht ein Schutzraum zur Verfügung; im Vergleich dazu die Bevölkerungsabdeckung der Schweizer Schutzräume: über 95%!

Schutzraum

Mit einigen Maßnahmen läßt sich jedoch ein bereits bestehender Raum zum Schutzraum ausbauen:
- *Adaptierung eines vorhandenen Raumes als Schutzraum.* Im Keller eines Hauses (oder notfalls im Hausinneren) versieht man einen fensterlosen Raum ohne Gas-, Wasser- oder Heizungsrohre mit einem händisch zu betreibenden Schutzraumlüfter (Sandfilter). Ventilation ist nicht nur zum Sauerstoffaustausch wichtig, sondern – insbesondere bei warmem Klima – auch, um Wärme und Wasserdampf abzuführen. Wenn nötig, Wände verstärken. In Räumen mit mehr als 3 m Durchmesser die Decke mit Quer- und Stützbalken (diesen auch am Boden fixieren) abstützen. Man rechnet 0,6 m^2 Fläche bzw. 1,4 m^3 Luftraum pro Person. Liegt der Kellerraum teilweise über Grundniveau, dämmt man die entsprechenden Mauerteile bzw. Kellerfenster mit Sandsäcken, gefüllten Wasserbehältern (zugleich Trinkwasservorrat, wenn gut dichtend), Ziegeln oder einer Erdanschüttung. Um der Erd- bzw. Sandanschüttung Halt zu geben, kann man auch Autoreifen stapeln und mit dem Material füllen.

Eine brandbeständige, verwindungsfreie und gasdichte Schutzraumtür wäre optimal. Sie soll sich nach außen öffnen. Herkömmliche Türen werden möglichst gut abgedichtet.

Ein Notausgang (Fluchtröhre) ins Freie sollte zweimal abgewinkelt sein. Der einfachste Notausgang besteht aus einem Loch, das mit einer falschen Wand (Holzbrett) abgedeckt ist, hinter dem sich ein mit Schotter gefüllter Gang zur Oberfläche befindet. Im Notfall läßt sich die Scheinwand entfernen und der Gang freischaufeln, indem man den Schotter ins Innere des Schutzraumes gräbt. Bei Reihenhäusern kann man mit dem Nachbarn als Fluchtweg einen Wanddurchbruch ins Nebenhaus planen.

Eine gewisse *Grundausstattung* des Schutzraumes ist sinnvoll, auch wenn im letzten Moment noch einiges aus dem Haushalt mitgebracht werden kann: Schlafgelegenheiten und Decken, Lebensmittel und Wasser (für mindestens drei Wochen), Radio, Campingtoilette, Hygieneartikel usw. (siehe dazu die *Checklisten*). Zum Ausbau sollten nur feuerfeste Baustoffe verwendet werden. Wenn die Bedrohungslage es erlaubt, sollte die Mitbenützung anderer Kellerräume oder Wohnräume (Küche, Bad, WC) als bedingte Schutzräume mitbedacht werden. Das erleichtert die Zeit der Isolation.

Schutzraum

- *Erdbunker als Behelfsschutzraum:* Ein einfacher Erdbunker bietet Schutz gegen radioaktiven ➤ Fallout, Wärmestrahlung und Splitter. Es besteht auch ein gewisser Schutz gegen die Einwirkung von chemischen und bakteriologischen Kampfstoffen bzw. gegen vulkanische Emissionen. Das Tragen von (improvisierter) ➤ Schutzkleidung und einer ➤ ABC-Schutzmaske ist dennoch anzuraten.

🕭 Der Waldviertler Seher sah sich in einer seiner Visionen einen solchen Erdbunker bauen und darin auch überleben, obwohl sein Gebiet anscheinend besonders gefährdet ist.

Cresson Kearny geht in seinem empfehlenswerten Buch *Nuclear War Survival Skills* von einer Flucht aus der Stadt in der letzten Minute aus. Das Buch enthält genaue Bauanleitungen für einfach zu errichtende Behelfsschutzbunker: Man sucht eine Stelle, wo man gut graben kann (wenig Steine und Baumwurzeln), und die möglichst weit von Häusern, Bäumen und anderen brennbaren Gegenständen entfernt ist. Die Erde darf jedoch auch nicht zu locker sein. Dann hebt man einen an der Basis ca. 1,10 m breiten, 1,4 m hohen Graben aus. Die Länge richtet sich nach der Anzahl der Personen (ca. 5,5 m für sechs Personen). An einem Ende des Grabens gräbt man im Boden weitere 70 cm tiefer, damit jeder Insasse ab und zu aufstehen und sich strecken kann. Man kann die Wände innen mit Plastikfolien oder Bettzeug bedecken, das ist aber nicht unbedingt nötig. Man fällt eine Reihe von 2 m langen und 10 cm starken Baumstämmen und schleppt sie (zu zweit, mittels Kette oder Seil) herbei. Die Stämme werden über den Graben gelegt (siehe Abbildung 128) und mit einer Plane abgedeckt. Darauf kommt ein kleiner Hügel mit einem Teil des Aushubs, über den eine weitere Plastikfolie (oder Rettungsdecke) als Dach gelegt wird. Diese wird mit dem größeren Teil des Aushubs bedeckt. An den beiden Enden des Grabens bleiben Ausstiege frei, die mit Planen überdacht werden. Ein solcher Bunker kann den Schutzfaktor 300 aufweisen.

Statt der Baumstämme kann

Abb. 128: Der ausgehobene Graben wird mit Stämmen abgedeckt.

Schutzraum

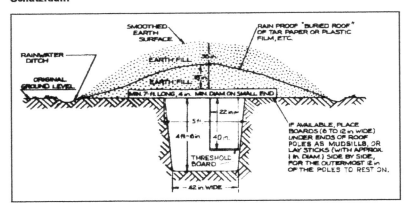

Abb. 129: Querschnitt durch den Erdbunker
(Aus Copyrightgründen mußte diese Grafik übernommen werden, wie sie ist. Sie dürfte aber aufgrund der Beschreibung der Bauschritte im Stichwort klar sein. Umrechnung der Längenangaben: 1 ft = 30,5 cm, 1 in = 2,54 cm.)

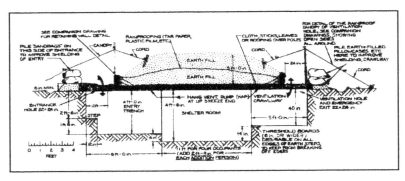

Abb. 130: Längsschnitt durch den Erdbunker
(Bezüglich der englischen Beschriftung siehe die Bemerkung bei Abbildung 129.)

man auch stabile Türblätter verwenden, die man über den Graben legt – oder im Extremfall einfach das Auto über den Graben fahren. Zur Lüftung kann man den von Kearny beschriebenen *KAP-Lüfter* bauen oder – erst bei akuter Atemnot – Luft durch Kunststoffrohre einleiten (Luft mit einem Fächer hinausdrücken), wobei die Öffnung des Ventilationsrohres außerhalb des Schutzraums zum Boden weisen muß, damit kein Fallout hineinfällt.

Schutzraum

Bunker, die auch die Druckwelle und die Hitzestrahlung einer nahen Detonation aushalten sollen *(Expedient Blast Shelters)*, sind ein wenig aufwendiger zu errichten (Anleitungen im Buch von Kearny).

• *Container als Schutzraum:* Intermodale Frachtcontainer (ISO-Container, Connex-Container) stellen gasdichte, hochstabile Stahlkonstruktionen dar, die sich theoretisch mit den gleichen Methoden wie bei einem Kellerraum zu einem Schutzraum ausbauen lassen. Maßnahmen gegen Rost sind notwendig. Dazu kann ein Anstrich mit Rostschutzfarbe oder Teer gemacht oder eine Opferanode angebracht werden. (Eine Opferanode ist einfach ein Stück aus einer Zn- oder Mg-Legierung – z.B. 91% Mg, 6% Al, 3% Zn –, die den Pluspol einer natürlichen elektrolytischen Zelle bildet. Dadurch fließt ein Strom zum schützenden Eisen- oder Stahlgegenstand und verhindert dessen Korrosion. Die Anode verzehrt sich dabei langsam und muß dann ersetzt werden.) Die Innenwände werden mit Styropor-Platten verkleidet oder mit speziellem Schaum überzogen. Erdeinlagerung ist ratsam. Der Ausstieg erfolgt dann über einen senkrecht angebrachten Schacht mit zwei Luken. Belüftung über ein Zu- und ein Abluftrohr und eine Sandfilteranlage.

• *Monolithische Kuppel im Eigenbau:* Ein kuppelförmiger Schutzraum kann beispielsweise auf folgende Weise gebaut werden: Man benötigt 65 gleich lange Stahlrohre. 30 davon beschneidet man auf 88% dieser Länge. Nach Abbildung 131 beginnt man einen Kreis aus 10 Rohren mit 100% der Länge aufzulegen; die Rohre werden durch innen durchlaufende Seile zusammengehalten. Dann arbeitet man nach oben weiter. Sind alle Rohre verbunden, verkleidet man das Gerüst mit Drahtgitter und Plastikfolien und übergießt es mit Beton, nicht ohne vorher noch Tür bzw. Luke und Ventilationsrohre einzubauen. Die Kuppel wird mit Schutzanstrichen versehen oder mit Plastikfolien abgedeckt und mit Erdreich zugeschüttet. De-

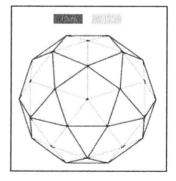

Abb. 131: Grundgerüst für eine geodesische Kuppel aus Rohren

tails zu dieser Bauweise sind unter der angeführten Adresse im Internet zu finden.

Schutz in der Stadt: siehe ➤ Überleben in der Stadt

http://www.monolithicdome.com/

📖 Hildebrand, Walter, *Schutzraumbau* (2 Bde., Bd. 1: *Schutzraumbau in Österreich*, Bd. 2: *Einrichtung und Organisation*, Perchtoldsdorf: Eigenverlag, 1986). Umfassendes Standardwerk über alle Belange des Baus und Betriebs eines Schutzraumes.

Schutzraum, Verhalten im
siehe auch ➤ Schutzraum, ➤ Sauerstoffversorgung in geschlossenen Räumen

Bei (Wieder-)Betreten des Schutzraumes ist darauf zu achten, daß kein kontaminiertes Material mitgeschleppt wird (Überkleidung ablegen, Schuhe ausziehen!).

Das Leben auf engem Raum kann zu zwischenmenschlichen Spannungen führen. Daher ist auf jeden Fall eine *Schutzraumordnung* zu empfehlen. Diese regelt den Tagesablauf (Wecken, Arbeits- und Freizeit, Ruhezeiten), verteilt die Aufgaben (Wartung, Reinigung, Nahrungszubereitung, Vorratsverwaltung, Radiodienst usw.) und verhindert so das Aufkommen von Unsicherheit und Langeweile. Lesen, Musik hören und Spielen bieten Zerstreuung.

Der Inhalt der Behelfstoilette muß regelmäßig entleert oder mit chemischen Mitteln abgebaut werden.

Um Wasser zu sparen, wenig Geschirr verwenden. Jeder sollte sein persönliches Eßgeschirr benutzen. Dieses nicht abwaschen, sondern ablecken und desinfizieren. Bei fettfreien Gerichten ist das Kochgeschirr leichter zu reinigen.

Das Problem der Kondensation kann man minimieren, indem man den Lüfter nicht betätigt, wenn es draußen zu kalt ist. Probe: Ein mit Wasser gefülltes Glas wird aus dem Schutzraum für 10 Minuten ins Freie gestellt. Wenn sich Feuchtigkeit daran niederschlägt, nicht lüften. Wasserdampf im Schutzraum kann mit Entwässerungsgeräten (»Keller-trocken«) entfernt werden.

Seife herstellen
siehe auch ➤ Seifenersatz, Kastanien als

Seife wird durch die Neutralisierung von Fettsäuren durch eine Lauge hergestellt. Zur Herstellung der Lauge bohrt man Löcher in

Seife herstellen

den Boden eines Fasses. In dieses füllt man eine Schicht Kieselsteine und eine Schicht Stroh, und darüber wird das Faß mit Hartholzasche gefüllt. Nun läßt man Regenwasser durch dieses Faß sickern, das unten in einem Becken aufgefangen wird. Die Lauge wird durch Einkochen konzentriert. (Vorsicht: Verätzungsgefahr!) Wenn eine Kartoffel oder ein frisches Ei darin an der Oberfläche schwimmt oder eine Feder sich darin auflöst, ist die Konzentration stark genug.

Eine genauere Möglichkeit zur Feststellung der Konzentration ist folgende: Man stellt eine gesättigte Salzlösung her und wirft einen Stock hinein, an dessen einem Ende ein Stein befestigt ist. Die Wasserlinie wird am Stock markiert. Die Lauge soll dasselbe spezifische Gewicht haben. Befindet sich die Markierung oberhalb des Flüssigkeitsspiegels, wenn man den Stock in die Lauge wirft, muß diese vorsichtig mit Regenwasser verdünnt werden, bis die Markierung auf der Höhe des Flüssigkeitsspiegels steht.

Als Fette eignen sich am besten Talg (Rinderfett), Schaffett, Schmalz (Schweinefett) oder Olivenöl. Häufig verwendet wird eine Mischung aus 1 Teil Schmalz und 2 Teilen Talg. Das Fett darf nicht ranzig sein. (Zur Lagerung kann man es mit derselben Menge Wasser kochen, aushärten lassen und in einen möglichst luftdichten Behälter geben.) Um es zu reinigen, erhitzt man es und gießt das reine Fett ab, so daß die festen Rückstände im Topf bleiben. Das abgegossene Fett läßt man auf 38 °C abkühlen. Dann gibt man die gleiche Menge Wasser zu, läßt das Gemisch zugedeckt 15 Minuten köcheln und über Nacht auskühlen. Nun wird das an der Oberfläche erstarrte Fett abgehoben. Bei Bedarf kann noch einmal mit Wasser aufgegossen werden, wobei man jetzt eine geschnittene rohe Kartoffel beigibt, wieder 15 Minuten erhitzt, erkalten läßt und abschöpft.

Das gereinigte Fett wird in die kochende Lauge eingerührt. Ob lange genug gekocht wurde, kann man feststellen, indem man einige Tropfen der Seifenlauge in kochendes Wasser gießt. Wenn sich diese sofort auflösen, kann man den Topf vom Feuer nehmen. Vor dem Abkühlen können Duftstoffe (Lavendel, Rosmarin, Zitronenmelisse) und Farben (Spinat, Karotten, rote Rüben, Fichtenharz) beigemengt werden. Durch Einrühren von einem halben Kilogramm Salz wird die Seife an der Oberfläche der Lauge hart, sie kann aber auch in Formen gegossen werden. Einige Monate hitze- und frostfreier Lagerung erhöhen die Qualität der Seife.

📖 Cavitch, Susan Miller, *The Natural Soap Book. Making Herbal and Vegetable-Based Soaps* (Pownal: Storey Books, 1995) 182 S.

📖 Cavitch, Susan Miller, *The Soapmaker's Companion. A Comprehensive Guide With Recipes, Techniques & Know-How* (Pownal: Storey Books, 1997) 282.

Makela, Casey, *Milk-Based Soaps. Making Natural, Skin-Nourishing Soap* (Pownal: Storey Books, 1997) 108 S.

Seifenersatz, Kastanien als

Das Mehl der Roßkastanie in konzentrierter Lösung ergibt einen wie flüssige Seife zu verwendenden Schaumreiniger, der auch für empfindliche Stoffe geeignet ist.

Seifenreste sammeln und schmelzen

Seifenreste möglichst kleinschneiden und mit der gleichen Menge Wasser unter häufigem Rühren langsam zum Kochen bringen, bis alle Stücke völlig aufgelöst sind. Masse erstarren und an der Luft trocknen lassen. Zusatz von etwas Bienenwachs oder Glycerin zur Verbesserung ist möglich.

Seile flicken oder spleißen

Zum Flicken gerissener oder Verlängern zu kurzer Stricke und Seile (Taue) nicht knoten, sondern durch Spleißen verbinden. Zu verbindende Seilenden aufdrehen und nach Abbildung 132 (Fig. a und b) miteinander verbinden.

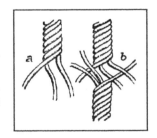

Abb. 132: Seile spleißen

Selbstverteidigung, waffenlose

siehe auch ➝ Vergewaltigung

Bevor man Gewalt anwendet, sollte man stets prüfen, ob es nicht noch einen gewaltfreien Ausweg gibt:
- Blickkontakt vermeiden, Gegner nicht provozieren.
- Reden – wichtig ist nicht, was man redet, sondern, daß und wie man es tut (beruhigend, beschwichtigend) und daß man nicht damit aufhört.
- Im Falle eines Raubes, etwas hergeben. (Man hat für diesen Fall mehr als eine Geldbörse eingesteckt.)

- Oder um Hilfe rufen, ein Alarmgerät auslösen, die Aufmerksamkeit von Passanten erregen.
- Weglaufen und versuchen, bevölkerte Straßen oder Plätze zu erreichen.

Da dies nicht immer möglich ist, ist ein Selbstverteidigungskurs oder das Betreiben eines Kampfsports wie Jiu-Jitsu (besonders empfehlenswert, da die Maßnahmen in ihrer Brutalität auch vom Anfänger gut dosiert werden können), Karate, Kung-Fu, Taekwondo, Judo oder Aikido zu empfehlen.
Wer diesbezüglich nicht ausgebildet ist, muß trotzdem von Anfang an den Willen und die Initiative zur Gegenwehr haben! Die Gegenmaßnahmen sollen mit größter Kraft ausgeführt werden (man darf keine Hemmungen haben). Man läßt den Schlag oder Tritt mental nicht *bis* zum Ziel, sondern bis 10 cm *hinter* das Ziel gehen. Am wirkungsvollsten sind: Tritt oder Kniestoß gegen die Hoden, Schlag gegen Kehlkopf oder Nase, Fingerstich in die Augen, schneller, beidseitiger Schlag mit den Handflächen gegen die Ohren, Handkanten- oder Faustschlag gegen die Halsschlagadern, Tritt gegen das Knie, Boxschlag gegen den Solarplexus. Diese Attacken können schwere bis tödliche Folgen haben und dürfen daher nur in höchster Not ausgeführt werden!

Signalisieren

siehe auch → Signalzeichen, → Notsignale

Um auf sich aufmerksam zu machen, bieten sich je nach den Umständen folgende Methoden an: Winken an exponierter Stelle, Signalfeuer (→ Feuerarten, nachts: drei Feuer bilden ein Dreieck), Signalraketen, Blinken mit spiegelnden Flächen, Auslegen von großen → Signalzeichen mit Steinen, Holz, Farbe im Schnee usw., Schreien, Hupen, Schießen, Pfeifen jeweils mit dem Wind und eventuell mit Schalltrichter (z. B. aus Zeitungspapier).

Signalzeichen

siehe auch → Signalisieren, → Notsignale

International sind (v. a. für Boden-Luft-Kommunikation) u. a. folgende Signalzeichen gebräuchlich:
A = ja (affirmativ), verstanden, **Y** (Mensch steht mit beiden Armen erhoben) = ja (yes), brauche Hilfe; **N** (Mensch hat rechte Hand er-

Silber, kolloidales

hoben, linke am Bein) = nein (no), alles in Ordnung, I (Mensch liegt ganz ausgestreckt am Boden) = schwere Verletzung (injury), brauche Arzt, II = brauche Sanitätsmaterial oder Medikamente, W = brauche Mechaniker, K = gebt Richtung zum Weitergehen, F = brauche Verpflegung (food) und Wasser, X = kann nicht weiter, ▲ = Landung hier wahrscheinlich sicher, ⌴⌴ = alles wohlauf (well), ⌶⌶ = nicht verstanden, → = bewege mich in diese Richtung.

Wenn das Flugzeug mit den Flügeln wackelt oder grüne Blinksignale gibt, hat es das Signal gesehen und verstanden.

Kreist es dagegen nach rechts oder gibt es rote Signale, hat es nicht verstanden.

Wackelt das Flugzeug mit den Flügeln und fliegt dann eine gewisse Strecke geradeaus, heißt das, daß sich in dieser Richtung Hilfe befindet.

Silber, kolloidales

Ein Kolloid ist eine Aufschwemmung von festen Stoffen in einer Flüssigkeit, wobei die Teilchen in dem Medium feinst verteilt sind. Bereits die römischen Legionäre tranken ihr Wasser aus Silberbechern oder legten eine Silbermünze in das Trinkgefäß, denn Silberionen wirken desinfizierend. Heute wird kolloidales Silber als hochwirksames Antiseptikum wiederentdeckt. Bei 650 verschiedenen Krankheiten wurden Heilungserfolge verzeichnet. Nebenwirkungen sind außer bei starker Überdosierung nicht bekannt. Ein Teelöffel täglich steigert die Abwehrkräfte. Es kann auch gegen Schimmel und Pilze versprüht werden, Wasser desinfizieren und als

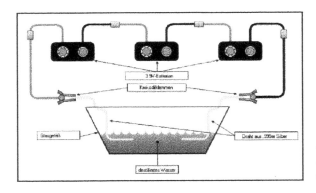

Abb. 133:
Herstellung von kolloidalem Silber

Zusatz (z. B. in Milch) die Haltbarkeit von Lebensmitteln verlängern. Kolloidales Silber ist leicht herzustellen: Man schaltet beispielsweise nach Abbildung 133 drei 9-V-Batterien in Serie. Zwei Silberelektroden (Draht aus »999er«, das heißt 99,9 % reinem Silber. Kein Sterlingsilber verwenden, da dies störende Elemente enthält.) werden in engem Abstand in ein Glas erhitztes destilliertes Wasser gehängt, dem ein Tropfen Honig zugesetzt werden kann. Schließt man die Elektroden an die Batterien an, so kommt es zur Elektrolyse des Wassers und das Silber geht in Lösung. Man läßt die Reaktion laufen, bis die Lösung eine goldgelbe Farbe hat, wobei man alle paar Minuten umpolt, um Ablagerungen an den Elektroden zu vermeiden. Läßt man die Elektroden zu lange im Wasser, wird die Lösung grün, grau oder schwarz; dann nicht mehr verwenden. Lösung in dunklen Glasflaschen (keine Metall- oder Plastikflaschen nehmen) aufbewahren und mit Sprühflasche oder Pinsel anwenden. Schätzung der Konzentration mittels Tyndall-Rayleigh-Effekt: Ein Laserpointer leuchtet in das Glas. Je dicker der Strahl erscheint, desto mehr Silber ist enthalten.

http://www.all-natural.com/silver-1.html
Informationen über kolloidales Silber und Krankheiten, gegen die es erfolgreich eingesetzt wurde.

Sirenensignale

Deutschland: In Deutschland wurde mit der Neuordnung des Zivilschutzes 1997 das Sirenennetz mit 65 000 Alarmanlagen abgebaut und die Zahl der Warnämter verringert. Im Fall kriegerischer Auseinandersetzungen soll die Bevölkerung jetzt über Radio gewarnt werden. 33 000 Sirenen werden jedoch noch für die Aufgaben der Feuerwehr unterhalten. Früher galten folgende Signale:

Signal (BRD früher)	*Bedeutung*
1 Minute Heulton	im Frieden: allgemeine Warnung: Rundfunkgeräte einschalten im Verteidigungsfall: Luftalarm: Deckung oder Schutzraum aufsuchen, Rundfunkgerät einschalten

Sirenensignale

Signal (BRD früher)	Bedeutung
3maliger Dauerton von je 12 Sekunden (je 12 Sekunden Pause)	Feuerwehralarm: Feuer oder Unglücksfall
3maliger Dauerton von je 12 Sekunden (je 12 Sekunden Pause) und gleich darauf 1 Minute Dauerton	Katastrophenalarm: Schutzraum aufsuchen, Radio hören
1 Minute Heulton, zweimal unterbrochen, Wiederholung nach 30 Sekunden	ABC-Alarm, Schutzraum aufsuchen, Radio hören
1 Minute Dauerton	Entwarnung: Ende der unmittelbaren Gefahr

Österreich: Für Österreich haben nach wie vor folgende Signale Gültigkeit:

Signal (A)	Bedeutung
gleichbleibender Dauerton von 3 Minuten	Warnung: herannahende Gefahr, Aufforderung zum Einschalten des Rundfunks für Entgegennahme von Gefahrenmeldungen
auf- und abschwellender Heulton von mindestens 1 Minute	Alarm: unmittelbare Gefahr, unverzüglich Ergreifen von geeigneten Schutzmaßnahmen (durch Eigeninitiative oder aufgrund von Rundfunkmeldungen bzw. Lautsprecherdurchsagen)
gleichbleibender Dauerton von 1 Minute	Entwarnung: Ende der Gefahr
dreimaliger Dauerton von je 15 Sekunden (je 7 Sekunden Pause)	Feuerwehralarm: Feuer oder Unfall

Schweiz: In der Schweiz stehen 7270 stationäre und mobile Sirenen zur Verfügung. Die verschiedenen Alarmsignale sowie Verhaltensmaßregeln usw. werden in jedem Schweizer Telefonbuch auf den letzten Seiten erklärt:

Signal (CH)	Bedeutung
regelmäßig auf- und absteigender Heulton von 1 Minute Dauer	im Frieden: allgemeiner Alarm (z. B. Feuer, Unfall usw.): Rundfunkgerät einschalten im Verteidigungsfall: Luftalarm: Deckung oder Schutzraum aufsuchen, Rundfunkgerät einschalten
unterbrochener, regelmäßig auf- und absteigender Ton; nach dreimaligem An- und Abschwellen 5 Sekunden Pause	Strahlenalarm: Schutzraum aufsuchen, Rundfunkgerät einschalten
gleichbleibender Dauerton von 1 Minute	Endalarm (Entwarnung)
tiefe Dauertöne von 25 Sekunden Länge, mit Unterbrechungen von 5 Sekunden	Wasseralarm: Region verlassen

Staubverhütung beim Reinigen von Räumen

Staubaufwirbelung wird durch ruhiges Fegen, ohne den Besen vom Fußboden anzuheben, verhindert. Weitere Hilfsmittel sind das Ausstreuen angefeuchteter Sägespäne vor dem Fegen. Während des Fegens Fenster und Türen öffnen. Nach dem Fegen muß mit einem weichen Lappen (Staubtuch) von allen Möbelstücken der Staub, sich dort abgesetzt hat, entfernt werden. Läufer, Matten und Teppiche werden im Freien über einer Stange oder einem gespannten Strick von beiden Seiten geklopft. Zwischen und nach dem Klopfen gründlich bürsten. Besonders sauber werden Teppiche usw., wenn man sie mit der Vorderseite auf den Schnee legt und auf der Rückseite klopft.

Strahlung, Grundbegriffe der ionisierenden

siehe auch ▸ Kernwaffen, ▸ Erste Hilfe/Strahlenschäden, ▸ Strahlung, Schutz vor

Gewisse Atomkerne – sogenannte Radionuklide – zerfallen unter Aussendung ionisierender Strahlung[22]. Dieses seit Ende des 19. Jahr-

---

[22] Strahlung, die Elektronen aus der Hülle von Atomen ablöst und diese dadurch zu elektrisch geladenen Teilchen, Ionen, macht

hunderts bekannte Phänomen wird *Radioaktivität* genannt. Die moderne Wissenschaft geht davon aus, daß sich das Leben seit Anbeginn unter deren Einfluß entwickelt hat. Für hochorganisierte Organismen ist ionisierende Strahlung aber schädlich. Es sind derzeit etwa 2000 Radionuklide bekannt. Man unterscheidet drei Arten von radioaktiver Strahlung:

- *Alpha-Strahlen (α-Strahlen)* bestehen aus Atomkernen des Elements Helium und werden vom zerfallenden Atomkern mit einer Geschwindigkeit von 15000 km/h ausgesandt. Sie können weder ein Blatt Papier noch die Haut des Menschen durchdringen und werden bereits von einer wenige Zentimeter dicken Luftschicht aufgehalten. Der Mensch ist durch sie daher nur dann gefährdet, wenn Radionuklide, die Alpha-Strahlen aussenden, an der Haut haften (Kontamination) oder durch Atmung oder Nahrung in den Körper gelangen (Inkorporation), dort zerfallen und so das Gewebe schädigen.
- *Beta-Strahlen (β-Strahlen)* sind Elektronen, die fast mit Lichtgeschwindigkeit aus zerfallenden Atomen austreten. Sie dringen nur einige Millimeter ins menschliche Gewebe ein und sind bereits durch eine dünne Kunststoff- oder Aluminiumschicht absorbierbar. Beta-Strahlen schädigen die Haut. Die Bewohner der Marshall-Inseln, die beim Test einer amerikanischen Wasserstoffbombe mit Fallout verseucht wurden, verseuchtes Wasser tranken und verseuchte Lebensmittel aßen, erlitten schwere Reizungen und Verbrennungen der Haut, jedoch keine bleibenden Schäden, abgesehen von Erkrankungen der Schilddrüse, denn bei Inkorporation von Beta-Strahlern wirken die beim Zerfall entstehenden Strahlen direkt auf die Körperzellen und schädigen sie schwer.
- *Gamma-Strahlen (γ-Strahlen)* sind elektromagnetische Strahlen und daher von gleicher Natur wie die Radiowellen oder das Licht. Sie bewegen sich mit Lichtgeschwindigkeit und haben ein sehr hohes Durchdringungsvermögen. Sie können – abhängig von der Energie – nur durch zentimeterdicke Bleiwände oder meterdicke Betonmauern hinreichend abgeschwächt werden. Gamma-Strahlen belasten somit grundsätzlich den ganzen Körper.
- In diesem Zusammenhang muß auch die *Neutronenstrahlung* erwähnt werden. Diese Teilchenstrahlung wirkt nicht direkt auf den

Körper. Das Neutron – ungeladener Bestandteil des Atomkerns – aktiviert aber Materie, auf die es trifft. Das heißt, es macht vorher nichtradioaktives Material, auch Körpergewebe, radioaktiv (NIS, neutroneninduzierte Strahlung). Dieses aktivierte Material wirkt sodann durch die obenerwähnten Strahlenarten auf das Körpergewebe.
- *Halbwertszeit.* Die physikalische Halbwertszeit beschreibt die Dauer, in der sich die ursprüngliche Menge eines radioaktiven Stoffes durch radioaktiven Zerfall halbiert hat. Die für Lebewesen relevantere biologische Halbwertszeit ist die Zeitspanne, in der sich ein Lebewesen der Hälfte der ursprünglich vorhandenen Radionuklide entledigt hat. Sie ist immer kürzer als die physikalische Halbwertszeit, da radioaktive Stoffe auch ausgeschieden werden.
- *Strahlenmessung.* Der Mensch besitzt kein Sinnesorgan für Radioaktivität. Die Messung von Strahlung ist daher unerläßlich. Die Maßeinheit für die *Aktivität* der Strahlung ist ein Becquerel (Bq)[23], das ist ein Zerfall pro Sekunde. (Die natürliche Radioaktivität in unseren Lebensmitteln beträgt durchschnittlich 40 Becquerel pro Kilogramm.) Unter der *Strahlendosis* versteht man die gesamte von einem bestimmten Körper aufgenommene Strahlung. Ihre Einheit ist 1 Gray (Gy) = 1 J/kg[24]. Für die Wirkung auf den Menschen bedeutsamer ist jedoch die sogenannte Äquivalenzdosis, die in Sievert (Sv)[25] gemessen wird. Sie ist eine Größe dafür, wie sehr die Radioaktivität den Menschen belastet, und berücksichtigt die unterschiedliche Wirksamkeit, die von Strahlungsart, Strahlungsenergie und Ort des strahlenden Objekts abhängt. Eine Umrechnung von Becquerel in Sievert ist daher nur bei Kenntnis all dieser Fakten möglich.

Durch die natürliche Radioaktivität nehmen wir im Jahr etwa 3 mSv (3 Tausendstel Sievert) auf. Leichte Anzeichen der Strahlenkrankheit machen sich bei der Aufnahme von etwa 1000 mSv (innerhalb eines kurzen Zeitraums) bemerkbar; von Menschen, die 4500 mSv aufgenommen haben, sterben 50 % (LD50-Wert), bei 6000 mSv sterben 100 %. Unter der *Äquivalenzdosisleistung* ver-

---

[23] alte Einheit: 1 Curie = 1 Ci = 37 GBq
[24] alte Einheit: 1 Rad = 1 rad = 1 rd = 0,01 Gy
[25] alte Einheit: 1 Rem = 1 rem = 0,01 Sv

steht man die in einer bestimmten Zeit aufgenommene Dosis. Sie wird daher in Sv/h angegeben.
Im Handel sind Meßgeräte für die *Messung* von α-, β-, γ- und Neutronenstrahlung erhältlich, die auf verschiedenen Grundprinzipien basieren. Detektoren mit Gaszählrohr (z.B. aus alten Armeebeständen) dürfen nicht zu alt sein, weil sie ansonsten nicht mehr funktionieren! Cresson Kearny gibt in seinem Buch *Nuclear War Survival Skills* eine Anleitung für den Bau eines einfachen Strahlenmeßgerätes, des *KFM*.
γ-Strahlen werden manchmal auch noch in der alten Einheit Röntgen gemessen: 1 R = 0,000258 Coulomb/kg. Für Zivilschutzbelange kann man sich die nicht ganz richtige Formel merken: 1 R ² 1 rad ² 1 rem.

- *Netzhaut als Strahlendetektor.* Ionisierende Strahlen bestimmter Energiebereiche können geschlossene Augenlider durchdringen und die Sinneszellen der Netzhaut anregen. Wenn Verdacht auf Strahlung vorliegt, Sie aber kein Meßgerät bei sich haben, schließen Sie die Augen. Wenn Sie bei geschlossenen Augen kleine Lichtblitze bemerken, verlassen Sie das Gebiet so schnell wie möglich!

Strahlung, Schutz vor

Für den Schutz vor ionisierender (»radioaktiver«) Strahlung gilt die »3A-Regel«:

- **Aufenthaltsdauer** *minimieren:* Das Gebiet mit ionisierender Strahlung möglichst rasch verlassen!
- **Abstand** *vergrößern:* Sich möglichst weit von der Strahlenquelle entfernen!
- **Abschirmen!**

Wenn, wie etwa im Fall eines Kernwaffenschlages, die beiden ersten Möglichkeiten ausfallen, ist die dritte besonders wichtig:
Durch die Wechselwirkung mit Materie verliert jede Strahlung beim Durchgang durch diese an Intensität. Als *Halbwertsschicht* bezeichnet man jene Dicke eines Materials, hinter welcher die Stärke der Strahlung nur mehr halb so groß ist. Da α-Strahlen schon durch wenige Zentimeter Luft und β-Strahlen durch dünne Bleche gestoppt werden, sind für Überlegungen zum Schutzraumbau nur die γ-Strahlen relevant:

Material	Halbwertsschichten in [cm]		
	Neutronen	γ-Strahlung der Anfangsstrahlung (4.5 MeV)	γ-Strahlung des RN (0.7 eV)
Holz	–	60	30
Erde	15	20	10
Wasser	9	30	15
Beton	10	12	6
Blei	6	1.5	1

Strickleitern anfertigen

Strickleitern werden aus 40–50 cm langen, etwa 3 cm starken Knüppeln und kräftigem Seil hergestellt. Seil (Wäscheleine, Heuseil) doppelt nehmen und an der Knickstelle mit Schlinge versehen. Knüppel, wie in Abbildung 134 gezeigt, als Sprossen einknoten.

Strom, elektrischer

siehe auch ➤ Akkus, ➤ Energiegewinnung und -speicherung, ➤ Stromunfall, Verhalten bei

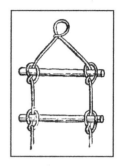

Abb. 134: Strickleiter

Es wird etliche Jahre dauern, bis nach einer globalen Katastrophe wieder Strom aus den Steckdosen kommt. Die Zerstörung des Leitungssystems, der Umspann- und Kraftwerke wird eine zentrale Stromversorgung vorerst unmöglich machen. Da die Stromerzeugung mit Notstromaggregaten[26] bei Erschöpfung der Treibstoffvorräte ein Ende hat, bleiben langfristig als lokale Möglichkeiten der Stromerzeugung die Photovoltaik (Solarzellen) und der Betrieb eines Generators durch Wasser-, Wind- oder Muskelkraft, Dampf- oder Stirling-Maschinen.

Aus technisch-praktischen Gründen (Kabelstärken) wird die dominierende Spannung in der ersten Zeit 12 V Gleichstrom sein.

---

[26] Jedenfalls wären Dieselaggregate zu bevorzugen, die auch mit Heizöl, eventuell sogar mit anderen Ölen, betrieben werden können.

Deren Umwandlung in 230 V Wechselstrom ist mittels DC-AC-Wandler (Inverter) möglich, aber unwirtschaftlich. Statt dessen sollte – wo immer möglich – auf 12-V-Gleichstrom-Geräte zurückgegriffen werden, wie sie heute im Campingbereich eingesetzt werden.

Improvisierte Generatoren
Einen leicht erhältlichen Generator stellt die Lichtmaschine eines Autos dar. Sie sollte mit 500 bis 5000 Umdrehungen pro Minute betrieben werden, was mit Wind- oder Wasserkraft, aber auch mit einem Fahrrad geschehen kann. Dazu führt man einen Transmissionsriemen (notfalls einen Nylonstrumpf) von der Felge des Rades zur Achse des Generators, die man je nach gewünschter Drehzahl dimensioniert. Das Rad wird so aufgestellt, daß das Hinterrad frei läuft. Eventuell den Raum zwischen den Speichen mit Beton füllen, um ein Schwungrad zu erhalten. Typischer Energiegewinn bei mittlerer Tretgeschwindigkeit: 60 Watt. Alternativ kann man zwei 6-V-Fahrraddynamos in Serie schalten. Zwischen Generator und Akku muß eine einfache Diode oder ein Laderegler geschaltet werden, um die Entladung im Leerlauf zu verhindern.
Steht zwar ein Generator, aber kein Fahrrad zur Verfügung, kann eine klassische Methode, die Muskelkraft von Menschen oder Tieren zu nutzen, angewandt werden: die Tretmühle. Dabei muß entweder ein schräg aufgestelltes Laufband »erstiegen« werden (v. a. für Pferde), oder man läßt einen Menschen im Inneren eines drehbar gelagerten, breiten Holzrades von Sprosse zu Sprosse steigen. Auch hier führt von der Achse eine Transmission zum Generator.

Stromspeicherung und -nutzung
Zur Verwertung des erzeugten Gleichstromes ist in den meisten Fällen eine Zwischenspeicherung in (leider recht anfälligen) ➤ Akkus notwendig, die den Strom so gleichmäßig abgeben können, wie die meisten Geräte ihn brauchen.
Problemlos ist mit dem selbsterzeugten Strom eine elektrische Beleuchtung zu bewerkstelligen. Aber schon die drei wichtigsten elektrischen Haushaltsgeräte, Waschmaschine, Kühltruhe und Kühlschrank, benötigen zusammen eine Leistung, deren Bereitstellung einen Windgenerator von mehreren Metern Durchmesser oder viele Quadratmeter Solarzellen nötig macht. Ganz zu schweigen

Survival

von zwar überaus nützlichen, aber Kraftstrom benötigenden Maschinen wie einer Kreissäge.
Einsetzbar sind vor allem Kleingeräte, die mit Akkus betrieben werden können.

Stromunfall, Verhalten bei
- Feststellen, ob noch Strom fließt.
- Nicht in Wasser steigen oder in Pfützen treten, die unter Strom stehen könnten.
- Stecker ziehen, Sicherung herausdrehen oder Stromhauptschalter betätigen.
- Verletzten (besser: seine Kleidung) im Stromkreis nicht mit bloßer Hand anfassen, sondern mit einem Isolator (Ledergürtel, trockenes Handtuch, Gummihandschuhe) wegziehen.
- Herzschlag und Atmung kontrollieren. Bei Stillstand: → Erste Hilfe, S. 126
- Schock bekämpfen und Brandwunden versorgen.

Stromversorgung
siehe → Energiegewinnung und -speicherung

Stuhl- und Tischbeine, lockere, befestigen
Alten Leim sorgfältig mit Messer abkratzen. Mittelstarken Tischlerleim bereiten, verleimen und Leimstelle beschwert oder mit Schnur kräftig umwickelt 8 Stunden trocknen lassen. Bei schadhaft gewordener Verdübelung oder Verzapfung (siehe → Holzverbindungen des Tischlers) das Bein mit Bandeisenwinkel befestigen oder alle vier Stuhl- und Tischbeine mit schmalen Brettern oder Leisten verbinden. Leimen von in der Länge gebrochenen Stuhl- und Tischbeinen ist meist zwecklos; besser ein neues Bein nach dem Vorbild des alten anfertigen.

Survival
Unter *Survival* (engl.: das Überleben) versteht man die Kunst des Überlebens unter schwierigen Umweltbedingungen, insbesondere in der Wildnis. Menschen können in solchen extremen Situationen einer Vielzahl von Streßfaktoren ausgesetzt sein, wie Angst, Schmerzen, Krankheit, Kälte oder Hitze, Durst, Hunger, Erschöpfung,

Schlafmangel, Langeweile und Einsamkeit. Sie entwickeln dabei allerdings auch Kräfte, die man nicht für möglich halten würde.
Der entscheidende Faktor beim Survival ist *der Wille zu überleben*. Er hilft, Angst, Panik und Apathie zu vermeiden. Weiterhin ist wichtig, Ruhe zu bewahren und Strategien zu entwickeln, wie man die Grundbedürfnisse *Wasser, Nahrung, Unterschlupf* und *Feuer* decken kann. Man darf auch bei Rückschlägen nie die Hoffnung aufgeben, daß man durchkommt oder gerettet wird. Wertvolle Anleitungen dazu sind in den im Anhang (Weiterführende Literatur/ Überleben in der Wildnis) angegebenen Büchern zu finden.

Tabakersatz und seine Verwendung[27]

Im Notfall können getrockneter Steinklee, getrocknete Rosenblütenblätter und Nußlaub als Tabakersatz verwendet werden. Die noch nicht völlig trockenen Blätter zu einem Paket zusammenlegen, in Leinwand oder Papier wickeln, fest umschnüren und feuchtwarm lagern, damit die Blätter in leichte Gärung (Fermentation) übergehen. Vielfach wird Einbetten der mit mehrfachen Papierschichten umhüllten Blätterpakete in feuchten Kuhdung empfohlen. Die gegorenen Blätter nach etwa 8 Tagen nachtrocknen und mit scharfem Messer (Rippen herausschneiden) in millimeterdicke Streifen schneiden. Nur als grober Pfeifentabak verwendbar.

Tabakspfeifen reinigen

Verkohlte Holzteile aus dem Pfeifenkopf mit scharfem Messer herauskratzen. Pfeife auseinandernehmen und innen mit Papier, Lappen, Draht oder Pfeifenreiniger putzen. Sehr gründliche Reinigung wird durch Durchleiten von Wasserdampf durch die Pfeife erzielt; dazu Gummischlauch auf das Mundstück stecken, zweites Schlauchende auf Tülle eines mit kochendem Wasser gefüllten Teekessels. Wasser stark verdampfen lassen, so daß Dampf aus Pfeifenkopf heraustritt. Hinterher Pfeife auseinandernehmen und wie oben reinigen. Pfeifen aus Bruyèreholz ab und zu an der Nase reiben; das Fett zieht ein und pflegt das Holz.

---

[27] Bei diesem und den folgenden Artikeln merkte ein Freund, der das Manuskript las, etwas an, dem viele Leser wohl beipflichten werden: *Rauchen ist kein zukunftsfähiges Verhaltensmuster und verdient nicht, erhalten zu werden!*

Tabakwaren frisch halten

Frischer, mäßig feuchter Tabak ist beim Rauchen gesünder als trokkener, da bei trockenem Tabak die Verbrennung zu lebhaft ist und zu viel Nikotin in den Körper gelangt. Zigarren und Zigaretten in dichtschließenden Glas- oder Metallbehältern oder in Plastikfolie verpackt aufbewahren. Pfeifen- und Zigarettentabak durch Dazwischenlegen einer rohen Kartoffel- oder Apfelsinenschale oder eines Stückchens feuchten Lösch- oder Fließpapiers frisch halten. Bei manchen Rauchern ist das Besprühen des Tabaks mit Zucker- oder Honigwasser, evtl. unter Zugabe von etwas Rum oder Arrak, beliebt.

Taschenrechner

Sobald keine Computer mehr funktionieren, weil sie irreparabel geschädigt sind, die Software auf den Datenträgern durch Entmagnetisierung gelöscht ist oder kein Strom vorhanden ist, müssen alle Berechnungen wieder von Hand gemacht werden, es sei denn, man hat rechtzeitig Taschenrechner mit Solarbetrieb besorgt. Besonders nützlich sind programmierbare Geräte. Am widerstandsfähigsten aber ist ein mechanischer *Rechenschieber*. Zur Ergänzung dienen Tafeln mit Logarithmen, Winkelfunktionen usw.

Teppiche reinigen

Farben werden wieder schön, wenn der Teppich mit der Oberseite in Schnee gelegt und ausgeklopft wird. Schnee soll nicht zu feucht sein. Auch Einreiben nach der Reinigung mit Essigwasser frischt die Farben wieder auf. Oder rohes, gut abgetropftes Sauerkraut aufstreuen und gut abreiben.

Tiermedizin

Auch in der Tierheilkunde wird man nach einer globalen Katastrophe ausschließlich auf Naturheilweisen zurückgreifen müssen. Entsprechende Literatur ist nicht nur für Veterinäre, sondern für alle Haus- und Nutztierbesitzer empfehlenswert:

📖 *Consilium CEDIP – Veterinaricum. Naturheilweisen am Tier* (München: CEDIP – Medizinisch-technische Verlags- und Handelsgesellschaft mbH, 1991) 652 S. Eine umfassende Darstellung von Therapien und Heilmittelrezepten.
Haynes, N. Bruce, *Keeping Livestock Healthy. A Veterinary Guide to Horses, Cattle, Pigs, Goats & Sheep* (Storey Communications Inc., 1994) 352 S.

Toilette
siehe → Latrinen und Toiletten

Töpfern
Der Ton wird gereinigt und gut durchgeknetet. Dann formt man Platten oder Würste, aus denen man die Gefäße aufbaut. Mit gesättigter Salz-Ton-Lösung ausspülen, einen Tag im Schatten antrocknen lassen. Die Oberfläche mit den Fingern polieren, dann 1–3 Wochen trocknen lassen. Häufig wenden. Diese Gefäße sind porös, können also nur für Getreide oder als Wasserkühler eingesetzt (→ Kühlung von Nahrungsmitteln und Getränken) werden. Um sie wasserdicht zu bekommen, müssen sie gebrannt werden. Dazu ein großes Feuer in und (aufgeschichtet) über einer Grube entzünden. Wenn nur mehr Glut vorhanden ist, die Gefäße in dieser vergraben und die Grube abdecken. Wenn die Glut erloschen ist, Gefäße bergen.

Topf- und Pfannengriffe isolieren
Griff mit 2 cm breitem Stoff- oder Papierstreifen mehrfach umwickeln, eine Lage Isolierband oder Leukoplast darüberwickeln und dieses dicht an dicht mit dünnem Bindfaden oder weichem Draht umwickeln. Bindfaden- und Drahtenden gut befestigen.

Trichter
Kleine Behelfstrichter können aus einer Eischale oder Papier hergestellt werden. Auch ein eingelegter Faden kann beim Umfüllen von einer Flasche in eine andere nützlich sein.

Türen und Fenster behelfsmäßig herrichten
siehe auch → Fensterfugen (Türfugen) dichten

Feste, also nicht zum Öffnen eingerichtete Fenster aus zwei außen gleich großen Bretterrahmen bauen. Der nach außen kommende Bretterrahmen muß in der lichten Weite allseitig 1,5–2 cm kleiner sein als der innere, so daß ein Falz entsteht, in den eine Glasscheibe (notfalls Plexiglas oder eine klare Kunststoffolie) mit Nägeln und Kitt (siehe → Glasscheiben einsetzen) eingesetzt wird. Fehlt Kitt, dann nach Abbildung 135 Glasleisten benutzen. Rahmen mit Dichtungsleisten in der Fensteröffnung befestigen und abdichten.

Einfache Türen aus 2–3 cm starken, senkrecht verlaufenden Brettern zimmern. Als Falz wirkt der innen, wie in der Abbildung gezeigt, aufgesetzte Türrahmen, der mit einer Strebe zu versehen ist. Zur besseren Wärmehaltung kann der Türrahmen von innen her mit Brettern oder Sperrholz verkleidet und der entstehende Hohlraum mit schlechten Wärmeleitern (Stroh, Torf, Heu, Häcksel und dergleichen) gefüllt werden.

Ein einfacher Türverschluß (Einreiber, Riegel) kann aus 5–6 cm starkem Holz geschnitzt werden. Der Türriegel greift innen in einen Schlitz, der in der Türleibung anzubringen ist, der äußere Riegel dient als Griff zum Öffnen der Tür von außen. Beide Riegel sind durch ein Rundholzstück von 2–2½ cm Durchmesser verbunden. Türbänder sitzen außen und sollen halb so lang sein, wie die Türe breit ist, sie sind am besten mit durchgehenden Bolzenschrauben zu befestigen.

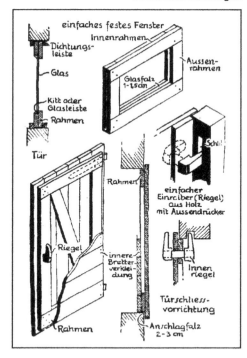

Abb. 135: Behelfsmäßige Fenster und Türen

Überlebenssiedlungen

Die Überlebenswahrscheinlichkeit bei Großkatastrophen steigt, wenn man nicht allein inmitten einer unvorbereiteten Umwelt, sondern in einer Gemeinschaft von Gleichgesinnten lebt. In den USA gibt es bereits zahlreiche solcher Gruppen, die Dörfer und Bunkersiedlungen aufgebaut haben, um kommende Katastrophen zu überleben und danach eine nachhaltige, ökologische Landwirtschaft aufzubauen: *Celestine Properties*, *The Venus Project*, *Intentional Communities*, *Earthship* oder *Eco Villages* sind einige davon. Auch in Österreich wird derzeit in Kooperation mit einem Bauernhof ein *Omegadorf* geplant; die Kontaktadresse dazu finden Sie im Anhang.

http://www.thevenusproject.com/
http://www.ic.org/
http://www.slip.net/˜ckent/earthship/

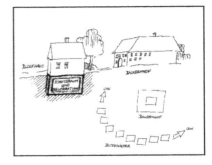

Abb. 136: Entwurf für ein Omegadorf in Ostösterreich: Die Schutzräume befinden sich unter Blockhäusern, die in Friedenszeiten als Ferienhäuschen dienen. Mehrere Häuschen scharen sich um einen Bauernhof, der die landwirtschaftlichen Ressourcen zur Verfügung stellt.

Überleben in der Stadt

Der Idealfall wäre, wenn man sich bei Beginn der Katastrophen bereits nicht mehr in einer großen Stadt befände. Doch nicht jeder hat den Willen oder die Möglichkeit, aufs Land zu ziehen. In der Stadt zu überleben, ist schwierig, aber keineswegs ausgeschlossen, wie uns das Beispiel des Zweiten Weltkriegs lehrt, als Menschen selbst monatelangen schweren Bombenhagel überstanden und sich irgendwie durchzubringen wußten. Die Gefahr geht in der Stadt vor allem von anderen Menschen aus. Dazu kommen Versorgungsprobleme. Folgende spezielle Maßnahmen könnten in diesem Fall hilfreich sein:

• Lagern Sie ausreichend Nahrung ein; sobald die Supermärkte leer sind, sind Sie auf sich selbst angewiesen. Solange die Wasserleitung noch funktioniert, alle verfügbaren Flaschen, große Plastiksäcke, Badewanne, aufblasbares Kinderplanschbecken usw. mit Trinkwasser füllen.

• Erwarten Sie keine Hilfe von öffentlichen Stellen, diese werden heillos überfordert sein.

• Besteht bei Kälte keine Heizmöglichkeit, ziehen Sie möglichst viele Schichten Kleidung an, die zusätzlich mit Zeitungspapier ausgestopft wird. Improvisieren Sie mit Handtüchern usw. eine Kapuze, denn sehr viel Wärme geht durch einen ungeschützten Kopf verloren. (siehe ➤ Kälteschutz)

Überleben in der Stadt

- Vermeiden Sie öffentliche Verkehrsmittel, gehen Sie lieber zu Fuß.
- Aufzüge können zur Falle werden (Räuber, Stromausfall), benutzen Sie Treppen.
- Sichern Sie die Eingangstüre durch eine Kette und ein Zusatzschloß, die Fenster durch Gitter oder Rolläden.
- Verdunkeln Sie abends sorgfältig alle Fenster, damit das Licht keine Plünderer anlockt, treten Sie tagsüber nicht ans Fenster.
- Seien Sie sich bewußt, daß Plünderer im Krieg meist standrechtlich erschossen werden.
- Verfolgen Sie die Medien (Radio für Batteriebetrieb).
- Flüchten Sie bei Erdbeben und Bombenangriffen in Keller, Tiefgaragen, die Kanalisation, das U-Bahn-System oder Straßentunnel. Alle öffentlichen Schutzräume werden sehr schnell belegt sein und dann gegebenenfalls mit Waffengewalt gegen Nachkommende verteidigt werden.
- Einen gewissen Schutz vor Strahlung in der Wohnung erreichen Sie, indem Sie sich unter einen großen Tisch (oder unter eine über zwei Regale gelegte Tür) kauern, auf und um den ringsum möglichst viel schweres Material (Möbel, Bücher usw.) geschichtet wird. Dieser »Wohnungsbunker« sollte möglichst weit weg von Dach und Seitenwänden sein. Eventuell auch im darüberliegenden Zimmer Masse aufschichten (Möbel, Badewanne einlassen usw.). Auf 1 m² sollten 70 kg Masse kommen.
- Wenn Sie die Stadt verlassen wollen, tun Sie es nachts mit dem Fahrrad oder zu Fuß. (siehe Stichwort ➤ Flucht!) Zum Fluchtgepäck in der Stadt (siehe Kapitel V *Checklisten*) gehört ein handlicher Stadtplan.
- Langfristig wird das Überleben in der Großstadt jedoch aufgrund von Wasser- und Nahrungsmangel immer schwieriger. Zwar läßt sich Regenwasser mit Plastikplanen oder durch Anzapfen der Regenrinne sammeln, bei Oberflächenwasser ist nach Naturkatastrophen oder einem Krieg die Verseuchung durch ABC-Waffen jedoch besonders groß. Vor vermutlich unlösbare Probleme wird man aber gestellt, wenn alle Vorräte aufgebraucht sind. Selbst bei einer Intensivbewirtschaftung der innerstädtischen Grünflächen, Dachterrassen und Balkone werden davon nur wenige leben können.

UFOs, angebliche Evakuierung durch ☯

Ein kurioses Stichwort, das der Vollständigkeit halber dennoch behandelt werden soll:

Seit Jahren halten Mitglieder der Vereinigung *Ashtar Command* Vorträge, bei denen sie die Zuhörer wissen lassen, daß die Menschen während großer zukünftiger Katastrophen durch riesige Raumschiffe evakuiert werden. (Siehe den *Aufruf an die Erdbewohner* in meinem *Lexikon der Prophezeiungen!*)
In den Raumschiffen fänden Familienzusammenführungen statt, und schließlich würden die Menschen wieder auf eine erneuerte, gereinigte Erde entlassen. Ähnliches findet sich auch in anderen Botschaften aus dem esoterischen Bereich (z. B. Botschaft von Borup). Fest steht, daß eine Evakuierung der gesamten Menschheit technisch ausgeschlossen ist.

Abb. 137: Logo von Ashtar Command

Wenn nicht-identifizierbare Flugobjekte wirklich von intelligenten Lebewesen gesteuerte Raumfahrzeuge sind, und wenn diese Wesen die bevorstehende Katastrophe erkannt haben und den Menschen gutgesinnt sind[28], wäre es immerhin denkbar, daß es dort, wo ärgste Verwüstungen zu erwarten sind, aber keine Fluchtmöglichkeit besteht, zur Evakuierung von einigen Hundert bis Zehntausend Menschen kommen könnte. Generell wäre die Sichtung eines UFOs in den Kriegswirren dann eher ein Anlaß zur Freude denn zur Furcht. Achten Sie aber auf die von einigen Sehern beschriebenen neuartigen Waffensysteme der irdischen Kombattanten, die durchaus mit UFOs verwechselt werden können!

Gauch-Keller, W. & Th., *Aufruf an die Erdbewohner* (Ostermundigen: Eigenverlag, 1992) 62 S.

---

[28] Wenn uns etwaige Insassen von UFOs seit mehreren Jahrzehnten bei unserem Treiben zuschauen, möchte man meinen, daß sie entweder den Menschen gutgesinnt *oder* intelligent sind.

Ungezieferschutz

Allgemein: Viele Insekten lassen sich durch einen um das Lager gezogenen Gürtel aus Holzasche abhalten.

- *Ameisen* werden durch Gebäck, Süßigkeiten und Wärme angelockt. Vertreibung möglichst durch Nestvernichtung mittels wiederholten Übergießens mit kochendem Wasser. Im Haus Lappen und Schwämme auslegen, die mit einer Mischung von 1 Prise Pottasche, 1 El. Wasser und 1 El. Honig getränkt sind. Lappen oder Schwamm zeitweilig zur Abtötung der darin versteckten Ameisen in kochendes Wasser tauchen und nach neuer Tränkung mit obiger Lösung wieder auslegen. Auch Knochenmehl vertreibt Ameisen.
- *Asseln (Kellerasseln)* lieben dunkle Verstecke in Keller und Garten. Vertreiben durch Halten von Kröten. Als Fallen dienen ausgehöhlte Kartoffeln, die mit der Öffnung nach unten hinzulegen, oder Gefäße mit etwas zerdrückter Kartoffel, die mit welkem Gras zu bedecken sind. Fallen in kochendes Wasser entleeren und dann neu aufstellen.
- *Bettwanzen* gehören zu den lästigsten Schädlingen in Wohnräumen. Treten vorwiegend nachts auf. Hauptschlupfwinkel: Tapeten, Bilder, Bettgestelle, Matratzen, Scheuerleisten, Fußbodenfugen, Wandteppiche, Vorhänge und an den Wänden hängende Kleidungsstücke.

Vertreiben durch Halten einiger Weberknechte (langbeinige Spinnen), durch Auslegen von Wurmfarn, durch Ausschwefeln der Räume (siehe ➙ Ausschwefeln von Räumen und Gefäßen) oder mit folgenden Vernichtungsmitteln:

85 Teile Benzin mit 15 Teilen Carbolsäure (Phenol, starkes Gift!) vermischen.

Fußboden aufwischen und Möbel abwaschen und dem Waschwasser Salmiakgeist zusetzen.

Vergasen von Salmiakgeist durch Aufstellen mehrerer flacher Gefäße bei dichtem Schließen von Fenstern und Türen und nachfolgendem Lüften.

Zeitweiliger Schutz gegen Wanzenplage: Nachts Licht brennen lassen.

- *Filzlaus (Schamlaus):* Nistet in Achsel- und Schamhaaren. Gegenmaßnahme: Körperhaare abrasieren, tägliche, gründliche Waschungen des ganzen Körpers. Heiße Bäder in Salzwasser.

Ungezieferschutz

- *Fliegen:* Lästig und als Verschlepper von Krankheiten gefährlich. Vertreiben durch Aufstellen von frischgepflückten, zerkleinerten und mit heißer Milch und etwas Zucker übergossenen Fliegenpilzen, durch Tomaten-, Pfefferminz- oder Lavendelpflanzen, durch Zugluft, durch Verdampfen einiger Tropfen Essig am Herd, durch Verbrennen von etwas Kampfer, in Stallungen durch Blauanstrich der Fensterscheiben (Weißkalk mit Wasser verdünnen und etwas blaue Farbe hinzugeben) und durch Aufhängen von Fliegenfängern. Fliegenklatsche verwenden. Fenster und Türen können mit einem in Lavendelöl oder Zwiebelsaft getränkten Tuch abgerieben werden.

»Fliegentöter«: 1/2 Tl. schwarzer Pfeffer, ein Tl. brauner Zucker, ein Tl. Schlagobers (Sahne); diese Mischung tötet Fliegen.

»Thailändische Fliegenscheuche«: 3 oder mehr transparente Plastiksäcke (Gefrierbeutel) mit Wasser füllen und hintereinander in einer Reihe aufhängen.

Marmeladeglas-Fliegenfalle: Etwas Fleisch und Wasser in ein Glas mit einem Deckel, der ein etwa 5 mm großes Loch aufweist, geben. Die Fliegen folgen dem Verwesungsgeruch und sitzen dann in der Falle.

- *Flöhe (Menschenflöhe):* Schlimme Ruhestörer. Übertragen Infektionskrankheiten. Vertreiben durch Betupfen der Bißstellen, Kleider, Wäsche, Schlafdecken und Betten mit 2% Carbolsäurelösung. (Achtung, Gift!) Aufwischen der Fußböden mit Essigwasser, dem Petroleum und etwas Salmiakgeist zugesetzt wird. Auch der trockene krautige Teil der Poleiminze bzw. sein Rauch hält Flöhe (und anderes Ungeziefer) fern.

- *Flöhe an Tieren:* Waschen mit Seifenwasser, bitterem Tee (Wirkstoff: Tannin) oder Einreiben mit Schwefelpulver.

- *Kleiderlaus:* Gefährlicher Quälgeist. Überträgt Fleckfieber, lebt in Unterwäsche, Kleidern und unter Lederzeug. Körper stets rein halten, Kleidung auskochen oder zumindest der Sonne aussetzen.

- *Kopflaus:* Ausschließlich auf dem Kopf hausend. Vertreiben durch Spülungen mit heißem Essig, Soda, Schmierseife, oder einer Tinktur aus Rittersporn-Samen. Oder Kopf mit Petroleum einreiben und über Nacht ein Tuch um den Kopf binden. Haar kurz schneiden, regelmäßig waschen, bürsten und mit Lauskamm kämmen.

Ungezieferschutz

- *Krätzmilben* schmarotzen zwischen Fingern und Zehen und rufen heftigen Juckreiz und Hautausschläge (sogenannte Krätze) hervor. Mit eingedicktem Knoblauchsaft oder einer 5%igen Schwefelsalbe einreiben. Krätzekranken nicht die Hand geben, ihre Kleidung und ihr Bettzeug nicht berühren.
- *Küchenschaben* treten vorwiegend in Küchen, Vorratsräumen, in Herdnähe, unter Rohrleitungen usw. auf. Vertreiben durch Auslegen von Gurkenschalen. Vernichten durch Aufstellen glattwandiger Gefäße, in die man Brotrinde, Bierreste oder Zucker gibt. Räume sauberhalten, Fugen abdichten (siehe Kitte), Lebensmittel nicht offen herumstehen lassen.
- *Mäuse:* Vernichtung durch Katze. Räume mit Terpentinöl (Terpentinölersatz) als Zusatz zum Scheuerwasser aufwischen. Fangen in Fallen (guter Köder: mit Fett bestrichenes, angeröstetes Brot). Auslegen von Hundskamillen, Hundehaaren, Sonnenblumenkernen oder Kampferstückchen. Schlupfwinkel mit Gips oder Zement verschmieren.
- *Milben* sind meist weniger als 1 mm lang. Alle Arten sind schädlich. Hausstaubmilben leben in schimmelnden Tapeten, Polstermöbeln, Matratzen. Diese bilden oft Ausgangspunkt lästiger Milbenplagen. Käsemilben leben vorzugsweise in Käse, aber auch in Wurst, Schinken, Rauchfleisch. Backobstmilben entwickeln sich oft in großer Zahl in Backobstvorräten und Fruchtkonserven. Mehlmilben leben in Getreide, Grieß, Graupen, Haferflocken, ferner an Kleister, Tabak, altem Speck und Käse. Bekämpfung durch Trockenhalten der Räume, gute Lüftung und Heizung. Entstauben und an die Sonne Stellen von Möbeln und Desinfektion der die Milben einschleppenden Haustiere (Hunde und Katzen) durch Einreiben mit Anis- oder Fenchelöl. Lebensmittel unter Umständen im Backofen für 10–12 Stunden auf 60 °C erhitzen. Stark milbenhaltige Lebensmittel sind für Mensch und Tier giftig! (siehe auch Krätzmilben)
- *Holzwürmer:* Kampfer in Petroleum lösen und das Gemisch mit einer Ölkanne oder Spritze in die Löcher drücken.
- *Kleidermotten:* Kleider öfters im Freien klopfen und bürsten. Räume hell und luftig halten. Schränke regelmäßig mit Mottenpulver entmotten, getrocknete Zitronenschale oder Lavendelblüten beilegen, oder Essig in flache Blech- oder Emaillegefäße gießen und

glühendes Eisenstück eintauchen. Oder Kästen mit Terpentin abreiben. Auch Zedernholz oder Kampfer im Kasten hält Motten fern. Mottengefährdete Kleider und Unterwäsche in frisches Zeitungspapier wickeln und Mottenschutzmittel einstreuen. Pelzgegenstände nach vorherigem Klopfen und Bürsten sommers in dichter Papier- oder Plastikumhüllung oder in dichtschließenden Behältern aufbewahren. Unbedingt anerkannte Mottenschutzmittel einstreuen. Von Zeit zu Zeit nachsehen.

- *Mücken (Gelsen, Schnaken)*: Bekämpfen mit Mückenschutzmittel oder stark rauchendem Feuer (feuchte Brennstoffe: Laub, Moos usw.), nachmittags und abends Türen und Fenster geschlossen halten. Rezept für Mückenschutzmittel zum Einreiben: 25 g Lavendelblüten, 25 g Salbeiblätter, 25 g Rosmarinblätter eine Woche lang in ³/₄ Liter weißen Essig einlegen und anschließend filtern.

Einfacher: Körper mit einem Brei aus Holzasche (oder Ruß) und Wasser einreiben.

- *Ratten*: Äußerst schädlich da Vernichter von Lebensmitteln und Futtervorräten und gefährliche Überträger von Seuchen und Krankheiten (Paratyphus, Trichinose, Pest, Maul- und Klauenseuche, Weilsche Krankheit, Tularämie usw.). Vernichten und Vertreiben durch käufliche Präparate oder durch Kugeln, die man aus 5 Teilen Gips oder Zement, 1 Teil Talg oder Schmalz formt, und die dann in etwas erwärmtem Honig und zum Schluß in geröstetem Mehl zu wälzen sind. Oder Katze halten. Fangen in Rattenfallen (Köder: Brei von Brotkrumen, altem Käse, Fischresten). Schlupflöcher mit Scherben, Gips- und Zementbrei verstopfen.

- *Schnecken* vertreibt man durch Igel, Ausstreuen von Ätzkalk (gebrannter Kalk) oder Besprühen der Pflanzen mit Knoblauchwasser. Einfangen durch nächtliches Aufstellen von Tellern mit Bier.

- *Silberfischchen (Zuckergast)* wie Küchenschaben (siehe S. 371) vertreiben. Wirksam ist auch das Ausstreuen einer Mischung aus Borax und Zucker.

Vergewaltigung

siehe auch ➙ Selbstverteidigung, waffenlose

Eine große Gefahr für die weibliche Zivilbevölkerung in Kriegszeiten ist Vergewaltigung. Frauen sollten sich etwaigen Besatzern möglichst wenig zeigen oder sich eventuell ganz verstecken. Stoßen die Soldaten aber auf Familienfotos oder Frauenkleider, kann die Situation für die zurückgebliebenen Männer brisant werden. Dann hilft vielleicht eine fingierte Todesanzeige mit Foto der angeblich bei einem Verkehrsunfall tragisch Umgekommenen.

Ist ein Verstecken nicht möglich, auf distanziertes, »kaltes« Verhalten achten; freundliches Verhalten von Seiten einer Frau wird von Männern oft als »Einladung« mißverstanden.

Mädchen sollten einen Kurzhaarschnitt bekommen. Ob es etwas nützt, sich möglichst schmuddelig und unattraktiv herzurichten, ist fraglich, wenn wir uns an vergangene Kriege erinnern. Auch Alter ist kein Schutz. Obwohl heutzutage in Deutschland wieder metallene »Keuschheitsgürtel«, deren Aufgabe im Mittelalter ja in erster Linie der Schutz vor Vergewaltigung war, hergestellt werden (und sich angeblich auch gut verkaufen), ist diese Methode nicht ratsam, weil sich der Aggressor dadurch sicher provoziert fühlt und das Opfer vielleicht dafür strafen würde. Das gilt auch für ein neuartiges Mittel gegen Vergewaltigung, das im Waffenhandel erhältlich ist: Es besteht im wesentlichen aus einer Ampulle mit Stinktierextrakt sowie einem Clip, um das Gerät diskret zu befestigen. Im Bedarfsfall kann die Ampulle zerbrochen werden, wodurch ein entsprechender Gestank freigesetzt wird. Eine weitere Möglichkeit besteht aber darin, eine ansteckende, ekelerregende Krankheit vorzutäuschen.

Während man bei einer Vergewaltigung in Friedenszeiten bei unbewaffneten und nicht allzu brutalen Vergewaltigern eine Gegenwehr (Treten, Beißen, Haare raufen) in Erwägung ziehen kann, ist es im Kriegsfall bei einer Vergewaltigung durch Soldaten im Hinblick auf etwaige Konsequenzen vielleicht besser, sich *nicht* zu wehren oder sogar Lust zu simulieren.

Vergraben wertvoller und wichtiger Güter

In Krisenzeiten kann Ihre Habe den folgenden wesentlichen Gefahren ausgesetzt sein:
- Gefahr des Verbrennens
- Gefahr von Raub oder Diebstahl
- Gefahr durch Zerstörung bei Erdbeben (durch Bruch oder Verschüttung)
- Gefahr der Zerstörung durch Witterung bei unzureichender Un-

terbringung (Verfaulen von Saatgut, Rosten von Werkzeug, Verhärten von Zement, Verrotten von Büchern usw.)
• Gefahr der Zerstörung durch NEMP (bei elektronischen Geräten, siehe ➤ Kernwaffen) bei Nuklearwaffeneinsatz
Spezielle Maßnahmen gegen die ersten beiden Gefahren werden an anderer Stelle erläutert (siehe ➤ Brandschutz, ➤ Verstecke). Die beste Gegenmaßnahme gegen alle diese Gefahren ist das Vergraben in der Erde.
Zur Gefahr des Erdbebens: Falls Ihr Heim durch Kampfhandlungen oder ein starkes Erdbeben (☻ etwa das vorausgesagte Weltbeben infolge des Impakts eines Himmelskörpers) zusammenstürzt, können Sie vielleicht mit Mühe das eine oder andere aus den Trümmern bergen. Besser ist es auf alle Fälle, wenn Sie Dinge von Wert vorher schon vergraben haben. Das Erdreich bietet zuverlässigen Schutz, vorausgesetzt, Sie schützen das Gut adäquat gegen die Bodenfeuchtigkeit.
Achten Sie auf den Grundwasserspiegel, denken Sie an mögliche Überschwemmungen durch nahe Flüsse und Bäche. Für Hinweise zum Verpacken siehe ➤ Verstecke. Da es bei einem Beben zu Scherkräften in der Erde kommen kann, ist es vorteilhaft, anstelle eines großen Behälters, der brechen könnte, mehrere kleinere zu verwenden, die sich gegeneinander verschieben können. 1,5–2 m (möglichst feuchtes) Erdreich sollten bei weitem ausreichen, um elektronische Geräte (Taschenrechner, Laptop, Dynamos, Akkusteuerungen, Solaranlagen usw.) vor Zerstörung durch NEMP zu bewahren.

Vermessen ohne Instrumente

Man stellt fest, ob eine Reihe von Pfählen in gleicher Richtung steht, indem man wie in Abbildung 138 a seitlich an ihnen entlang schaut; die gedachte Linie muß alle Pfähle berühren und völlig geradlinig verlaufen.

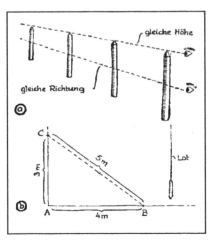

Abb. 138: Provisorisches Vermessen

Senkrechtes Stehen eines Pfahles, Baumes oder Pfostens wird mit dem Senklot ermittelt. Das Lot besteht aus einer Schnur, an die unten ein Stein oder dergleichen angebunden wird. Die waagrechte Lage kann man – wenn Wasserwaage fehlt – durch eine große, flache, mit etwas Wasser gefüllte Schüssel ermitteln.

Zum Auftragen eines rechten Winkels (Viertelkreis, Winkel von 90°) verfährt man nach Abbildung b folgendermaßen: Wenn der Winkel bei A rechtschenklig sein soll, trägt man von A aus nach B 4 m ab und von A aus nach C 3 m. Die Verbindungslinie B–C ist genau 5 m lang (Satz des Pythagoras), wenn der Winkel bei A (BAC) 90° beträgt. Einfach läßt sich das mit einer in 12 gleiche Teile geteilten Schnur bewerkstelligen.

Verschüttung, Maßnahmen bei
siehe Kapitel III.14

Verstecke
Zum Schutz gegen Abtransport durch Diebe, Besatzer oder Plünderer sollten Dokumente, persönliche Erinnerungsstücke, Wertsachen, Notrationen und Material für den Wiederaufbau in *mehreren Verstecken* gelagert werden.

Denken Sie an die Möglichkeit starker Erdbeben und legen Sie dort keine Verstecke an, wo durch einen Einsturz alles verschüttet werden könnte. (z.B. Höhlen, nicht erdbebensichere Keller)

• Die beste Lösung ist, die Dinge im Boden zu vergraben. (→ Vergraben wertvoller und wichtiger Güter) Denken Sie dabei aber an eine »Tarnung« durch Schrott an der Oberfläche, denn es ist möglich, daß man mit Metallsuchgeräten gezielt nach Verstecken sucht. Auch ein erloschenes Lagerfeuer oder eine übelriechende Grube mit organischen Abfällen wird niemanden vermuten lassen, daß sich darunter wertvolle Vorräte befinden!

• Eine Alternative dazu ist das *Versenken* in dunklen, wasserdichten Kanistern in einem Gewässer.

• Richten Sie unbedingt mindestens ein kleines Versteck mit Konserven, unwichtigen Dokumenten, etwas Geld, Schmuck usw. her, für den Fall, daß man nach Wertsachen und Verstecken sucht und Sie oder Ihre Familie bedroht. Sie können dann dieses Versteck herzeigen und die Bedroher glauben machen, es sei Ihr einziges.

- Verstecke für Kleinigkeiten (Schlüssel, Gold, Handfeuerwaffen usw.) im Haus: hinter Sesselleisten, Lichtschaltern, Steckdosen, unter dem Boden, in Abflußrohren (an Angelleine aus Nylon gebunden), in Farbtöpfen, Marmeladegläsern usw., in Blumenerde, im Rauchfang (vom Dach her angebracht)
- Falls Sie kleine Kinder haben, sollten diese nichts von den Verstecken wissen; sie könnten sich verplappern.
- Öffnen Sie die Verstecke erst, wenn Sie den Inhalt wirklich brauchen und Sie in Sicherheit sind.
- Legen Sie eine Liste Ihrer Verstecke an und geben Sie diese an Familienmitglieder, Nachbarn oder Vertrauensleute weiter (Liste auswendig lernen und vernichten!), damit diese im Fall Ihres Todes die Dinge finden und verwenden können.

Punkte, die bei der *Verpackung* von Gütern in Verstecken zu beachten sind:
- Die Dinge sollen gegen Bruch (Erdbeben!), Feuchtigkeit und eventuell Frost geschützt sein. Vor Frost schützt ein entsprechend tiefes Vergraben (ab 1,5 m).
- Gegen die Bruchgefahr verwenden Sie Verpackungsmaterial aus Kunststoff oder einfach zerknülltes Zeitungspapier. Geschirr damit umwickeln und in Kisten oder Tonnen *senkrecht* anordnen (also aufrecht, auf den Rand stellen).
- Feuchtigkeit führt zum Rosten von Metall, Verderben von Lebensmitteln, Zerfall von Papier, Funktionsunfähigkeit von elektronischen Geräten usw. Größere Metallgegenstände können Sie mit einem (provisorischen) Schutzanstrich versehen oder in geöltes Papier einschlagen. Kleinere Gegenstände geben Sie in luftdichte Plastikbehälter, wie man sie für Lebensmittel kaufen kann (Vakuumschweißgerät!) bzw. in Kunststoffässer (Lagerhaus, Baufachgeschäft), deren Deckel Sie mit Silikon (aus der Spritze) abdichten. Behältern für hochempfindliche Geräte können Sie Silica-Gel (kleine wasseranziehende Kügelchen) beilegen. Packen Sie stoßempfindliche, feinmechanische Teile in Schaumstoff, oder hängen Sie sie an Zugfedern in einen Rahmen.

Vitamine

Ernährt man sich längere Zeit hinweg hauptsächlich von Getreide und Hülsenfrüchten, treten Vitaminmangelerscheinungen auf. Eine

Quelle für Vitamine können dann Vitaminpräparate sein, die jedoch teuer und nur begrenzt haltbar sind. (Kühle Lagerung verlängert die Lebensdauer.) Vitamintabletten dürfen nicht überdosiert werden, besonders bei Kindern sind Hypervitaminosen gefährlich! Rohes Gemüse enthält wesentlich mehr Vitamine als gekochtes und ist daher zu bevorzugen.

• Besonders wichtig ist das *Vitamin C* (Mangelerkrankung: Skorbut), das man als Ascorbinsäurepulver bevorraten sollte. Es kann auch als Säuerungsmittel beim Kochen verwendet werden. Natürliche Quellen sind bestimmte Nahrungsmittel wie Kartoffeln, Tomaten, Petersilie, Paprika usw. Vitamin C ist auch in den Nadeln von Kiefer und Tanne (nicht mit der giftigen Eibe verwechseln!) oder den Früchten von Heckenrose oder Eberesche enthalten. Bohnen weicht man für 12 Stunden in Wasser ein und läßt sie dann 48 Stunden auf einer feuchten Unterlage in einer halboffenen Plastiktüte keimen; die Sprossen enthalten dann Vitamin C, sollen aber kurz (höchstens 2 Minuten) gekocht werden.

• *Vitamin A* ist in Milch, Milchprodukten, Karotten und Blattgemüse enthalten. Löwenzahnblätter und drei Tage alte, bei Licht gekeimte Getreidesprossen sind weitere Quellen, von denen man allerdings unpraktikable Mengen zu sich nehmen müßte, um den Bedarf zu decken. Frühsymptome bei Vitamin-A-Mangel sind Nachtblindheit, sehr trockene Haut und trockene Augen (Gefahr der Erblindung bei Kindern).

• *Vitamin B_1 (Thiamin)* kommt vor allem in Innereien, Bierhefe, Weizenkeimen, Nüssen und Vollkornprodukten vor. Ein Mangel führt zu Beriberi, in schweren Fällen zum Tod durch Herzversagen.

• *Vitamin B_2 (Riboflavin):* Quellen sind Leber, Milch und Fleisch.

• *Vitamin B_3 (Niacin)* findet sich in Leber, Geflügel, Fleisch, Thunfisch, Lachs, Vollkorngetreide, getrockneten Bohnen und Erbsen sowie Nüssen. Mangelerkrankung ist die Pellagra (erste Symptome: Müdigkeit, sonnenbrandähnlicher Ausschlag).

• *Vitamin D* ist in Eigelb, Leber, Thunfisch und Milch enthalten, wird aber auch vom Körper gebildet, wenn man die Haut der Sonne aussetzt.

• *Vitamin E* kommt in Pflanzenölen, Weizenkeimen, Leber und grünem Blattgemüse vor. Seine Wirkung ist noch nicht gänzlich ge-

klärt, jedoch soll eine tägliche Dosis von 200 mg das Immunsystem stärken.
- *Vitamin K* ist wichtig für die Blutgerinnung. Es ist in Blattgemüse, Eigelb, Sojabohnenöl, (Fisch-)Leber und in der Blauen Luzerne enthalten.
- *Eisen* ist kein Vitamin, sondern ein wichtiges Spurenelement, das darum hier ebenfalls Erwähnung finden soll. Besonders werdende und stillende Mütter sowie Kinder leiden rasch unter Eisenmangel. Abhilfe durch Auflösen (nicht galvanisierter) Eisennägel in Essig (Dauer: 2 bis 4 Wochen). Täglich einen Teelöffel der Lösung in einem Glas Wasser auflösen und so zu sich nehmen. Eine andere Möglichkeit besteht darin, Früchte (Äpfel, Birnen usw.) einige Tage vor dem Verzehr mit Eisennägeln zu spicken.

Vorratsschutz (Haltbarmachung und Lagerung)

siehe auch → Lebensmittel, gefrorene, verwenden, → Fleischverwertung

Das Tiefgefrieren (ca. −15 °C bis −30 °C), das Gefrieren (ca. 0 °C bis −15 °C), das Pasteurisieren (ca. +75 °C kurzzeitig, max. 5 Sekunden), das UHT-Verfahren (*ultra high temperature*, über 130 °C mindestens 1 Stunde) und andere Konservierungsmethoden für Lebensmittel, die auf eine funktionierende Stromversorgung angewiesen sind, werden hier nicht besprochen. Es bleiben daher die Möglichkeiten der Haltbarmachung durch:
Gefrieren in Eis oder Schnee, Kühlen (Keller, ca. +3 °C bis +10 °C), Trocknen (Sonne oder Ofen, ca. +20 °C bis +60 °C), Sterilisieren (ca. +100 °C bis +130 °C, mindestens mehrere Minuten), Zucker und Hitze, Zucker und/oder Alkohol, Säure und/oder Zucker, milchsaure- und alkoholische Gärung, Fett, konservierende Lösungen, Salz, Pökeln und Räuchern.
Allgemeines: Generell sollten Lebensmittel möglichst kühl, trocken und lichtgeschützt gelagert werden.
Ausgebeulte oder aufgeblähte Konserven keinesfalls verwenden – Botulismusgefahr!
Verschimmelte harte Lebensmittel wie Hartkäse, Kartoffeln oder Zwiebeln mindestens 2 cm stark beschneiden, schimmlige weiche Lebensmittel (z. B. Brot, Korn, Marmelade, Tomaten) wegwerfen.
Frische Fische haben eine glänzende, glitschige Haut mit fest umrissener Zeichnung und klare, hervorstehende Augen. Die Kiemen

müssen hellrot sein. Wechseln sie ins Graue, dann ist der Fisch verdorben.
Frische Fische sinken im Wasser zu Boden. Wenn nicht, dann nicht mehr essen!

Trocknen
Zum Trocknen eignen sich Fisch, Fleisch, viele Obst- und Gemüsesorten, Pilze und Kräuter, Nüsse und dergleichen mehr.
Erforderliche Temperatur: mindestens 30°C. Es ist wichtig, daß eine ausreichende Belüftung möglich ist, da sonst das verdunstende Wasser nicht entweichen kann. Schonend getrocknete Nahrungsmittel verlieren nur 3–5% ihrer wertvollen Inhaltsstoffe.
Kleinere Stücke werden ganz aufgelegt, größere müssen zerteilt werden. Will man in der Sonne trocknen, darf man nicht auf das häufige Wenden des Trocknungsgutes vergessen (Schimmelbildung!). Je mehr Flüssigkeit die Stücke enthalten, desto langsamer müssen sie getrocknet werden.
Nach ausreichendem Trocknen (Obst bekommt ledrige Konsistenz, Bohnen und Erbsen sowie Mais werden hart, Gemüse und Kräuter müssen beim Anfassen rascheln) sind diese Lebensmittel luftdicht verschlossen jahrelang haltbar.

Zucker und Hitze (Einkochen)
Zum Haltbarmachen mit Zucker und Hitze sollen nur qualitativ hochwertige und frische Früchte verwendet werden. Nach dem Waschen (eventuell Entstielen oder Entsteinen) werden diese gekocht und anschließend heiß in gereinigte Gläser (auch die Deckel müssen vorher gut ausgekocht und umgestürzt getrocknet werden) abgefüllt. Diese werden sofort luftdicht verschlossen und ca. 3 Minuten auf den Kopf gestellt.

Alkohol (und Zucker)
Beim Haltbarmachen durch Alkohol (und eventuell Zucker) werden Früchte in Alkohol eingelegt, eventuell wird etwas Zucker beigemengt. Dabei ist es am besten, wenn eine Frucht in ihren eigenen »Geist« eingelegt wird, z.B. Weintrauben in Cognac, Himbeeren in Himbeergeist, Pflaumen in Whisky usw. Die Reifezeit beträgt mindestens 1 bis 4 Monate.

Vorratsschutz (Haltbarmachung und Lagerung)

*Besondere Behandlung und
Lagerung einiger Grundnahrungsmittel*
- *Getreide* muß möglichst trocken aufbewahrt werden. Statt weniger großer Behälter verwendet man besser viele kleine. Behälter stets auf Holz, nie direkt auf Beton- oder Erdboden stellen und auch sonst Temperaturschwankungen vermeiden. Zwischen den Behältern daher einen Abstand lassen, um rasche Wärmeabstrahlung zu ermöglichen. Nähe von feuchtem Erdreich, Wasserrohren, Wäscheleine usw. vermeiden.

Besonders geeignet zum Einlagern ist schonend (sonst Verlust der Keimfähigkeit) *dehydriertes Getreide*. Weitere Möglichkeiten der Getreidekonservierung sind:

Improvisierte »Vakuumverpackung«: Das Korn wird in gut dichtende Metalldosen geschüttet, eine kleine Kerze wird angezündet und hineingestellt. Der Deckel wird schnell geschlossen und mit Isolierband versiegelt. Die Kerze verbraucht vor ihrem Erlöschen den gesamten Sauerstoff, so daß Schädlinge nicht mehr atmen können. Man kann auch einige Zehen Knoblauch oder ein paar Lorbeerblätter beilegen.

Konservierung mittels Trockeneis: Auf das Getreide in einem fast vollen Behälter wird ein Stück Styropor gelegt (verhindert das Frieren des Korns). Darauf wird ein Brocken Trockeneis (gefrorenes Kohlendioxid, ca. 250 g für einen 10 l fassenden Kübel) gelegt. Der Deckel des Behälters wird locker aufgelegt. Man wartet, bis das Trockeneis vollständig verdunstet ist, entfernt dann das Styropor und verschließt den Behälter so dicht wie möglich.

Konservierung mit Kieselerde: Kieselerde (Diatomeenerde) ist ein biologisches Schädlingsbekämpfungsmittel, das auch in der Landwirtschaft eingesetzt werden kann. Auf einen 10-l-Kübel $1^{1}/_{4}$ B. Kieselerde geben. Behälter schütteln oder rollen, um eine gute Verteilung zu erreichen. Getreide vor Gebrauch abspülen und mit einem Handtuch trockenreiben. Die Kieselerde kann jedoch auch verzehrt werden; sie steht allerdings in Verdacht, bei übermäßigem Konsum die Bildung von Nierensteinen zu begünstigen.

Einlagerung größerer Mengen: Das Getreide wird in gut schließende Plastiksäcke gefüllt, die wiederum in Fässer gegeben werden. Neben Knoblauchzehen werden einige Rollen Toilettenpapier mit eingepackt, die entstehendes Kondenswasser aufsaugen.

Vorratsschutz (Haltbarmachung und Lagerung)

- *Mehl, Grieß, Reis, Haferflocken, geriebene Semmel, Teigwaren* in dichtschließenden Gefäßen trocken aufheben. Auf Mehlmottenbefall (Motten, Gespinste, weiße Räupchen) regelmäßig kontrollieren. Treten Anzeichen von Mehlmottenbefall auf, sofort durchsieben und verbrauchen. Selbstgemahlenes Mehl gleich verbrauchen; nach 30 Tagen Lagerung bei Raumtemperatur hat es kaum noch einen Nährwert.
- *Brot und Gebäck* trocken, kühl und luftig lagern. Bei feuchtwarmem Sommerwetter mit Essigwasser zur Verhütung von Schimmelbildung abreiben. Knäckebrot, Zwieback, Schiffszwieback warm und trocken aufheben. Längeres Aufheben von Brot, Brötchen und Gebäck nur nach völligem Durchtrocknen auf Herdplatte oder Ofen möglich, dann vor Gebrauch einweichen. Brot bleibt weich, wenn man es in einem Ton- oder Steintopf aufbewahrt, über den ein feuchtes Tuch gelegt wird.
- *Butter* kühl und dunkel aufheben. Soll Butter längere Zeit aufbewahrt werden, dann in Steintopf eindrücken und mit abgekochtem Salzwasser bedecken. Dennoch möglichst kühl lagern.

Eine längere Haltbarkeit erreicht man durch Schmelzen der Butter zu *Butterschmalz:* Frische Butter (darf nicht ranzig sein) im Wasserbad langsam erhitzen, aber nicht bräunen. Den entstehenden Schaum kann man abschöpfen und zum Kochen verwenden. Die geschmolzene Butter wird zu einer klaren Flüssigkeit, die man am besten in einen Steintopf gießt und möglichst rasch abkühlen läßt. Danach den Topf gut verschließen. Verschließt man den Topf zu früh, d.h., wenn das Schmalz noch nicht ganz ausgekühlt ist, bildet sich unter dem Topfverschluß Kondenswasser, und das Schmalz beginnt zu schimmeln. Hält sich bei kühler und trockener Lagerung bis zu 6 Monaten. Zugabe von Salz erhöht die Haltbarkeit noch weiter.

- *Eier* 4–5 Sekunden lang mittels eines Netzes in kochendes Wasser hängen, sofort wieder herausnehmen und mit kaltem Wasser abschrecken. So bringt man das Häutchen unter der Schale zum Gerinnen und macht es dadurch luftdicht, wodurch das Ei etwas haltbarer wird. Schichtweise in einer Kiste aufbewahren, dazwischen Stroh geben.

Eine Haltbarkeit von 6–12 Monaten erreicht man durch Einlegen frischer Eier in Kalkmilch (→ Kalkanstriche) bei geringem Koch-

salzzusatz. Die Kalkmilch muß die obersten Eier fausthoch bedecken. Vorratsbehälter gut verschließen und kühl stellen.
Oder die Eier mit Pflanzenöl einfetten.
- *Senf* trocknet nicht ein, wenn man das Glas mit einer dünnen Ölschicht bedeckt.
- *Fische* räuchern: Fische reinigen, abschuppen, ausnehmen, größere Fische teilen. Fische oder Fischstücke auf Drahtstangen spießen und nach Einreiben mit etwas Kochsalz 5–7 Stunden räuchern (➤ Räucherkammer).
- *Fleischwaren* durch *Räuchern* (➤ Räucherkammer) haltbar machen, pökeln, trocknen oder in Fett konservieren.

Pökeln: Trockenes Fleisch mit trockenem Salz (pro Kilogramm Fleisch 150 g Salz) einreiben und dicht an dicht in Faß oder Steintopf schichten. Zwischenräume mit kleineren Fleischstücken füllen. Obenauf dicke Salz-Abdeckschicht. Brett oder Teller mit Stein beschwert auflegen, Gefäß mit Cellophan oder Plastikfolie verschließen und kühl und trocken aufstellen (Haltbarkeit begrenzt!).

Fleisch trocknen (Bündnerfleisch, Biltong): Fleisch in fingerdicke Streifen schneiden und einige Tage luftig, aber vor Insekten geschützt aufgehängt in der Sonne trocknen. Das Fleisch kann vorher 24 Stunden lang in ein feuchtes Tuch mit Salz und Gewürzen eingeschlagen werden.
Oder Fleisch kochen, in einem Gefäß mit Fett bedecken und vergraben.
- *Weintrauben* werden aufbewahrt, indem man die Trauben von faulen Beeren säubert, die Stielenden mit Wachs versiegelt und die Trauben an einem kühlen, luftigen Ort aufhängt.
- *Gemüse einmieten:* Nach Abbildung 139 Grube anlegen und Gemüse (Möhren, Rettich, Kohlrabi, Kren, Kohl, Rüben) auf dem Boden der Grube in humusfreien Sand einschlagen. Grube mit Brettern, Zweigen und Stangen abdecken und dicke Laubschicht darüberlegen. Oder Kiste in frostfreiem Keller mit Sand füllen und darin Gemüse einschla-

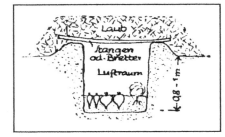

Abb. 139: Einmieten von Gemüse

Vorratsschutz (Haltbarmachung und Lagerung)

gen. Sandeinschlag im Keller erdfeucht halten.

• *Kartoffeln, Möhren und Rüben einmieten:* Metertiefe, grundwassersichere Grube ausheben (siehe Abbildung 140). Trockene Früchte einschütten, mit Strohschicht abdecken, Strohkanal nach oben zur Belüftung anlegen, Grube mit Sand zuschütten. Sandhügel wölben und bei starkem Frost zusätzlich dicke Laubschicht darüberlegen. Miete nicht bei Frost öffnen!

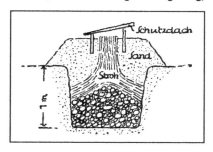

Abb. 140: Kartoffeln u. ä. einmieten

• *Kartoffelstärkemehl:* Rohe, geschälte Kartoffeln mit einem ‑► Reibeisen reiben, den Brei mittels eines Tuches ausdrücken und dann auf einem Blech trocknen.

• *Bohnen, grüne, in Flaschen:* Bohnen entspitzen, abfädeln, waschen, brechen oder schnitzeln und in sehr gut gereinigte Flaschen füllen. Flaschen randvoll mit klarem Wasser füllen, am nächsten Tag Wasser abgießen und durch neues ersetzen. In Abständen von 24 Stunden Wasser noch zweimal wechseln. Flaschen mit in warmem (nicht kochendem!) Wasser erweichten Korken verschließen und nach Trocknen der Korken versiegeln (Siegellack, Wachs, Paraffin, Kerzenreste benutzen). Flaschen stehend dunkel und möglichst kühl aufbewahren.

• *Bohnen einsalzen (pökeln):* Bohnen wie oben vorbereiten und lagenweise in Steingut- oder Glasgefäße mit 3%igem Kochsalzzusatz einstampfen, bis sich Saft an der Oberfläche bildet (evtl. etwas Salzwasser zugießen). Bohnen mit sauberem Leinentuch bedecken, Teller oder Brett auflegen und mit sauberem Stein (keine Kalk- oder Ziegelsteine!) beschweren. Topf mit Papier zubinden. Drei Tage mäßig warm, dann kühl und trocken stellen. In Abständen von 8 Tagen Leinentuch, Brett und Stein abnehmen und gut waschen. 4–6 Monate haltbar.

• *Gurken, saure (Salzgurken):* Mittelgroße, gesunde Gurken (braune Flecken ausschneiden) waschen und möglichst eng mit grünen Dillfrüchten in saubere, am besten mit Sodawasser gereinigte Gefäße (Fässer, Steinguttöpfe, große Gläser) schichten. Topf mit 3%igem Salzwasser füllen, so daß die oberste Gurkenschicht fausthoch von Salzwasser bedeckt ist. Sauberes Leinentuch, Teller oder Brett (vgl. ⇥ Bohnen einsalzen) auflegen und mit Stein beschweren; 4–6 Tage stubenwarm stellen, dann kühl im Keller unterbringen. Leinentuch, Teller oder Brett und Stein alle 8 Tage mit klarem Wasser säubern. Gebrauchsfähig nach 14–20 Tagen. Die Haltbarkeit ist begrenzt. Ist eine längere Haltbarkeit erwünscht, 14 Tage nach dem Ansetzen Ameisen-, Benzoe- oder Salicylsäure zusetzen. Behälter in trockenen, kühlen Raum stellen, nicht im Weinkeller oder in der Nähe von Gefäßen mit Essig unterbringen!

- *Sauerkraut:* Gut gewaschene und gereinigte Krautköpfe (Weißkohl) mit scharfem Messer möglichst fein schneiden oder mit dem Krauthobel zerkleinern. Lagenweise mit 3%iger Kochsalzlösung in saubere, tunlichst mit Sodawasser gereinigte Gefäße (Fässer, Steinguttöpfe, Glashafen) schichten und so lange einstampfen, bis sich Saft an der Oberfläche bildet (kein Wasser dazugeben!). Nach Geschmack frische oder getrocknete Wacholderbeeren mit einstampfen. Sauberes Leinentuch auflegen usw., wie bei der Bereitung saurer Gurken (siehe S. 383).
- *Tomaten, grüne (unreife),* können ebenfalls wie Gurken eingelegt werden.
- *Dörrgemüse:* Gemüse putzen, waschen, nach Bedarf schnitzeln oder in Streifen schneiden und kurz vorkochen. Kochwasser gut abtropfen lassen, und Gemüse auf Papier in praller Sonne trocknen. Oder in Backofen bzw. Bratröhren auf Hürden oder auf mit Drahtgaze, Sackleinen oder mit Gardinentüll bespanntem Rahmen wie folgt trocknen:

Dörrgut	Dörrzeit	Temperatur
Bohnen	3–4 Std.	60–70 °C
Kohlrabi	3–4 Std.	60–65 °C
Möhren	3–4 Std.	65–70 °C
Petersilienwurzeln	3–3 1/2 Std.	25–40 °C
Pilze	3–4 Std.	45–50 °C
Sellerieknollen	3–4 Std.	60–65 °C
Weißkraut, Wirsingkohl, Rotkohl oder Blaukraut	2–2 3/4 Std.	55–60 °C
Zwiebeln	3–4 Std.	50–55 °C

Dörrobst: Obst putzen (Äpfel, Birnen, Quitten schälen), waschen, zerkleinern (Äpfel in Scheiben oder Ringe, Birnen, Pfirsiche, Pflaumen, Aprikosen (Marillen) in Scheiben, Hälften oder Viertel schneiden, Kirschen, Stachel-, Heidel-, Holunder- und Vogelbeeren ganz lassen), auf Hürden im Backofen trocknen. Dabei muß die Ofen- oder Röhrentür einen kleinen Spalt offenbleiben, damit die Feuchtigkeit abziehen kann. Die folgende Tabelle gibt die Dörrzeiten für die wichtigsten heimischen Obstsorten an:

Dörrgut	Dörrzeit	Temperatur
Äpfel	4–6 Std.	80–90 °C
Birnen und Quitten	5–7 Std.	80–90 °C
Kirschen und Mirabellen	7–9 Std.	60–70 °C
Pfirsiche und Marillen	12–15 Std.	60–70 °C
Pflaumen, Zwetschgen	15–48 Std.	65–70 °C
Beerenfrüchte	4–6 Std.	50–60 °C

- *Tee- und Würzkräuter* ungewaschen zu kleinen Sträußchen bündeln und auf Fäden aufgereiht im Schatten trocknen.
- *Pilze* in Scheiben schneiden, auf Zwirnsfäden aufreihen oder in Nylonstrümpfe füllen, im Schatten trocknen.
- *Zitronen* in einem verschlossenen Gefäß in kaltem Wasser aufbewahren, das zweimal wöchentlich ersetzt wird.
- *Geleebereitung:* Früchte waschen und mit wenig Wasser aufs Feuer setzen, bei gelindem Feuer Saft ziehen lassen. Topfinhalt in porösen Sack oder auf poröses, straff gespanntes Tuch geben und Saft ablaufen lassen. 1 Teil Saft mit 1 Teil Zucker mischen und zum Kochen bringen, bis Saft geliert (Geleeprobe: Ein Tropfen der kochenden Masse auf trockene, kalte Untertasse oder Teller gebracht, muß in Kürze erstarren). Geeignet für Kirschen, Johannis-, Stachel-, Brom-, Blau- oder Heidel-, Preisel-, Holunderbeeren und Traubenkirschen. Gelee in sehr saubere, trockene, heiße Gefäße füllen und sofort Behälter mit Kunststoffolie, Pergamentpapier oder Fischblase zubinden. Trocken und kühl lagern. Haltbarkeit praktisch unbegrenzt.

Für *Apfel- und Quittengelee* Früchte waschen (nicht schälen und Kerngehäuse nicht entfernen!), in Scheiben schneiden, nur sehr wenig Wasser aufs Feuer setzen, Saft ziehen lassen usw., wie Geleezubereitung.
- *Marmelade (Mus, Konfitüre):* Früchte beliebiger Art waschen, evtl. entsteinen oder passieren. Äpfel, Birnen, Quitten, Kürbis schälen. Mit wenig Wasser zerkochen (nicht anbrennen lassen!). Auf 1 kg Fruchtmus 1 kg Zucker (oder 400 g Honig) dazugeben und unter stetem Rühren dick einkochen. Keine größeren Mengen einkochen, weil sonst mehr Vitamine verlorengehen. Musprobe durchführen (wie Geleeprobe), in Gefäße füllen, verschließen und kühl und trocken aufbewahren. Wenn ganz saubere Gefäße verwendet wurden, ist Marmelade in solchen Gläsern sehr lange haltbar.
- *Fruchtsaft:* Saft wie bei der Geleebereitung (siehe S. 385) gewinnen und, mit der gleichen Menge Zucker (oder der halben Menge Honig) vermischt, zum Kochen bringen. 15 Minuten kochen lassen, abschäumen, in saubere, trockene Flaschen füllen, sofort verkorken und versiegeln.
- *Most:* Saft wie bei der Geleebereitung (siehe S. 385) oder in einer Mostpresse (Abbildung 141) gewinnen, ihn in saubere, trockene Flaschen füllen (ungekocht und ohne Zuckerzusatz), und Flaschen unverkorkt bis an den Hals ins Wasserbad stellen. Wasser bis auf 60 °C erhitzen, Temperatur 45 Minuten halten, Flaschen schnell herausnehmen und sofort verkorken und versiegeln (siehe → Bohnen, grüne, in Flaschen einmachen).

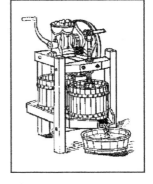

Abb. 141: Mostpresse

Rust, Hildegard, *Vorratshaltung leicht gemacht* (Augsburg: Bechtermünz, 1996) 232 S.
Schorndorfer, Pitt/Schöning, Susi, *Konservierung – natürlich und gesund* (Schaafheim: Pala-Verlag, ⁸1983) 124 S.
Schinharl, Cornelia, *Marinieren und einlegen* (München: Gräfe und Unzer) 64 S.

Wäsche waschen und pflegen
siehe → Kleiderpflege

Waffen

Waffen könnten für Jagd und Selbstverteidigung nützlich sein. Es versteht sich jedoch von selbst, daß während einer Besatzung nicht an den Einsatz von Waffen zu denken ist, weil jeder aktive Widerstand sofort bestraft wird. Zu dieser Zeit müssen die Waffen zusammen mit den anderen Gütern in den ➤ Verstecken bleiben. Notwendig sind Waffen vielleicht, um herumziehende Horden von Plünderern abzuschrecken oder abzuwehren.

Das Waffenrecht ist in Deutschland und Österreich restriktiver als in der Schweiz, und es ist damit zu rechnen, daß in Zukunft die Möglichkeit des Waffenbesitzes in Europa weiter eingeschränkt wird. Einen Waffenschein erhält im allgemeinen nur, wer einen begründeten Bedarf nachweisen kann, also Jäger, Sicherheitsdienstleute, Soldaten, Schützenvereinsmitglieder oder Sportschützen. Bei den Handfeuerwaffen ist einem *Revolver* der Vorzug gegenüber einer *Pistole* zu geben; er kann zwar nicht so schnell nachgeladen werden, muß aber im Notfall nicht erst entsichert und repetiert werden. Wer eine registrierte Waffe besitzt, muß damit rechnen, daß sie im Krisenfall, spätestens im Falle einer Besatzung durch eine Fremdmacht eingezogen wird.

Grundregeln im Umgang mit Feuerwaffen sind:
- Die Waffe stets so behandeln, als sei sie geladen.
- Die Mündung beim Hantieren stets so halten, daß niemand davor steht.
- Beim Weitergeben einer Waffe immer ihren Ladezustand melden.
- Der Zeigefinger bleibt bis unmittelbar vor dem Schuß außerhalb des Abzugsbügels.
- Waffen und Munition nicht unbeaufsichtigt liegenlassen. (Kinder!)
- Das Entsichern darf erst unmittelbar vor dem Schießen erfolgen.
- Waffen nicht als Werkzeug (Hammer usw.) zweckentfremden.

Welche Alternativen gibt es zu meldungspflichtigen Feuerwaffen? Der Umbau von Zierwaffen zu funktionstüchtigen Waffen ist nicht erlaubt. Auch der Austausch der Federn von Luftdruckwaffen gegen stärkere ist illegal; für die Jagd auf kleine Tiere kann man aber *Walther High-Power Pellets* oder sogenannte Spitzkugeln verwenden, die wesentlich durchschlagskräftiger sind als herkömmliche Munition. Der Kauf einer (im Nahkampf äußerst wirkungsvollen) *Schrotflinte* ist, wo dies möglich, zu überlegen. Mit einem gezogenen Einstecklauf (Fangschußgeber) kann man auch aus einer Flinte gezielt Einzelprojektile abfeuern. Nachteil all dieser Waffen: Wenn erst einmal die Munition aufgebraucht ist, nützen sie einem nichts mehr.

Daher kommen als Fernwaffen neben Gewehren und Handfeuerwaffen auch *Bögen (Stabbögen, Reflexbögen,* am besten aber: *Compoundbögen), Armbrüste, Steinschleudern, Blasrohre, Bolas* und eventuell *Shaken* (japanische Wurfsterne aus Metall) in Frage. Besondere Bedeutung kommt der Armbrust zu. Man kann sie länger gespannt halten, da man im Gegensatz zum Bogen dafür keine Kraft braucht. Ferner hat sie Kimme und Korn oder ein Zielfernrohr und erleichtert somit das Zielen. Die Durchschlagskraft ist groß, und das Gerät ist handlicher als ein Bogen. Für die Pfeile gibt es rasiermesserscharfe Jagdspitzen. Die Armbrust wird damit zu einer absolut tödlichen und außerdem fast geräuschlosen Fernwaffe. In Krisenzeiten muß man die Pfeile konsequent wieder einsammeln. Der Nachteil einer Armbrust gegenüber einem Revolver ist die relativ geringe Schußfrequenz, da man zum erneuten Spannen und Einlegen des Pfeils viel Zeit benötigt.

Wenn Sie es selbst in Todesgefahr ablehnen, auf Menschen zu schießen, können Sie auch auf täuschend echt wirkende Attrappen (*Softairwaffen*) zur Abschreckung zurückgreifen. Dies ist aber nur bei Begegnungen mit Unbewaffneten zu empfehlen. Ein bewaffneter Gegner könnte sich herausgefordert fühlen und ein Feuergefecht eröffnen, in dem Sie dann völlig wehrlos sind.

Besser ist man dann wohl mit Schreckschußwaffen, Gassprühgeräten oder Elektroschockern beraten. Eine Neuentwicklung aus den USA, der *Advanced Air Taser*, verschießt zwei Elektroden, die den Angreifer auch durch dicke Winterkleidung hindurch kampfunfähig machen. Man muß diesen daher nicht wie bei herkömmlichen Elektroschockern an sich herankommen lassen.

Bauanleitungen für *improvisierte Waffen* (Selbstbau-Gewehr, Molotow-Cocktails, Flammenwerfer, Selbstschußanlagen usw.) finden sich in der Survival-Literatur, insbesondere in den Publikationen von Kurt Saxon. (siehe Literaturverzeichnis)

Im Kriegsfall ist es durchaus möglich, daß man verwaistes Kriegsmaterial findet. Eine einigermaßen aktuelle Übersicht über militärische Waffen bieten die im Literaturverzeichnis angeführten Heereshandbücher.

Swensson, Lars-Göran, *Barebowschießen – Wie zielt man?* (Dorsten: Robin Sport, 1978) 75 S.

Pope, Saxton, *Jagen mit Pfeil und Bogen* (Putnams, 1925) 105 S.

http://www.kaehny.de/index.htm
Adresse eines deutschen Waffengeschäftes mit allgemeinen Informationen.

Warmhalten von Speisen und Getränken
Stehen Thermosflaschen und -gefäße nicht zur Verfügung, so hilft Umwickeln der Behälter mit Papier, Holzwolle, Heu, Stroh oder Einhüllen in Decken und Federbetten.

Waschen (Wäsche)
siehe → Kleiderpflege

Waschlappen, seifige, reinigen
Seifige Waschlappen werden über Nacht eingewässert und tags darauf mit Salzwasser kräftig durchgewaschen. Auch viertelstündiges Kochen in Waschmittel (nicht aber in Seifenwasser) führt zum Ziel.

Wasser aus der Luft
1931 entdeckte M. Achille Knapen das Prinzip des »Luftbrunnens«: Der Wasserdampf warmer Luft kondensiert dabei an Sammelplatten im Inneren eines dunklen, kühlen Gebäudes. Die Firma Skywell in Alabama/USA stellt solche Gebäude her, die auch in sehr ariden Gebieten funktionieren und täglich bis zu 22000 Liter Wasser gewinnen können.

http://hometown.aol.com/skywell/myhomepage/business.html

Wasserdichtmachen von Geweben und Leder
siehe auch → Schuhpflege, → Leder, Reinigen von

1 Teil gebrauchsfertiger, mittelstarker Tischlerleim, 1 Teil Glycerin und 5 Teile Wasser werden miteinander vermischt, damit wird das Gewebe bestrichen. Nach dem Trocknen wird der Stoff in eine Mischung von 1 Teil 40%iger Formaldehyd-Lösung (Achtung, starkes Gift!) und 9 Teilen Wasser gelegt. Stoff im zweiten Bad längere Zeit liegenlassen.

Oder man löst Rasierseifen- oder Feinseifenreste unter Erwärmung und Umschütteln in der hundertfachen Wassermenge und schwenkt den Stoff 10 Minuten lang in der Lösung hin und her. Stoff herausnehmen, abtropfen lassen und in 2%ige essigsaure Tonerdelösung legen, darin 5 Stunden einweichen, herausnehmen, gut spülen und trocknen lassen.

Oder man taucht den Stoff 8–10 Minuten lang in eine Lösung von 1 Teil Fett in 9 Teilen Benzin (Vorsicht, im Freien arbeiten!) und Kalkmilch (→ Kalkanstriche).

Oder man reibt die Stoffoberseite kräftig mit einem Stück Kerze oder Bienenwachs ab.

Glattes Leder wird durch Einreiben mit Rizinus-, Leinsamenöl oder Firnis wasserdicht.

Wasserdichtmachen von Papier und Pappe

Zur Reparatur von Fenstern und dergleichen kann man Papier oder Pappe durch Aufsaugenlassen von Paraffin, Stearin, Wachs oder Kerzenresten (alle im Wasserbad erwärmen) wasserdicht machen.

Wasser erhitzen

siehe → Feuerarten

Wasser finden

siehe auch → Radiästhesie, → Wassermangel, Verhalten bei

Um Wasser zu finden, beobachtet man die Tiere bzw. verfolgt ihre Fährten. Graben soll man am besten in Mulden, wo der Boden sumpfig ist, wo inmitten kahler Flächen grüne Pflanzen wachsen, in trockenen Bachbetten, an der äußeren Biegung trockener Flußläufe oder an Meeresküsten oberhalb der Fluthöhe.

Wasserglas

Wasserglas nennt man die aus dem Schmelzfluß erstarrten, glasigen, wasserlöslichen Kalium- u. Natriumsilicate bzw. deren Lösungen, die zur Herstellung von Kitten und für Feuerschutzanstriche benötigt werden. Herstellung durch Zusammenschmelzen von Quarzsand mit Natrium- oder Kaliumcarbonat bei 1400–1500°C, wobei Kohlendioxid frei wird.

Wasserleitungen, eingefrorene, auftauen

Wasserleitungen frieren bei starkem Frost ein, Platzen der Rohre kann die Folge sein, da sich Wasser beim Gefrieren zu Eis ausdehnt. Zunächst eingefrorene Stellen suchen, dann von dort aus – bei geöffnetem Zapfhahn – durch Auflegen heißer, nasser Tücher die Eisbildungen beseitigen. Das Auftauen mit Lötlampe oder Feuer ist problematisch, da Lötstellen aufgehen oder Plastikrohre schmelzen können; und wenn man nicht vom geöffneten Wasserhahn her auftaut, läßt der entstehende Gasdruck die Leitung zur Rohrbombe werden! Man verhindert das Einfrieren durch Entleeren der Leitung, schwaches Laufenlassen der Zapfhähne (bei Zuleitungen) oder durch Einstreuen von Koch- oder Viehsalz in die Geruchverschlüsse der Abortbecken, Ausgüsse, Spültische und Waschbecken.

Wassermangel, Verhalten bei

siehe auch ➤ Wasserquellen, ➤ Radiästhesie, ➤ Wasser reinigen und haltbar machen
Bei drohendem Wassermangel ist der Vorrat zu rationieren. Salzige und scharfe Speisen vermeiden, Wasser in kleinen Schlucken trinken. Bei akutem Wassermangel keine anstrengenden Tätigkeiten verrichten, insbesondere während der heißen Sonnenstunden, nicht rauchen, keinen Alkohol trinken, nicht essen, nicht reden. Im Schatten und auf kühlem Untergrund aufhalten und durch die Nase statt durch den Mund atmen. Lange, helle Baumwollkleidung bevorzugen. Bei Hitze Körper mit Seewasser, Brackwasser usw. benetzen, um das Schwitzen zu reduzieren. Kleine Steine, Holzstückchen, Sauerampfer kauen, um das Durstgefühl zu mindern. Es ist sinnlos und gefährlich, *Salzwasser* oder *Urin* zu trinken!

Wasserpumpe aus Waschmaschine

Eine einfache, haltbare Wasserpumpe läßt sich aus einer alten Waschmaschine ausbauen.

Wasserquellen

siehe auch ➤ Wassermangel, Verhalten bei, ➤ Radiästhesie, ➤ Wasser aus der Luft, ➤ Wasser reinigen und haltbar machen
Achtung: Nach dem Einsatz von ➤ ABC-Waffen Oberflächen- und Regenwasser unbedingt meiden – Gefahr der Vergiftung bzw. Verstrahlung!

- Zur *Auffindung von Grundwasser* auf üppigeres Gras oder wassersuchende Pflanzen (Schilf, Sumpfdotterblume usw.) achten.
- Säugetiere (Wildspuren!), viele Vögel (Ausnahme: Raubvögel) und Insekten (v. a. Bienen) führen zu *Quellen oder Gewässern.* Wasser von Bächen möglichst nahe an der Quelle schöpfen, bei stehenden Gewässern zuerst die Umgebung betrachten (verendete Tiere usw.).
- *Tau und Regenwasser* können mit Plastikplanen oder mit Kleidern, die man auswringt, aufgefangen werden.
- *Durchsichtige Plastikbeutel* werden über belaubte Äste gebunden, oder Plastikplanen werden (mit einem Stein in der Mitte und einem Gefäß darunter) über feuchte Erdlöcher gelegt, um verdunstendes Wasser aufzufangen.
- *Schnee und Eis* dürfen nicht direkt verzehrt, können aber eingeschmolzen werden; Schnee vor dem Erhitzen verdichten! Altes (blaues) Eis aus Meerwasser hat das Salz verloren und kann ebenfalls eingeschmolzen werden.
- *Birkenzweige* enthalten im Frühjahr den trinkbaren Birkensaft, der sich auch durch einen ca. 20 cm langen, 2 cm breiten, senkrechten Schnitt in den Stamm gewinnen läßt. Zum Auffangen wird ein Becher eingeklemmt. Man kann den Saft auch zu ➤ Birkenwein vergären lassen.
- Manche *Kletterpflanzen* geben einen Saft, wenn man sie am Boden kappt und in der Höhe eine Kerbe einschneidet. Später kann man unter der ersten Kerbe weitere anbringen. Vorsicht, manche Lianen sind (wie auch manche Kakteen) giftig! Keine milchigen Säfte trinken!

Wasser reinigen und haltbar machen

siehe auch ➤ Wasserquellen, ➤ Wassermangel, Verhalten bei

Zur Reinigung und Entkeimung von Wasser bieten sich folgende Möglichkeiten an:
- *Stoffilter:* Zum Entfernen von Schlamm, Sand usw. das Wasser einfach durch ein Stückchen Stoff (z. B. T-Shirt) tröpfeln lassen.
- *Eigenbau-Filter:* In ein tonnenförmiges Gefäß (große Blechdose, Faß o. ä.) kommt eine 5 cm breite Schicht von Kieselsteinen, darüber ein Stück feiner Stoff, darauf 15 cm Sand mit Ton oder Holzkohle vermischt, darauf 5 cm Sand und ganz oben wieder ein Stück

Wasser reinigen und haltbar machen

Stoff. Das Wasser darf nur durchtröpfeln, keinesfalls rinnen. Kapazität ca. 100 l. Ölige Verunreinigungen kann man mit einer zusätzlichen Schicht von Menschen- oder Tierhaaren reduzieren. Gefiltertes Wasser trotzdem abkochen!

- *Abkochen:* Mindestens 10 Minuten lang sieden lassen, danach zur Sauerstoffanreicherung mehrmals umgießen; abgekochtes Wasser nicht länger als 24 Stunden stehenlassen.
- spezielle *Keramikfilter:* z.B. Taschenfilter von Katadyn, MSR oder SIGG; zur Verlängerung der Lebensdauer trübes Wasser mit Kaffeefilter oder Stoff vorfiltern.
- im Handel erhältliche *Tabletten bzw. Tropfen* (z.B. Micropur, Romin, Certisil)
- Destillation mittels *Sonnendestille:* Eine Grube wird mit einer transparenten Kunststoffolie abgedeckt. Diese wird in der Mitte mit einem Stein beschwert. Das durch die Sonne verdunstete Wasser des Bodens sammelt sich dann in einem Becher, den man in der Grube unter dem tiefsten Punkt der Folie aufstellt. Aufblasbare Modelle aus dem Survivalhandel gewinnen bei voller Sonneneinstrahlung etwa einen halben Liter Wasser in 3 Stunden. Diese Methode ist, ebenso wie die folgende, auch zur Entsalzung von Meer- und Brackwasser geeignet.
- *Destillation mittels Feuer:* Einen passenden, recht langen, sauberen Gummischlauch auf die Tülle eines mit Wasser gefüllten Teekessels stecken. Teekesselinhalt zum Kochen und Verdampfen bringen. Dampf durch Durchführen des Schlauches durch ein Gefäß mit Kaltwasser, Schnee oder zerkleinertem Eis (oder Umwickeln des Schlauches mit ständig benetzten Tüchern) zu Wasser zurückverdichten (kondensieren).

Man kann auch die oben bei der Sonnendestille beschriebene Anordnung verwenden, wenn man die Grube durch einen Topf und die Plastikfolie durch Alufolie ersetzt.

Achtung: Destilliertes Wasser enthält keine Ionen und muß daher mit einer Prise Salz oder Sand/Erde angereichert werden, um dem Körper nicht zu schaden!

- *»SODIS«:* Ein an der SANDEC-Abteilung der *Eidgenössischen Anstalt für Wasserversorgung, Abwasserreinigung und Gewässerschutz (Eawag)* in Zürich entwickeltes Verfahren verwendet die Strahlung der Sonne, um kleine Wassermengen zu ent-

Wasser reinigen und haltbar machen

keimen. Dazu wird einfach eine klare PET-Flasche halbseitig mit lichtbeständiger schwarzer Farbe bemalt, mit dem möglicherweise mikrobiell verseuchten Wasser gefüllt und (mit der schwarzen Seite unten) auf den Boden gelegt, wo sie 5 Stunden der Sonne ausgesetzt wird (oder zwei Tage liegen bleibt, falls der Himmel bewölkt ist). Die UV-A-Strahlung und die Erwärmung des Wassers töten viele Bakterien ab. Das System wurde erfolgreich in Ghana und Kolumbien getestet, chemische Verunreinigungen bleiben allerdings erhalten.

- *Tonerde (Lehm):* Diese wird im Wasser verrührt. Nach dem Absetzen ist das Wasser klar und keimfrei.
- Zugabe eines Teelöffels *kolloidalen Silbers* (siehe ➤ Silber, kolloidales)
- Zugabe einiger Kristalle *Kaliumpermanganat:* Die Rosafärbung des Wassers ist unschädlich. Bei weiterer Zugabe (dunkelviolette Farbe) wirkt die Lösung desinfizierend. Entkeimung mit Kaliumpermanganat ist nur kurzfristig zu empfehlen (stört die Darmflora).
- Zugabe von 2%iger *Jodtinktur:* 10–20 Tropfen pro Liter (je nach Trübe des Wassers), eine Stunde warten. Nicht anwenden bei Wasser für Schwangere und Personen mit Schilddrüsenleiden.
- Zugabe von 4 Tropfen *Natriumhypochlorit* (Haushaltsbleiche, Achtung: ätzend und reizend!) pro Liter
- *Chlorkalk:* Je Kubikmeter (1000 l) Wasser 2 g = 1 Prise 35%igen Chlorkalk im Wasser auflösen. Nach einigen Stunden ist das Wasser weitgehend keimfrei.
- *Meerwasser-Entsalzung:* Ein spezielles, im Survival- und Yachthandel erhältliches Gerät mit Handpumpe kann pro Stunde durch Umkehr-Osmose etwa ein Liter Trinkwasser entsalzen.

Bei Frost läßt sich Meerwasser entsalzen, indem man es gefrieren läßt. Das Salz reichert sich in der Mitte des Gefäßes an, das vom Rand her zufriert. Am Rand enthält das Eis daher wenig Salz.

- Eine völlig neue Methode, Wasser haltbar zu machen, stellt die Zugabe von ein wenig *Grander-Wasser* dar. Dieses »belebte Wasser« hat auch positive Auswirkungen auf das biologische Gleichgewicht von Gewässern, den Pflanzenwuchs und die Gesundheit des Menschen. Es kann mit den von Johann Grander erfundenen Magnetisierungsgeräten leicht hergestellt werden. Die Wirksamkeit der Methode ist wissenschaftlich bestätigt worden, eine Er-

klärung steht derzeit noch aus. Die patentierten Geräte können über die Firma UVO (siehe ➤ Adressen im Anhang) bezogen werden.
- Achtung: Chemische Verunreinigungen und strahlende Substanzen werden durch Methoden, bei denen ein Desinfektionsmittel *beigefügt* wird, *nicht* entfernt! Sie können aber meist mit Filtern oder durch Destillation beseitigt werden. Steht einem nach einem Atomunfall oder Kernwaffenangriff ausschließlich Oberflächenwasser (aus Bächen, Flüssen, Teichen oder See) zur Verfügung, ist dies mit Sicherheit vom Fallout betroffen und muß auf folgende Weise behelfsmäßig entstrahlt werden:

Fallout-verseuchtes Wasser: Hat man die Wahl zwischen dem Wasser eines Teichs oder eines Flusses und dem eines tiefen Sees, bevorzugt man das Seewasser. Falls vorhanden, rührt man in das Wasser etwas (nicht verstrahlten) Ton ein, um die Wirkung der nachfolgenden Methode zu verstärken. Dann das Wasser mindestens 6 Stunden lang in einem sauberen Gefäß aufbewahren und dabei nicht schütteln, damit die strahlenden Partikel nach unten sinken. Danach vorsichtig von oben absaugen oder abschöpfen und filtern (z.B. im oben beschriebenen »Eigenbau-Filter«). Filtermaterial häufig wechseln.

http://www.grander.com/
Informationen über Grander-Wasserbelebung

Wetterregeln, allgemeine

- *Gewitter:* Meist geht dem Gewitter eine kalte Windböe voraus (etwa 10 Minuten). Bei Niederschlagsbeginn verlaufen die Wolkenränder im oberen Wolkendrittel (Eisbildung), und an der Wolkenuntergrenze bilden sich Wolkenfetzen. Die Zugrichtung des Gewitters hängt von den obersten Winden ab und ist früh an den kippenden Quellansätzen zu erkennen. Dehnt sich das obere Eisgewölk amboßartig aus, ist mit einem heftigen Gewitter zu rechnen. Anzeichen für ein Gewitter am selben Tag sind vormittags auftretende Flockenwolken mit zerfaserten Rändern und Türmchenwolken in unregelmäßigen Feldern, ebenso Haufenwolken, die sich spätestens ab Mittag zu unregelmäßigen Türmen auswachsen. Gewitterwolken, die bis zum Abend nicht ausgewachsen sind, lösen sich nachts ohne Gewitter auf.

Wetterregeln, allgemeine

- *Einige Großwetterlagen:* Hat sich das Azorenhoch Ende Juni nordwärts gelagert, dann kann man sich auf einen schönen Sommer freuen. Hat es sich aber bis Ende Juni noch nicht gegen das Atlantiktief durchgesetzt, dann wird der Sommer meist regnerisch. Hochdruck mit Ostwind bringt im Sommer Hitze, im Winter Frost. Tiefdruck hingegen bringt im Sommer Regen, im Winter geht er oft mit Erwärmung einher.
- *Luftdruck:* Steigender Luftdruck (4–6 mm) deutet auf Wetterbesserung hin. Für eine längere Schönwetterperiode steigt der Luftdruck langsam, bei kurzen Wetterbesserungen hingegen schnell. Vor unbeständigem Wetter steigt und fällt er schnell und ruckweise. Fallender Luftdruck bei West- oder Südwind bedeutet Niederschlag. Wenn er tief fällt, ist mit Wind zu rechnen. Fallender Luftdruck am späten Vormittag bedeutet bei Westwind, daß es innerhalb von zwölf Stunden zu regnen beginnt. Bei Ostwind kommt der Regen nach etwa 24 Stunden. Wenn er in kurzer Zeit nicht tief fällt, dann ist bei Wärme und Windstille ein Gewitter zu erwarten. Wenn er gleichmäßig langsam fällt, steht eine Schlechtwetterperiode ins Haus. Ein leicht fallender Luftdruck ist an Sommernachmittagen ohne Bedeutung.
- *Merkmale, die Schönwetter ankündigen:* Nach einer kalten Nacht findet man starken Reif oder Tau. Die Sicht ist zuerst gut, verschlechtert sich aber mit zunehmendem Dunst. Die Morgentemperatur ist um 4–6 Grad tiefer als die vorhergehende Abendtemperatur. Im Winter läßt der Frost tagsüber nach und zieht am Abend wieder an. Im Tal ist es wärmer als auf der Höhe. Morgenrot bei wolkenarmem Himmel. Die Luft flimmert. Der Horizont ist grau dunstig bei blauem Himmel. Abendrot, wenn die Sonne nicht von Wolken bedeckt ist. Die Sonne ist beim Untergang golden. Der Mond hat einen Strahlenkranz. Schwalben und Lerchen fliegen hoch, Grillen zirpen, Bienen fliegen früh aus, Glühwürmchen leuchten, Spinnen sitzen im Netz. Fichten- und Kiefernzapfen gehen auf. Rauch steigt senkrecht in die Höhe.
- *Anzeichen für kommendes Schlechtwetter:* Gras ist morgens trocken und die Fernsicht klar. Die Morgentemperatur ist gleich oder höher als die vorhergehende Abendtemperatur. Die Tage sind kühl und die Nächte warm, und auf den Höhen ist es wärmer als in den Niederungen. Im Winter gibt es tagsüber Frost, abends und in

der Nacht wird es wärmer. Es gibt Morgenrot und flache Bewölkung. Der Horizont im Osten ist bei Sonnenuntergang stark violett gefärbt. Das Abendrot ist schmutziggelb oder blutrot. Die Sonne ist beim Untergang blaß- bis milchig-gelb. Stechend heiße Sonne, besonders am Vormittag, zeigt ein Gewitter an. Nach einem klaren Tag hat der Mond einen Hof. Die Sterne funkeln stark. Wetterfühlige Menschen haben Schmerzen. Hunde nagen Gras. Auch das Verhalten von Lebewesen ist gegenteilig zu jenem bei Schönwetter. Der Rauch wird nach unten gedrückt, die Fernsicht ist gut, Kanäle und Gruben riechen stark.
- *Astbarometer.* Dies ist ein einfach zu bauendes Instrument zur Wettervorhersage. Es besteht aus einer Astgabel von Weide, Haselnuß oder Kiefer. Der dickere Ast wird mit der Wuchsrichtung nach unten (also verkehrt) vertikal festgemacht, der dünne bleibt frei beweglich. Krümmt sich der Ast nach oben, deutet das auf Schlechtwetter, krümmt er sich nach unten, auf Sonne hin. Diese Methode ist etwas genauer als das Beobachten von Tannen- und Kiefernzapfen, die bei schönem Wetter auf- und bei Regen zugehen.

Hermant, Axel, *Wie wird das Wetter morgen? Was uns die Wolken verraten* (Natur Buch Verlag, 1997) 160 S.

Neukamp, Ernst, *Wolken – Wetter. Wolken benennen, Wolken erkennen* (München: Gräfe und Unzer, [10]2000)

Wissen, Konservierung von technologischem

Sollte es, wie in dem von den Sehern beschriebenen Szenario, zu einem völligen Zusammenbruch der Zivilisation kommen, werden die Überlebenden vollauf mit Jagen, Sammeln und dem Aufbau einer Landwirtschaft beschäftigt sein. In vielen Bereichen ist dann das Aussterben technischen Wissens zu befürchten. Wenn die Fabriken zerstört und Handel, Verkehr und Kommunikation über größere Distanzen zum Erliegen gekommen sind, wird in etwa der technologische Stand des Spätmittelalters gegeben sein. Ohne Strom und ohne die Rohstoffe der Primärindustrie wird es unmöglich sein, moderne Herstellungsverfahren anzuwenden. Die im Mittelalter und der frühen Neuzeit gängigen Technologien wären zwar durchführbar, sind heute aber kaum noch bekannt. Die Bücher, in denen dieses Wissen noch zu finden wäre, befinden sich

vor allem in den Bibliotheken der großen Städte und würden mit diesen untergehen.
Daher sollte jedermann für seinen persönlichen Arbeitsbereich (Bäcker, Landwirt, Zahnarzt, Frisör usw.) überlegen, wie diese Arbeiten und Tätigkeiten früher bewältigt wurden. Dazu gehört auch das Aufspüren und Sammeln alter Bücher mit Anleitungen, die man kopiert.
Bruce Clayton ist der Initiator des *Leibowitz-Projekts*, benannt nach dem Endzeit-Science-fiction-Roman *Lobgesang auf Leibowitz*: Jeder Mensch soll drei Bücher konservieren und verstauen: Zwei Fachbücher, die er für seinen Beruf als besonders wichtig erachtet und ein (belletristisches) Buch, das ihm besonders gut gefällt.

Wünschelrute
siehe → Radiästhesie

Zelte
siehe auch → Biwak, Wahl eines Platzes für ein
Nach Katastrophen, bei denen Häuser eingestürzt sind, können damit die ersten Tage bis zur Fertigstellung von Baracken oder Blockhäusern überbrückt werden. Optimal wären ein größeres Hauszelt oder eine Jurte für die ganze Familie und zusätzlich ein kleines Leichtzelt (Kuppelbauweise für raschen Aufbau) im Fluchtgepäck (siehe Kapitel V *Checklisten*).
Zeltbahnen: Der Stoff hat unterschiedliche Qualität. Je schwerer, desto besser im Gebrauch, aber auch belastender im Gepäck! Betreten mit Schuhen macht die Bahn unbrauchbar. Nasse Bahnen nie länger als 24 Stunden in nassem Zustand liegenlassen. Gefrorene Bahnen nie falten, sondern rollen. Schadhafte Stellen müssen sofort repariert werden, da sonst größere Schäden entstehen. Alle Stöße müssen doppelt geknüpft, die Öffnungen verschlossen sein, ehe das Zelt aufgestellt wird; Metallösen dienen nur für die Beschnurung und zum Aufhängen über dem Zeltstab, nie für Heringe! Das Spannen erfolgt bei klassischen quadratischen Zelten zunächst gleichzeitig an den gegenüberliegenden Ecken, dann in Bahnmitte; bei rechteckigen Zelten umgekehrt.
Heringe werden rechtwinkelig zur Zugrichtung eingeschlagen. Damit der Zeltstab nicht in den Boden einsinkt, erhält er eine Un-

terlage aus Holz oder Stein. Bei längerem Regen ist ein doppeltes Dach empfehlenswert. Abstand zwischen den Dächern 8 bis 10 Zentimeter. Bei starkem Regen kann ein Wassergraben um das Zelt ausgehoben werden. Dazu wird die Grassode ausgestochen und umgekehrt unter den Zeltrand gelegt. Ableitungsgraben nicht vergessen!

Zementherstellung
siehe auch ➤ Betonbereitung, ➤ Mörtelbereitung

Romankalk ist ein Naturzement, der schon von den Römern verwendet wurde. Er entsteht aus Kalkmergel (Kalksteine mit 25–35 % Ton) – wie er u. a. im Münsterland, im Raum Hannover, im Fränkischen Jura, in der Schwäbischen Alb und im Mainzer Becken vorkommt –, der unterhalb der Sintertemperatur (1400–1450 °C) gebrannt wird.

Portlandzement, eine der wichtigsten Zementarten, wird aus einer Mischung von etwa 60 % Kalkstein und Tonen oder Tonschiefern, die Siliciumdioxid und Aluminiumoxid (sowie etwas Eisen, Magnesiumoxid und Schwefeltrioxid) enthalten, hergestellt.

Die Mischung wird zerkleinert, in Öfen mehrere Stunden lang bis zur Sintertemperatur gebrannt, dann rasch abgekühlt und fein gemahlen. Unter primitiven Verhältnissen kann das Brennen in hohen Öfen erfolgen, die schichtweise mit Koks als Brennstoff und den Materialien gefüllt werden.

Qualitätsprobe: Zur Feststellung der Qualität eines Zements werden ein 1 Teil Zement und 3 Teile Sand vermischt und eine Woche an der Luft und unter Wasser gelagert. Bei gutem Zement muß die Zugfestigkeit dann 19,4 Kilogramm pro Quadratzentimeter aufweisen.

Zivilschutz
Unter Zivilschutz versteht man die Gesamtheit der Maßnahmen zum Schutz der Zivilbevölkerung und der Kulturgüter im Katastrophen- und Kriegsfall. In Deutschland, Österreich und der Schweiz ist der Zivilschutz rechtlich geregelt und wird von staatlichen Stellen koordiniert (siehe Adressenverzeichnis). Während die Zivilschutzmaßnahmen in der Schweiz hervorragend sind, haben Deutschland und Österreich – vor allem seit dem Ende des Kalten

Krieges – die Vorsorge zunehmend der persönlichen Verantwortung der Bürger überlassen (»Selbstschutz«).

Zucker aus Zuckerrüben
Spitzen der Zuckerrüben abschneiden, diese auspressen, Saft kochen, bis die Flüssigkeit verdampft ist. Zurück bleibt nahrhafter, nicht raffinierter Zucker.

Zündhölzer bei Sturm anzünden
Schachtelhülse an der Breitseite (Aufdruckseite) im unteren Drittel mit einem Zündholz durchbohren. Hülse so weit über die Schachtel schieben, daß das gebohrte Loch im gebildeten Hülsenschacht ganz unten sitzt. Loch zum Wind drehen und entzündetes Zündholz schnell in den Schacht halten. Zündholz verlöscht nicht, da durch das Loch genügend Luft eintritt, während bei fehlendem Loch der über die Hülsenkante blasende Wind das Zündholz auslöscht.
Spezielle Zündhölzer (z.B. »Lifeboat Matches« der Firma BCB/Cardiff) zünden auch bei starkem Wind.

Zündhölzer vor Feuchtigkeit schützen
Dazu taucht man die Köpfe in heißes Wachs, das vor Verwendung mit dem Fingernagel abgeschabt wird.

V

Checklisten

1 Anmerkungen

Im folgenden werden detaillierte Checklisten vorgestellt, die selbstverständlich nicht mehr als ein Vorschlag sein können. Es ist fast unmöglich, auf alle Eventualitäten vorbereitet zu sein. Setzen Sie Prioritäten und wählen Sie aus den Checklisten das aus, was für Sie am wichtigsten ist. Bei vielen Dingen (spezielles Werkzeug, medizinische Geräte usw.) reicht es, wenn in der Nachbarschaft ein Exemplar davon vorhanden ist. Denken Sie daran, daß viele Artikel nach einer globalen Katastrophe gar nicht mehr (z.B. Computer, Insulin, Treibstoff) oder längere Zeit nicht (z.B. Nadeln, Zahnbürste, Glühbirne) produziert werden können, und sorgen Sie daher in entsprechenden Mengen vor.
Bedenken Sie auch, daß diese Dinge neben Grund und Boden Ihr ganzes Kapital darstellen werden, und Sie vielleicht viele Jahre keine Möglichkeit haben werden, Ersatz zu bekommen; kaufen Sie daher, wenn möglich, alle Werkzeuge und Instrumente in doppelter bis dreifacher Ausführung, alle Verbrauchsgüter mehrfach!
Besorgen Sie sich keinesfalls sämtliche Vorräte im örtlichen Lagerhaus oder Supermarkt, denn wenn allgemein bekannt ist, daß Sie umfangreich bevorraten, werden Sie später die erste Adresse für Bettler und Plünderer sein.
Diese Reserven können auch gegen Nahrungsmittel, Saatgut oder andere Güter eingetauscht werden und erhöhen Ihre Überlebenschancen nach den Katastrophen entscheidend.
Selbstverständlich sollen alle Werkzeuge und Instrumente möglichst für den Handbetrieb (ohne Strom und Sprit) vorhanden sein. Zusätzliche Elektrogeräte erleichtern die Arbeit, wenn es später wieder Strom gibt.
Bevorzugen Sie qualitativ hochwertige, robuste, unzerbrechliche, langlebige und rostfreie Produkte.
Bestimmte Produkte (Batterien, Fertignahrung usw.) werden schon im Vorfeld von Krisen knapp werden, diese daher rechtzeitig anschaffen.
Rechnen Sie damit, daß Verwandte und Nachbarn, die keine Vorbereitungen getroffen haben, Sie um Nahrungsmittel bitten werden!
Ziehen Sie die Möglichkeit des Kaufes bei Herstellern, Großhändlern und Sondervertrieben in Betracht, wodurch eine Menge Geld gespart werden kann.

2 Die Checklisten

Lebensmittelvorrat

Unterschätzen Sie die Gefahr des Verhungerns nicht! Bei einer Großkatastrophe mit langandauernder Versorgungskrise wird neben einem Schutzraum vor allem der Nahrungsvorrat über Leben und Tod entscheiden. Im Anschluß an den Ersten Weltkrieg und die bolschewistische Revolution verhungerten in Rußland mehrere Millionen Menschen. Viele Familien zogen aufs Land; die Bevölkerung von Petrograd (ab 1924: Leningrad) sank binnen weniger Jahre von ca. 2,5 Millionen auf 722000.
Für eine ausreichende Ernährung sollten einem Menschen bei leichter körperlicher Tätigkeit pro Tag ca. 2500 kcal (10500 kJ) in Form von Kohlenhydraten, Eiweiß und Fetten zur Verfügung stehen. Als Hauptenergielieferanten empfehlen sich Getreide im ganzen Korn, Hülsenfrüchte, Zucker und Milchpulver. Zu bevorzugen sind nichthybride Getreidesorten, die später auch zur Aussaat verwendet werden können. Das zur Einlagerung am besten geeignete Getreide ist dehydrierter Weizen mit einer Restfeuchte von maximal 11%. Längerfristig muß auch auf eine ausreichende Vitaminzufuhr geachtet werden, um Mangelkrankheiten (z.B. Skorbut) vorzubeugen.
Wer sich auf Katastrophen wie Erdbeben, Energieversorgungsengpässe oder einen AKW-Unfall vorbereitet, sollte einen Vorrat für *zwei Wochen* anlegen.
🕮 Vor dem Hintergrund der Endzeitprophezeiungen aber wären Vorräte für Ihre *Familie + 1 Person* Sicherheit für *2 Jahre* geraten, mindestens aber *für die Dauer des Kriegsgeschehens (3 Monate) und die nachfolgende Hungerszeit (6 bis 12 Monate)*; nach einer Empfehlung des Sehers Irlmaier (nach dem auch Speisen in Gläsern während der »drei finsteren Tage« verderben sollen) sind sie in luftdichten Metallbehältern zu lagern. Stark gesalzene Nahrungsmittel nehmen übrigens mehr Strahlung auf als ungesalzene.
Eine leicht zu realisierende Möglichkeit ist ein *dynamisches Lager*

gängiger Lebensmittel, die jeweils vor der Aufbrauchsfrist[29] durch neue ersetzt werden. Da diese Konserven durch Zerstörung oder Plünderung aber verlorengehen können, empfiehlt es sich, einige jahrelang haltbare Vollkonserven und Trockenmahlzeiten (aus dem Expeditionsgeschäft) in gesonderten Lagern zu vergraben.

»Basic four«-Lagerprogramm der Mormonen

Die amerikanischen Mormonen entwickelten ein eigenes Programm zur Langzeitlagerung von Lebensmitteln für mehrere Jahre. Konkurrenzlos billig, für die Ernährung im großen und ganzen ausreichend, aber wenig abwechslungsreich ist die Einlagerung von vier Grundnahrungsmitteln, die sich allesamt auch durch sehr lange Lagerzeiten auszeichnen. *Pro Person und Jahr* sind (großzügig berechnet) zu kaufen:

- 170 kg Weizen (im ganzen Korn, wenn möglich dehydriert, dann nämlich jahrzehntelang haltbar)
- 45 kg Zucker oder Honig (Zucker hält jahrzehntelang, Honig ist unbegrenzt lagerfähig)
- 45 kg Magermilchpulver (Haltbarkeit meist mit 2 Jahren angegeben, in Wirklichkeit bei guten Lagerbedingungen jedoch wesentlich höher)
- 6 kg Salz (trocken unbegrenzt haltbar)

Dehydrierte Nahrungsmittel

Spezielle gefriergetrocknete und dehydrierte Nahrungsmittel für die Langzeitlagerung (Mindesthaltbarkeit 15–20 Jahre), wie sie etwa von der Firma *Innova* angeboten werden, stellen in bezug auf die Sicherheit das Optimum dar, sind besonders einfach einzulagern, aber auch relativ kostspielig (Preis eines Sicherheitsvorrates für eine Person und ein Jahr um 4500 DM).
Eine günstige Alternative dazu stellen MRE-Rationen[30] aus militärischen Beständen dar, die sich mittels chemischer Reaktion selbst erwärmen, wenn man Wasser beifügt.

---

[29] Aus rechtlichen Gründen geben die Fabrikanten oft Aufbrauchsfristen an, die bei guter Lagerung um Jahre überschritten werden können. Allerdings nimmt der Nährwert des Doseninhaltes mit der Zeit immer mehr ab, und säurehaltige Nahrungsmittel (v. a. Tomaten) können das Metall angreifen.

[30] »MRE« steht für *meal ready to eat*.

Abb. 142: Langzeitnahrung in strahlensicheren Metalldosen

Die »Luxuslösung«

Die folgende Tabelle ist als ein etwas abwechslungsreicher Proviantvorschlag für den großzügig bemessenen *Jahresbedarf einer* erwachsenen *Person* zu verstehen, wobei länger haltbaren Nahrungsmitteln der Vorzug gegeben wurde:

Kohlehydratreiche Lebensmittel

- 24 kg Mehl
- 12 kg Grieß
- 36 kg Reis
- 36 kg Teigwaren
- 3 kg Haferflocken
- 12 kg Zucker
- 6 kg Honig (Achtung: Kindern unter 1 Jahr keinen Honig geben!)
- 12 kg Zwieback/Knäckebrot

Eiweißreiche Lebensmittel

- 12 kg Dosenfleisch (Vollkonserven)
- 12 kg Milchpulver (max. 4 % Feuchtigkeit, Elfi Lukas empfiehlt in ihrem Buch *Küche extrem* das Produkt »Nono« von der Firma *Oemolk*)
- 24 kg getrocknete Linsenfrüchte (Linsen, Bohnen, Erbsen)
- 6 kg Dosenfisch
- 3 kg Volleipulver (Bezugsquelle bei Bäcker oder Konditor erfragen)
- einige Stangen Räucherkäse (hält mehrere Monate)

Fette und Öle

- 12 kg/l Speisefett/Speiseöl

Salz und Vitamine

- 6 kg Salz
- Multivitamintabletten oder -kapseln (nach Packungsbeilage, v. a. Schwangere und Kinder vertragen Überdosierung schlecht)
- 30 g Ascorbinsäure in Pulverform (weit mehr einlagern, da auch als Ersatz für Essig oder Zitronensaft nützlich)

Zusätzlich empfohlene Lebensmittel

- dehydrierter Weizen im ganzen Korn
- Dörrobst
- Dosengemüse
- Essig
- Fertiggerichte
- Fleischbrühe
- Gewürze
- Hefeflocken (Suppenwürze, Bröselersatz, Knödelfülle, in Fett geröstet als Brotaufstrich, Nudelsauce usw.)
- Kakao (besser: Ovomaltine)
- Kaffee
- Kartoffel- oder Maisstärke
- Maisgrieß
- Nüsse
- Obstkonserven
- Puddingpulver
- Pulverkaffee
- Schokolade
- Senf
- Suppenwürfel
- Tee
- Tomatenmark
- Trockenhefe
- Weizengrieß

Spezielle Nahrung

- spezielle Nahrung für Säuglinge und Kleinkinder: Pro Baby sind für ein Jahr anzuschaffen: 30 kg Magermilchpulver, 11 l Pflanzenöl, 7 kg Zucker sowie Vitamintabletten (Anzahl je nach Präparat).
- spezielle Nahrung für diäthaltende Personen
- Futter für Haus- und Nutztiere

Wasservorrat

siehe auch ➜ Wasser reinigen und haltbar machen

Während der Mensch bis zu einigen Wochen ohne Nahrung überleben kann, bedeutet ein völliger Mangel an Flüssigkeit schon nach wenigen Tagen für ihn den Tod. Die Bevorratung von Wasser spielt daher eine große Rolle, insbesondere wenn man von der öffentlichen Wasserversorgung oder elektrisch betriebenen Pumpen abhängig ist.

Rechnen Sie *pro Person und Monat etwa 100 l Trinkwasser.* Große Tanks oder Fässer können Sie günstig im Lagerhaus kaufen. Die Wiederverwendung gebrauchter Kunststoff-Container wird nicht empfohlen, da das Plastik auch nach sorgfältiger Reinigung noch geschmacksbeeinträchtigende oder giftige Stoffe enthalten kann. Auch Metallbehälter sind ungeeignet, es sei denn, ihr Inneres ist beschichtet. Am besten befüllen Sie mehrere bruchsichere Tanks, die wegen der Gefahr der Verstrahlung im Boden eingegraben werden. Notfalls kann man auch in Erdlöcher eingelassene Schwergut-Plastiksäcke (stärkeres Material als herkömmliche Müllsäcke) mit Wasser füllen und gut verschließen. Man muß diese aber zusätzlich mit einer (eingegrabenen) Plane so abdecken, daß kein Oberflächenwasser einsickern kann. In einer Stadtwohnung dienen Faltkanister, die Badewanne und aufblasbare Kinderplanschbecken als Sammelbehälter (und gefüllt als zusätzlicher Strahlenschutz, da 20 cm Wasser bereits die Hälfte der γ-Strahlen absorbieren).
Keinesfalls dürfen die Wasserbehälter neben Farben, Lacken, Säuren, Spritzmitteln oder Fäkalien gelagert werden, deren Dämpfe u. U. durch den Kunststoff diffundieren können. Außerdem sollten Kunststoff-Wasserbehälter nicht direkt auf Betonboden stehen, Pappe oder Holzpalette unterlegen!
Bevorraten Sie, wenn möglich für *mindestens drei Monate.* Die Entkeimung und Haltbarmachung geschieht am besten durch im Handel erhältliche Tabletten oder Tropfen.

- keimfrei gemachter Wasservorrat in dichten Tanks: mind. 300 l pro Person
- Faltkanister und Eimer für Transport und Verteilung
- aufblasbare Kinderplanschbecken (Notlösung für Stadtwohnungen)
- Katadyn-Taschenfilter PF mit Ersatzfiltereinsätzen
- Schläuche (zur Entnahme des Wassers aus Gefäßen mittels Siphonprinzip)
- Tabletten oder Tropfen zur Wasserentkeimung (z. B. Micropur)

Fluchtgepäck

Das Fluchtgepäck besteht aus einem fertig gepackt bereitliegenden Rucksack mit den wichtigsten Überlebensutensilien sowie einem Beutel mit der Fluchtkleidung und den Schuhen. Es muß für den Katastrophenfall stets griffbereit gelagert sein und wird (so es sich nicht dort befindet) in den Schutzraum mitgenommen. Sind Kinder, Kranke oder Gebrechliche zu transportieren, müssen auch Trageutensilien für diese neben dem Fluchtgepäck bereitliegen. Das Minimum an Ausrüstung sind eine strapazierfähige Kleidung, gute Schuhe, eine Unterlagematte, ein Schlafsack (oder eine Decke), Dokumente, etwas Geld, eine Wasserflasche und ein paar Müsliriegel. Damit läßt sich im Falle eines Feuers oder eines Erdbebens zumindest eine Nacht im Freien verbringen. Wer für größere Katastrophen gerüstet sein will, bei denen nicht mit Hilfe zu rechnen ist, wählt die folgende »De Luxe«-Version, mit der sich durchaus mehrere Tage oder Wochen im Wald überleben läßt.

- Axt und Draht- (Empfehlung: Coghlan) oder Klappsäge (zum Errichten einer Notunterkunft)
- Bestimmungsbuch für eßbare Pflanzen (Empfehlung Erich Heiß, *Wildgemüse und Wildfrüchte*)
- Biwaksack (sinnvoll nur, wenn atmungsaktives Material) oder kleines Kuppelzelt (gedeckte Farben, leicht zu montieren, Empfehlung: Hilleberg)
- Dokumente (falls nicht an sicherem Ort vergraben) in wasserdichtem und feuerfestem Behälter
- Edelstahltopf 1,5 l (Deckel auch als Pfanne verwendbar)
- Ersatzschnürsenkel
- Eßgeschirr und -besteck
- etwas Bargeld (vorzugsweise Kleingeld, keine großen Scheine)
- faltbarer Grillrost oder Kocher (am besten ein »Allesbrenner«, der sowohl mit Benzin als auch mit Petroleum betrieben werden kann; Esbit-Kocher sind aufgrund der schwachen Heizleistung weniger zu empfehlen)
- Fernglas
- Feuerzeug und Sturmstreichhölzer
- gutes Messer (guter Stahl, durchgehende Klinge)
- Handschuhe, Tuch, Schal
- Isoliermatte (leichter und besser als eine Luftmatratze, Empfehlung: Therm-A-Rest)
- Kartenmaterial und Kompaß, eventuell GPS-Gerät
- kleiner Notizblock mit Kugelschreiber (Empfehlung: Fisher Space Pen)
- Kulturbeutel (Toilettenpapier, Seife, Zahnbürste, Handtuch usw.)
- Liste mit Adressen von Verwandten, Bekannten und vereinbarten kurz- und langfristigen Treffpunkten
- Mini-Weltempfänger (Radio) mit Ersatzbatterien
- Müllsäcke
- Multifunktionswerkzeug (Empfehlung: Buck Tool)
- Mumienschlafsack (ein gutes Modell mit Synthetikfasern)

- Nähset (Nadeln, Faden, Angelleine, Flicken, Sicherheitsnadeln)
- Notproviant (Nahrungstabletten, Militärproviant, Trekking-Mahlzeiten, Trockennahrungsmittel von Maggie oder Knorr [auf hohen Brennwert und schnelle Zubereitung achten], Teebeutel, Vitamintabletten, mit Traubenzucker und Milchpulver angereichertes Müsli)
- PET-Flasche oder Aluminium-Wasserflasche mit entkeimtem Wasser sowie 5-l-Wassersäcke (passen sich dem Volumen der verbleibenden Wassermenge an, aufgehängt dienen sie als Dusche)
- Regenponcho (Empfehlung: US-Armeeponcho, dieser dient auch als Unterlage, deckt den Rucksack beim Regen mit ab, ist als Biwaksack zu gebrauchen, aufgespannt auch als Notzelt/Tarp)
- Reparaturset (Draht, Sekundenkleber, Ersatzschnallen und Tape für Rucksack/Zelt)
- Rettungsdecke (»Astronautendecke«, Empfehlung: Super-Sirius, Firma *Söhngen*)
- Schnüre (Empfehlung: 550er Fallschirmschnur des US-Militärs), Draht, Seil (zum Bau einer Notunterkunft)
- Schweizer Offiziersmesser (mit Säge und Dosenöffner)
- Signalpfeife
- Sonnenbrille
- Strahlenmeßgerät, Kampfstoffnachweispapier, Kaliumjodidtabletten
- Survival-Buch (wasserdicht verpackt, eventuell unwichtige Kapitel heraustrennen; Empfehlung: *Überleben in Natur und Umwelt* von Volz)
- Taschenlampe mit frischen Batterien (Stirnlampe oder Stirnband für Lampe, damit die Hände frei bleiben)
- Taschen-Wasserfilter (z. B. Katadyn Combi- oder Mini-Filter mit Keramik und Kohlefilter), Micropurtabletten
- Teelichte oder kleine Kerzen
- Trekking-Handtuch (leicht und sehr saugfähig)
- Trekking-Rucksack: 60–80 l Volumen, stabil, strapazierfähig, gedeckte Farben, Außentaschen für wichtige Utensilien
- unauffällige Fluchtkleidung: Verwenden Sie regen- und winddichte, atmungsaktive Kleidung in gedeckten Farben, jedoch keine paramilitärischen Kleidungsstücke (Tarnanzug aus dem Army-Shop), durch die Sie mit Militärs verwechselt werden könnten.
- Unterwäsche und Socken (Empfehlung: spezielle Trekking-Socken) zum Wechseln
- verschiedenfarbene Kreiden, Zettel, Stifte, Reißnägel (für Nachrichten, falls man getrennt wird)
- Waffe(n)
- Wanderapotheke (Verbandstoff, Pflaster, Antibiotika, Wundsalbe, med. Alkohol, Schnupfenmittel wie Nasenspray und Ohrentropfen, Schlafmittel, Schmerztabletten, Kohletabletten, Arznei gegen Durchfall, eventuell auch Mini-OP-Set und Zahnreparaturset)

- Wanderschuhe (bereits eingelaufen)
- Waschmittel (z. B. Rei in der Tube)
- wichtige persönliche Dinge (Brille, Medikamente, Zahnersatz, Foto der Familie, transportable Wertsachen)

Ausrüstung für den Bau eines Erdbunkers

Wer mit einem Fahrzeug flüchtet und plant, einen mit Baumstämmen gedeckten Erdbunker (➤ Schutzraum) zu bauen, sollte überlegen, welche Gegenstände der Schutzraum-Checkliste mitzunehmen sind. An Werkzeug (gut geschärft!) und Material wird zusätzlich zum Fluchtgepäck folgendes benötigt:

- 30 m starker Draht
- Beißzange
- einige Paar Arbeitshandschuhe
- einige Plastikeimer
- Feile
- große Säge (Kettensäge)
- großer Wasservorrat in mehreren Behältern
- Hammer und Nägel
- Maßband
- Schaufeln
- Spitzhacke
- wasserdichte Plastikfolien für das Dach
- zusätzlicher Proviant nach Maßgabe des Raums im Auto (notfalls Sitze ausbauen)

Ausrüstung für den Schutzraum

- ABC-Schutzmasken mit Ersatzfiltern
- Besteck
- Bücher und Spiele zur Ablenkung
- Camping-WC oder Kübel mit Plastiksäcken und dichtem Deckel sowie dazugehörige Chemikalien
- Decken oder Schlafsäcke, Polster
- Dosenöffner
- Ersatzbatterien
- evtl. Kanthölzer zur Verstärkung bei Einsturzgefahr und Werkzeug dazu (Axt, Säge)
- Entwässerungsgerät (»Keller-trocken«)
- Feuerzeug und Zündhölzer
- Funkgeräte, Radioempfänger (mit frischen Batterien oder Kurbelgenerator, evtl. externe Dipolantenne), Taschenfernsehgerät (Batteriebetrieb)
- gelöschter Weißkalk (50 kg, zur Bindung von CO_2)

- ○ gemietete Sauerstoff-Druckflasche(n) (50 l, 200 bar) mit Druckminderer und Barometer
- ○ Kampfstoffnachweispapier oder Kampfstoffnachweisgerät (Firma *Dräger*)
- ○ Kassettengerät, Musikkassetten mit langsamer Musik zur Beruhigung
- ○ Klebebänder, Plastikfolien, Dichtmaterialien (Silikon, Montageschaum aus der Dose), Schnüre
- ○ Kocher (Gas, Spiritus, Benzin, Esbit oder Allesbrenner)
- ○ Leuchtstäbe (»Knicklichter«; Cyalume, Betalight usw.)
- ○ Liege- und Sitzgelegenheiten
- ○ Müllsäcke (für Müll, Fäkalien und falls sich jemand übergeben muß)
- ○ Ohrstöpsel
- ○ Proviant (Fertiggerichte)
- ○ Reinigungstücher, Schwamm, Seife, Plastikwanne
- ○ Rucksäcke mit ➛ Fluchtgepäck
- ○ Schutzkleidung: ABC-Schutzanzug, Gummihandschuhe und Gummistiefel (siehe auch ➛ Schutzkleidung, improvisierte)
- ○ Selbstbefreiungswerkzeug (falls regulärer Ausgang unpassierbar wird): Schaufel mit kurzem Stiel, Spitzhacke mit kurzem Stiel, Meißel, Vorschlaghammer, Axt, Bolzenschneider, Zangen, Brecheisen, Türheber
- ○ Spielzeug, Walkman mit Märchenkassetten usw. für Kinder
- ○ Strahlenmeßgerät
- ○ Taschenlampen (mit Schwungrad)
- ○ Trinkwasservorrat (mind. 2 l pro Person pro Tag)
- ○ Uhr mit Datumsanzeige
- ○ unzerbrechliches Campinggeschirr
- ○ Vorhang oder Stoff-»Umkleidekabine« zur WC-Abtrennung
- ○ Wasser (Trinken, Waschen, Anrühren des Kalks)
- ○ Zivilschutzapotheke (siehe eigene Checkliste)
- ○ ✞ Bibel, Rosenkranz, Kreuz, Weihwasser
- ○ ✞ gesegnete Kerzen
- ○ ✞ evtl. Luftmatratzen und Sturzhelme (gegen Verletzung durch Beben)

In der Nähe des Schutzraumes, aber abgelegen genug, um nicht wichtige Wege usw. zu verseuchen, sollte sich ein *Waschplatz* mit Abfluß zur ➛ Dekontamination befinden:

- ○ Behelfsdusche (siehe ➛ Duschanlage bauen) oder Wassertank (Wasser darf nicht strahlenexponiert gelagert werden!) oder handbetriebene Gartenspritze mit Salzwasser (3 El. Kochsalz pro 1 l Wasser; zur Dekontamination)
- ○ Dekontaminationsmittel (Geschirrspülmittel, Wasserenthärter, Entgiftungspuder für C-Dekontamination)
- ○ Gummihandschuhe
- ○ Bürsten

Werkzeug, Roh- und Baustoffe

Es folgt eine Aufstellung von Werkzeug sowie von Roh- und Baustoffen, durch die der Wiederaufbau nach einer globalen Katastrophe wesentlich erleichtert wird:

Allgemeines Werkzeug

- Außen- und Innensechskant-Schlüssel-Satz
- Beißzange
- diverse Schraubendreher
- Drillbohrmaschine und Bohrer
- Gabel-Ringschlüssel-Satz
- große Leiter (Aluminium)
- Hämmer (verschiedene Größen)
- Kombizange
- Maßstab
- Pinsel (verschiedene Größen)
- Schraubstock
- Schraubzwingen
- Seegeringzangen und Seegeringe
- Spitzzange
- Winkeleisen

Lastentransport

- Fahrradanhänger mit pannensicheren Reifen
- Flaschenzug
- hydraulischer Wagenheber (3 t)
- Pferdegeschirr
- Pferdewagen
- Reit- (Western-) und Lastsattel
- Rodel
- Rucksäcke
- Schlitten
- Schubkarre mit Vollgummireifen

Metallbearbeitung (inkl. Schmiedearbeiten)

- Amboß (mit Durchschlag- und Gesenkloch, Stauchplatte und Horn)
- Blechschere
- diverse Gesenke
- diverse Hämmer (Vorschlaghammer, Schlosserhammer, Falzhammer)
- diverse Ketten
- Falz- und Locheisen
- Feilen (flach, dreikant, rund) und Raspeln
- Gewindeschneid-Satz
- Gewindebohrer-Satz
- Lochräumer
- Lötkolben, der sich im Feuer erhitzen läßt
- Lötzinn
- Metallbohrer
- Metallsäge mit Sägeblättern
- Schweißgerät mit Zubehör

Installationen

- Abflußreiniger (Pumpprinzip)
- Dichtband, Densobinde
- Dichtungen und O-Ringe
- Drahtbürste
- Epoxy-Knetmasse (für Lecks)
- Flußmittel zum Löten

- ○ Gasbrenner zum Löten, Gaskartuschen
- ○ Hanf
- ○ Lötzinn
- ○ Rohrverschraubungen
- ○ Rohrzangen
- ○ Schnellreparaturset für defekte Leitungen

Instrumente und Meßgeräte

- ○ Balkenwaage mit Gewichtssatz
- ○ Barometer
- ○ Bleistifte
- ○ diverse Knopfbatterien
- ○ Feinwaage
- ○ Fresnellinse aus Kunststoff (Lesehilfe)
- ○ Füllfeder
- ○ Höhenmesser
- ○ Kompaß
- ○ Kugelschreiber
- ○ Lineale, Geometrie-Dreieck
- ○ Lupe
- ○ mechanische Armbanduhr
- ○ mechanischer Wecker
- ○ Rechenschieber
- ○ Schreib- und Zeichenpapier
- ○ Strahlenmeßgeräte
- ○ Taschenrechner für Solarbetrieb
- ○ verschiedene Thermometer
- ○ »Zaubertafel« (für Notizen, läßt sich immer wieder löschen und beschreiben, im Spielwarenhandel erhältlich)
- ○ Zeichenbrett
- ○ Zirkel mit Aufsatz für beliebige Stifte

Elektrik, Elektronik und Energieversorgung

- ○ Akkuladegerät, mit 12 V= zu betreiben, am besten für variable Eingangsspannung
- ○ Akkus für Solaranlage/Windgenerator
- ○ Akkus verschiedener Größe und Kapazität als Batterieersatz für Kleingeräte
- ○ Batterieadapter (ermöglichen den Einsatz kleiner 1,5-V-Batterien in Geräten, die eigentlich mit größeren betrieben werden)
- ○ bruchsichere Solarzellenmodule
- ○ DC-AC Wandler (wandelt Gleichstrom in Wechselstrom um)
- ○ diverse Elektronik-Bauteile (Widerstände, Kondensatoren, Spulen, Dioden, Transistoren, LEDs, ICs usw.)
- ○ einige Autobatterien (Säure gesondert lagern)
- ○ Elektroniklötkolben
- ○ Entlötpumpe
- ○ Notstromaggregat (längerfristig nutzlos, wenn Mineralölimporte ausbleiben)
- ○ Generator (für Wind- oder Wasserräder) oder mehrere Dynamos
- ○ Glühbirnen (v. a. 12 V; für 230 V stoßfeste Ausführungen – für den Bergwerksbetrieb – bevorzugen)
- ○ Kabel und Litzen aller Art
- ○ Kabelklemmen
- ○ Ladegerät, das sowohl Akkus wie auch Alkaline-Batterien aufladen kann (Eco-Charger)
- ○ Laderegler für Solaranlage/Windgenerator
- ○ Lötzinn und Flußmittel, große Mengen

- Multimeter (Durchgangsprüfer, V-, A,-, V-Messung) für Solarbetrieb
- Sicherungen und Feinsicherungen für Haus und Geräte
- Solarladegeräte für Monozellen
- superhelle weiße LEDs und LED-Scheinwerfer (Glühbirnenersatz)
- Verlängerungskabel
- Windgenerator

Brandbekämpfung

- Einreißhaken
- Kübelspritze oder Einstellspritze
- Feuerlöschdecke
- Feuerlöscher
- großes Wasserreservoir
- Handpumpe
- Wassereimer für Löschkette
- Rettungsleine
- Schläuche

Herstellung und Reparatur von Textilien

- (Schnellschuß-)Webstuhl
- Gummiband zum Einziehen
- Häkelzeug
- Karden (zur Vorbereitung von Rohwolle, notfalls Nagelbrettchen oder Weberdisteln im Holzrahmen)
- Knöpfe
- Ledernadel
- mechanische Nähmaschine mit Pedalantrieb (»Singer« vom Flohmarkt)
- Nadeln verschiedenster Stärke
- Schere
- Spinnrad
- starker Zwirn
- Stopfgarn, Strickwolle
- Strickzeug

Wichtige Roh- und Baustoffe

- Alufolie, extrastark
- Benzin/Diesel in stabilen Kanistern (für Motorsäge, Motorrad usw.)
- Bleche verschiedener Dicke (Kupfer, Aluminium, verzinktes Stahlblech)
- Dachpappe
- Dochte für Kerzen und Öllampen, verschiedene Stärken
- Draht, verschiedene Durchmesser
- Dübel, verschiedene Größen
- Epoxy-Knetmasse (Dichten von Rohren usw.)
- Gips
- Gummistücke verschiedener Dicke
- Holzbretter
- Holzschutzfarbe
- Kantholz
- Kupferrohre
- Lackfarben
- Motoröl
- Nachleuchtfarbe (speichert Licht)
- Nägel (verschiedenste Stärken und Längen)
- Nitroverdünnung
- Ofenrohre
- Pappe und Karton
- Plexiglasplatten (Ersatz für Fensterscheiben aus Glas)
- Rohre und Rohrverschraubungen aus Kunststoff
- Rostschutzfarbe

- Schrauben (Holz, Gewinde, verschiedenste Stärken und Größen), Scheiben, Muttern (alles verzinkt oder rostfrei)
- Silberdraht (99,9%iges Silber; Herstellung eines Kolloids)
- Silikon zum Spritzen (als Dichtmaterial)
- starke Plastikfolie mit Gitterkern (Fensterersatz, Treibhaus-Bau)
- Zement

Wichtige Chemikalien

Achtung! Einige dieser Stoffe sind giftig 🕮, ätzend 🕮 oder leicht entzündlich 🕮. Hinweise auf der Verpackung beachten und eventuell einen Fachmann (Chemiker, Drogist, Chemielehrer) um Hilfe bei der Beschaffung bitten!
In der Klammer stehen der chemische Name, alternative Bezeichnungen, Anmerkungen zu Vorkommen oder Herstellung und Hinweise auf Anwendungsbereiche.

- Alaun (Kaliumaluminiumsulfat; Deostein, Rasierstein, Gerberei)
- Ätznatron (Natriumhydroxid; Herstellung nach dem Kalk-Soda-Verfahren durch Umsetzung von Sodalösung mit der berechneten Menge gelöschtem Kalk in Form von Natronlauge: $Na_2CO_3 + Ca(OH)_2 \rightarrow CaCO_3 + 2\ NaOH$; Seifenherstellung, Herstellung von Wasserglas)
- Borax (Dinatriumtetraborat; Seifenzusatz, Flammschutz, Gerberei)
- Brennspiritus (Ethanol, Spiritus; Herstellung durch alkoholische Gärung und Destillation, siehe → Alkoholherstellung; Desinfektion, Putzmittel)
- Chlorkalk (Calciumchloridhypochlorit; Herstellung: Chlor-Gas in pulverigen, gelöschten Kalk leiten, der 3–4 % überschüssiges Wasser enthält; Desinfektion, auch die von Wasser, C-Dekontamination – »Entgiftungspuder«)
- gebrannter Kalk (Calciumoxid, Ätzkalk, Branntkalk; Gewinnung durch Brennen von Kalkstein; Mörtelbereitung)
- Gips (Selenit; viele Lagerstätten in ganz Mitteleuropa; bereits in den Checklisten zu Baustoffen angeführt)
- Glycerin (1,2,3-Propantriol)
- Gummi arabicum (Akaziengummi)
- Kaliumpermanganat (Zunder, Wasserdesinfektion, Dekontamination)
- Kampfer (Insektenschutz)
- Kochsalz (Natriumchlorid; wird bereits mit den Lebensmitteln bevorratet)
- Kupfersulfat (Kupfervitriol; Verwitterungsprodukt von Erzen z. B. in Rammelsberg und Herrengrund; Herstellung durch Einwirkung von konzentrierter heißer Schwefelsäure auf metallisches Kupfer; Pigmentherstellung, Galvanisieren, Fungizid)
- Magnesium (kommt in der Natur nicht elementar vor; Feuermachen, Signalfeuer)

- Paraffin (Schmelzpunkt 50 °C bis 65 °C; große Mengen zur Kerzenherstellung)
- Petroleum (Kerosin; Entwesung, Putzmittel, Leuchtmittel) 🔥
- Salmiak (Ammoniumchlorid; Herstellung durch Destillation von Haaren unergiebig; Gerben, Eisenkitt, Lötstein) ☠
- Salzsäure, konz. (Chlorwasserstoff; Herstellung eventuell urch das Hargreaves-Verfahren: Einwirkung eines Gemischs aus schwefeldioxidhaltigen Röstgasen, Luftsauerstoff und Wasserdampf auf Kochsalz bei 430–540 °C: $4\ NaCl + 2\ SO_2 + O_2 + 2\ H_2O \rightarrow 2\ Na_2SO_4 + 4\ HCl$; wichtiger Synthesegrundstoff) 🧪
- Schwefelsäure, konz. (Bleikammerprozeß: ein Schwefeldioxid-Luft-Gemisch wird mit Stickoxiden und eingesprühtem Wasser bei 80 °C zu 70–80%iger Schwefelsäure umgesetzt. Gewinnung eventuell auch aus alten Autobatterien, die 20–32%ige Schwefelsäure enthalten; wichtiger Grundstoff für viele Reaktionen, Akkusäure) 🧪
- Schwefelstangen (Sizilien; Desinfektion, Entwesung) 🔥
- Speisesoda (Natriumhydrogencarbonat, Natriumbicarbonat, doppelkohlensaures Natron; Vorkommen in Mischung mit Soda in Karlsbad, Szegedin, Wadi Natrun in Nordägypten; Herstellung durch Sättigung einer Sodalösung mit Kohlendioxid; Backpulver)
- Soda (Natriumcarbonat; kommt als Trona gemeinsam mit Speisesoda an den oben genannten Orten vor; Dekontaminationslösungen, Herstellung durch das Solvay-Verfahren; Glasherstellung)
- Weinstein (Kaliumhydrogentartrat; Krusten an den Wänden von Weinfässern; Färben, mit Speisesoda gemischt als Backpulver)

Sonstiges Werkzeug und Material

- Angelschnur
- Arbeitshandschuhe
- Brecheisen
- Drahtsäge
- Gewebeband
- Glasschneider
- große, gewebeverstärkte Plastikplanen
- Gummihandschuhe
- Gummiringe (zum Einwecken, vielseitig verwendbar)
- Handpumpe
- Hydraulikwagenheber
- Isolierband
- Kanister für Flüssigkeiten
- Kunststoffseile und Riemen
- Kunststoffcontainer bzw. -fässer (Regenwasserzisternen usw.)
- medizinische Spritzen (mit und ohne Nadeln)
- Müllsäcke
- Ölkanne mit Pumpvorrichtung
- Plastikeimer (möglichst mit Deckel)
- Saugheber (Pumpschlauch)
- Schleifstein
- Schnüre (Reepschnur, Spagat, fester Zwirn)
- Schutzbrille
- schwerer Hammer
- Seile (für Konstruktionen, Züge)
- Sekundenkleber
- Spraybehälter aus Kunststoff, nachfüllbar
- starkes Klebeband
- Staubmaske
- Vorhängeschlösser

Hausrat

Wohnen und Schlafen

- Besen
- Campingtoilette oder Eimer
- Decken und Polster
- Feldbetten oder Luftbetten oder Isoliermatten
- Glühbirnen
- Kerzen
- Kehrichtschaufel
- Plastikeimer
- Autostaubsauger (angetrieben mit 12 V=)

Küche

- Backblech
- Besteck
- Bratformen
- Butterfaß
- Camping-Kühlbox mit 12V=-Anschluß
- dichtschließende Vorratsdosen aus Kunststoff oder Metall
- Dampfeinsatz
- Dosenöffner
- Druckkochtopf
- Einweckgläser mit Gummidichtringen und Klammern
- evtl. Glasflaschen und Maschine zum Verkorken
- Fleischwolf
- Flocker (zum Zerquetschen von Körnern)
- »Flotte Lotte« (zum Passieren)
- Geschirrtücher
- Getreidemühle (mit Stahlmahlwerk)
- Handmixer mit Kurbel
- Isolierkanne (Edelstahl, unzerbrechlich)
- Kaffeefilter
- Kartoffelschäler
- Keimgeräte für Sprossen
- Knoblauchpresse
- Kochlöffel
- Kondensator (Kühlspirale zum Destillieren)
- Kornmühle aus Stahl oder Keramik, handbetrieben
- Küchenmesser
- Kunststoffbecher (bruchsicher, Campingbedarf)
- Kunststoffschüsseln
- Kunststofftassen
- Kunststoffteller
- mechanische Küchenwaage
- Mokkamaschine
- Mörser mit Stößel
- Nudelholz
- Passiersieb
- Pfannen und Töpfe (Edelstahl)
- Plastikwanne, groß
- Schneebesen
- Schneidbrettchen
- Schöpflöffel
- Schwämme
- Sieb, groß
- Teekessel
- Teesieb und Tee
- Teigschaber
- Thermoskanne
- Topfdeckel
- verschraubbare Plastikflaschen

Heizen/Kochen

- ausreichender Holz- bzw. Kohlevorrat
- Campingkocher (befindet sich im ➤ Fluchtgepäck)
- Festbrennstoffofen mit Kochplatte und Backrohr (Öl- und Gasöfen sind nur einsetzbar, solange es diese Brennstoffe gibt)
- Magnesium (Feuermachen)
- Rauchfangkehrer-Stahlbürste mit hinreichend langem Stiel
- Solarofen
- Zündhölzer und Feuerzeuge (große Mengen!)

Waschen

- Bürsten
- Stageleisen (Bügeleisen mit Stahlbolzen im Inneren, der am Herd erwärmt wird) oder Holzkohlebügeleisen
- großer Kessel (für Kochwäsche)
- Wäschemangel oder -presse
- Wäschestampfer
- Waschmittel/Seife
- Waschbrett
- Waschtrog aus Holz oder Kunststoff

Kleidung und Schuhe

- Unterwäsche, kurz
- Unterwäsche, lang
- Socken
- Stutzen
- Handschuhe
- Fäustlinge
- Schals
- Hemden
- Pullover
- Strickwesten
- T-Shirts
- kurze Hosen
- strapazierfähige Hosen
- Regenschutz
- Mützen
- Windjacke
- Winterjacke, warm und wasserdicht
- Kleidung für Kinder in verschiedenen Größen
- Gummistiefel
- Hausschuhe
- Sandalen
- Sonnenhut
- Wander- oder Arbeitsschuhe
- Winterstiefel

Gartenbau und Forstwirtschaft

Holzgewinnung und -bearbeitung

- Bohrwinde (Handbohrer mit Kurbel)
- Bügelsäge, klein
- diverse Bohrer
- diverse Hobel
- Drechselbank mit Pedalantrieb

- ○ Fuchsschwanz
- ○ große Brettersäge
- ○ Hammer
- ○ Holzmeißel
- ○ Kitt
- ○ Laubsäge samt Blättern
- ○ Motorkettensäge mit Feile zum Schärfen, Treibstoff und Öl[31]
- ○ Nägel verschiedenster Stärke
- ○ Pinsel (für Schutzanstriche)
- ○ Reifmesser (konvex und konkav)
- ○ Sapine
- ○ Schleifpapiere (verschiedenes Korn)
- ○ Schnitzmesser-Satz
- ○ Spaltaxt
- ○ Spaltmesser
- ○ Tischlerleim
- ○ verschiedene Äxte
- ○ Zentrumsbohrer
- ○ Zimmermannssäge (zum Spannen)
- ○ Schränkeisen und Sägefeile zum Schärfen

Bodenbearbeitung und Gartenbau

- ○ Eimer
- ○ Gartenspritze mit Pumpmechanismus
- ○ Gießkannen
- ○ Grabgabeln
- ○ Kistchen mit transparenten Hauben bzw. Folien für Frühkulturen
- ○ Netzschläuche (schwer zu ersetzen!)
- ○ Rechen
- ○ Regenwassertonnen
- ○ Schaufel
- ○ Schneeschaufel
- ○ Spindelmäher für Gras
- ○ Spitzhacke

Pflanzen und Saatgut

Wenn nur wenig Grund zur Verfügung steht, empfiehlt sich vor allem der Anbau von Kartoffeln und dicken Bohnen (weniger frostempfindlich als die anderen Arten), die zur Not jede andere Nahrung ersetzen können. Der Weizen wurde bereits bei den Lebensmittelvorräten genannt. Es sind jene Sorten zu wählen, die für das lokale Klima am besten geeignet sind. Hybriden sind zu vermeiden. Die Zahlen in Klammern bedeuten: 1. die Lagerdauer in Jahren, nach der noch 100 % der Samen keimen, 2. die Lagerdauer in Jahren, nach der noch 75 % der Samen keimen, und 3. der durchschnittliche Ertrag auf einer 3 Meter lang gesetzten oder gesäten Reihe.

---

[31] Ein Werkzeug, das mit der Erschöpfung des Treibstoffvorrates zwar nutzlos wird, bis dahin aber, gerade beim Wiederaufbau, ungeheuer viel Mühe erspart. Es gibt jedoch auch Kettensägen mit Elektromotor für 12 V=.

Gemüse und Pilze

- Bleichsellerie (3/4/5,4 – 9 kg)
- Blumenkohl (3/4/5 – 8 Köpfe)
- Buschbohnen (2/3/3,5 kg)
- Champignons
- dicke Bohnen (2/4/3,6 kg)
- diverse Salatarten (3/4/15 St.)
- Erbsen (3/4/9 kg Schoten)
- Gurken (1/4/50 St.)
- Karotten (= Möhren, 2/3/3,6 kg)
- Kartoffeln (11,3 kg)
- Knollensellerie (3/4/5,5 – 9 kg)
- Kohlrabi (3/4 – 5/5,5 kg)
- Kohlrüben (2/2 – 3/3,6 – 6,6 kg)
- Kresse (3/5/-)
- Mais (1/2/30 – 50 Kolben)
- Melonen (1/2/12 – 16 St.)
- Paprika (2/2 – 4/3,5 – 4,5 kg)
- Rettiche (4/5/-)
- Rhabarber (Wurzelteile werden gepflanzt, 30 – 60 Stiele)
- Rosenkohl (2/4/5 kg)
- rote Rüben (3/6/6,8 kg)
- Speisekürbisse
- Spinat (2/3 – 4/3,6 – 4,5 kg)
- Stangenbohnen (2/3/8 – 14 kg)
- Tomaten (3/6/9 kg)
- Weißkohl (3/5/5 – 8 Köpfe)
- Zwiebeln (2/2/3,6 – 4,5 kg)

Obst

- Apfelbäume
- Birnbäume
- Brombeersträucher
- Erdbeeren
- Himbeersträucher
- Johannisbeersträucher
- Kirschbäume
- Pfirsich- und Marillenbäume (Aprikosenbäume)
- Stachelbeerstauden
- Weinreben
- Zwetschgenbäume (Pflaumenbäume)

Würzkräuter

- Anis
- Basilikum
- Dill
- Estragon
- Fenchel
- Kapuzinerkresse
- Kerbel
- Knoblauch
- Kren (Meerrettich)
- Kümmel
- Liebstöckel
- Lorbeer
- Majoran
- Oregano
- Petersilie
- Pfefferminze
- Rosmarin
- Salbei
- Schnittlauch
- Senf
- Thymian
- Zitronenmelisse

Sonstige Pflanzen

- diverse → Heilpflanzen
- Flachs (für Fasern)
- Hanf (für Fasern)

Nutztiere

- ○ Bienen
- ○ Esel, Maultiere
- ○ Hasen, Kaninchen, Meerschweinchen (vermehren sich rasch und können als Fleisch- und Fellieferanten dienen)
- ○ Hühner
- ○ Lamas/Alpakas
- ○ Pferde
- ○ Rinder
- ○ Schafe
- ○ Schweine
- ○ Ziegen

Fischfang

- ○ Angel mit ausreichend Zubehör (viele Haken!)
- ○ Kescher

Medizin und Körperpflege

Zivilschutzapotheke

Überprüfen Sie regelmäßig Vollständigkeit und Haltbarkeit der Arzneimittel (Einkaufsdatum auf Packung vermerken) und Verbandsstoffe, und konsultieren Sie im Zweifelsfalle Ihren Apotheker. Empfohlener Inhalt für eine Haus- und Zivilschutzapotheke für Einzelschutzräume bis 10 Personen:

Verbandmaterial

- ○ 2 Verbandpäckchen, steril, groß (3 m×10 cm)
- ○ 2 Verbandpäckchen, steril, mittel (3 m×8 cm)
- ○ 1 Pflasterschnellverband (8 cm ×0,5 m)
- ○ 3 Pflasterschnellverbände (6×10 cm), einzeln verpackt
- ○ 5 Pflasterstrips (6×1,9 cm), einzeln verpackt
- ○ 6 Kompressen (10×10 cm), steril, einzeln verpackt
- ○ 3 elastische Mullbinden (4 m ×10 cm)
- ○ 2 elastische Mullbinden (4 m×8 cm)
- ○ 1 elastische Binde (5 m×8 cm), selbsthaftend
- ○ 1 Fixationsbinde (1 m×6 cm), selbsthaftend
- ○ 2 Fingerschnellverbände mit Wundkissen (4×4 cm) und Verschluß
- ○ 1 Lederfingerling
- ○ 1 Augenklappe
- ○ 1 Spulenpflaster in Schutzhülle (5 m×2,5 cm)
- ○ 1 Verbandtuch (40×60 cm), metallisiert, mit Saugkissen
- ○ 2 Dreiecktücher, metallisiert
- ○ 6 Sicherheitsnadeln (mind. Größe 2)
- ○ 1 Schere, rostfrei
- ○ 1 Rettungsdecke (1,4×2,2 m), silber/silber oder silber/gold
- ○ 100 ml flüssiges Händedesinfektionsmittel auf n- oder iso-Propanol-Basis (50–60 Vol%)

Arzneimittel

- Abführmittel
- Alkohol 70 %
- Allergiecreme
- Arzneimittel gegen Kopfschmerzen und Fieber (Aspirin)
- Augentropfen
- Beruhigungsmittel (Baldriantropfen, Tabletten und Ampullen)
- Breitbandantibiotikum (Tabletten und Ampullen)[32]
- Desinfektionsmittel zur Haut- und Wunddesinfektion
- Durchfallmittel
- Kaliumjodidtabletten (für AKW-Unfall oder Kernwaffeneinsatz)
- Kamillentropfen
- Kreislaufmittel
- Hustentropfen
- Ohrentropfen
- Schlafmittel
- schmerzstillende Tabletten oder Pulver
- Tabletten gegen Halsschmerzen
- Wasserstoffperoxyd 3 %
- Wund- und Heilsalbe
- Wundbenzin

Natürlich gehören auch alle vom Arzt den verschiedenen Familienmitgliedern verschriebenen Medikamente in die Hausapotheke:

- ....
- ....
- ....
- ....
- ....
- ....
- ....
- ....
- ....
- ....
- ....
- ....
- ....
- ....
- ....
- ....

Weitere medizinische Geräte

- Alkoholtupfer
- Anleitung zur Ersten Hilfe
- Arterienabbinder aus Gummi
- Atemspendemaske, tubuslos mit Nichtrückatemventil
- Augenspülglas
- Beatmungsmaske
- betriebsbereite Lichtquelle
- Blutdruckmeßgerät
- dunkle Sonnenbrille (für vom Lichtblitz einer Kernwaffe Geblendete)
- Einmalkanülen, i.m. und i.v.
- Einmal-Skalpelle
- Ersatzbrille
- Fieberthermometer (kein digitales)
- Holzspateln
- Inhaltsverzeichnis der Zivilschutzapotheke

---

[32] Bei Versorgungskrisen kann man möglicherweise Antibiotika aus den Beständen von Tierzuchtbetrieben organisieren, wo diese in großem Umfang eingesetzt werden.

- Injektion zur örtlichen Betäubung
- Kaliumjodidtabletten (zum Schutz der Schilddrüse vor Einlagerung radioaktiven Jods)
- Kalt-Heiß-Gelkompressen
- Klysomatic (für Einläufe)
- Lesebrille
- medizinisches Nahtmaterial
- Molarenzange, Praemolarenzange zur Zahnextraktion
- Nachttopf
- Nadelhalter
- Nierenschalen
- Ohropax (vor allem als Einschlafhilfe)
- Schutzhandschuhe aus Latex, nahtlos, groß
- Splitterpinzette (8 cm), rostfrei
- stumpfe Verbandschere
- Tropfpipette
- Urinflasche
- Wärmeflasche aus Gummi
- wasserdichte Unterlagedecke für Bett
- Zahnnotfallset (erhältlich im Expeditionsladen) und provisorische Zahnfüllungen (Cavit) oder Bienenwachs (zum Kleben oder Verschließen ausgefallener Inlays oder Plomben)

Tierhalter und Landwirte lassen sich vom Tierarzt einen Vorrat der wichtigsten Medikamente für ihre Tiere zusammenstellen!

Hygieneartikel

- Babywindeln (bei Bedarf)
- Binden, Tampons
- Camping-WC (Ersatz: Eimer mit geruchsdichtem Deckel, Sägemehl, Chlorkalk oder Torfmull)
- Haarschneide-Scheren
- Haarwaschmittel
- Handtücher
- Hygienevorrat für Haustiere (Kistchen mit geruchsabsorbierender Katzenstreu usw.)
- Kernseife oder Waschmittel
- Küchenpapier
- Lauskamm
- Müllsäcke
- Nagelschere
- Papiertaschentücher
- Rasierzeug
- Schlämmkreide (als Zahnpastaersatz)
- Schwamm am Stöckchen (➤ Hygieneartikel, Ersatz für)
- Seife oder Duschgel
- Stofftaschentücher
- Stoffwindeln
- Toilettenpapier
- Waschschüssel aus Kunststoff
- Watte
- Zahnbürsten
- Zahnpasta
- Zahnseide

Fortbewegung

Fahrrad

- Brems- und Schaltzüge
- Bremsbacken und Bremsschuhe
- diverse Inbus- und Maulschlüssel
- Ersatzketten mit Kettenschlössern
- Ersatzkugellager für Nabe und Tretlager (am besten Rillenkugellager)

- Ersatzlampen (Halogen) und Lichtkabel
- Ersatzmantel (mit Kevlar-Einlage, z. B. »Tourgard«)
- Ersatzschläuche (Empfehlung: »Longlife« von *Semperit*) und Ventile
- Ersatzspeichen (Nirosta, Doppel-Dickend-Ausführung) und -nippel
- Fahrrad-Anhänger
- Fahrradöl
- Flickzeug
- Kugellagerfett
- Luftpumpe mit passenden Anschlüssen für die verschiedenen Ventilarten
- pannensichere Schläuche (Empfehlung: »No-MorFlats«)
- Reifenheber (3 Stück)
- Reparaturspray für Schläuche
- Spanngurte
- spezielles Werkzeug: Zahnkranzabnehmer, Kettennietendrücker, Tretlagerschlüssel, Speichenspanner, Kurbelabzieher
- stabiles Mountainbike mit Lichtanlage, Gepäckträger und Gepäcktaschen
- wasserdichte Fahrradtaschen (Empfehlung: *Ortlieb*)

Motorisierte Kraftfahrzeuge

Wenn die Treibstoffversorgung zusammenbricht, wird man an Auto oder Motorrad langfristig nicht mehr viel Freude haben. Wer schon ein Kraftfahrzeug hat, sollte es aber mit einem Treibstoffvorrat in Kanistern für Notfälle bereithalten. Einige wichtige Ersatzteile:

- Ersatzbatterie und Batteriewasser (nicht einfüllen, gesondert lagern)
- Ersatzbirnen
- Ersatzreifen
- Ersatzschläuche
- Keilriemen
- Motoröl
- Ölfilter
- Reserveschlüssel
- Treibstoff in Metallkanistern
- Zündkerzen
- Zündspule

Sonstiges

- Bücher zur Unterhaltung
- CD-Player für Batteriebetrieb mit Kopfhörern und CDs
- Fernglas
- Funkgeräte
- Gesellschaftsspiele
- Großraumzelt (für Notfälle)
- kleine Stereoanlage mit geringer Leistungsaufnahme
- Kinderspielzeug
- kugelsichere Weste (Kevlar-Gewebe, als Splitterschutz)
- Liederbücher und Noten
- Computer (Laptop) mit Programmen auf CD-ROM und allenfalls mehreren Kopien der Startdiskette
- Leuchtkugelrevolver oder -stift mit Munition

- mechanische Schreibmaschine mit Ersatzfarbbändern
- Musikinstrumente inkl. Ersatzteile (Saiten usw.)
- Polaroid-Kamera mit vielen Filmen
- Radio mit Kurbelgenerator
- Rettungsleine (für Bergung aus dem Wasser)
- Schlauch- oder Faltboot (Kajakform) mit Paddel, Pumpe und Flickzeug
- Schreibpapier
- Sonnenbrillen mit 100% UV-Schutz (sehr wichtig, falls Ozon-Schicht ausgedünnt wird)
- Taschenlampen (Solar-Akku, Schwungrad oder für Akkus)
- Ultraschall-Alarmanlage für Batteriebetrieb

Güter zum Tauschen

Es ist zu empfehlen, unmittelbar nach einer globalen Katastrophe zuerst Lebensmittel und einfache Dinge des täglichen Lebens einzutauschen. Geräte wie Solartaschenrechner, Akkus, Glühbirnen usw. bewahrt man dagegen auf, bis sie hinreichend an Wert gewonnen haben. (Anfangs wird noch einiges aus den Trümmern geborgen werden können.)

- Angelhaken
- Angelschnur
- Bindfaden
- Bleistifte, Kugelschreiber
- Brillen
- div. Werkzeug
- Drähte (verschiedene Dicken)
- Edelmetalle in Münzen- oder Barrenform
- Einmachgläser
- extrastarke Alufolie
- Feuerzeuge (verlieren jedoch bei längerer Lagerung Benzin oder Gas)
- Gewürze
- Kerzen
- Klebebänder
- Klebstoff
- Lebensmittelkonserven
- Leim
- Magnesium-Feuerstarter
- Medikamente
- Messer
- Milchpulver
- Nähzeug und Faden
- Papier
- Plexiglasplatten
- Rasierklingen
- Ratten- und Mausefallen
- Saatgut
- Salz
- Schläuche
- Schreib- und Zeichenpapier
- Schuhe
- Socken
- Stoffe
- Zündhölzer
- (pannensichere) Schläuche für Fahrräder
- Waffen und Munition
- Wassersäcke (faltbar)
- Zucker
- Zigaretten (ungesund, aber begehrt)

Eigene Notizen

VI

Karten und Ortsangaben

1 Wahl eines Ortes zum Überleben

Kriterien für die Ortswahl

siehe auch ➤ Überleben in der Stadt

Wer mit Rücksicht auf kommende Katastrophen einen Umzug in Erwägung zieht oder im Krisenfall in letzter Sekunde flüchtet, sollte, wenn möglich, folgende Zonen und Orte vermeiden:
• Großstädte und Ballungsräume
• wichtige Verkehrswege (Straßen und Bahn)
• die Nähe von Kernkraftwerken, Zwischenlagern, Endlagern
• Industriezentren, Stahlwerke, Rüstungsbetriebe und insbesondere Chemiefabriken (Emissionen!)
• dichtbesiedelte Gebiete generell
• Küstengebiete (unter 40 m Seehöhe)
• die Umgebung militärischer Anlagen
• wahrscheinliche Kampfgebiete
• ⚓ Gebiete, die in mehreren Prophezeiungen als gefährdet beschrieben wurden
• bekannte Erdbebengebiete und Nähe von Vulkanen
• Höhlen und Bergwerke (es sei denn, die geologischen, petrographischen und hydrologischen Befunde bezeichnen diese als eindeutig sicher)
• Gebiete unterhalb von Stauseen
• grundwassergefüllte Talgründe aus Schottern und Sanden (Verstärkung von Erdbeben)
• Gebiete unterhalb von Felsen und Talsperren

Gefahr durch Kernkraftwerke ⚓

Obwohl die meisten Seher für die Zeit nach dem Krieg keine großflächige Verstrahlung sehen, kann es vor allem durch die Zerstörung eines Kernkraftwerkes durchaus zu einer gefährlichen Strahlenbelastung kommen. Die dabei freigesetzten radioaktiven Stoffe sind weitaus langlebiger als die der eingesetzten Nuklearwaffen. Es ist aber anzunehmen, daß die meisten Kraftwerke abgeschaltet werden, bevor sie von der Front erreicht werden. Ansonsten ist die Auswirkung eines GAUs in erster Linie von den Wetterbedingungen (Verfrachtung durch Wind) abhängig. Die folgende Grafik zeigt die wichtigsten Kernkraftwerke in Europa:

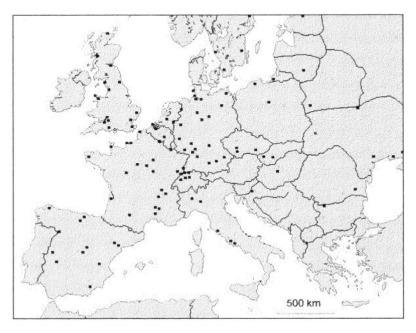

Abb. 143: Die dunklen Quadrate zeigen die Standorte von Kernkraftwerken in Europa.

Bekannte Erdbebengebiete
(und Nähe von Vulkanen)

Das Paradebeispiel für ein durch Beben stark gefährdetes Gebiet ist die San-Andreas-Störung in Kalifornien, wo die sich ständig aufbauende Spannung der Platten sich immer wieder in Erdbeben entlädt. Geologen meinen, daß ein großes Beben dort bereits überfällig sei.

Da wir hier in Mitteleuropa nicht am Rand einer Kontinentalplatte liegen, sind Beben bei uns glücklicherweise niemals so stark wie etwa entlag des pazifischen Feuerrings. Die aktiven Zonen in Deutschland, Österreich und der Schweiz sind den Abbildungen 144, 145 und 146 zu entnehmen:

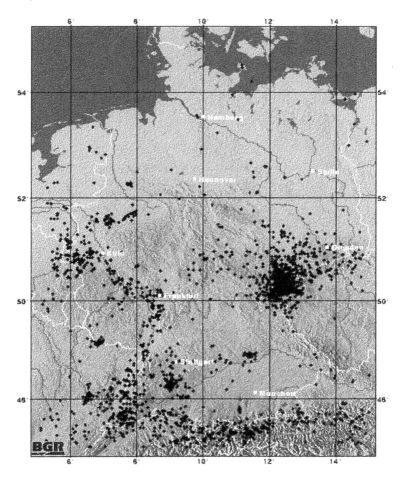

Abb. 144: Erdbebengebiete in Deutschland: Diese von der Bundesanstalt für Geowissenschaften und Rohstoffe, Hannover, erstellte Karte zeigt alle bekannt gewordenen Beben in Deutschland, die fühlbar waren oder eine Magnitude von 3,0 oder größer aufwiesen, als kleine schwarze Rauten auf.

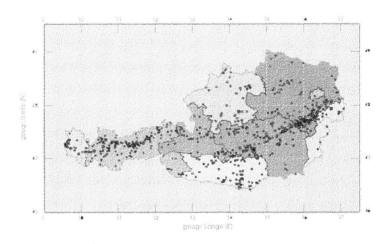

Abb. 145: In dieser Epizentrenkarte sind alle Erdbeben dargestellt, die seit 1900 auf österreichischem Staatsgebiet verspürt worden sind. Deutlich zeichnen sich die seismotektonisch aktiven Störungszonen ab: das Wiener Becken, die Mur-Mürztal-Störung sowie die Inntal- und Lavanttal-Störung. (Quelle: Österreichischer Erdbebendienst, Zentralanstalt für Meteorologie und Geodynamik, Wien)

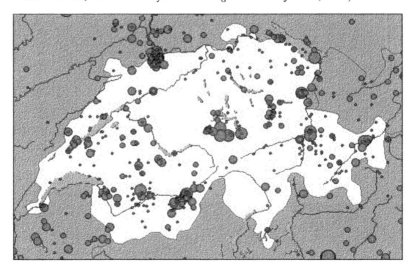

Abb. 146: Die Epizentrenkarte zeigt Erdbeben in der Schweiz von 1021 bis 1999. Die Kreise (vom kleinsten zum größten) entsprechen den Intensitäten 5 bis 9 (Quelle: MECOS, Schweizer Erdbebendienst, Zürich)

Durch Überschwemmungen gefährdete Gebiete Europas 🕮

Viele Prophezeiungen beziehen sich (mit teilweise recht genauen Angaben) auf Überflutungen von Nordsee-Anrainerstaaten als Folge der Zündung großkalibriger russischer Nuklearwaffen in der Nordsee. Solche Detonationen haben gewaltige Flutwellen (in der Größenordnung von einigen zehn bis hundert Metern) zur Folge, die tief ins Landesinnere eindringen können, vor allem entlang der Flußläufe. Besonders schlimm soll der Süden Englands betroffen werden, weil London ein Hauptziel dieser Angriffe darstellt. Offenbleibt, ob es in diesem Gebiet auch zu Impakten von Bruchstücken des Himmelskörpers kommt, der in vielen Prophezeiungen angesprochen wird; dies würde ähnliche Effekte hervorrufen. Abbildung 147 zeigt die Gebiete, die durch ihre niedrige Lage beson-

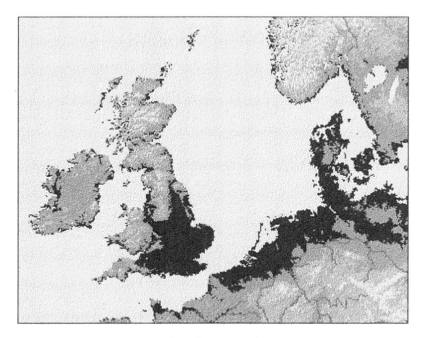

Abb. 147: Dunkel dargestellt sind auf dieser Karte der Nordsee die aufgrund ihrer niedrigen Lage von Überflutungen bedrohten Küstengebiete.

ders gefährdet sind. An der Kanalküste und möglicherweise in Nordirland könnten die Auswirkungen noch beträchtlich verheerender sein. Die hier rechnerisch ermittelten Gebiete decken sich weitgehend mit jenen, für welche die verschiedenen Seher Überflutungen vorausgesagt haben.

Auch in der Adria sollen gegen Flottenverbände einige Nuklearwaffen eingesetzt werden, weshalb ihr gesamter Küstenverlauf zu meiden ist.

Kriegsexponierte Lagen 📖

Karten zu dem von den Sehern vorausgesagten russischen Feldzug nach Westeuropa finden sich in meinem Buch *Lexikon der Prophezeiungen* im Kapitel *Die »Geschichte der Zukunft«*.

Zur Frage des Auswanderns 📖

Im Hinblick auf die von den Visionären vorhergesehenen Katastrophen ist es kein Wunder, daß manche ernsthaft eine Auswanderung in Betracht ziehen. Ich habe von deutschen Familien gehört, die aus Furcht vor den Kataklysmen der Jahrtausendwende mit Kind und Kegel nach Paraguay emigriert sind.

Eine Auswanderung ins ferne Ausland ist aber nur dann sinnvoll, wenn man bereit ist, eine völlig neue Existenz zu gründen. Ferner spricht auch dagegen, daß man den Zeitpunkt zur Flucht möglicherweise verpaßt oder das Gastland in einer Krisenzeit die Einwanderungsquote verringert.

Man darf sich nicht erwarten, daß man in der neuen Heimat von der Bevölkerung mit offenen Armen empfangen wird. Dem stehen nicht nur sprachliche Barrieren entgegen.

Sollte man schließlich die Krisenzeit irgendwo in der Ferne auch überleben, wäre es ohne die heutigen Transportmittel mehr als ungewiß, ob man jemals wieder in die Heimat zurückkehren könnte, wenn man das wollte.

2 In Endzeitprophezeiungen erwähnte Orte und Regionen 🕮

Wer den Prophezeiungen aufgeschlossen gegenübersteht, ist vielleicht an Information über die Orte und Regionen interessiert, die in den verschiedenen Prophezeiungen endzeitlichen Inhalts namentlich genannt werden. Die folgenden Listen geben die Ortsnamen wieder, die in den 350 im *Lexikon der Prophezeiungen* untersuchten Vorhersagen vorkommen. Dort findet sich natürlich auch Näheres über die hier nur namentlich erwähnten Seher. Bitte beachten Sie, daß nicht alle Quellen von der Qualität eines Alois Irlmaier sind; manche sind sogar sehr fragwürdig und mit Sicherheit lücken- und fehlerhaft. Auch können sich bei der schriftlichen Formulierung der Visionen und der Tradierung Fehler eingeschlichen haben.

Auf detaillierte Karten des vorausgesagten Geschehens wurde bewußt verzichtet, weil dabei ein von Bibel-Atlanten her bekanntes Problem auftaucht: Wie kann man relativ ungenaue und mehrdeutige Angaben in eine genaue Landkarte eintragen? Oft entstehen dann präzise Karten von zweifelhaftem Nutzen. Gut gemacht sind allerdings die Karten von Stephan Berndt:

📖 Berndt, Stephan, *Prophezeiungen zur Zukunft Europas. Eine Analyse von über 250 Quellen* (Reifenberg: G. Reichel Verlag, ²1998) Sehr empfehlenswert!

Clayton, Bruce D., *Life After Doomsday. A Survivalist Guide to Nuclear War and Other Major Disasters* (Boulder: Paladin Press, 1980) 186 S. Gute, teilweise aber veraltete Karten über Gefahrenquellen in Nordamerika.

http://www.prophezeiungen-zur-zukunft-europas.de/
Auch auf der Internetseite von Stephan Berndt finden sich einige seiner illustrativen Karten.

Die besonders gefährdeten Gebiete der Erde

Die dunklen Zonen in Abbildung 148 markieren Gebiete, in denen es aufgrund der Aussagen der Seher mit hoher Wahrscheinlichkeit zu Kämpfen und Naturkatastrophen kommt:

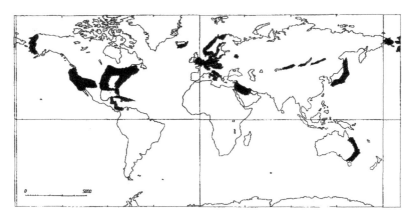

Abb. 148: Regionen der Erde, für welche die Seher große Katastrophen voraussagen

Deutschland

Arnsberger Wald	nach Schlinkert sicher
Augsburg, 30 km südlich von	Ort einer Panzerschlacht
Bamberg	spielt nach Br. Adam eine wichtige Rolle als Hauptquartier der Kommunisten
eine gewestete Kirche neben zwei Lindenbäumen im Bayerischen Wald	Dort kommen nach Mühlhiasl die großen Heerführer zusammen.
Berlin	verödet lt. dem Künstler aus Hamburg; nach Emelda von Flammen umgeben
Bodberg/Rhein, Birkenwäldchen bei	Ort der Endschlacht nach dem Mönch von Werl
Bodenmais	nach Mühlhiasl als Versteck beim Durchmarsch der Roten geeignet, v. a. in den Bergwerksstollen
Büderich	nach zur Bonsen von Russen besetzt
Cham–Stallwang–Straubing	Einmarsch der Roten nach Mühlhiasl
Chiemgau	Bis dahin kommen die Russen nach Rill.
Deggendorf	Mühlhiasl: Beim Durchzug der Roten werden dort alle Männer gefangengenommen und kehren nie mehr zurück.
Dortmund-Ost	nach zur Bonsen zerstört

Eifel	wird nach dem Seher aus Hessen und Käthe Niessen durch Vulkanismus und Beben verwüstet
Ems – Lippe – Ruhr, vom Rhein bis zur Weser	Kriegsschauplatz nach einer anonymen Quelle von Beykirch
Frankfurt	nach Irlmaier schwer zerstört
Freiburg	nach Irlmaier von Russen eingenommen, lt. dem Künstler aus Hamburg zur Hälfte zerstört
Fuchsenriegel oder Falkenstein bei Zwiesel, Bayerischer Wald	Die Leute, die sich dort verstecken, sollen während der Invasion in Sicherheit sein. (Stormberger)
Gäuboden	Nach Mühlhiasl überlebt dort, wer sich in den Weizenmandln versteckt.
Gebiet um Unna, Hamm und Werl	nach Jasper Ort der Schlacht am Birkenbaum
Gegend von Landau/Isar	nach Irlmaier Verwüstungen durch eine verirrte »Feuerzunge«
Grevenstein	Die Bürger müssen laut zur Bonsen fliehen.
Hamburg	nach Irlmaier von Russen bedroht, nach Johansson und dem Künstler aus Hamburg überflutet
Hannover	nach Irlmaier im Angriffskorridor der Russen
Hellweg	Den Einwohnern ergeht es nach Schlinkert nicht gut, es sei denn, sie können über die Ruhr flüchten.
Hühnerkobel – Falkenstein – Rachel	Einmarschroute der Feinde nach Stormberger
Inntal, unteres	nach Stieglitz furchtbare Zerstörungen
Karlsruhe	nach Irlmaier im Angriffskorridor der Russen
Käsplatte bei St. Englmar	von Mühlhiasl als Versteck empfohlen
Koblenz	nach Knopp und einer Quelle von Beykirch stark umkämpft
Köln	nach Rill, Irlmaier u. a. heftig umkämpft
Landshut	geht nach Mühlhiasl in Flammen auf
Leutesdorf bis Unkel	laut Knopp der sicherste Abschnitt in dieser Gegend
Lindau am Bodensee	nach Irlmaier sicher
Linz am Rhein	nach Knopp stark gefährdet
Main in der Haßfurter Enge	ein strategisch wichtiger, wahrscheinlich umkämpfter Punkt

Mittelbayern	relativ sicher, aber Terror, Plünderung, Mord und Totschlag, Brandstiftung
München	relativ sicher nach Irlmaier (jedoch Unruhen)
Münster	nach Emmerich und Kugelbeer schwere Zerstörungen
Naabtal/Oberpfalz	nach Irlmaier Hauptquartier der Russen (wahrscheinlich NATO-Gelände Hohenfels nahe der genordeten Kirche von Habsberg), starkem Bombardement ausgesetzt
Nürnberg	nach Irlmaier im Angriffskorridor der Russen
Obereimer bis Arnsberg	nach Schlinkert umkämpft
Oberlauf der Donau	furchtbare Zerstörungen nach Stieglitz
Osnabrück	Die Stadt wird nach einer von Beykirch zitierten Prophezeiung schwer umkämpft.
Osten des bayerischen Alpenraumes	nach Irlmaier im Gegensatz zum Norden und Süden generell ruhig
Paderborn	nach dem »Elsischen Jungen« 8 Tage besetzt, kommt sonst aber gut davon. Der Feind flieht nach Salzkotten und in die Heide, wer ihn über die Alme-Brücke verfolgt, kommt um.
Passau	schlimme Zerstörungen nach Mühlhiasl
Passau bis Regensburg	nach Mühlhiasl schwere Zerstörungen durch vorbeiziehende Russen
Perlbachtal-Wälder oder Niederungen beim Buchberg bei Mitterfels	von Mühlhiasl als Versteck empfohlen
Plattling	schlimme Zerstörungen nach Mühlhiasl
Regensburg	nach Irlmaier im Angriffskorridor der Russen
Rheingraben	nach dem Künstler aus Hamburg Zentrum eines großen Erdbebens
Rhein, östlich vom	Dort sieht der Waldviertler bürgerkriegsähnliche Zustände.
Rottenburg am Neckar	Brandt sieht dort russische Panzer auffahren
Ruhrgebiet bis Köln	Straßenkämpfe
Sausrüssel	nach Irlmaier sicher
Schmerlecke am Lusebrinke	Dorf, bei dem nach Schlinkert die letzte Schlacht auf deutschem Boden stattfindet
Selb	nach dem dort lebenden Bauern von Russen gebrandschatzt

Siegburg	nach Antonius Ort einer großen Schlacht
Soest	nach Schlinkert Zerstörung eines Straßenzuges
Straubing	arge Zerstörungen nach Mühlhiasl
Stuttgart	nach Irlmaier im Angriffskorridor der Russen
Südostbayern	angebl. sicherstes Gebiet in Deutschland
Ulm	Ort einer gewaltigen Schlacht (Nostradamus)
Unkel	nach Knopp unsicher
Unna	nach zur Bonsen zerstört
Vilshofen	arge Zerstörungen nach Mühlhiasl
Watzmann	nach Onit sicher
Watzmann bis Wendelstein	sicheres Gebiet nach Irlmaier
Werl	nach zur Bonsen zerstört

Österreich

Drosendorf	nach Waldviertler zerstört
Eggenburg	nach Waldviertler zerstört
Gmünd	nach Waldviertler zerstört
Grenzgebiete zu Italien und zur Schweiz	nach Werdenberg unsicher
Heidenreichstein	nach Waldviertler zerstört
Hinterriß und hinteres Karwendelgebirge	nach Onit sicher
Horn	nach Waldviertler zerstört
Inn bis Salzburg	Irlmaier sieht dort asiatische Truppen
Kärnten	nach Waldviertler Durchzugsgebiet der Russen nach Norditalien
Kaunertal	Stausee vielleicht zerstört (Maaß)
Kauns	verbrennt nach Maaß
Krems	nach Waldviertler zerstört
Landeck–Innsbruck	heftige Kämpfe (Onit)
Langenlois	nach Waldviertler zerstört
Langenlois–Krems	heftige Kämpfe, viele Tote (Waldviertler)
Ötztal	nach Katharina schwere Kämpfe mit roten Truppen
Pfänder	Kugelbeer sieht auf dem Pfänder viele Flüchtlinge aus Bregenz.

Prutz	nach Maaß überflutet
Raabs	nach Waldviertler zerstört
Retz	nach Waldviertler zerstört
Schrems	nach Waldviertler zerstört
Stockerau	nach Waldviertler zerstört
Tuxer Joch	nach Onit sicher
Waldviertel und westliches Weinviertel (und Böhmen)	nach dem Waldviertler dort dreimaliger Durchgang der chinesisch-russischen Front, evtl. auch Kernwaffeneinsatz
Waldviertel/Weinviertel	Die Zuschüttungen durch das Ereignis in Böhmen reichen bis 50 km südlich der Grenze (Waldviertler).
Weitra	nach Waldviertler zerstört
Wien	starke Zerstörungen (Johansson, Lied der Linde)
Wien–Krems–Schrems–Gmünd	heftige Panzerschlachten (Waldviertler)
Wilder Kaiser	nach Onit zum Teil sicher
Zams	verödet nach Maaß
Zwettl	nach Waldviertler zerstört
Zwettl–Groß-Gerungs	Panzerschlachten, evtl. auch Kernwaffen (Waldviertler)

Schweiz

Über die Schweiz wird in den Prophezeiungen generell wenig gesagt. Abgesehen von Naturkatastrophen, Konflikten an den Grenzen (Waldviertler Seher) und Unruhen in den Städten (Onit spricht von Plünderungen) dürfte es dort eher ruhig zugehen. In keinem Gesicht ist die Innerschweiz Schauplatz von Kämpfen. Nach Frater Terni soll allerdings Genf versinken (durch Erdbeben?).
Gefahr droht jedoch, wo es durch ein Impaktbeben zur Zerstörung von nahe gelegenen Kernkraftwerken oder Staumauern kommt.

Ungarn

Budapest	wird nach Irlmaier zerstört
Grenze zur Slowakei	Die Erdkruste reißt hier nach dem Seher aus Hessen auf einer Länge von 100 km 700 m breit auf.

Italien

Esquilin/Rom	nach Frater Terni überflutet und zerstört
Latium	nach Frater Terni verwüstet
Monte Mario/Rom	nach Frater Terni relativ sicher
Montesacro/Rom	nach Frater Terni überflutet und zerstört
Monteverde Vecchio und Nuovo	nach Frater Terni relativ sicher
Neapel und andere Küstenstädte	nach Frater Terni durch Bomben zerstört
Nettuno	nach Frater Terni Landepunkt wilder Horden
Nomentano/Rom	nach Frater Terni überflutet und zerstört
Ostia Lido	nach Frater Terni relativ sicher
Palmelaina/Rom	nach Frater Terni überflutet und zerstört
Parioli/Rom	nach Frater Terni relativ sicher
Prati/Rom	nach Frater Terni überflutet und zerstört
Primavalle/Rom	nach Frater Terni relativ sicher
Rom	nach vielen Sehern durch Bürgerkrieg zerstört
Rom, historischer Stadtkern	nach Frater Terni überflutet und zerstört
Salario/Rom	nach Frater Terni überflutet und zerstört
Sizilien	nach Johansson gefährdet
Südtirol	nach Werdenberg dort langanhaltende Kämpfe
Trastevere/Rom	nach Frater Terni überflutet und zerstört
Trionfale/Rom	nach Frater Terni überflutet und zerstört
Tufello/Rom	nach Frater Terni überflutet und zerstört
Vesuv	bricht nach Couedon aus
Vatikan	nach verschiedenen Sehern von roten Truppen eingenommen

Tschechische Republik und Slowakische Republik

Kaurjm	Zerstörung durch Feinde
Königgrätz	Zerstörung durch Feinde
Pilsen und Umgebung	Zerstörung durch Feinde nach Fuhrmannl
Prag (und Umgebung)	wird nach Aussagen sehr vieler Seher völlig zerstört
Saaz	Zerstörung durch Feinde
Tschechien	Einsatz einiger Kernwaffen (Waldviertler)
Czaslau	Zerstörung durch Feinde

Dänemark, Niederlande, Belgien und Island

Diese Staaten sollen nach verschiedenen Sehern unter großen Überflutungen zu leiden haben (vgl. die Karte auf S. 435).

Antwerpen	nach Johansson überflutet
Brügge	bleibt nach van Dijck relativ ruhig
Dänemark	nach Johansson zerstört
Flandern	geht es nach van Dijck schlecht
Island	nach Johansson von Überschwemmungen betroffen

Schweden

Avesta	nach Claesson umkämpft
Borlänge	nach Claesson umkämpft
Fagersta	nach Claesson umkämpft
Gävle	nach Johansson besonders stark betroffen
Götaland, Öland, Småland, Västervik	Vorstoßgebiete der Russen nach Johansson
Göteborg	nach Johansson und Claesson bombardiert und von den Russen erobert
Helsingborg	nach Johansson zerstört
Kvarken	Einfallsgebiet der russischen Seestreitmächte nach Johansson

Malmö	nach Johansson zerstört, nach Claesson unzerstört
Nordschweden/Torneå	Einfallsgebiet der Russen nach Johansson
Oerebro	nach Claesson umkämpft
Sandviken	nach Claesson umkämpft
Stockholm	nach Johansson und Claesson bombardiert
Umeå	nach Claesson bombardiert
Västervik	nach Claesson bombardiert
Westküste Schwedens	nach Johansson gefährdet
Westschwedische Inseln	nach Johansson Überflutungen

Norwegen

am unteren Skoganvaravattnet	schwere Kämpfe (Johansson)
Bergen	bei Kämpfen verwüstet (Johansson)
Drammen	bei Kämpfen verwüstet (Johansson)
Gaggangajsarna	schwere Kämpfe (Johansson)
Gebiet zwischen VIljok und Poschd am Tanafluß	nach Johansson Ort einer großen Schlacht
Kristiansund	bei Kämpfen verwüstet (Johansson)
Oslo	bei Kämpfen verwüstet (Johansson)
Stavanger	bei Kämpfen verwüstet (Johansson)
Südnorwegen bis Bodø	nach Johansson Überflutungen

Frankreich

Bretagne	nach Jahenny und Mattay ruhiger als anderswo in Frankreich
Calais	Nach Onit kommen einige Truppen aus dem Osten bis an die Kanalküste.
Elsaß	nach Alphonsa Eppinger dort keine Kirchenverfolgung, weshalb viele Priester dorthin flüchten
Lectoure	Feuer vom Himmel (Nostradamus)
Marseille	geht nach Aussagen vieler Seher im Meer unter

Mirande	Feuer vom Himmel (Nostradamus)
Mittelfrankreich bis Norden	Kämpfe nach Mattay
Nizza und Umgebung	nach Nostradamus starke Zerstörungen
Nordküste Frankreichs	nach Johansson Überflutungen
Orgaon/Provence	schwere Kämpfe (Nostradamus)
Paris	nach vielen Quellen in einem Bürgerkrieg vom Mob in Brand gesteckt
Rouen	nach Johansson durch Überflutungen bedroht

Spanien

Spanien scheint aufgrund seiner peripheren Lage beim russischen Feldzug keine besondere Rolle zu spielen.

Barcelona	fällt nach Nostradamus und Frater Terni
Cadiz	nach Frater Terni offensichtlich gefährdet
Leon	fällt nach Nostradamus
Madrid	nach Frater Terni offensichtlich gefährdet
San Sebastian	nach Frater Terni offensichtlich gefährdet
Sevilla	fällt nach Nostradamus

Großbritannien

Hull	nach Johansson überflutet
Liverpool	Ziel von Nuklearangriffen nach Niessen
London	wird nach Aussagen vieler Seher überflutet und völlig zerstört
Manchester	Ziel von Nuklearangriffen nach Niessen
Southhampton	nach Johansson überflutet
Städte am Kanal	nach Johansson überflutet
Süd- und Ostengland	wird nach vielen Sehern gänzlich überflutet
Südengland und Wales	Revolution nach Johansson dort besonders schlimm

Naher Osten

Aleppo bis Jerusalem	Kämpfe nach Couedon
Israel	wird nach Duduman u. a. angegriffen
Yarmuk-Tal	von dort Einfall von Truppen laut Couedon

Südafrika

Südafrika	nach Onit einige Nuklearwaffeneinsätze
Durban	Ort einer Schlacht nach Siener van Rensburg
Vereeniging	Ort einer Schlacht nach Siener van Rensburg

Nordamerika und die Karibik

Alaska	Invasion durch russische Truppen nach Duduman
Bayside New York, Long Island	gehen nach Ramtha unter
Chicago	vernichtet (Johansson, Onit)
Connecticut	nach Cayce schwere Schäden
Detroit	nach Onit vernichtet
Florida	nach Cayce schwere Schäden, nach Duduman Kämpfe mit den Russen
Gegend um die Großen Seen	schwere Verwüstungen nach Johansson
Große Seen bis Mississippi	hier entsteht nach Cayce ein gewaltiger neuer Wasserweg
Haïti	nach der Marienerscheinung in Port-au-Prince (1987) sicher
Hopi-Berge im Südwesten der USA	nach den Vorhersagen der Hopi sicher
Illinois	nach Cayce sicher
Indiana	nach Cayce sicher
Kalifornien	nach vielen Sehern große Beben und Zerstörungen

Karibik, Atlantik, Pazifik	Überall hier taucht nach Cayce neues Land auf
Kuba	von hier werden die USA angegriffen laut Duduman
Los Angeles	nach Cayce überschwemmt
Mexiko	Kämpfe an der Grenze zu den USA laut Duduman
Minneapolis	nach Johansson zerstört
Minnesota	nach Duduman umkämpft
Mississippi	nach Cayce schwer betroffen
New York	wird nach Aussagen vieler Seher vernichtet
Norfolk	nach Cayce sicher
Ostküste der USA	große Überflutungen nach Cayce
Ostküste und Mittlerer Westen der USA	nach Ramtha von Orkanen bedroht
Quebec	nach Johansson unsicher
Salt Lake City	nach Cayce überschwemmt
San Francisco	nach Cayce überschwemmt
Süden von Georgia	geht nach Cayce unter
Süden von South Carolina	geht nach Cayce unter
Südkalifornien	Erdbeben und Überschwemmungen (Cayce)
Südkanada und Ostkanada	nach Cayce sicher
Südnevada	Erdbeben und Überschwemmungen (Cayce)
Teile von Ohio	nach Cayce sicher
Virginia	nach Cayce schwer mitgenommen
Virginia Beach	nach Cayce sicher
Washington D.C.	nach Johansson vernichtet
Westkanada	Zerstörungen nach Cayce

Südamerika

Südamerika scheint – zumindest was das Militärische angeht – recht ruhig zu bleiben. Es gibt auch auffällig wenig Berichte von Endzeitvisionen aus diesem Erdteil. Nach Onit jedoch werden auch im südlichen Amerika einige Kernwaffen eingesetzt.

Japan

Große Teile der japanischen Inseln versinken laut Edgar Cayce und anderen im Meer.

Australien und Neuseeland

Obwohl über diese Gebiete wenig Weissagungen bekannt wurden und ihre strategische Bedeutung gering ist, hält der Autor Gottfried von Werdenberg sie aufgrund seiner Gespräche mit dem Waldviertler Seher für nicht völlig sicher. Es könne möglicherweise zu einem chinesischen Invasionsversuch kommen. Im Kriegsfall ist die US-Basis Pine Gap am Fuße der MacDonnell Range (westlich von Alice Springs) ein sicheres Angriffsziel.
Nach einer mir zugegangenen mündlichen Mitteilung über eine Prophezeiung, sollen Ureinwohner Tsunamis[33] für die Ostküste Australiens vorausgesehen haben.

---

[33] große Flutwellen

Anhang

Weiterführende Literatur

Im folgenden werden Bücher vorgestellt, die ich selbst für nützlich halte, bzw. die mir empfohlen wurden. Die besten darunter sind mit einem Kommentar versehen. Das Thema Prophezeiungen wurde ausgespart, da sich ein sehr umfangreiches Literaturverzeichnis dazu bereits im *Lexikon der Prophezeiungen* befindet. Bücher aus dem angloamerikanischen Raum können über den Buchhandel oder über Internet-Buchhandlungen wie http://www.amazon.com bestellt werden. Die deutsche Filiale unter http://www.amazon.de liefert porto- und versandkostenfrei ins Haus, jedoch sind dort nicht alle US-Bücher im Programm.

Human- und Veterinärmedizin, Erste Hilfe, Phytotherapie

Aichele, Dietmar/Golte-Bechtle, Marianne, *Das neue Was blüht denn da? Wildwachsende Blütenpflanzen Mitteleuropas* (Stuttgart: Kosmos, 1997) 447 S. Sehr empfehlenswertes Bestimmungsbuch.

Angerstein, Joachim H., *Die Essig-Hausapotheke* (Augsburg: Weltbild, 1998) 144 S.

Apple, Michael/Payne, James Jason, *Handbuch der Gesundheit. Das große Standardwerk zur Selbstdiagnose* (Augsburg: Bechtermünz, 1996) 736 S. Umfassendes und preiswertes Nachschlagewerk zur Selbstdiagnose.

Bayer, Ludwig, *Hunde-Sprechstunde. Vom richtigen Umgang mit unseren vierbeinigen Freunden* (Münster: Stedtfeld Verlag, 1990) 160 S. Dieses Buch gibt Anleitungen, wie man seinem kranken Hund helfen kann, bzw. wie man ihn gesund erhält.

Benner, K. U., *Gesundheit und Medizin heute* (Augsburg: Bechtermünz, 1998) 1224 S. Ursachen von Krankheiten, Vorbeugen, Symptome, Diagnose, Therapie, Anatomie, Physiologie, Selbstbehandlung, Arzneimittel, Wirkstoffe, Operationstechniken, Erste Hilfe.

Bowen, Thomas E., *Emergency War Surgery* (Diane Publishing Co., 1988)

Breindl, Ellen, *Das große Gesundheitsbuch der Heiligen Hildegard von Bingen. Ratschläge und Rezepte für ein gesundes Leben* (Augsburg: Pattloch, 1992) 351 S.

Browner, Bruce D./Jacobs, Lenworth M./Pollak, Andrew N., *Emergency Care and Transportation of the Sick and Injured* (Jones & Bartlett, [7]1999) 313 S.

Christy, Martha, *Your Own Perfect Medicine* (Scottsdale: FutureMed) 250 S.

Collier, J. A. B. u. a., *Oxford Handbook of Clinical Specialties* (Oxford: Oxford University Press, [5]1999) 807 S.

Consilium CEDIP – Veterinaricum. Naturheilweisen am Tier (München: CEDIP

Medizinisch-technische Verlags- und Handelsgesellschaft mbH, 1991) 652 S. Eine umfassende Darstellung von Therapien und Heilmittelrezepten.

Craig, Glen K., *US Special Forces Medical Handbook st 31-91B* (Boulder: Paladin Press, 1988) 608 S.

Dalet, Roger, *Ein Fingerdruck und Sie sind Ihre Schmerzen los. Selbsthilfe durch Akupressur* (Augsburg: Weltbild, [15]1997) 156 S.

Dickson, Murray, *Where There Is No Dentist* (Berkeley: The Hesperian Foundation, [9]1999) 195 S. Das beste Buch über Zahnmedizin unter primitiven Verhältnissen.

Die große Enzyklopädie der Heilpflanzen. Ihre Anwendung und ihre natürliche Heilkraft (Klagenfurt: Neuer Kaiser Verlag, 1994) 736 S.

Eisele, Helga, *Kinderkrankheiten natürlich heilen. Wie Sie Beschwerden erkennen und sanft behandeln können* (München: Econ, 1998) 127 S.

Fischer, S., *Medizin der Erde* (München: Hugendubel, 1990)

Goebel, Wolfgang/Göckler, Michaela, *Kindersprechstunde. Ein medizinisch-pädagogischer Ratgeber* (Stuttgart: Urachhaus-Verlag, 1998) 668 S. Stark anthroposophisch angehaucht.

Gümbel, Dietrich, *Heilkräuter-Essenzen* (Heidelberg: Haug-Verlag, 1993)

Haynes, N. Bruce, *Keeping Livestock Healthy. A Veterinary Guide to Horses, Cattle, Pigs, Goats & Sheep* (Storey Communications Inc., 1994) 352 S.

Her Majesty's Stationary Office (Hg.), *The Ship Captain's Medical Guide* (Bernan Associates, [22]1998)

Herrmann, Thomas/Baumann, Michael, *Klinische Strahlenbiologie* (Jena: Gustav Fischer, [3]1997) 187 S.

Hope, R. A., *Oxford Handbook of Clinical Medicine* (Oxford: Oxford University Press, [4]1998) 864 S.

Hu-nan Chung i yao yen chiu so/Ko wei hui, *A barefoot doctor's manual. Practical Chinese medicine and health. A blending of modern Western and traditional Chinese medicine, including acupuncture, massage, and herbal remedies* (United States Public Health Service, 1974; New York: Gramercy, 1985) 960 S.

Klein, Susan, *A Book for Midwives. A manual for traditional birth attendants and community midwives* (Berkeley: Hesperian Foundation, [2]1998) 520 S. Für Hebammen in unterentwickelten Ländern geschrieben. Das beste Buch über Geburtshilfe!

Köhler's Atlas der Medizinal-Pflanzen (Original 1887; Hannover: Th. Schäfer, 1997) 680 S.

Laboratory Section of the Packaged Disaster Hospital (United States Public Health Service, 1965) Beschreibt einfache Labortests zur Diagnose.

Lomba, Juan Antonio/Peper, Werner, *Handbuch der Chiropraktik und strukturellen Osteopathie* (Stuttgart: Hüthig Medizin, 1997) 376 S.

Losch, Fr., *Kräuterbuch. Unsere Heilpflanzen in Wort und Bild* (München: J. F. Schreiber, 1903; Augsburg: Bechtermünz, 1997) Ausgezeichnet bebildert.

Merry, Wayne, *Erste Hilfe Extrem. Helfen in freier Natur beim Trekking, Wandern, Biken, Klettern, Skifahren* (Originalausgabe: *The official wilderness first-aide guide*; Stuttgart: Pietsch-Verlag, 1996) 398 S. Ein hervorragendes Buch mit detaillierten Anweisungen für eine Vielzahl von medizinischen Notfällen.

Minter, S., *Der heilende Garten* (Köln: DuMont, 1995)

Mohr, Ursula und Michaela, *Omas beste Hausrezepte* (Augsburg: Weltbild, 1999) 288 S.

Nehberg, Rüdiger, *Medizin Survival – Überleben ohne Arzt* (Hamburg: Ernst Kabel Verlag,⁶1996) 286 S. Nehbergs lockerer Schreibstil macht einem so richtig Lust auf die nächste Operation. Sehr kreativ, was das Improvisieren von medizinischen Geräten angeht.

Pelt, Jean-Marie, *Pflanzenmedizin* (Düsseldorf: Econ, 1983) 255 S.

Pohl, Gustav Freiherr von, *Erdstrahlen als Krankheits- und Krebserreger* (Feucht: Fortschritt für alle-Verlag, 1983) 206.

Poulson's Zahnarzt-Katalog (Originalausgabe: 1891-1894; Hannover: Th. Schäfer) 644 S. Ein Katalog der Firma Geo Poulson, der in 1000 Abbildungen zahnärztliche Geräte der Jahrhundertwende zeigt.

Pschyrembel Klinisches Wörterbuch (de Gruyter, ²⁵⁷1997) 1722 S. Klassisches Nachschlagewerk.

Rauch, Erich, *Naturheilbehandlung der Erkältungskrankheiten und Infektionskrankheiten* (Haug-Verlag,¹⁶1995) 92 S.

Sehnert, Keith, *How To Be Your Own Doctor (Sometimes)* (New York: Grosset & Dunlap, 1975) Sehr empfehlenswert.

Snader, Meredith/Basko, Ihor J./Denega, Craig, *Pferde natürlich behandeln und heilen. Akupunktur, Chiropraktik, Homöopathie, Massage, Heilkräuter* (München: BLV, 1996) 173 S.

Solomon, Frederic/Marston, Robert Q., *Medical Implications of Nuclear War* (National Academy Press, 1986)

Stay, Flora Parsa, *The Complete Book of Dental Remedies* (New York: Avery Publishing Group, 1996)

Stellman, Hermann Michael, *Kinderkrankheiten natürlich behandeln* (München: Gräfe und Unzer, 1997) 128 S.

Treben, Maria, *Gesundheit aus der Apotheke Gottes. Ratschläge und Erfahrungen mit Heilkräutern* (Steyr: Ennsthaler Verlag, 2000) 104 S. Der millionenfach verbreitete Klassiker.

Urban-Backhaus, Monika E., *Natürliche Hilfe durch Heiltees* (München: Südwest, 1995) 104 S.

Wallach, Joel/Lan, Ma, *Dead Doctors Don't Lie* (Legacy Communications, 1999) 416 S.

Werner, David, *Wo es keinen Arzt gibt* (Reise Know-How, Bielefeld: Peter Rump, ³1989) 334 S. Für Entwicklungshelfer geschrieben. Empfehlenswert.

Wilkerson, James A., *Medicine for Mountaineering & Other Wilderness Activities* (Seattle: The Mountaineers, ⁴1993) 416 S.

Wolff, Otto, *Die naturgemäße Hausapotheke* (Verlag Freies Geistesleben, 1995) 147 S.

Wyatt, Jonathan P. u. a., *Oxford Handbook of Accident and Emergency Medicine* (Oxford: Oxford University Press, 1999) 752 S.

Zimmermann, Heinrich/Harrsen, Ocke J., *Alte Hausmittel/Moderne Zeit* (Isselpharma Vertrieb)

Überleben von Katastrophen, Schutzraumbau

Abaygo, Kenn, *Advanced Fugitive. Running, Hiding, Surviving and Thriving Forever* (Boulder: Paladin Press, 1997) 144 S. Überleben auf der Flucht.

Abaygo, Kenn, *Fugitive. How to Run, Hide, and Survive* (Boulder: Paladin Press, 1994) 96 S.

Abaygo, Kenn, *The international fugitive. Secrets of clandestine travel overseas* (Boulder: Paladin Press, 1999) 152 S.

Auerbach, Paul S., *Field Guide to Wilderness Medicine* (Mosby-Year Book, 1999) 549 S.

Christy, G. A./Kearny, Cresson H., *Expedient Shelter Handbook* (ORNL4941, Oak Ridge National Laboratory, 1974) 15 Konstruktionsanleitungen für Bunker aus den verschiedensten Materialien.

Clayton, Bruce D., *Life After Doomsday. A Survivalist Guide to Nuclear War and Other Major Disasters* (Boulder: Paladin Press, 1980) 186 S. In einigen Punkten veraltet, jedoch einige sehr brauchbare Ideen.

Daunderer, Max, *Kampfstoffvergiftungen* (Landsberg: Ecomed Verlag, 1990)

Deyo, Holly Drennan, *Dare to Prepare!* (Eigenverlag, 1999) 500 S.

Ebeling, Werner/Engelbrecht, Horst, *Kämpfen und Durchkommen* (Verlag Wehr und Wissen, 1967; Bonn: Bernard und Graefe, ¹¹1999) 176 S. Gute Anleitungen für Tarnung, Spurenlesen, Nahkampf sowie den Bau von Flößen.

Eisenlohr, Ernst, *Die physikalischen Grundlagen der Kernwaffen* (Bonn: Verlag WEU/Offene Worte, 1968) 135 S.

Fritz-Niggli, Hedi, *Strahlengefährdung/Strahlenschutz. Ein Leitfaden für die Praxis* (Göttingen: H. Huber, ²1988) 291 S.

Glasstone, Samuel, *Die Wirkungen der Kernwaffen* (Köln: Heymann, 1964) 712 S. Deutsche Übersetzung von *The Effects of Nuclear Weapons*.

Glasstone, Samuel/Dolan, Philip J., *The Effects of Nuclear Weapons* (Washington: U.S. Government Printing Office, ³1977) 653 S. Wichtiger Klassiker.

Hesemann, Michael/Schnyder, Henry, *Die kommende Weltkrise. Wie überlebt man den Dritten Weltkrieg?* (Reifenberg: G. Reichel Verlag, 1999) 218 S.

Hildebrand, Walter, *Schutzraumbau* (2 Bde., Bd. 1: *Schutzraumbau in Österreich*, Bd. 2: *Einrichtung und Organisation*, Perchtoldsdorf: Eigenverlag, 1986) Grundlegende Bücher über den Bau von Schutzräumen auch für viele Personen.

Hoag, Philip, *No Such Thing As Doomsday. How to Prepare for Y2K, Earth Changes, Wars & Other Threats* (Yellowstone River Publishing, ²1999) 406 S.

Hubbard, L. Ronald, *Alles über radioaktive Strahlung* (Kopenhagen: Scientology Publications, 1980) 176 S. Der Gründer von Scientology über psychologisch-biologische Aspekte der Strahlung.

Kahn, Herman, *Nachdenken über den Atomkrieg. Konflikt-Szenarios mit simulierten Situationen im Dienste der Friedensstrategie* (Frankfurt/M.: Ullstein, 1987) 317 S.

Kahn, Herman, *Eskalation. Die Politik mit der Vernichtungsspirale* (Frankfurt am Main: Ullstein, 1970) 376 S.

Kearny, Cresson H., *Nuclear War Survival Skills. Lifesaving Nuclear Facts And Self-*

Help Instructions (Cave Junction: Oregon Institute of Science and Medicine, 1979, 1987, 1988) 282 S. Hervorragendes Buch über Vorbereitung auf einen Nuklearkrieg, Bunkerbau und -einrichtung, improvisierte Schutzkleidung, Bau von Filteranlagen und Strahlenmeßgeräten usw. *Das* Buch zum Bau von billigen Behelfsschutzräumen in letzter Minute. Das Werk ist auch im Internet abrufbar (siehe Internetadressen).

Kliewe, Heinrich/Albrecht, Joachim, *Lehrbuch biologische Kampfmittel. Einsatz- und Schutzmöglichkeiten* (Köln: Bundesluftschutzverband, 1963) 47 S.

Kremer, Bernd, *Die Kunst zu überleben – Zivilverteidigung in der Bundesrepublik* (München: Osang-Verlag, 1966) 127 S.

Kremer, Wilhlem/Zett, X., *Leben und Überleben* (Karlsruhe: Heinz Wolf Fachverlag, 1984) 275.

Kronmarck, Horwarth/Seiler, Heinz, *Biologische Kampfmittel. Wesen, Wirkung, Abwehr* (Bonn: Verlag WEU/Offene Worte, 1967)

Machalek, Alois, *Leben mit Radioaktivität* (Wien: Orac, 1986) 94 S.

Martin, Thomas Lyle/Latham, Donald C., *Strategy for survival* (Tucson: University of Arizona Press, 1963) 389 S.

Müller, Hans-Ulrich, *1 ∞ 1 der Vorsorge. Empfehlungen vor und für Krisenzeiten* (Peiting: Verlag Herz und Hand, Michaels Vertrieb, 1997) 132 S. Gute einleitende Kapitel, Naturheilkunde, Checklisten.

Ocko, Stephanie, *Doomsday Denied. A Survivor's Guide to the 21st Century* (Fulcrum Publ., 1997) 240 S.

Saxon, Kurt, *Kurt Saxon's CD-ROM Library. Volume One* (Alpena: Atlan Formularies, 1999) CD-ROM. Enthält die Bücher *The Poor Man's James Bond Vol. 1–4* und *Granddad's Wonderful Book of Chemistry.*

Saxon, Kurt, *The Poor Man's James Bond Vol. 1* (El Dorado: Desert Publications, ⁴1991) 477 Seiten. Anleitung zum Bau improvisierter Waffen, zur Herstellung von Sprengstoffen und Giften und Anleitungen für den Nahkampf.

Smith, Keith & Irene, *Krisenzeiten meistern. Überleben in der Zivilisation* (Stuttgart: Pietsch Verlag, 1987) 252 S. Leider vergriffen.

Spear, Robert K., *Survival on the Battlefield* (Unique Publications, 1987)

Spear, Robert K., *Surviving Global Slavery. Living Under the New World Order* (Delta Press, ²1996)

Stark, T., *Will Your Family Survive the Twenty-First Century? A Survival Strategy for Humans, Plants, and Animals* (Dorrance Pub. Co., 1997)

Stockfisch, Dieter (Hg.), *Der Reibert. Das Handbuch für den deutschen Soldaten. Heer – Luftwaffe – Marine* (Berlin: Verlag E. S. Mittler & Sohn, 1999) 730 S. Sehr umfassendes Handbuch mit guten Abschnitten über die Waffen der deutschen Bundeswehr sowie Dienstgrad- und Erkennungszeichen.

Szczelkun, Stefan A., *Survival Scrapbook. One: Shelter* (Brighton: Unicorn Bookshop, 1972) 130 S.

Tappan, Mel, *Survival Guns* (Rogue River: The Janus Press, 1976)

van Veen, Hanneke/van Eeden Rob, *Knausern Sie sich reich!* (Landsberg am Lech: mvg-Verlag, ³1998) 94 S.

van Veen, Hanneke/van Eeden Rob, *Wie werde ich ein echter Geizhals?* (Landsberg am Lech: mvg-Verlag, ⁴1997) 94 S. Die Holländer Hanneke van Veen und Rob van Eeden, Herausgeber einer »Geizhalszeitung«, geben Tips und Tricks für ein genügsameres, kreativeres und sparsameres Leben.

von Dach, Major H., *Der totale Widerstand. Kleinkriegsanleitung für jedermann* (ZS der SUOV, CH-2502 Biel, Bözingenstrasse 1) 281 S. Dieses Buch schildert alle zivilen und militärischen Maßnahmen, welche die Bevölkerung eines längerfristig besetzten Landes ergreifen kann, um die Besatzungsmacht zu zermürben, zu sabotieren und abzuschütteln: Sabotage von Infrastruktur, Verhalten bei Verhaftung, Gehirnwäsche, Folter usw.

von Dach, Major H., *Gefechtstechnik – Band 1. Allgemeines* (SUOV, CH-2502 Biel, Mühlebrücke 14, 1969; Solingen: Barett Verlag, ⁷1995) 216 S.

Werdenberg, Gottfried von [Pseudonym], *Überleben in der Wende. Aufbruch ins 3. Jahrtausend* (Wien: Eigenverlag, 1996) 308 S.

Wiener, Friedrich, *Die Streitkräfte der Warschauer-Pakt Staaten* (2 Bde., Truppendienst Taschenbücher 2A und 2B, Bd. 1: *Organisationen des Bündnisses und der Streitkräfte, Militärdoktrin, Führungs- und Einsatzgrundsätze*, Bd. 2: *Waffen und Gerät*, Wien: Herold, ⁸1990) 528 und 384 S.

Wimmer, Hans-Peter, *Selbstschutz bei Krisen und Katastrophen. Informationen und Verhaltenstips für Umwelt- und Naturkatastrophen wie auch für konventionell und atomar geführte Kriege* (München: Humboldt-Taschenbuchverlag, 1984) 192 S. Gut (besonders der Abschnitt über C-Kampfstoff-Dekontamination), aber leider nicht mehr erhältlich.

Überleben in der Wildnis, Improvisation

Angier, Bradford, *How to Stay Alive in the Woods* (Fireside, 1998) 288 S.

Boger, Jan, *Alles über Survival* (Stuttgart: Pietsch-Verlag, 1992) 152 S.

Boswell, John, *US Army Survival Handbuch* (Stuttgart: Pietsch Verlag, ¹⁶1997) 254 S.

Bothe, Carsten, *Das Messerbuch* (Braunschweig: Venatus, 1999) 165 S.

Buzek, Gerhard, *Das Große Buch der Überlebenstechniken* (Verlag Orac, 1994) 506 S. Empfehlenswert. Gute Artikel über Verhalten im Brandfall, bei Entführung usw.

Carss, Cars, *The Complete Guide to Tracking* (The Lyons Press, 2000) 272 S.

Craighead, Frank C., *How to Survive on Land and Sea* (US Naval Institute Press, ⁴1984) 412 S.

Darman, Peter, *Das Survival-Handbuch der Eliteeinheiten* (Stuttgart: Pietsch-Verlag, 1998) 256 S.

Graves, Richard H., *Bushcraft. A serious guide to survival and camping* (London: Routledge & K. Paul, 1978) 322 S.

Hansen, Walter, *Das große Pfadfinderbuch* (Wien: Ueberreuter, 1979) 195 S.

Heiß, Erich, *Wildgemüse und Wildfrüchte* (Düsseldorf: Lebenskunde Verlag, 2000) 334 S.

Hermant, Axel, *Wie wird das Wetter morgen? Was uns die Wolken verraten* (Natur Buch Verlag, 1997) 160 S.

Hildreth, Brian, *Leben wie Robinson* (Schneider, 1980) 190 S.

Höh, Rainer, *Das Blockhüttentagebuch* (Kiel: Conrad Stein, 1995) 218 S.

Höh, Rainer, *Die Rucksack-Küche* (Hattorf: Gerda Schettler, ³1995)

Höh, Rainer, *Survival – Handbuch für die Wildnis* (Hattorf: Gerda Schettler, 1981) 242 S. Handliches und nützliches Buch zum Überleben auf Wildniswanderungen und in Notfällen.

Höh, Rainer, *Wildnis-Küche* (München: Reise Know-How, 1999) 160 S.

Holtmeier, Hans-Jürgen, *Überlebensernährung* (München: Nymphenburger, 1986) 479 S.

Horbelt, Rainer/Spindler, Sonja, *Tante Linas Kriegskochbuch. Kochrezepte, Erlebnisse, Dokumente* (Bechtermünz, 1999) 208 S. Viele Rezepte für das Kochen mit einfach(st)en Zutaten bei optimaler Ausnutzung der vorhandenen Nahrung. Sehr empfehlenswert!

Jaeger, Ellsworth, *Wildwood Wisdom* (1947; Shelter Pulications, ²1992) 491 S.

Janowsky, Chris und Gretchen, *Survival. A Manual That Could Save Your Life* (Boulder: Paladin Press, 1986) 208 S.

Kearney, Jack, *Tracking. A Blueprint for learning how* (Pathways Pr., 1991)

Krebs, Herbert, *Vor und nach der Jägerprüfung* (München: BLV, ⁵⁰1998) 660 S.

Kruse, Harald, *Überlebenstechnik von A – Z* (Stuttgart: Pietsch-Verlag) 208 S.

Lapp, Volker, *Wie helfe ich mir draußen* (Stuttgart: Pietsch-Verlag, 1992) 207 S. Mit guten Seiltechniken und Notmaßnahmen für Hund und Pferd.

Linke, Wolfgang, *Orientierung mit Karte, Kompaß, GPS* (Busse und Seewald, 2000) 264 S.

Lukas, Elfi, *Küche Extrem. Für Trekking, Expeditionen und Bergsteigen* (Hattorf: Gerda Schettler, 1995) 157 S.

Macfarlan, Alan A., *Modern Hunting with Indian Secrets* (Harrisburg: Stackpole Books, 1971)

Mawa [Manfred Wacker], *Querweltein. Ein Handbuch – nicht nur für Pfadfinder* (Neuss-Holzheim: Georgs-Verlag, ³1996) 432 S. Ein überaus nützliches Handbuch mit vielen Informationen über Orientierung, Ausrüstung, Zelt- und Hüttenbau; Kochen und Essen, Feuermachen, Hygiene, Erste Hilfe, Heilkräuter, Wandern, Verhalten in Notsituationen, Wetterkunde, Pflanzenkunde, Tiere; Messen und Schätzen, Seile und Knoten, Planen und Bauen von Holzkonstruktionen, alternative Energiequellen; Handwerken und Basteln, Schiffsbau, Spiele u. v. m. Preisgünstig und unbedingt empfehlenswert!

McManners, Hugh, *Survival Total* (Stuttgart: Pietsch-Verlag, 1995) 192 S.

McPherson, John & Geri, *Primitive Wilderness Living & Survival Skills. Naked into the Wilderness* (John McPherson, 1993) 408 S. Gilt als eines der besten Survivalbücher.

Meissner, Hans-Otto, *Die überlistete Wildnis* (Gütersloh: S. Mohn, 1967) 366 S.

Nehberg, Rüdiger, *Survival. Die Kunst zu überleben* (München: Knaur, 1991) 336 S. Kein Nachschlagewerk, aber ein illustratives Lese- und Lehrbuch für Überlebenstechniken.

Nehberg, Rüdiger, *Survival-Lexikon* (Kabel-Verlag, 1998) 432 S. Das gesammelte Wissen des deutschen Extremreisenden und Überlebensexperten Rüdiger Nehberg. Umfassend und – wie immer bei Nehberg – locker-amüsant geschrieben. Unverzichtbar!

Nehberg, Rüdiger, *Survival-Training* (München: Droemer, 1989) 304 S.

Neukamp, Ernst, *Wolken – Wetter. Wolken benennen, Wolken erkennen* (München: Gräfe und Unzer, ^{10}2000)

Ormond, Clyde, *Complete book of outdoor lore and woodcraft* (Harper & Row Publishers, 1981) 837 S.

Pope, Saxton, *Jagen mit Pfeil und Bogen* (Putnams, 1925) 105 S.

Sondheim, Erich, *Knoten, Spleißen, Takeln* (Yacht Bücherei, Bd. 9, Bielefeld: Klasing, ^{17}1992) 152 S.

Survival, Search and Rescue – US Air Force Manual (Washington DC: US Government Printing Office, 1969)

Swensson, Lars-Göran, *Barebowschießen – Wie zielt man?* (Dorsten: Robin Sport, 1978) 75 S.

Volz, Heinz, *Überleben in Natur und Umwelt. Mit ABC-Teil und Ausbildungsplan.* (Regensburg: Verlag Walhalla und Pretoria, ^{8}1997) 542 S. Was der Verfasser bescheiden als »Büchlein« bezeichnet, ist eines der umfassendsten und besten Survivalbücher überhaupt. Dabei ist das Buch kompakt genug, um es im Rucksack mitzunehmen. Maximale Information auf minimalem Raum.

von Rahmm, W. R., *Überlebenstraining* (Stuttgart: Pietsch-Verlag) 160 S.

Wescott, David, *Primitive Technology. A Book of Earth Skills* (Gibbs Smith Publisher, 1999) 232 S.

Wigginton, Eliot, *Foxfire* (New York: Anchor Press/Doubleday, 1970)

Wilkinson, Ernest, *Snow Caves for Fun and Survival* (Johnson Books, 1992) 108 S.

Wiseman, John, *Das SAS Survival Handbuch* (München: Heyne Verlag). Wissen der britischen Spezialeinheit SAS, sehr gut bebildert! Leider vergriffen. Vorsicht: Es gibt ein Computersprachen-Buch mit gleichem Titel, das nichts mit dem Thema zu tun hat.

Wiseman, John, *SAS Survival Handbook* (San Francisco: Harper Collins Publishers, 1986, ^{9}1996) 288 S. Exzellentes Handbuch, reich illustriert. Leider derzeit nicht auf deutsch erhältlich.

Wiseman, John, *The SAS Urban Survival Handbook* (London: Harper Collins Publishers, 1991, 1996) 320 S. Einige gute Tips zum Überleben im urbanen Bereich. Geht auch auf Gefahren im Alltag zu Friedenszeiten ein (Sport, Heimwerken usw.).

Landwirtschaft, Nahrung herstellen und konservieren

Ashworth, Suzanne, *Saatgutgewinnung im Hausgarten* (Schiltern: Eigenverlag Arche Noah)

Bell, Graham, *Der Permakultur-Garten. Anbau in Harmonie mit der Natur* (Darmstadt: Pala-Verlag, 1995) 172 S.

Bell, Graham, *Permakultur praktisch. Schritte zum Aufbau einer sich selbst erhaltenden Welt* (Darmstadt: Pala-Verlag, 1994) 236 S.

Binder, Egon M., *Räuchern: Fleisch, Wurst, Fisch* (Stuttgart: Ulmer, 1995) 126 S.

Casaulta, Glieci/Krieg, Josef/Spiess, Walter, *Der schweizerische Bienenvater* (Aarau: Sauerländer, ^{16}1985) 591 S. Das Standardwerk über Bienenzucht.

Dymanski, Ulrich, *Selbstversorgung durch Ziegenhaltung* (Stuttgart: Pietsch-Verlag) 242 S.

Eastman, Wilbur F. jr., *The Canning, Freezing, Curing & Smoking of Meat, Fish & Game* (Garden Way Publishing Co., 1975) 208 S.

Ellis, Barbara/Bradley, Fern Marshall, *Organic Gardener's Handbook of Natural Insect and Disease Control* (Emmaus: Rodale Press)

Fukuoka, Masanobu, *Der Große Weg hat kein Tor. Nahrung, Anbau, Leben* (Schaafheim: Pala-Verlag, 1975) 160 S.

Fukuoka, Masanobu, *In Harmonie mit der Natur. Die Praxis des natürlichen Anbaus* (Schaafheim: Pala-Verlag, 1988) 150 S.

Fukuoka, Masanobu, *Rückkehr zur Natur. Die Philosophie des natürlichen Anbaus* (Schaafheim: Pala-Verlag, 1987) 156 S.

Gahm, Bernhard, *Hausschlachten. Schlachten, Zerlegen, Wursten* (Stuttgart: Ulmer, 1996) 144 S.

Hamm, Wilhelm, *Das Ganze der Landwirtschaft. Ein Bilderbuch zur Belehrung und Unterhaltung* (Original: Leipzig 1872, Augsburg: Weltbild, 1996) 320 S.

Hanreich, Lotte/Zeltner, Edith, *Käsen leicht gemacht* (Graz: Leopold Stocker, ^{6}1997) 207 S.

Henrikson, Robert, *Earth Food Spirulina* (Ronore Enterprises, Inc. PO Box 1188, Kenwood, CA 95452 USA)

Hupping, Carol, *Stocking Up. How to prepare the foods you grow, naturally* (Emmaus: Stoner Rodale Press)

Koetter, Ursula/Werner, Heinz, *Selbstversorgung durch Kaninchenhaltung* (Stuttgart: Pietsch-Verlag) 176 S.

Kreutzer, Marie-Luise, *Biologischer Pflanzenschutz* (München: BLV, ^{7}1997) 126 S.

Mettler, John J., *Basic Butchering of Livestock & Game* (Storey Communications Inc., 1986) 208 S.

Mollison, Bill, *Permakultur II – Praktische Anwendung* (Schaafheim: Pala-Verlag, 1983) 176 S.

Mollison, Bill, *Permakultur konkret. Entwürfe einer ökologischen Zukunft* (Schaafheim: Pala-Verlag, 1989) 144 S.

Mollison, Bill/Holmgren, David, *Permakultur – Landwirtschaft und Siedlungen in Harmonie mit der Natur* (Schaafheim: Pala-Verlag, ^{2}1984) 168 S.

Moosbeckhofer, Rudolf/Ulz, Josef, *Der erfolgreiche Imker* (Graz: Leopold Stocker Verlag, 1991) 200 S.

Nicholls, Richard E., *Beginning Hydroponics. Soilless Gardening. A Beginner's Guide to Growing Vegetables, House Plants, Flowers, and Herbs Without Soil* (Running Press, 1990) 127 S.

Pischl, Josef, *Schnapsbrennen* (Graz: Leopold Stocker, ^{7}1997) 168 S.

Probst, Gabriele, *Selbstversorgen durch Bienenhaltung* (Stuttgart: Pietsch-Verlag) 200 S.
Reavis, Charles G., *Home Sausage Making* (Storey Communications Inc., 1987) 176 S.
Rhamm, W. R. von, *Das große Buch für Selbstversorger* (Stuttgart: Pietsch-Verlag) 224 S.
Schinharl, Cornelia, *Marinieren und einlegen* (München: Gräfe und Unzer) 64 S.
Schorndorfer, Pitt/Schöning, Susi, *Konservierung – natürlich und gesund* (Schaafheim: Pala-Verlag, ⁸1983) 124 S.
Seymour, John, *Das große Buch vom Leben auf dem Lande. Ein praktisches Handbuch für Realisten und Träumer* (engl. Original: *The Complete Book of Self-Sufficiency*, London: 1976; Ravensburger Buchverlag, 1997) 256 S. Unverzichtbar! Inhaltsangabe im Lexikonteil unter dem Stichwort ➤ Landwirtschaft.
Seymour, John, *Selbstversorgung aus dem Garten. Wie man seinen Garten natürlich bestellt und gesunde Nahrung erntet* (Ravensburger Buchverlag, 1997) 256 S. Unbedingt besorgen! Inhaltsangabe im Lexikonteil unter dem Stichwort ➤ Landwirtschaft.
Stevens, James Talmage, *Making the Best of Basics. Family Preparedness Handbook* (Seattle: Gold Leaf Press, ¹⁰1997) 240 S. Ein umfangreiches Buch über Bevorratung mit vielen Rezepten für das Kochen mit Getreide, Milchpulver, Honig usw.
Tyler, Lorraine, *The Magic of Wheat Cookery* (Salt Lake City: Magic Mill, 1974) Enthält viele Weizen-Rezepte.
Wallner, Alois, *Imkern heute* (Eigenverlag). Bestelladresse: Alois Wallner, Perwarth 7, A-3263 Randegg
Weiß, Karl, *Der Wochenend-Imker* (München: Ehrenwirth, 1980) 250 S.
Westermann, Christine/Plasberg, Frank, *Krisen-Kochtips* (Frechen: Connaisseur Verlag, 1997) 207 S.

Handwerkstechniken, Reparaturen, Rohstofftechnik, Infrastruktur

Allen, B. M., *Soldering and Welding* (New York: Drake Publishers, 1975) 120 S.
Almeida, Oscar, *The Complete Library of Metal Working, Blacksmithing, and Soldering*
Bachler, Käthe, *Erfahrungen einer Rutengängerin* (Linz: Veritas, ⁸1983)
Back to Basics. How to Learn and Enjoy Traditional American Skills (Pleasantville: Reader's Digest Association, 1981) 456 S.
Bacon, Richard M., *The Yankee Magazine Book of Forgotten Arts* (New York: Simon & Schuster, 1978) 219 S. Anleitungen zu Straßenbau, Schärfen von Werkzeug, Räuchern u. v. m.
Blandford, Percy W., *Practical Blacksmithing and Metalworking* (New York: TAB Books, ²1988) 360 S. Ein hervorragendes Lehrbuch der Schmiedekunst.
Bredenberg, Jeff, *Clean It Fast, Clean It Right. The Ultimate Guide to Making Absolutely Everything You Own Sparkle & Shine* (Emmaus: Rodale Press, 2000) 544 S.

Brown, Margery, *Geflechte für Sitzmöbel* (Hannover: Th. Schäfer) 96 S.

Burns, Max, *Cottage Water Systems. An Out-Of-The-City Guide to Pumps, Plumbing, Water Purification, and Privies* (Toronto: Cottage Live, 1999) 150 S.

Cavitch, Susan Miller, *The Natural Soap Book. Making Herbal and Vegetable-Based Soaps* (Pownal: Storey Books, 1995) 182 S.

Cavitch, Susan Miller, *The Soapmaker's Companion. A Comprehensive Guide With Recipes, Techniques & Know-How* (Pownal: Storey Books, 1997) 282 S.

Charney, Len, *Build a Yurt. The Low-Cost Mongolian Round House* (Collier Books, 1974)

Cobleigh, Rolfe, *Handy Farm Devices and How to Make Them* (New York: The Lyons Press, 1909, 1996) 288 S. Dieses sehr empfehlenswerte Buch gibt viele Konstruktionsvorschläge für einfache Vorrichtungen und Maschinen, welche die Arbeit auf dem Bauernhof wesentlich erleichtern können.

Cockerell, Douglas, *Der Bucheinband und die Pflege des Buches* (Originalausgabe: 1925; Hannover: Th. Schäfer) 336 S. Die hohe Kunst des Buchbindens, mit vielen praktischen Tips.

Conrad, John W., *Ceramic Formulas. The Complete Compendium* (San Diego: Falcon Company, 1973, 1989, 1992) 104 S. Enthält viele Rezepte zur Herstellung von Keramik und Glas, wendet sich jedoch eher an Fachleute.

Crolius, Kendall/Montgomery, Anne, *Knitting with Dog Hair* (St. Martin's Press, 1997) 112 S. Beschreibt, wie man Kleidung aus Hundehaaren herstellen kann.

Dick, William B., *Encyclopedia of Practical Receipts and Processes* (1872) 6400 Rezepte und Anleitungen. Sehr wichtig! Nachdruck in Kurt Saxons *Survivor*-Büchern.

Dickey, Esther, *Passport to Survival* (Salt Lake City: Bookcraft Publishers, 1969) Dieses Buch enthält sehr viele Rezepte für das Kochen mit Weizen.

Diderots Enzyklopädie 1762-1777. Die Bildtafeln (5 Bde., Weltbild) 3115 und 254 S. Aufschlußreiche Abbildungen der damaligen Handwerkstechniken, Werkzeuge und Maschinen.

Easton, David, *The Rammed Earth House* (White River Junction: Chelsea Green Publishing Company, 1996)

Emery, Carla, *The Encyclopedia of Country Living. An Old Fashioned Recipe Book* (Seattle: Sasquatch Books, ⁹1994) 858 S. Sehr umfassendes und preiswertes Buch über alle Bereiche des Landlebens. Jedem, der Englisch kann, wärmstens zu empfehlen!

Faber, Stephanie, *Das große Buch der Naturkosmetik* (Tosa, 1997) 320 S.

Fürbringer, Alexander, *Die Kunst des Drechslers* (Originalausgabe: 1865; Hannover: Th. Schäfer) 320 S. Mit über 500 Abbildungen, sehr wertvoll!

Graves, Tom, *Radiästhesie. Pendel und Wünschelrute – Theorie und praktische Anwendung* (Freiburg im Breisgau: Hermann Bauer, ²1980) Empfehlenswert!

Groß, J. C., *Lehr- und Handbuch der Hufbeschlagkunst* (Originalausgabe: 1861; Hannover: Th. Schäfer) 368 S. Werkzeug und Technik des Beschlagens, Hufkrankheiten und ihre Behandlung.

Grünacker, Herta, *Fleck weg ohne Gift* (Augsburg: Weltbild, 1994) 104 S.

Hasluck, Paul Nooneree (Hg.), *Manual of Traditional Wood Carving* (New York:

Dover Publications, 1977, Originalauflage: 1911) 568 S. Kompendium der Holzschnitzkunst.

Hasluck, Paul Nooneree (Hg.), *Saddlery and Harness-Making* (Originalausgabe: 1904; London: J. A. Allen & Co., 1962, ⁷1994) 160 S. Behandelt die Herstellung von Sätteln und Zaumzeug.

Hasluck, Paul Nooneree, *How to Blow, Etch, Bore and Grind Glass* (Provo/Utah: Regal Publications) 160 S. Über Glaserzeugung und -bearbeitung.

Hasluck, Paul Nooneree, *The Handyman's Book, Tools, Materials & Processes Employed in Woodworking* (Originalauflage: 1903, Berkeley: 10-Speed Press) 760 S. Hervorragendes Buch für alle Holzarbeiten mit 2545 Illustrationen.

Hertel, A. W., *Grandpré's Schlossermeister* (Originalausgabe: 1865; Hannover: Th. Schäfer) 212 S. Die Einrichtung der Werkstätte, die Bearbeitung der Materialien, eine Vielzahl von einfachen und komplizierten Schlössern werden detailliert dargestellt.

Hoch, P. Ernst, *Strahlenfühligkeit. Umgang mit Rute und Pendel* (Linz: Veritas Verlag, ²1983) 132 S. Ein hervorragendes Lehrbuch der Radiästhesie.

Hochfelden, Brigitta/Niedner, Maria, *Das Buch der Wäsche* (Originalausgabe: um 1905; Hannover: Th. Schäfer, 1998) 96 S. Nähen, Sticken, Häkeln, Färben, Ausbessern, Waschen, Bügeln u. v. m.

Höhne, F./Rösling C. W., *Das Kupferhandwerk* (Originalausgabe: 1839; Hannover: Th. Schäfer) 496 S. Werkzeuge und Techniken der Kupferbearbeitung.

Holluba, Herbert, *Sprengtechnik* (Wien: Österreichischer Gewerbeverlag, ⁴1993) 224 S.

Karsten, Martin/Micus, Frank/Remmel, Johannes, *Fahrrad-Reisen. Das unentbehrliche Handbuch für jede Radtour* (Frankfurt am Main: Peter Meyer Reiseführer, 1993) 400 S. Gibt u. a. Tips für den Fahrradkauf, Wartungsarbeiten und Reparaturen.

Kephart, Horace, *Camping and Woodcraft* (1917; University of Tennessee Press, 1988) 800 S.

Keppler, Marliese/Lemcke, Tomas, *Mit Lehm gebaut. Ein Lehmhaus im Selbstbau* (München: Blok Verlag, 1986) 124 S.

Kirchner, Georg, *Pendel und Wünschelrute* (Genf: Ariston, 1977)

Knuchel, Hermann, *Holzfehler* (Originalausgabe: 1934; Hannover: Th. Schäfer) 120 S. Beschreibt Fehlbildungen, Krankheiten und Schädigungen der verschiedenen Nutzhölzer, wie man diese vermeidet, und wie man solches Holz verwenden kann.

König, Wolfgang (Hg.), *Propyläen Technikgeschichte* (5 Bde., Berlin: Propyläen, 1997) insges. über 2500 S.

Königer, Otto, *Die Konstruktion in Eisen* (Originalausgabe: 1902; Hannover: Th. Schäfer) 552 S. Alles über schmiedeeiserne Hochbaukonstruktionen.

Krauth, Theodor/Meyer, Franz Sales, *Das Schlosserbuch. Die Kunst- und Bauschlosserei* (Originalausgabe: 1897; Hannover: Th. Schäfer) 432 S. Materialien, Werkzeuge und Arbeitsverfahren im Schlosserhandwerk des ausgehenden 19. Jahrhunderts.

Krauth, Theodor/Meyer, Franz Sales, *Das Schreinerbuch. Die gesamte Bauschreinerei* (Leipzig: E. A. Seemann, ⁴1899; Hannover: Th. Schäfer, 1981) 237 S. und 82 Tafeln.

Krauth, Theodor/Meyer, Franz Sales, *Das Schreinerbuch. Die gesamte Möbelschreinerei* (Leipzig: E. A. Seemann, ⁴1902; Hannover: Th. Schäfer, 1980) 290 S. und 136 Tafeln.

Krauth, Theodor/Meyer, Franz Sales, *Das Steinhauerbuch* (Originalausgabe: 1896; Hannover, Th. Schäfer) 464 S. Erklärt die Gewinnung, den Transport und das Versetzen der Steine sowie die erforderlichen Werkzeuge.

Logsdon, Gene, *Practical Skills. A Revival of Forgotten Crafts, Techniques and Traditions* (Emmaus: Rodale Press, 1985) Sehr empfehlenswert!

Lorenz, C., *Elektronik und Radio. Einführung, Interessante Sender KW-UKW, MW-KW Empfänger* (München: Ing. W. Hofacker Verlag, ⁴1978) 160 S.

Mackenzie's Ten Thousand Receipts (Philadelphia: Smith & Peters, 1865) 487 S. Sehr umfangreiche und nützliche Rezeptsammlung. Nachdruck in Kurt Saxons *Survivor Vol. 4*.

Makela, Casey, *Milk-Based Soaps. Making Natural, Skin-Nourishing Soap* (Pownal: Storey Books, 1997) 108 S.

Mayer, Hans/Winklbaur, Günther, *Wünschelrutenpraxis* (Wien: Verlag Orac, 1985) 165 S.

McHenry, Paul Graham jr., *Adobe: Build it Yourself* (University of Arizona Press, 1985) 185 S.

Neumann, Friedrich, *Die Windmotoren* (Originalausgabe: 1881; Hannover: Th. Schäfer) 108 S. Windkraft für Mühlen, Sägen, Pumpen usw.

Niemeyer, Richard, *Der Lehmbau und seine praktische Anwendung* (Nachdruck von 1946, Staufen: Ökobuch Verlag) 157 S.

Oehler, Mike, *The $50 and Up Underground House Book* (New York: Mole Publishing Company, 1978, ⁶1997) 116 S. Bestseller über den Bau von Erdhäusern. Der Autor schöpft aus seinem reichen Erfahrungsschatz und gibt genaue Bauanleitungen für billige Erdhäuser aus Holzpfosten, Polyethylenfolien und Glasscheiben. Empfehlenswert!

Opderbecke, Adolf, *Der Maurer* (Leipzig: Verlag B. F. Voigt, ⁴1910; Leipzig: Reprint Verlag, um 1990) 338 S. und 23 Tafeln. Ein Lehr- und Nachschlagewerk zu allen Teilgebieten der Steinbautechnik.

Opderbecke, Adolf, *Der Zimmermann* (Leipzig: Verlag B. F. Voigt, ⁵1910; Leipzig: Reprint Verlag, ca. 1990) 318 S. Techniken des Zimmermanns mit 928 Abbildungen und 27 Tafeln.

Oppenheimer, Betty, *The Candlemaker's Companion. A Complete Guide to Rolling, Pouring, Dipping, and Decorating Your Own Candles* (Pownal: Storey Books, 1997) 168 S.

Park, Benjamin, *Appleton's Cyclopedia of Applied Mechanics. A Dictionary of Mechanical Engineering and the Mechanical Arts* (2 Bde., New York: Appleton & Co., 1886) Ein hervorragendes Nachschlagewerk der angewandten Mechanik mit fast 5000 Illustrationen.

Raaf, Hermann, *Chemie des Alltags von A bis Z. Ein Lexikon der praktischen Chemie* (Freiburg: Herder, ²1991) 310 S. Verbesserte Neuauflage des Klassikers von Römpp. Rezepte zur Herstellung von Farben, Kitten, Klebstoffen, Tinten u. v. m.

Rausch, Wilhelm, *Theoretisch-praktisches Handbuch für Wagenfabrikanten* (Originalausgabe: 1891; Hannover: Th. Schäfer, 1999) 160 S. Ein umfassendes Handbuch zum Bau von Kutschen und pferdegezogenen Lastfahrzeugen.

Reuleaux, F., *Einführung in die Geschichte der Erfindungen* (Leipzig: Otto Spamer, 1884; Augsburg: Bechtermünz, 1998) 646 S.

Richards, Matt, *Deerskins into Buckskins. How to Tan With Natural Materials. A Field Guide for Hunters and Gatherers* (Backcountry Publications, 1997) 160 S. Das beste Buch über das Gerben von Leder.

Richardson, M. T., *Practical Blacksmithing*. Ein Klassiker über alte Schmiedekunst.

Römpp, Hermann/Raaf, Hermann, *Chemie des Alltags. Praktische Chemie für Jedermann* (Stuttgart: Franckh'sche Verlagshandlung, 1939, ^{20}1967, Freiburg: Herder, 1991) 310 S. Sehr gutes Buch mit vielen Rezepten für Haushalt und Landwirtschaft.

Rust, Hildegard, *Vorratshaltung leicht gemacht* (Augsburg: Bechtermünz, 1996) 232 S.

Saxon, Kurt, *The Survivor. Vol. 1–4* (4 Bde., Alpena: Atlan Formularies; 1988, ^{7}1993, 1992) 1864 S. Eine sehr interessante Sammlung von Bauanleitungen und Rezepten aus alten Nachschlagewerken und der Zeitschrift *Popular Mechanics* (USA, 1910er Jahre). Teilweise auch problematische Beiträge (Gifte, Waffen), aber sehr viele nützliche Ideen. Für englisch sprechende Leser zu empfehlen.

Schlee, D./Kleber, H.-P., *Biotechnologie* (Wörterbücher der Biologie, 2 Bde., Jena: Gustav Fischer Verlag) 1096 S. In 4000 Stichwörtern wird ein Überblick über biotechnologische Grundlagen, Methoden und Techniken gegeben. Wichtige Informationen für die Herstellung bestimmter Nahrungsmittel und Pharmazeutika.

Schmidt, Otto, *Die Eindeckung der Dächer* (Originalausgabe: 1885; Hannover: Th. Schäfer) 124 S. Dachdeckungen mit Brettern, Schindeln, Stroh, Rohr, Ziegeln, Zementplatten, Schiefer, Pappen, Asphaltfilzen, Zinkblechen, Kupfer- und Bleiplatten werden beschrieben.

Seymour, John, *Vergessene Haushaltstechniken* (Berlin: Urania Verlag, 1999) 131 S. Abbildungen alter Waschmaschinen, Bügeleisen usw.

Seymour, John, *Vergessene Künste. Bilder vom alten Handwerk* (Ravensburger Buchverlag, 1984) 192 S. Ein empfehlenswertes Buch, das viele alte Handwerksmethoden wenigstens im Überblick schildert: Holzbearbeitung, Hausbau, Schmieden, Wagen- und Bootsbau, Töpfern, Papierherstellung, Korbflechten, Spinnen und Weben u. v. m.

Spiesberger, Karl, *Der erfolgreiche Pendel-Praktiker* (Freiburg: Hermann Bauer, ^{1}1963, ^{10}1981) 112 S.

Tholen, Michael, *Arbeitshilfen für den Brunnenbauer. Brunnenausbautechniken und Brunnensanierung* (Köln: Rudolf Müller, 1997) 212 S.

Toth, Max/Nielsen, Greg, *Pyramid Power. Kosmische Energie der Pyramiden* (Freiburg: Hermann Bauer, 1977)

Village Technology Handbook (Arlington: Vita Publications, ^{3}1988) 430 S. Ein für Entwicklungshelfer (auf englisch) geschriebenes Buch mit vielen Bauanleitungen. Enthält Kapitel über Brunnenbau, Pump- und Wasserleitungssysteme, Wasseraufbewahrung und -reinigung, Latrinenbau, Landwirtschaft und Gartenbau, Nahrungsverarbeitung und -konservierung, Bauen mit Beton und Erdmaterial, einfache Waschmaschinen, Kochstellen und Öfen, Seifenherstellung, Töpferei, Papier- und Kerzenherstellung usw.

Warth, Otto, *Die Konstruktion in Holz* (Originalausgabe: 1900; Hannover: Th. Schäfer) 508 S. Mit 825 Illustrationen im Text und 124 Bildtafeln, seinerzeit ein Standardwerk.

Warth, Otto, *Die Konstruktion in Stein* (Originalausgabe: 1903; Hannover: Th. Schäfer) 584 S. Alle wichtigen Techniken, Konstruktionen und statischen Einflüsse.

White, Elaine C., *Soap Recipes. 70 Tried-and-True Ways to Make Modern Soap* (Starkville: Valley Hills Press) 224 S.

Energietechnik

Evangelista, Anita, *How to Live Without Electricity – And Like It* (Port Townsend: Breakout Productions, 1997) 158 S.

Crome, Horst, *Windenergie-Praxis* (Staufen: Ökobuch Verlag, 1987, 1989) 152 S.

Halacy, Beth & Stan, *Cooking With the Sun. How to Build and Use Solar Cookers* (Lafayette: Morning Sun Press, 1992) 114 S.

Hallenga, Uwe, *Wind. Strom für Haus und Hof* (Freiburg, Ökobuch Verlag, 1990) 76 S.

Hanus, Bo, *Das große Anwenderbuch der Solartechnik* (Poing: Franzis' Verlag) 368 S.

Hanus, Bo, *Das große Anwenderbuch der Windgeneratortechnik* (Poing: Franzis' Verlag, 1997) 322 S.

Hanus, Bo, *Solaranlagen richtig planen, installieren und nutzen* (Poing: Franzis' Verlag) 298 S.

Hanus, Bo, *Wie nutze ich Solarenergie in Haus und Garten?* (Poing: Franzis' Verlag, ³1998) 96 S.

Köthe, H.-K., *Stromversorgung mit Solarzellen* (Poing: Franzis' Verlag) 416 S.

Ladener, Heinz, *Solare Stromversorgung. Grundlagen, Planung, Anwendung* (Staufen: Ökobuch Verlag, ²1995) 285 S.

Manning, Jeane, *Freie Energie. Die Revolution des 21. Jahrhunderts* (Düsseldorf: Omega-Verlag, 1997, ²1998) 313 S. Gibt einen guten Überblick über aktuelle Forschungen im Bereich der Freien Energie (Nullpunktenergie, Vakuumenergie) sowie ein umfangreiches Literatur- und Adressenverzeichnis.

Muntwyler, Urs, *Praxis mit Solarzellen. Kennwerte, Schaltungen und Tips für Anwender.* (Poing: Franzis' Verlag, 1993) 144 S.

Schulz, Heinz, *Biogas-Praxis* (Staufen: Ökobuch Verlag) 187 S.

Steinhorst, Peter, *Heißes Wasser von der Sonne* (Staufen: Ökobuch Verlag) 180 S.

Szczelkun, Stefan A., *Survival Scrapbook. Three: Energy* (Leeds: Unicorn Bookshop, 1973) 116 S.

Werdich, Martin, *Stirling-Maschinen. Grundlagen, Technik, Anwendung* (Staufen: Ökobuch Verlag, ³1994) 144 S.

Psychische und spirituelle Vorbereitung

Benediktionale. Studienausgabe für die katholischen Bistümer des deutschen Sprachraums (Freiburg, Basel, Wien: Herder, 1991) 456 S. Enthält Segnungen für Weihwasser, Kerzen usw.

Carnegie, Dale, *Sorge Dich nicht – lebe!* (München: Scherz Verlag, 2000) 342 S.

Die Bibel. Einheitsübersetzung (Stuttgart: Katholisches Bibelwerk, 1991) 1456 S.

Egli, René, *Das LOL²A-Prinzip. Die Vollkommenheit der Welt* (Oetwil: Ed. d'Olt). Versucht aufzuzeigen, wie man durch die Kraft der eigenen Gedanken Leben, Überleben und Wohlergehen sichern kann.

Gotteslob. Katholisches Gebet- und Gesangbuch, herausgegeben von den Bischöfen Deutschlands und Österreichs und der Bistümer Bozen-Brixen und Lüttich (Stuttgart: Katholische Bibelanstalt GmbH, 1975) 982 S.

Murphy, Joseph, *Die Macht Ihres Unterbewußtseins* (München: Ariston, 1999) 287 S. Grundlegendes Werk über den Nutzen positiven Denkens.

Rando, Therese A., *How To Go On Living When Someone You Love Dies* (Bantam Books, 1991) 338 S.

Röder, Karl-Heinz/Minich, Ingrid, *Psychologie des Überlebens. Survival beginnt im Kopf* (Stuttgart: Pietsch-Verlag) 176 S.

Siegmund, Georg (Hg.), *Der Exorzismus der katholischen Kirche. Authentischer lateinischer Text nach der von Papst Pius XII. erweiterten und genehmigten Fassung mit deutscher Übersetzung* (Stein am Rhein: Christiana-Verlag, ²1989) 102 S.

Sonstige Bücher

Alibek, Ken/Handelman, Stephen, *Direktorium 15. Rußlands Geheimpläne für den biologischen Krieg* (München: Econ, 1999) 383 S.

Brin, David, *The Postman* (Bantam Books, 1990). Roman über das Leben im postatomaren Amerika.

Brinkley, William, *The Last Ship* (Ballantine Books, 1989) Roman: 178 Menschen überleben auf einem Schiff den Atomkrieg.

Defoe, Daniel, *Robinson Crusoe* (München: C. H. Beck, 1984) 414 S. Roman zur Vorbereitung nicht nur von Kindern und Jugendlichen auf Survival-Situationen.

Die Dynamik der Erde (Spektrum der Wissenschaft-Verlag, 1988)

Eternel, Père, *Das letzte Rettungsmittel für die Welt* (St. Andrä-Wördern: Mediatrix-Verlag, ¹³1998)

Fabrikverkauf in Deutschland 2000/2001. Der große Einkaufsführer (Zeppelin Verlag, 1999) 640 S. Adressen billiger Bezugsquellen für verschiedenste Waren.

Farkas, Viktor, *Zukunftsfalle – Zukunftschance. Leben und Überleben im Dritten Jahrtausend* (Frankfurt: Umschau Braus, 2000) 276 S. Eine aufrüttelnde Analyse gegenwärtiger und zukünftiger Probleme, welche die gesamte Menschheit betreffen.

Frank, Pat, *Alas Babylon* (Harper Collins, 1999) 323 S. Spannender Roman über das Leben nach einem Atomkrieg.

Kaiser, Peter, *Vor uns die Sinflut* (München: Langen-Müller, 1986)

Langenscheidts Sprachführer Chinesisch (Berlin, München, Wien, Zürich: Langenscheidt, ⁸1991) 220 S.

Matesic, Josip, *30 Stunden Russisch für Anfänger* (Berlin, München, Wien, Zürich: Langenscheidt, ⁷1991) 168 S.

Miller, Walter M., *Lobgesang auf Leibowitz* (am. Original: *A Canticle for Leibowitz*; München: Heyne 2000) 424 S. Literarisch wie moralisch wertvoller Endzeit-Roman.

Miller, Walter M., *Ein Hohelied für Leibowitz* (am. Original: *Saint Leibowitz and the Wild Horse Woman*; München: Heyne, 2000) 667 S. Nach dem Tod des Autors von Terry Bisson fertiggestellte Fortsetzung von *Lobgesang auf Leibowitz*, lange nicht so eindrucksvoll wie der erste Teil.

Musgrove, Gordon, *Operation Gomorrah. The Hamburg Firestorm Raids* (London: Jane's, 1981)

Niven, Larry/Pournel, Jerry, *Lucifer's Hammer* (Fawcett Books, 1983). Roman über das Überleben nach dem Einschlag eines großen Kometen.

Ing, Dean, *Pulling Through* (Ace Books, 1987). Roman über das Überleben in einer nach einem Atomkrieg durch Fallout verseuchten Umwelt.

Sonnleitner, Alois Th., *Die Höhlenkinder* (Stuttgart: Franckh-Kosmos Verlag, ⁶²1996) Jugendroman über zwei Kinder, die in einem abgeschiedenen Tal die grundlegenden Kulturfertigkeiten der Menschheit neu erfinden müssen.

Steinhäuser, Gerhard R, *Unternehmen Stunde Null* (1975; München: Goldmann, 1984) 280 S. Tagebuchroman über die Erlebnisse eine kleinen Gruppe während der Jahre einer Polwende in Österreich.

Vacca, Roberto, *The Coming Dark Age* (Doubleday & Co., 1973)

von Haßler, Gerd, *Wenn die Erde kippt* (Bern: Scherz, 1981; Hamburg: Facta Oblita Verlag, 1998) 344 S.

Wylie, Philip, *Tomorrow!* (New York: Rinehart & Co., 1954). Roman.

Wyß, Johann David, *Die Schweizer Familie Robinson. In freier Nacherzählung von Inge M. Artl* (Ravensburg: Maier, 1979) 254 S. Eine für Kinder empfehlenswerte Robinsonade.

Wichtige Adressen

Die folgende Liste ist keineswegs vollständig, sondern eine Sammlung von Adressen, die ich persönlich im Lauf der Zeit fand, die von Freunden empfohlen wurden, oder die ich dem Branchenverzeichnis entnahm. Die Reihung ist willkürlich und sagt nichts über die Qualität der aufgelisteten Firmen aus.
Bei Unternehmen mit mehreren Filialen ist meist nur die Zentrale angegeben. Bitte erfragen Sie dort, ob Dependancen in Ihrer Nähe existieren, oder entnehmen Sie diese Information den »Gelben Seiten« oder den angegebenen Internetseiten!
Es gibt sicher noch weitere gute Adressen, die hier nicht angeführt sind; ich bitte um Mitteilung an den Verlag oder per E-Mail an karl.leopold@usa.net.
Viele der Firmen senden Ihnen auf Anfrage gerne einen Katalog zu. Telefonnummern werden jeweils für das entsprechende Land angegeben. Rufen Sie vom Ausland an, so streichen Sie bitte die erste 0 und wählen Sie statt dessen die Landeskennzahl: Deutschland: +49, Österreich: +43, Schweiz: +41.

Bücher und Zeitschriften

Verlage:

Pietsch-Verlag
Survivalliteratur
Postfach 103743, D-70032 Stuttgart, Tel.: (0711) 21080-65, Fax: (07) 21080-70

Edition »libri rari« im Th. Schäfer Verlag
Fach- und Sachbücher aus vergangenen Jahrhunderten
Stockholmer Allee 5, D-30539 Hannover, Tel.: (0511) 87575075,
Fax: (0511) 87575079

Kurt Saxon – Atlan Formularies
Bücher für »Survivalisten«
P.O. Box 95, USA-72611 Alpena/Arkansas
http://kurtsaxon.com/

Ewertverlag GmbH
Literatur über Freie Energie, Weltverschwörungen usw.
Mühlentannen 14, D-49762 Lathen (Ems), Tel.: (0 95 33) 9 26 20, Fax: (0 95 33) 9 26 21
http://www.ewertverlag.de/

Michaels Verlag und Vertrieb GmbH
Hintergrundinformationen zur Politik, Freie Energie (Tesla Gesamtausgabe) usw.
Sonnenbichl 12, D-86971 Peiting, Tel.: (0 88 61) 5 90 18, Fax: (0 88 61) 6 70 91
http://www.michaelsverlag.de/

Mediatrix-Verlag
Verlag für geistliche und prophetische Literatur
Seilerstätte 16, A-1010 Wien, Tel.: (0 22 42) 3 83 86, Fax: (0 22 42) 38 36 09
Kapuzinerstraße 7, D-84495 Altötting, Tel.: (0 86 71) 1 20 15, Fax: (0 86 71) 8 45 19

Zeitschriften:

Ringelblume
Heilkräuterkunde
Verein »Freunde der Heilkräuter«
Hauptstraße 17, A-3822 Karlstein/Thaya
Tel.: (0 28 44) 70 70

Natürlich Leben
Postfach 114, Christian-Plattner Straße 8, A-6300 Wörgl, Tel.: (0 53 32) 36 06,
Fax: (0 53 32) 7 64 26

InterInfo – Internationaler Hintergrundinformationsdienst für Politik, Wirtschaft und Wehrwesen
Feldstraße 15, A-4611 Buchkirchen, Tel.: (0 72 42) 2 83 70 73, Fax: (0 72 42) 2 83 70 77

Der schwarze Brief
wöchentlich erscheinende Hintergrundinformationen aus Politik und Kirche
Verlag Claus Peter Clausen, Postfach 1327, D-59523 Lippstadt, Tel.: (0 29 41) 7 71 47,
Fax: (0 29 41) 5 91 23

Wolpertinger Zeitschrift – Heiße Tips in heißen Zeiten
Oberstattenbach 17, D-84364 Bad Birnbach, Tel.: (0 85 63) 9 13 30

Der 3. Weg – Zeitschrift für natürliche Wirtschaftsordnung!
Redaktion der 3. Weg, Wilhelm Schmulling, Erftstraße 57, D-45219 Essen (Kettwig),
Tel.: (0 20 54) 8 16 42, Fax: (0 20 54) 8 49 55

Stern der Endzeit
neue Prophezeiungen, Beiträge zur Polsprungforschung, »Nostradamus-Interviews«
Verlag für Vorzeit- und Zukunftsforschung, Hans-Jürgen Andersen, Amselstraße 15,
D-58285 Gevelsberg, Tel.: (0 23 32) 1 07 65, Fax: (0 23 32) 91 46 10

Camping-, Jagd-, Berg- und Survival-Ausrüstung

Därr Expeditionsservice GmbH
Theresienstraße 66, D-80333 München, Tel.: (089) 28 20 32, Fax: (089) 28 25 25
http://www.daerr.de/

Lauche und Maas Globetrotter
Alte Allee 28, D-81245 München, Tel.: (089) 88 07 05, Fax: (089) 83 12 88
http://www.lauche-maas.de/

Denart und Lechhart Globetrotter Ausrüstung GmbH
Bergkoppelstieg 12, D-22145 Hamburg, Tel.: (040) 6 79 66-179, Fax: (040) 6 79 66-186
http://www.globetrotter.de/

H. Räer Ausrüstungen GmbH
Altes Dorf 18–20, D-31137 Hildesheim, Tel.: (0 51 21) 7 48 79-60,
Fax: (0 51 21) 7 48 76-66
Marienstraße 58, D-30171 Hannover, Tel.: (05 11) 81 63 59, Fax: (05 11) 85 22 57
http://www.raeer.com/

Alljagd Versand GmbH
Postfach 1145, D-59521 Lippstadt, Tel.: (0 29 41) 97 40 70, Fax: (0 29 41) 97 40 99

Eduard Kettner
Jagd-Bekleidung und Ausrüstung
Krebsgasse 5, D-50667 Köln, Tel. (02 21) 2 57 62 05, Fax: (02 21) 2 57 05 00
Nordring 8, A-2334 Wien (Vösendorf-Süd), Tel.: (01) 6 90 20-0
Industriestrasse 22, CH-6102 Malters, Tel.: (041) 4 99 90 30, Fax: (041) 4 99 90 39
http://www.kettner.de/

Travel Center Bernd Woick GmbH
Plieningerstraße 21, D-70794 Filderstadt-Bernhausen, Tel.: (07 11) 7 09 67 00,
Fax: (07 11) 7 09 67 70
http://www.woick.de/

Süd-West Versand GmbH
Wörthstraße 40, D-89129 Langenau, Tel.: (0 73 45) 8 07-70, Fax: (0 73 45) 8 07-90

Trans Globe Versand
Schlottfelderstraße 40, D-52074 Aachen, Tel.: (02 41) 17 61 43, Fax: (02 41) 17 57 64

Freizeit- und Fahrtenbedarf GmbH
Dietenheimer Straße 13, D-89257 Illertissen, Tel.: (0 73 03) 1 60-100,
Fax: (0 73 03) 1 60-120
http://www.fahrtenbedarf.de/

Sack & Pack – Reiseausrüstungen
Brunnenstrasse 6, D-40223 Düsseldorf, Tel: (02 11) 34 17 42, Fax: (02 11) 33 14 06
http://www.sackpack.de/

Frankonia Jagd
Randersackerer Straße 5, D-97072 Würzburg, Tel.: (09 31) 8 00 07-0,
Fax: (09 31) 8 00 07-10
http://www.waffen-online.de/frankonia.htm

Wilde Globe
Heckenstraße 1, D-82140 Olching, Tel.: (0 81 42) 1 72 46

kraxel.com Handelsgesellschaft mbH
Birkenring 115, D-16356 Eiche, Tel.: (030) 99 49 93-94, Fax: (030) 99 49 93-95
http://www.kraxel.com/

Danner – Outdoor, Camping, Kanusport
Hornacherstrasse 18, D-94436 Simbach bei Landau, Tel.: (0 99 94) 8 52,
Fax: (0 99 54) 90 52 43
http://outdoor-danner.de/

Charbit-Doursoux
Kirchstraße 9, D-76707 Hambrücken, Tel.: (0 72 55) 2 03 85

Der Abenteuer Shop
http://www.abenteuer-shop.de/

IN.F.O. Insider Für Outside(r)
Brühlstrasse 5, D-72636 Linsenhofen, Tel. und Fax: (0 70 25) 84 00 00
http://www.info-outdoorshop.de/

Bergsport Sundermann
Hindenburgplatz 64/66, D-48143 Münster, Tel.: (02 51) 5 59 96,
Fax: (02 51) 5 15 79
http://www.bergsportsundermann.de/

Ranger Outdoor-Versand
günstige Bezugsquelle für ABC-Schutzmasken
Werner von Siemens Straße 3, D-24783 Osterrönfeld, Tel.: (0 43 31) 86 86-0,
Fax: (0 43 31) 86 86-86
http://www.ranger.de/

Feuchter GmbH & Co. KG
führt auch Feuer-, Ballistik- und ABC-Schutzkleidung
Salzweger Straße 5, D-94034 Passau, Tel.: (08 51) 49 35-0, Fax: (08 51) 49 35-100
http://www.feuchter.de/

Kotte & Zeller GmbH
Industriestrasse 4, D-95365 Rugendorf, Tel.: (0 92 23) 3 07, Fax: (0 92 23) 81 74

FOXC-Versand
Postfach 1508, D-87405 Kempten
http://www.foxc-versand.de/

Hof & Turecek Expeditionsservice GmbH
Ausrüstung: Markgraf-Rüdiger-Straße 1, A-1150 Wien
Bekleidung: Reithoferplatz 15, A-1150 Wien, Tel.: (01) 9 82 23 61 oder 9 85 21 74,
Fax: (01) 9 82 19 21

Robinson – Ausrüstung für Trekking und Survival
Kriemhildplatz 10, A-1150 Wien, Tel.: (01) 9 82 56 55, Fax: (01) 9 82 39 91

Bergfuchs
Kaiserstraße 15, A-1070 Wien, Tel.: (01) 5 23 96 98, Fax: (01) 5 22 06 48
http://www.bergfuchs.at/

Scout-Shop
Breite Gasse 13, A-1070 Wien, Tel.: (01) 5 23 54 44-0, Fax: (01) 5 23 54 44-20
http://www.scoutshop.at/

Transa Backpacking AG
Aeschengraben 13, CH-4051 Basel, Tel.: (061) 2 73 53-33, Fax: (061) 2 73 53-35
http://www.transa.ch/

Unterwegs, Reise- und Trekkingausrüstung
Rain 31, CH-5000 Aarau, Tel.: (062) 8 24 84 18
http://www.unterwegs.ch/

Spatz Camping, Hans Behrmann AG
Hedwigstrasse 25, CH-8029 Zürich, Tel.: (01) 3 83 38 38, Fax: (01) 3 82 11 53
http://www.spatz.ch/

Trekking, Outdoor and Travel Wear
Harzachstrasse 8, CH-8404 Winterthur, Tel.: (052) 2 38 15 66

Exped AG
Hardstrasse 81, CH-8004 Zürich, Tel.: (01) 4 97 10-10, Fax: (01) 4 97 10-11
http://www.exped.com/

Liquidations-Shops der Schweizer Armee
Geschäfte befinden sich in Meiringen, Seewen, Thun, Liestal, St. Gallen, Morges und
Bellinzona. Nähere Informationen unter:
http://www.vbs.admin.ch/internet/d/armee/shop/index.htm

Zivilschutz, Erste Hilfe

Bundesamt für Zivilschutz
Deutschherrenstraße 93–95, D-53177 Bonn – Bad Godesberg, Tel.: (02 28) 94 00,
Fax: (02 28) 9 40 14 24
http://www.bzs.bund.de/

Österreichischer Zivilschutzverband
Der ÖZSV hat einen *Zivilschutzkatalog* herausgegeben, der alle einschlägigen Adressen in Österreich zusammenfaßt.
Am Hof 4, 1010 Wien, Tel.: (01) 5 33 93-23, Fax: (01) 5 33 93 23-20
http://www.fh-mars.ac.at/zivilschutz/

Bundesministerium für Inneres – Abteilung für Zivilschutz,
1010 Wien, Herrengasse 6–8, Postanschrift: Postfach 100, A-1014 Wien,
Tel.: (01) 5 31 26 27-03, Fax: (01) 5 31 26 27-06
http://www.bmi.gv.at/

Bundesamt für Zivilschutz – Sektion Information
Monbijoustrasse 91, CH-3003 Bern, Tel.: (031) 3 22 50 36, Fax: (031) 3 22 52 25
Bitte erfragen Sie dort die Adressen für Ihren Kanton!
http://www.zivilschutz.admin.ch/

Arbeiter-Samariter-Bund – Bundesgeschäftsstelle
Sülzburgstraße 140, D-50937 Köln
http://www.asb-online.de/

Deutsche Lebens-Rettungs-Gesellschaft
Im Niedernfeld 2, D-31542 Bad Nenndorf
http://www.dlrg.de/

Deutsches Rotes Kreuz – Generalsekretariat
Friedrich-Ebert-Allee 71, D-53113 Bonn
http://www.rotkreuz.de/

Deutscher Feuerwehr Verband
Koblenzer Straße 133, D-53177 Bonn
http://www.dfv.org/

Johanniter-Unfall-Hilfe e.V. – Bundesgeschäftsstelle
Postfach 30 41 40, D-10724 Berlin
http://www.johanniter.de/

Malteser-Hilfsdienst e.V. – Generalsekretariat
Kalker Hauptstraße 22–24, D-51103 Köln
http://www.malteser.de/

Bundesanstalt Technisches Hilfswerk – Leitung
Deutschherrenstraße 93, D-53177 Bonn – Bad Godesberg
http://www.thw.de/

Schutzraumbau und -technik, Bevorratung

Keller & Sohn, ABC-Schutz und Sicherheitstechnik
Lambsheimer Straße 17, D-67227 Frankenthal, Tel.: (0 62 33) 31 71-0,
Fax: (0 62 33) 3 17 71-11

Kopp-Schutzraumtechnik
Urspring, Lonseer Straße 4, D-89173 Lonsee, Tel.: (01 72) 7 31 37 32

Firma Reichl
Krämergasse 3–5, D-84453 Mühldorf am Inn, Tel.: (0 86 31) 1 31 72,
Fax: (0 86 31) 1 46 58

Hans Klapper sen., Schutzraumbau
Leibnizweg 1, D-73035 Göppingen, Tel.: (0 71 61) 7 44 60

TSS-Technischer Strahlenschutz GmbH
Fuchsend 12, D-52428 Jülich, Tel.: (0 24 63) 10 50, Fax: (0 24 63) 31 83

Bartel GmbH
Neuendorfer Straße 67, D-13585 Berlin, Tel.: (030) 3 35 60 91

Nanz Sicherheitstechnik GmbH & Co.
Gsteinacher Straße 15, D-90537 Feucht, Tel.: (0 91 28) 1 27 12, Fax: 1 27 11

Enforcer – Pülz GmbH
Ubstadter Straße 36, D-76698 Ubstadt-Weiher, Tel.: (0 72 51) 96 51-0,
Fax: (0 72 51) 96 51-14
http://www.enforcer.de/

Exacta-Fenster-Bau GmbH (Sicherheitsglas)
Briedestraße 15–17, D-40599 Düsseldorf, Tel.: (02 11) 74 20 98, Fax: (02 11) 74 71 52

SBK-Schutzraumbedarf
Schulstraße 32, D-49536 Lienen, Tel.: (0 54 83) 74 93 96, Fax: (0 54 83) 74 93 97

Innova Sicherheitstechnik GmbH
A-6314 Niederau 176, Tel.: (0 53 39) 25 10, Fax: (0 53 39) 27 20

Michaels Vertrieb, Abteilung Sicherheitstechnik, Sonnenbichl 12, D-86971 Peiting,
Tel.: (0 88 61) 5 90 18, Fax: (0 88 61) 6 70 91
http://www.innova-zivilschutz.com/

SEBA Selbstschutzzentrum Gmunden GmbH
Spezialunternehmen für Zivilschutz – Schutzraumbau
Herakhstraße 36, A-4810 Gmunden, Tel.: (0 76 12) 7 00 97, Fax: (0 76 12) 7 00 97-4
http://members.eunet.at/seba/about.html

Ferdinand Krobath KG
Grazerstraße 35, A-8330 Feldbach, Tel.: (0 31 52) 28 13-162, Fax: (0 31 52) 28 13-516

Barnet Erich Schutzraumtechnik GmbH & Co KG
Ullmannstraße 19, A-1150 Wien, Tel.: (01) 8 93 68 15-0, Fax: (01) 8 93 68 15-14

Sulzer Infra Anlagen- und Gebäudetechnik GmbH
Leberstraße 120, A-1110 Wien, Tel.: (01) 7 40 36-0, Fax: (01) 7 40 36-100

Ing. Rudolf Duschek GmbH
Würtzlerstraße 18, A-1030 Wien, Tel.: (01) 7 98 82 36-0, Fax (01) 7 98 82 36-23

Einrichtungen für Schutz und Sicherheit, Ing. Adolf Pöltl
Viktor Adler-Straße 56, A-2345 Brunn am Gebirge, Tel.: (0 22 36) 3 45 77

Keinrad Hubert, Schutzraumtechnik
Hausleitenstraße 14, A-4522 Sierning, Tel.: (0 72 59) 27 65, Fax: (0 72 59) 54 86

LUWA Filteranlagen
Deutschstraße 4, A-1230 Wien, Tel.: (01) 6 17 55 33-0, Fax: (01) 6 17 55 33-34
http://www.luwa.at/

Stubai Werkzeugindustrie GmbH
Dr.-Kofler-Straße 1, A-6166 Fulpmes, Tel.: (0 52 25) 69 60-0, Fax: (0 52 25) 69 60-12

Lunor, G. Kull AG
Schutzraum-Teile, Zivilschutz-Anlagen, Luftentfeuchtung
Aemtlerstrasse 96a, CH-8003 Zürich, Tel.: (01) 4 55 50 70, Fax: (01) 4 51 16 26
http://www.lunor.ch/

Mengeu Schutzraumtechnik
St. Gallerstrasse 10, CH-8353 Elgg, Tel.: (052) 3 68 66-66, Fax: (052) 3 68 66-55
http://www.mengeu.ch/

Hipo-Glas
Sicherheitsglas
Keltenstrasse 17, CH-3018 Bern, Tel.: (031) 9 91 10 05, Fax: (031) 9 92 62 22

Saatgut

Feldsaaten Freudenberger, Biosaatgut (EU)
Magdeburger Straße 2, D-47800 Krefeld, Tel.: (0 21 51) 44 17-0,
Fax: (0 21 51) 44 17-53
http://www.freudenberger.net/

Marktgesellschaft der Naturland-Betriebe Süd-Ost
zertifiziertes Öko-Getreidesaatgut
Eichethof, D-85411 Hohenkammer, Tel.: (0 81 37) 93 18-60, Fax: (0 81 37) 93 18-99

Verein zur Erhaltung der Nutzpflanzenvielfalt e.V., c/o Ursula Reinhard
Sandbachstraße 5, D-38162 Schandelah, Tel. und Fax: (0 53 06) 14 02

Samen Schröder
Alt Vorst 16a, D-41564 Kaarst, Fax: (02131) 669558
http://www.oekosamen.de/

Blauetikett-Bornträger GmbH
D-67591 Offstein, Tel.: (06243) 905327

Hild-Samen
Kirchenweinbergstraße 115, D-71672 Marbach, Tel. (07144) 8473-11,
Fax: (07144) 8473-99
http://www.hildsamen.de/

Arche Noah – Gesellschaft zur Erhaltung der Kulturpflanzenvielfalt und deren Entwicklung
Die erste Adresse für widerstandsfähiges, biologisches Saatgut!
Obere Straße 40, A-3553 Schiltern, Tel.: (02734) 8626, Fax: (02734) 8627
http://www.arche-noah.at/

Projekt Leben, Art und Vielfalt
A-8385 Mühlgraben 46, Tel.: (03329) 43000

Biosem, Susanne und Adrian Jutzet
CH-2202 Chambrelien, Tel.: (038) 451058, Fax: (038) 451718

Züger Pflanzen- und Gartenbau
Schlossweg, CH-8610 Uster, Tel.: (01) 9404334, Fax: (01) 9417473

Elektrik und Elektronik

Conrad Electronic GmbH
Klaus-Conrad-Straße 1, D-92240 Hirschau, Tel.: (0180) 5312111,
Fax: (0180) 5312110
http://www.conrad.de/
Durisolstraße 1, A-4600 Wels, Tel.: (07242) 203040, Fax: (07242) 203044
http://www.conrad.at/
Schlössliweg 2-6, CH-4500 Solothurn, Tel.: (032) 6250825, Fax: (032) 6250886
http://www.conrad.ch/

Import-Export Wolfgang Hanfstingel
Spezialist für Stromerzeuger (Dieselaggregate)
Riegersdorf 26, A-8264 Hainersdorf, Tel.: (03385) 5811, Fax: (03385) 5817
http://members.magnet.at/hanfst/

Diverse Kurse

Akademie für Notfallplanung und Zivilschutz im Bundesamt für Zivilschutz
Seminare zum Thema Zivilschutz
Ramersbacher Straße 95, D-53474 Bad Neuenahr-Ahrweiler, Tel.: (02641) 3810,
Fax: (02641) 381218

Bundesamt für Zivilschutz – Sektion Information
Monbijoustrasse 91, CH-3003 Bern, Tel.: (031) 3225036, Fax: (031) 3225225
Bitte erfragen Sie dort die Kontaktadressen und Termine für Zivilschutzkurse in
Ihrem Kanton, oder besuchen Sie die folgende Internetadresse:
http://www.zivilschutz.admin.ch/

Harzer Survivalschule, Lars Spanger
Herzog-Julius-Straße 63a, D-38667 Bad Harzburg, Tel.: (05322) 928488,
Fax: (05322) 928489
http://www.harzersurvivalschule.de/

Origo, Jacob Hirzel
Steinzeit-Survival-Kurse
Gosswill, CH-8492 Wila, Tel.: (052) 3853906

Michael Unger Outdoor Team GbR
An der Talsperre 5, D-09648 Mittweida, Tel.: (03727) 600119, Fax: (03727) 3013
http://www.outdoorteam.de/

Outdoor-Praxis, Gerrit Mann
Scholwiese 24, D-49733 Haren, Tel.: (04921) 66756, Fax: (06979) 1221807

Reinhard Zwerger und Uschi Raab
D-79874 Breitnau, Tel.: (07651) 5494, Fax: (07651) 5404

WAFE – Survivalschule, Mike und Evi Lesswing
Am Winkelweg 21, D-96129 Zeegendorf, Tel.: (09505) 950457,
Fax: (09505) 950458
http://www.wafe-survival.de/

Svenska Överlevnadssällskapet
Survival-Kurse in Schweden
Box 7096, S-17207 Sunbyberg
Information: Claes Calmram, Stensövägen 80, S-39247 Kalmar, Tel.: (0480) 28181
oder (0708) 336687, Fax: (0708) 336624
http://www.survive.nu/german.html

**Weitere Survivaltraining-Anbieter finden Sie unter der Adresse
http://www.millennium-ark.net/.**

Sonstige Adressen

Westfalia Werkzeug GmbH
Werkezeugstraße 1, D-58082 Hagen, Tel.: (01 80) 5 30 31 32, Fax: (02331) 35 55 30
http://www.westfalia-werkzeug.de/

Helbig Medizintechnik Vertriebs-GmbH
Auweg 3, D-74861 Neudenau, Tel.: (0 62 64) 92 22-0
http://www.helbig.de/

Waschbär – Umweltproduktversand GmbH für Haushalt, Kleidung, Allerlei
Kaiser-Joseph-Straße 264, D-79098 Freiburg, Tel.: (07 61) 28 83 36
http://www.waschbaer.de/

Deutsche Gesellschaft für technische Zusammenarbeit (GTZ)
Informationen über handwerkliche und landwirtschaftliche Fertigkeiten (für Entwicklungsländer)
Dag-Hammarskjöld-Weg 1–5, D-65760 Eschborn, Tel.: (0 61 96) 79-0
http://www.gtz.de/

Verein »Freunde der Heilkräuter«
Der Verein von »Kräuterpfarrer« Hermann-Josef Weidinger.
Hauptstraße 17, A-3822 Karlstein/Thaya, Tel.: (02844) 7070

ARGE Projekt Omega & Alpha
plant ein Überlebensdorf in Ostösterreich
Schönbrunner Schloßstraße 23/16, A-1120 Wien

Minerol Industrieprodukte GmbH
pannensichere Fahrradschläuche aus Amerika (»No-MorFlats«)
Schönbrunnerstraße 285, A-1120 Wien, Tel.: (01) 8 13 66 67, Fax: (01) 8 13 26 53

UVO – Grander-Wasserbelebungs-Technologie
Gschwandtkopf 702, A-6100 Seefeld, Tel.: (0 52 12) 41 92, Fax: (0 52 12)/41 92-28
Archstraße 15, D-82467 Garmisch-Partenkirchen, Tel.: (0 88 21) 94 77 10,
Fax: (0 88 21) 7 94 76
Pestalozzistraße 14, CH-8865 Bilten, Tel.: (055) 6 15 36 48, Fax: (055) 6 15 36 51
http://www.grander.com/

Verein Österreichischer Rutengänger, Vivendi-Wasserbelebung
Kittenbach 14, A-8082 Kirchbach, Tel.: (031 16) 28 41, Fax: (031 16) 2 84 14

Dräger Sicherheitstechnik GmbH
Meßgeräte für C-Kampfstoffe
Revalstraße 1, D-23560 Lübeck, Tel.: (04 51) 882-0, Fax: (04 51) 882-20 80
http://www.draeger.com/german/st/index.htm

Internet-Adressen

Websites, die bereits im Lexikonteil oder im Adressenverzeichnis genannt wurden, sind im allgemeinen hier nicht mehr angeführt. Da sich Internet-Links schnell ändern, werde ich unter der Adresse http://www.wk3.net/ regelmäßig eine aktualisierte Liste veröffentlichen. Dort finden Sie auch eine längere Liste von Sites, die sich mit Prophezeiungen beschäftigen.

Sicherheitspolitik und Kriegsgefahr

http://www.wk3.net/
Diese Adresse ist quasi die »Fortsetzung« meiner Bücher; ich werde dort in unregelmäßigen Abständen Ergänzungen zum *Lexikon der Prophezeiungen* und zum *Lexikon des Überlebens* ins Netz stellen: Neue Prophezeiungen, Kommentare zur politischen Lage, Vorzeichen und aktualisierte Links.

http://members.spree.com/sci-fi/diezukunft/index.htm
Die beste (deutschsprachige) Adresse zum Thema »Dritter Weltkrieg«. Früher bekannt unter dem Domainnamen www.der-dritte-weltkrieg.de. Das *Forum* ist *der* Treffpunkt, um mit Gleichgesinnten zu diskutieren.

http://www.prophezeiungen-zur-zukunft-europas.de/
Prophezeiungen zur Zukunft Europas: engagierte Site des Prophezeiungsforschers Stephan Berndt

http://www.worldnetdaily.com/
Internetzeitung mit hervorragenden politischen Analysen, insbesondere jene von Jeff R. Nyquist

http://www.stratfor.com/
politische und sicherheitspolitische Nachrichten aus aller Welt

http://www.fas.org/
Nachrichten aus den Bereichen Politik, Technologie und Wissenschaft im Hinblick auf die globale Sicherheit

http://www.worldwatch.org/
Artikel über globale Entwicklungen

http://www.worldwidenews.com/wwnoo.htm
Zeitungen der ganzen Welt

http://www.janes.com/
aktuelle Informationen über militärische Entwicklungen

http://www.weltalmanach.de/
Der Fischer Weltalmanach liefert aktuelle Daten zu den Ländern der Erde.

http://www.cfcsc.dnd.ca/links/milorg/index.html
Armed forces of the world: hervorragende Informationsquelle über die Heere dieser Welt

http://www.global-defence.com/default.htm
Global Defence Review: Informationen über militärtechnologische Entwicklungen

http://src-h.slav.hokudai.ac.jp/eng/Russia/defense.html
Informationen über die russischen Streitkräfte

http://www.geocities.com/Pentagon/1360/
Darkstar's Russian Military: Informationen über russische Waffensysteme

http://www.weapons-catalog.com/indexnn4.asp
Russian Weapons Catalog: gut bebilderte Beschreibung russischer Waffensysteme

http://www.enviroweb.org/issues/nuketesting/index.html
Trinity Atomic Web Site: umfangreiche Site über Kernwaffen

http://www.nukefix.org/weapon.html
ein freies Programm zur Berechnung der Auswirkungen von Kernwaffenexplosionen

http://www.pbs.org/wgbh/amex/bomb/sfeature/blastmap.html
Nuclear Blast Mapper: Simulieren Sie eine Kernwaffendetonation über Ihrer Stadt!

http://www.nuclearsurvival.com/
Wie überlebt man den Einsatz von Kernwaffen? inkl. *Nuclear War Survival Skills* von Kearny

http://hsassun2.fzk.de/hs/links/
Links zu deutschsprachigen Seiten über Strahlenschutz

http://www.bellona.no/
Die Bellona Foundation beschäftigt sich u. a. mit der Umweltbedrohung durch alte Schiffe der russischen Flotte und bietet eine aktuelle Übersicht über diese.

Naturkatastrophen

http://www.babo.net/babo/cafe/katastrophen/index.html
eine deutschsprachige Site über Naturkatastrophen

http://www.emergency.com/
EmergencyNet bringt aktuelle Informationen zu Katastrophen in aller Welt.

http://www-seismo.hannover.bgr.de/
Das *Seismic Data Analysis Center* der *Bundesanstalt für Geowissenschaften und Rohstoffe* liefert Informationen über die seismische Aktivität in der BRD.

http://www.zamg.ac.at/
Die *Zentralanstalt für Meteorologie und Geodynamik* bietet u. a. Informationen über Erdbeben in Österreich.

http://seismo.ethz.ch/
Schweizerischer Erdbebendienst (SED)

http://impact.arc.nasa.gov/index.html
NASA-Informationen über Asteroiden und Kometen mit erdnahen Bahnen (NEOs)

http://www.iau.org/neo.html
IAU-Informationen über NEOs

http://www.pibburns.com/catastro.htm
Catastrophism: über von Impakten ausgelöste Katastrophen

http://volcano.und.nodak.edu/vw.html
Volcano World: Informationen über Vulkanismus rund um den Globus

http://www.ssec.wisc.edu/data/volcano.html
aktuelle Satellitenbilder der 10 aktivsten Vulkane der Erde

http://www.noaa.gov/
Homepage der US *National Oceanic & Atmospheric Administration (NOAA)*

Praktische Vorbereitung

http://www.zetatalk.com/german/thub00g.htm
Troubled Times ist eine engagierte amerikanische Website, die sich mit Fragen der Vorbereitung auf globale Katastrophen beschäftigt. Die Initiatoren glauben, daß Aliens ihnen »gechannelt« haben, daß es zu einem Polsprung kommen wird. Trotzdem finden sich unter dieser Adresse viele gute Tips und Adressen.

http://www.nodoom.com/index.html
Site von Philip L. Hoag mit vielen Informationen zum Katastrophen-Survival

http://www.millennium-ark.net/index.html
Noahs's Ark: Interessante und umfangreiche Site von Stan und Holly Deyo mit guten Praxistips unter *Emergency Preparedness*. Empfehlenswert!

http://pages.infinit.net/afb/priskar1.htm
Primitive-Skills-Group: eine interessante Internet-Diskussionsrunde über Survivaltechniken

http://www.survivalnetwork.org/
Survival Community Network ist ein Netzwerk für alle Belange des Überlebens.

http://www.netside.com/~lcoble/bible/bible.html
The Survival Bible von Richard Perron bietet eine empfehlenswerte Sammlung von Survivaltips.

http://www.fema.gov/
Das staatliche US-Krisenmanagement FEMA bietet Information zur Vorbereitung auf Naturkatastrophen.

http://theepicenter.com/
Site über Katastrophenvorbereitung, zugleich Versand einschlägiger Artikel

http://www.survival-center.com/
Captain Dave's Survival Center and Preparedness Resource

http://www.easley.net/warlord/
Alpha - CGSN: Informationen über Survival

http://www.netside.com/%7Elcoble/index.html
Frugal Squirrel's Homepage for Patriots, Survivalists, and Gun Owners

http://dnausers.d-n-a.net/prepared/index.html
The Widening Gyre: eine interessante Survival-Site aus Nordirland

http://www.novia.net/~todd/
Rapture Ready: Allgemeines zur Jahrtausendwende

http://www.attra.org/attra-pub/perma.html
Appropriate Technology Transfer for Rural Areas (ATTRA) bietet einen guten Einstieg in das Thema Permakultur.

http://metalab.unc.edu/london/permaculture.html
Permakultur-Links

http://www.viasub.net/IUWF/3.html
Gärtnern auf Hydrokulturbasis

http://www.eatbug.com/
Insekten als Nahrungsquelle: Aufzucht, Kochrezepte, Buchhinweise

http://vm.cfsan.fda.gov/~mow/intro.html
The »*Bad Bug Book*«: amerikanisches Online-Handbuch der pathogenen Mikroorganismen

http://www.slip.net/~ckent/earthship/
Earthship bietet Information über naturnahes Bauen.

http://www.monolithicdome.com/
Das *Monolithic Dome Institute* beschäftigt sich mit modernem Kuppelbau.

http://www.arkinstitute.com/
The Ark Institute thematisiert Saatgut, Wasser- und Lebensmittelversorgung.

http://www.awea.org/
Die *American Wind Energy Association* hat sich der Nutzung von Windenergie verschrieben.

http://www.mrsolar.com/index2.htm
Versand für Sonnen- und Windenergiegeräte

http://www.los-gatos.ca.us/davidbu.html
Homepage des Erfinders David Butcher, der einen interessanten Generator mit Pedalantrieb entwickelt hat

http://www.heilkraeuter.de/
Eine nett gestaltete deutsche Site über Heilkräuter.

http://www.botanical.com/
umfangreiche Site über Heilkräuter mit Links zu Online-Versionen von Grieves *A Modern Herbal* (1931) und *Köhler's Medizinal Pflanzen* (1887)

http://www.odont.au.dk/LibHerb2/Index.htm
Liber Herbarum II: Eine im Aufbau befindliche mehrsprachige Datenbank der Heilkräuter.

http://www.all-natural.com/index.html
Informationen über Heilkräuter und kolloidales Silber

http://www.yourdictionary.com/
Sammlung von Wörterbüchern vieler Fremdsprachen

http://www.travlang.com/languages/
Unter dieser Adresse kann man einen Grundwortschatz verschiedener Sprachen lernen.

http://www.jademountain.com/
Jade Mountain in Boulder, Colorado, vertreibt LED-Lichtquellen, Generatoren, Handpumpen, Waschmaschinen, die ohne Strom arbeiten usw.

http://www.lehmans.com/
Spezialversand für Haushaltsgeräte, die keinen Strom benötigen

http://www.gasmasks.com/
Die US-Firma verkauft auch ABC-Schutzmasken für Säuglinge und Kleinkinder.

http://www.beprepared.com/
US-Firma für Katastrophenvorsorge

http://www.innovativetech.org/homeie.html
Applied Innovatives Technologies stellen eine sehr robuste Taschenlampe her, die weder Batterien noch Glühbirnchen braucht.

http://www.kaehny.de/index.htm
Informationen über in Deutschland ab 18 Jahren frei zu erwerbende Waffen

http://www.eco-logique.com/
wiederverwertbare Menstruationsartikel

http://amazon.de/
große Buchhandlung, ideal zur Bestellung amerikanischer Bücher

http://www.armageddonbooks.com/
Spezialbuchhandlung für Endzeitliteratur

Prophezeiungen

http://web.frontier.net/Apparitions/
Site über Marien- und Jesuserscheinungen

http://members.aol.com/bjw1106/marian.htm
eine weitere Adresse für Informationen über Erscheinungen

http://www.dreamscape.com/morgana/saturn.htm
englischsprachige Site mit vielen Prophezeiungstexten

http://www.uni-mainz.de/~neumn000/willkommen.html
X2003 ist eine Seite, die sich mit den Polsprungtheorien der »Zetas« beschäftigt.

http://www.gwup.org/
Gesellschaft zur wissenschaftlichen Untersuchung von Parawissenschaften GWUP e.V.

http://skepdic.com/
The Skeptic's Dictionary beschäftigt sich kritisch mit esoterischen Themen.

http://www.urbanlegends.com/
Urban Legends: Archiv der modernen Mythen und Legenden

Danksagung

Bei meiner jahrelangen Arbeit am *Lexikon des Überlebens* wurde ich von vielen Seiten unterstützt. Ohne diese Hilfe hätte das Buch nicht in dieser Form erscheinen können.
An erster Stelle möchte ich John Fraser und Mag. Roland Waldner danken, die zahlreiche Beiträge für den Lexikonteil verfaßten.
Für anregende Diskussionen, Verbesserungsvorschläge und fachliche Beratung in den verschiedenen Bereichen danke ich Mag. Anne-Catherine Kellermayr, Berthold Bülow, Bernhard Bouvier, Prof. Dr. Alexander Tollmann, Stephan Berndt, Dr. Peter Kenner, Roman Faux, »Franke42«, Michael P. Frei, Michael Sinthern, Torsten Mann, Mag. Friedrich Lengauer, Markus Lenikus, Peter Denk, Ernst Tröthann, Andreas M. Lembke, Erika und Hermann Simon, Michael Weisshappel, Thomas Schober, Daniela Kreissl, Erich Splechtna, Ing. Gerd Blasl, Günther Scholz, Helga Linsbauer, Philipp Ruby und jenen, die hier nicht genannt werden wollten oder die ich vergessen habe.
Für Grafik und Layout bin ich meinen Grafikern Alfred Zoubek und Pascal Kellermayr sowie dem Team von Schaber Satz- und Datentechnik, Wels, für ihre hervorragende Arbeit zu Dank verpflichtet.
Meinem Verleger Dr. Herbert Fleissner und der Verlagsleiterin Dr. Brigitte Sinhuber danke ich für den Entschluß, dieses Buch zu drucken, meinem Verlagslektor Hermann Hemminger für die angenehme Zusammenarbeit.
Für Abdruckgenehmigung von Text- und Bildmaterial schließlich sage ich dem Franck-Kosmos-Verlag und den im Bildnachweis angeführten Stellen Dank.

Karl Leopold von Lichtenfels

Bildnachweis

Abbildung	Quelle
0 (Seite 10/11)	National Oceanic & Atmospheric Administration, USA
2	Bellona Foundation (siehe Internet-Adressen)
3	mit freundlicher Genehmigung der Internetzeitung WorldNetDaily.com
4	Don Davies, NASA
5, 6, 7, 8	*Das kleine Handbuch*

10, 11, 12, 25, 26, 49, 96, 97, 98, 99, 100, 101, 103, 117, 125, 136
Alfred Zoubek

27, 28, 29, 30, 31, 32, 33, 34, 35, 36, 37, 38, 39, 40, 41, 42, 43, 44, 45, 46, 47
Broschüren des österreichischen Bundesministeriums für Inneres (Polster, Metschützer, Fritz, Hösch, Floiger, Köberl) und des österreichischen Roten Kreuzes (Moerisch, Schindler, Metschützer, Meister)

54, 55, 57, 58, 63, 65, 67, 68, 70, 72, 73, 74, 75, 78, 79, 83, 84, 85, 86, 87, 88
Mit freundlicher Genehmigung des Eugen-Ulmer-Verlags entnommen aus: Boros, Georges, *Unsere Heil- und Teepflanzen* (2 Bde., Stuttgart: Eugen Ulmer, 1963 und 1965), Zeichnungen von Kurt Beyer

104, 105, 106, 107	Glasstone/Dolan, *The Effects of Nuclear Weapons*
108	Nuclear Blast Mapper (siehe Internet-Adressen)

111, 116, 128, 129, 130
»Copyright © 1986 by Cresson H. Kearny. The copyrighted material may be reproduced without obtaining permission from anyone, provided (1) all copyrighted material is reproduced full-scale (except for microfiche reproduction), and (2) the part of this copyright notice within quotation marks is printed along with copyrighted material.«

131, 133	Zeta-Talk (siehe Internet-Adressen)
142	Firma Innova Sicherheitstechnik (siehe Adressenverzeichnis)
144	Bundesanstalt für Geowissenschaften und Rohstoffe, Hannover (siehe Internet-Adressen)
145	Österreichischer Erdbebendienst, Zentralanstalt für Meteorologie und Geodynamik, Wien
146	MECOS

Die übrigen Abbildungen stammen aus dem *Tornisterlexikon* oder dem Archiv des Autors.
Obwohl sich Verlag und Autor bemüht haben, zu sämtlichen Abbildungen die er-

forderliche Nachdruckerlaubnis einzuholen, ist es bei einigen dieser Bilder aus dem Archiv des Autors oder aus dem Internet nicht gelungen festzustellen, ob diese rechtefrei sind bzw. den jeweiligen Inhaber der Bildrechte ausfindig zu machen. Sofern diese uns in Kenntnis setzen, werden wir selbstverständlich bemüht sein, die Rechtsinhaber in künftigen Buchausgaben namentlich zu nennen.

Abkürzungsverzeichnis

Neben den allgemein bekannten Abkürzungen physikalischer Einheiten (kg, m, °C usw.) werden in diesem Buch folgende spezielle Abkürzungen und typographische Symbole verwendet:

•	gewöhnlicher Aufzählpunkt	DC	Gleichstrom
➤	Verweis auf Stichwort	El.	Eßlöffel
	im Lexikonteil	Ex	Buch Exodus
☙	Information mit	Gy	Gray (Strahlungseinheit)
	Prophezeiungshintergrund	Hs.	Herstellung
📖	empfehlenswertes Buch		(bei Heilpflanzen)
↻	Notfallmaßnahme	kcal	Kilokalorie
✚	Erste-Hilfe-Maßnahme	kJ	Kilojoule
	ätzend	kt	Kilotonne (TNT)
	giftig	Lg.	Lagerung (bei Heilpflanzen)
	leicht entzündlich	Lk	Evangelium nach Lukas
+	Kreuzzeichen machen	Mk	Evangelium nach Markus
	(bei Gebeten)	Mt	Evangelium nach Matthäus
→	Reaktionspfeil		Megatonne (TNT)
	(sprich: geht über in)	psi	Druckeinheit
=	Gleichstrom	R	Röntgen (Strahlungseinheit)
~	Wechselstrom	Sg.	Sammelgut (Heilpflanzen)
AC	Wechselstrom	Sv	Sievert (Strahlungseinheit)
Aw.	Anwendung (bei Heilpflanzen)	Sz.	Sammelzeit (Heilpflanzen)
B.	Becher = ¼ l	Tl.	Teelöffel

Stichwörterverzeichnis des Lexikonteils

ABC-Schutzmaske 87
ABC-Schutzmaske, Ersatz für 87
ABC-Waffen 87
Abspringen von Gebäuden oder Fahrzeugen 87
Akkus 88
Alkoholherstellung 88
Anästhetika, Ersatz für 89
Angeln 89
Anstriche gegen Fäulnis, Wasser, Feuer 89
Atomkriegmythen 90
Audioinformation speichern 92
Aufzug, gefangen im 93
Ausschwefeln von Räumen und Gefäßen 93

Babynahrung in Krisenzeiten 94
Backen 94
Backofen bauen 97
Backpulver und Hefe 98
Batterien 98
Bäume erklettern 99
Benzinkanister reinigen 99
Berufe nach dem Zusammenbruch 100
Beschlagen von Brillengläsern verhüten 101
Besen anfertigen 101
Betonbereitung 101
Biologische Waffen 102
Birkenwein 103
Biwak, Wahl eines Platzes für ein 103
Blasen an den Füßen 103
Bleche falzen 104
Blechgeschirr löten 104
Bleistiftherstellung 104
Brandschutz 105
Brillenersatz 105
Brotröstzange aus Draht 106
Brunnenbau 106
Bügeln 108
Butterbereitung 108

CD-Player 109
CDs brennen 109
Chemikalien, wichtige 109

Chemische Waffen 110
Chemische Waffen, Maßnahmen gegen 111
Computer 112

Dächer behelfsmäßig eindecken 112
Dekontaminationslösungen, Herstellung von 114
Dekontamination verstrahlter Personen und Gegenstände 114
Devotionalien und Sakramentalien, empfohlene ✠ 116
Dichten von Holzgefäßen und Wannen 119
Dokumente schützen 119
Dübel eingipsen 119
Duschanlage bauen 120

Einbrechen in Eis, Maßnahmen beim 120
Eindringlinge, Vorkehrungen gegen 121
Einmachen von Lebensmitteln 122
Einmieten von Kartoffeln und Gemüse 122
Eisdecken, Tragfähigkeit von 122
Emaillegeschirr reinigen 122
EMP, NEMP 123
Energiegewinnung und -speicherung 123
Erdbeben, Verhalten bei 126
Erste Hilfe 126
  1 Lebensrettende Sofortmaßnahmen 127
  2 Wunden 136
  3 Stumpfe Verletzungen 150
  4 Knochenbrüche 151
  5 Innere Verletzungen 157
  6 Plötzlich auftretende Erkrankungen 158
  7 Vergiftung 161
  8 Strahlenschäden 162
  9 Injektions- und Infusionstechnik 165
  10 Geburtshilfe 167
Essigherstellung 173

Fahrrad 173
Fallout 174

Färben von Stoffen (Wolle, Leinen, Baumwolle) 174
Feilen 175
Fenster, gefrorene, auftauen 175
Fensterfugen (Türfugen) dichten 175
Fensterscheiben putzen 176
Festsitzende Holzschrauben lösen 176
Feuchtigkeitsschutz für Holz, Pappe und Papier 176
Feuerarten 176
Feuer bewahren 178
Feuermachen 178
Feuer löschen 181
Fett, ranziges, verwerten 181
Fieber, Hausmittel bei 182
Fischfang 184
Flaschenzug 184
Fleckenentfernung 185
Fleischverwertung (Wursten) 187
Flicken und Stopfen von Wäsche 188
Flucht 188
Folter 189
Fremdsprachen 190
Fugen in Holz verschließen 190
Füllhalterpflege 190

Gasleck, Verhalten bei 190
Gebete 191
Geheimtinten 193
Geld 194
Gemüse- und Getreideanbau 194
Gerben von Häuten und Fellen 198
Geruchsbeseitigung bei Unterkünften 199
Getreide 199
Getreideverwertung in Krisenzeiten 199
Gitarresaiten, Verlängerung der Lebensdauer von 199
Glas absprengen 200
Glas mit Schere schneiden 200
Glasscheiben einsetzen 200
Glühbirnen, Ersatz für 201
GPS-Empfänger (Global Positioning System) 201
Gruppenführung 201
Gummigegenstände flicken 202
Gummi weich machen 202

Haarschnitt 202
Haarshampoo 202
Hammer aus Hartholz 203

Haustiere, Vorsorge und Schutzmaßnahmen für 203
Hautpflege 203
Heilmittel 204
Heilpflanzen, Liste der 204
Heilsalben 224
Heizen und Kochen 225
Herdplatten reinigen 225
Herzschrittmacher 225
Hobeln 225
Holzarten 226
Holzfällen 229
Holzfällen, richtiger Zeitpunkt zum 229
Holz, Formen von 231
Holzkohleerzeugung 231
Holzverbindungen des Tischlers 232
Holzverbindungen des Zimmermanns 233
Hunde abwehren 235
Hustenmedizin 236
Hütten 236
Hygieneartikel, Ersatz für 238

Informationsquellen in der Krisenzeit 240
Inkorporation 240
Insektenstiche behandeln 240

Jagen und Fallenstellen 241
Joghurt herstellen 241

Kalk 242
Kalkanstriche für Decken und Wände 242
Kältemischungen 243
Kälteschutz 243
Kannibalismus 244
Karten aufziehen 244
Käsebereitung 245
Katastrophenplan 245
Keramik dichten 246
Kernwaffen 246
  1 Grundprinzipien 246
  2 Klassifikation 247
  3 Detonationsarten 248
  4 Auswirkungen von Kernwaffen 250
Kitte 258
Klebstoffe und Leime 259
Kleiderpflege 259
Kleidung 261
Knopfersatz 261
Knöpfe annähen 261

Knoten 261
Kochen mit einfachen Zutaten 262
Kochherd bauen 274
Kochkiste 275
Kohlenmonoxidvergiftung 275
Kommunikation 276
Kompaßersatz 279
Konservendosen, ausgebeulte 280
Konservierung (von Lebensmitteln) 280
Korke aus Flaschen entfernen 280
Korke, durchbohrte, verwendbar machen 281
Kosmetik mit Naturmaterialien 281
Krankheiten, Behandlung von 281
Kräutertees, Zubereitung von 286
Kriegsvölkerrecht 288
Kühlung von Nahrungsmitteln und Getränken 290
Kulturgüterschutz 291

Lagerung von Lebensmitteln 292
Landwirtschaft nach dem Zusammenbruch 292
Latrinen und Toiletten 294
Lebensmittel, gefrorene, verwenden 294
Leder, Reinigen von 295
Lederriemen flicken und verlängern 295
Lederriemen herstellen 295
Lehmbau 295
Lichtquellen, nachhaltige 296
Löcher in Leder schlagen 299

Massenpanik, Verhalten bei 300
Matten aus Schilf, Stroh, Stoffresten weben 300
Mauern und Ziegelwände errichten 301
Medizin 302
Melken von Kühen und Ziegen 304
Messer schärfen, befestigen, einkitten 304
Modergeruch vertreiben 305
Mörtelbereitung 305
Musik 306

Nageln 306
Nahrung aus der Wildnis 307
Nieten von Blech- und Metallteilen 311
Notschlachtung von Nutztieren 311
Notsignale, internationale 311
Nuklearwaffen 312
Nutztiere, ABC-Schutzmaßnahmen für 312

Öfen, improvisierte 314
Ofenbau 315
Ofenreinigung 317
Ofenrohre, schadhafte, flicken 317
Ohrstöpsel 317

Papier als Brennstoff 317
Pelzwerk nähen 317
Pflanzenschutz, biologischer 318
Plastikfolien 318
Plexiglas 318
Polsprung/Polwende ❦ 318
Psychohygiene in Streßzeiten 320
Pyramideneffekte 320

Radiästhesie 321
Radioaktivität 324
Rasierklingen 324
Räucherkammer, Bau einer behelfsmäßigen 325
Regale, windschiefe, gerade richten 326
Reibeisen 326
Reinigen von Kämmen und Bürsten 326
Reinigen stark verschmutzter Flaschen 326
Reinigen eiserner Kochgefäße 326
Reinigen von Metallgegenständen 327
Reinigen von Petroleum-, Benzin- und Treibstoffbehältern 327
Rostschutz und Rostbeseitigung 327
Rucksack selbstgemacht 328
Russisch-Grundwortschatz ❦ 328

Sägen 329
Sauerstoffversorgung in geschlossenen Räumen (Schutzraum) 329
Sauerteig bereiten 331
Sauna-Bau 331
Scheren schleifen 332
Schlachten von Nutztieren 332
Schlafsack 334
Schlafstellen im Haus, behelfsmäßige 334
Schläuche 335
Schleifen und Tragen für Verwundete 335
Schleifen von Metallklingen 335
Schlittenbau 336
Schneebrille, behelfsmäßige 336
Schneegruben bauen 336
Schneeschuhe anfertigen 338
Schornstein fegen 338

Schrauben 339
Schreiben 339
Schuhe 340
Schuhpflege 340
Schutzkleidung, improvisierte 342
Schutzraum 342
Schutzraum, Verhalten im 348
Seife herstellen 348
Seifenersatz, Kastanien als 350
Seifenreste sammeln und schmelzen 350
Seile flicken oder spleißen 350
Selbstverteidigung, waffenlose 350
Signalisieren 351
Signalzeichen 351
Silber, kolloidales 352
Sirenensignale 353
Staubverhütung beim Reinigen von Räumen 355
Strahlung, Grundbegriffe der ionisierenden 355
Strahlung, Schutz vor 358
Strickleitern anfertigen 359
Strom, elektrischer 359
Stromunfall, Verhalten bei 361
Stromversorgung 361
Stuhl- und Tischbeine, lockere, befestigen 361
Survival 361

Tabakersatz und seine Verwendung 362
Tabakspfeifen reinigen 362
Tabakwaren frisch halten 363
Taschenrechner 363
Teppiche reinigen 363
Tiermedizin 363
Toilette 364
Töpfern 364
Topf- und Pfannengriffe isolieren 364
Trichter 364
Türen und Fenster behelfsmäßig herrichten 364

Überlebenssiedlungen 365
Überleben in der Stadt 366

UFOs, angebliche Evakuierung durch 🛸 368
Ungezieferschutz 369

Vergewaltigung 372
Vergraben wertvoller und wichtiger Güter 373
Vermessen ohne Instrumente 374
Verschüttung, Maßnahmen bei 375
Verstecke 375
Vitamine 376
Vorratsschutz (Haltbarmachung und Lagerung) 378

Wäsche waschen und pflegen 386
Waffen 387
Warmhalten von Speisen und Getränken 389
Waschen (Wäsche) 389
Waschlappen, seifige, reinigen 389
Wasser aus der Luft 389
Wasserdichtmachen von Geweben und Leder 389
Wasserdichtmachen von Papier und Pappe 390
Wasser erhitzen 390
Wasser finden 390
Wasserglas 390
Wasserleitungen, eingefrorene, auftauen 391
Wassermangel, Verhalten bei 391
Wasserpumpe aus Waschmaschine 391
Wasserquellen 391
Wasser reinigen und haltbar machen 392
Wetterregeln, allgemeine 395
Wissen, Konservierung von technologischem 397
Wünschelrute 398

Zelte 398
Zementherstellung 399
Zivilschutz 399
Zucker aus Zuckerrüben 400
Zündhölzer bei Sturm anzünden 400
Zündhölzer vor Feuchtigkeit schützen 400